职业教育示范性规划教材

电冰箱、空调器原理与维修
——项目教程

王国玉　王晨炳　主编
张少利　胡国喜　赵新根　副主编
王奎英　主审

電子工業出版社
Publishing House of Electronics Industry
北京·BEIJING

内容简介

书中的项目以基本功（基本知识+基本技能）为主线，以具体任务为单元，全书共计10个项目：制冷维修基本功，制冷系统部件的认知，制冷技术维修基本操作，电冰箱制冷循环与电气控制系统，电冰箱的故障检查及维修技术，空调器制冷循环、空气循环与电气控制系统，空调器故障检查及维修技术，分体式空调器的安装与移机，变频空调器技术，以及电冰箱、空调器的使用与保养。本书项目涵盖电冰箱、空调器原理与维修的基本技能和基本知识，以基本功为基调，兼顾了技能鉴定的相关技能与知识要求。

本书可作为职业教育相关专业的课程教材，也可供相关专业的工程人员和技术工人参考。

图书在版编目（CIP）数据

电冰箱、空调器原理与维修：项目教程/王国玉，王晨炳主编．—北京：电子工业出版社，2012.5
职业教育示范性规划教材
ISBN 978-7-121-16193-3

Ⅰ.①电…　Ⅱ.①王…　②王…　Ⅲ.①冰箱-理论-中等专业学校-教材　②冰箱-维修-中等专业学校-教材　③空气调节器-理论-中等专业学校-教材　④空气调节器-维修-中等专业学校-教材　Ⅳ.①TM925

中国版本图书馆CIP数据核字（2012）第039551号

策划编辑：靳　平
责任编辑：刘真平
印　　刷：河北虎彩印刷有限公司
装　　订：河北虎彩印刷有限公司
出版发行：电子工业出版社
　　　　　北京市海淀区万寿路173信箱　邮编　100036
开　　本：787×1 092　1/16　印张：15.75　字数：403.2千字
版　　次：2012年5月第1版
印　　次：2025年8月第20次印刷
定　　价：29.80元

凡所购买电子工业出版社图书有缺损问题，请向购买书店调换。若书店售缺，请与本社发行部联系，联系及邮购电话：（010）88254888，88258888。

质量投诉请发邮件至zlts@phei.com.cn，盗版侵权举报请发邮件至dbqq@phei.com.cn。

本书咨询联系方式：（010）88254592，bain@phei.com.cn。

出 版 说 明

为进一步贯彻教育部《国家中长期教育改革和发展规划纲要（2010—2020）》的重要精神，确保职业教育教学改革顺利进行，全面提高教育教学质量，保证精品教材走进课堂，我们遵循职业教育的发展规律，本着"着力推进教育与产业、学校与企业、专业设置与职业岗位、课程教材与职业标准、教学过程与生产过程的深度对接"的出版理念，经过课程改革专家、行业企业专家、教研部门专家和教学一线骨干教师共同努力，开发了这套职业教育示范性规划教材。

本套教材采用项目教学和任务驱动教学法的编写模式，遵循真正项目教学的内涵，将基本知识和技能实训融合为一体，且具有如下鲜明的特色：

（1）面向职业岗位，兼顾技能鉴定

本系列教材以就业为导向，根据行业专家对专业所涵盖职业岗位群的工作任务和职业能力进行的分析，以本专业共同具备的岗位职业能力为依据，遵循学生认知规律，紧密结合职业资格证书中技能要求，确定课程的项目模块和教材内容。

（2）注重基础，贴近实际

在项目的选取和编制上充分考虑了技能要求和知识体系，从生活、生产实际引入相关知识，编排学习内容。项目模块下分解设计成若干任务，任务主要以工作岗位群中的典型实例提炼后进行设置，注重在技能训练过程中加深对专业知识、技能的理解和应用，培养学生的综合职业能力。

（3）形式生动，易于接受

充分利用实物照片、示意图、表格等代替枯燥的文字叙述，力求内容表达生动活泼、浅显易懂。丰富的栏目设计可加强理论知识与实际生活生产的联系，提高了学生学习的兴趣。

（4）强大的编写队伍

行业专家、职业教育专家、一线骨干教师，特别是"双师型"教师加入编写队伍，为教材的研发、编写奠定了坚实的基础，使本系列教材符合职业教育的培养目标和特点，具有很高的权威性。

（5）配套丰富的数字化资源

为方便教学过程，根据每门课程的内容特点，对教材配备相应的电子教学课件、习题答案与指导、教学素材资源、教学网站支持等立体化教学资源。

职业教育肩负着服务社会经济和促进学生全面发展的重任。职业教育改革与发展的过程，也是课程不断改革与发展的历程。每一次课程改革都推动着职业教育的进一步发展，从而使职业教育培养的人才规格更适应和贴近社会需求。相信本系列教材的出版对于职业教育教学改革与发展会起到积极的推动作用，也欢迎各位职教专家和老师对我们的教材提出宝贵的建议，联系邮箱：jinping@ phei. com. cn。

电子工业出版社

前　言

《电冰箱、空调器原理与维修——项目教程》是以教育部最新颁布的专业教学大纲为依据编写的。《电冰箱、空调器原理与维修——项目教程》是职业学校电类专业重要的专业课程，其作用是为以后就业准备必要的工艺知识和操作技能。本课程的任务是使学生了解电冰箱、空调器原理与维修的一般知识，通过进行此门实践课程的训练，使学生掌握常用制冷工具的正确使用；掌握制冷维修工必备的管道制作、焊接等基本技能；了解常用的制冷剂的性能特点、命名方法及识别方法；初步掌握常用制冷仪器设备的基本使用方法；学会分析与处理简单的制冷系统和电气控制系统的常见故障。通过一些基本操作技能训练，使学生熟悉一些制冷维修技术基本知识，掌握一定的基本操作技能，获得一定的动手能力，培养严谨、细致、实干的科学作风，为后续课程的学习打下基础。

本教材在内容组织、结构编排及表达方式等方面都做出了重大改革，以强调基本功为基调，以“项目学习目标”、“项目任务分析”、“项目基本技能”、“项目基本知识”、“项目学习评价”和“项目小结”6个要素，通过电冰箱、空调器原理与维修项目的实训和学习，达到学习理论知识指导实践，充分体现理论和实践的结合。强调“先感性，后理性”和“先做后学，边做边学”理念，使学生能够快速入门，把学习电冰箱、空调器原理与维修的成果转化为前进的动力，使学生树立起学习电子制作的信心，掌握常用仪器仪表的使用方法和电冰箱、空调器维修技术。

本书项目以制作为主线，以具体任务为单元，通过项目教学来提高学生对电冰箱、空调器原理与维修技能基础知识的实际应用能力（包括制冷部件的识别能力、电冰箱和空调器电路读图能力、仪器仪表使用能力、电冰箱和空调器的维修能力、制冷维修工艺应用能力）。

本书在项目的选择上充分考虑到各学校教学设备的状况，具有实训、调试难易适度，由浅及深，实用性强等特点。特别是目前全国各地区淘汰电冰箱和空调器比比皆是，很容易购买，在实施过程中，既可以使用实训台进行教学（有条件），也可以在已有的旧电冰箱、空调器上完成（没有条件）。更重要的是体会电冰箱、空调器维修在生产实践中的重要意义。在内容上，紧扣教学大纲的知识点，技能点以“必需、够用、实用”为原则，讲练结合、层次分明，突出实用技术，争取做到“薄、新、浅、实”。

本书由河南省学术技术带头人（中职）河南信息工程学校高级工程师王国玉和新安职业中专王晨炳任主编，王国玉完成全书统稿。新乡工贸学校胡国喜、河南机电职业学院张少利和湖南省衡东县职业中专学校赵新根任副主编。参编老师分工如下：王国玉编写项目一和十；王晨炳编写项目二和五；胡国喜编写项目七和九；张少利编写项目四和八；河南信息工程学校杨广宇编写项目三和六；杨俊、冯先芝、张小平、方光辉、张志丰和赵新根参加部分项目编写工作。全书由河南机电职业学院高级讲师王奎英主审，并且提出了宝贵建议，在此深表谢意！

另附教学建议学时表如下，在实施中任课教师可根据具体情况适当调整和取舍。

序　号	内　容	学　时
项目一	制冷维修基本功	16
项目二	制冷系统部件的认知	16
项目三	制冷技术维修基本操作	18
项目四	电冰箱制冷循环与电气控制系统	14
项目五	电冰箱的故障检查及维修技术	8
项目六	空调器制冷循环、空气循环与电气控制系统	18
项目七	空调器故障检查及维修技术	8
项目八	分体式空调器的安装与移机	12
项目九	变频空调器技术	12
项目十	电冰箱、空调器的使用与保养	4
总学时数		126

由于编者水平有限，书中难免存在错误和不妥之处，恳请读者批评指正。

编　者

目　　录

项目一

制冷维修基本功

制冷设备的维修质量取决于维修人员维修基本技能，熟练掌握维修基本功是一名合格的制冷维修人员必备的基本专业素质，下面就从最基本的制冷维修基本功学起。

1.1 项目学习目标

学习目标		学习方式	学时
技能目标	① 会使用钳形表、温度计测量电流和温度的数值。 ② 能识读压力表的数值。 ③ 在维修中会使用检修阀。 ④ 会使用制冷维修工具	实物操作演示为主，辅助课件教学	4
知识目标	① 掌握最基本的温度、压力和比容 3 个基本状态参数；会进行不同温度、压力的换算。 ② 掌握湿度的表示方法、露点温度的概念。 ③ 理解热工流体力学基本物理概念。 ④ 理解制冷剂和冷冻油的适用范围	课件教学	12
情感目标	① 掌握制冷工具的使用和基础知识，激发学习兴趣。 ② 通过实践操作，培养认真观察、勤于思考、规范操作和安全文明生产的职业习惯。 ③ 培养学生主动参与、团队合作的意识，养成“做中学”的习惯	做中学、分组实操、相互协作	课余时间

1.2 项目任务分析

项目一是完成本课程至关重要的基本功，即“基本功 = 基本技能 + 基本知识”。本项目从制冷维修工使用仪表的认知进入，引出更多的基本知识，意在将枯燥的理论知识分解为制冷基本知识与制冷有关热工知识两大部分，所以要求掌握如下知识。

（1）掌握数字温度计的使用方法，加深对温度物理概念的理解。

（2）通过解读压力表读数，更好掌握公制压力，单位是 MPa；英制压力，单位是 b/in^2。有些压力表表盘上标注有常用制冷剂饱和压力对应的饱和温度，有些压力表可以同时读出真空压力和表压，称为复合压力表。复合压力表在制冷工作中特别有用，因为在压缩机的吸收管路中，压力常低于大气压。

(3) 熟悉、理解制冷中温度、压力、比容、热量、露点、固态、液态和气态等物理现象和物理量。

(4) 熟悉、理解与制冷有关的热力学中液体、蒸汽和状态变化、沸腾温度与压力的关系、饱和、过冷和过热状态、显热、潜热和蒸发制冷、饱和温度和饱和压力、临界温度和临界压力及过热度和过冷度等物理现象和概念。

(5) 理解制冷剂的物理、化学、安全要求和分类，掌握常用制冷剂的特性。

(6) 理解冷冻油的作用、要求，能够合理选用冷冻油。

1.3 项目基本技能

1.3.1 维修仪表的使用

1. 数字温度计

1) 数字温度计简介

数字温度计是以数字方式显示的温度计，可用来检测环境、冰箱及冷库中的温度，它以铬－镍热电偶或热敏电阻作为测温元件，性能稳定。维修中常用的数字温度计结构如图 1-1 所示。

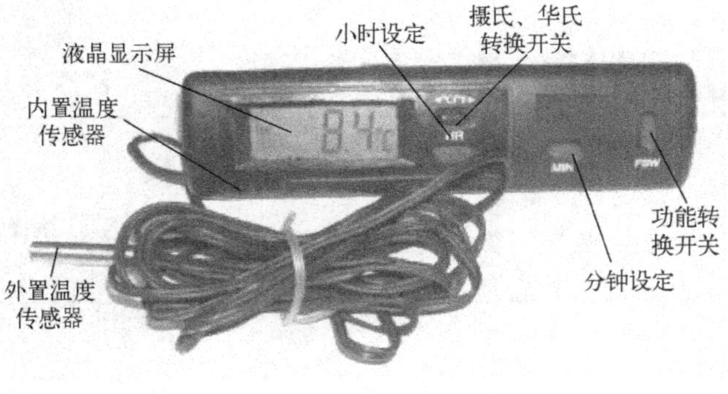

图 1-1　数字温度计结构

2) 数字温度计的使用方法

① 打开温度计电池盖，按极性装入干电池。

② 按压 FSW 功能转换开关，分别显示：室内温度→室外温度→时间。室内温度显示“IN”，室外温度显示“OUT”。

③ 开机液晶显示屏 LCD 全显示 2s 后，显示测量温度。

④ 拨动（℃/℉）转换开关，可分别显示摄氏温度或华氏温度。

⑤ 按压 FSW 功能转换开关 4s 以上关机，但时钟继续计数。

⑥ 电池电量不足时，LCD 闪动，此时测量值无效，应更换电池。

2. 干湿球温度计

图 1-2　固定式干湿球温度计

普通的固定式干湿球温度计是将两支相同的水银温度计固定在一块平板上，其中湿球温度计的感温包上缠绕保持湿润状态的纱布，另一支感温包裸露在空气中作为干球温度计，如图 1-2 所示。固定式干湿球温度计必须使用蒸馏水，并使湿球纱布紧贴温度计感温包，保持湿润和清洁。纱布与储水器之间要保持 20～30mm，以免影响空气流动。根据测得的空气干球和湿球温度，可从专门的线图或表中查出空气的相对湿度。当空气不流动或流速很小时，湿纱布上的水与周围空气的热湿交换不充分，湿球温度计的测量结果误差较大；空气的流速越大，热湿交换越充分，所测湿球温度越准确。因此，工程上采用装有一通风电机的通风式干湿球温度计。通风式干湿球温度计是一种较精密的仪器，测量时也要使用蒸馏水，防止水滴通过风道沾在干球温度计的温包上造成巨大的误差，使用中不能将仪器倾斜或倒置。

3. 压力表的使用

1）压力表内部结构

弹簧式压力表是制冷设备维修中使用最普遍的压力表，标有负压刻度的弹簧式压力表又叫做真空压力表，它的规格按表盘直径分为 60mm、100mm、150mm 等几种。它主要由弹簧管、游丝、指针、表盘等组成，其内部示意图和构造如图 1-3（a），（b）所示。工程上将真空表和压力表制成一体，称做连程压力表。

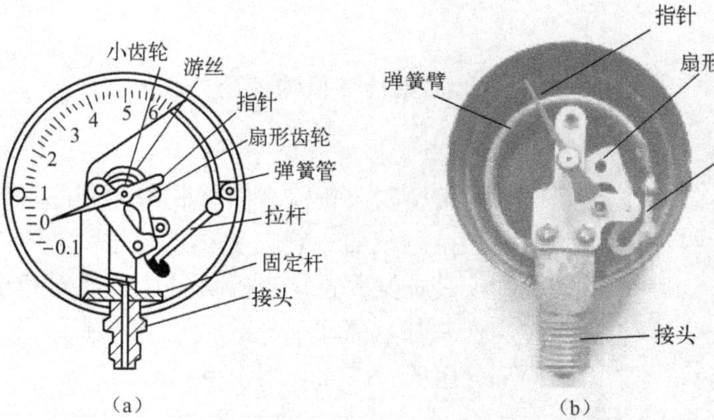

图 1-3　弹簧式压力表的内部示意图和构造

2）压力表刻度的解读

制冷维修中多使用表盘直径为 60mm 的真空压力表，它既可以测量正压，也可以测量负压（真空度），常见的表盘刻度如图 1-4 所示。单位有公制 MPa（兆帕）和英制 b/in^2（磅/平方英寸）两种，表盘由里向外第一圈刻度为公制压力，单位是 MPa，第二圈刻度是英制压力，单位是 b/in^2。有些压力表表盘上标注有常用制冷剂饱和压力对应的饱和温度，如

图 1-5 所示，该表盘由里向外第一圈刻度是公制压力，单位是 MPa，第二圈刻度是制冷剂 R22 与内圈压力值对应的饱和温度，单位是℃，第三圈刻度是制冷剂 R12 与内圈压力值对应的饱和温度，单位也是℃。这种真空压力表能显示 R22、R12 两种制冷剂的蒸发压力对应的蒸发温度。有些压力表可以同时读出真空压力和表压，称做复合压力表。复合压力表在制冷工作中特别有用，因为在压缩机的吸收管路中，压力常低于大气压。

图 1-4　真空压力表的表盘刻度

图 1-5　显示饱和温度的压力表刻度

3）使用注意事项

① 压力表应垂直安装。

② 测量液体压力时应加缓冲管。

③ 测量值不能超过压力表测量上限的 2/3，测量波动压力时，测量值不能超过压力表测量上限的 1/2。

④ 压力表的使用期限为一年，达到使用期限的压力表须到指定的单位进行检测，合格后方可使用。

4. 卤素检漏仪的使用

1）卤素检漏仪简介

卤素检漏仪是检测以氟利昂为制冷剂的制冷设备有无泄漏的检漏仪器，它体积小、灵敏度高、携带方便。卤素检漏仪是根据六氟化硫等负电性物质对负电晕放电有抑制作用这一基本原理制成的。它由传感器探头和电子指示器两部分组成，结构如图 1-6 所示。

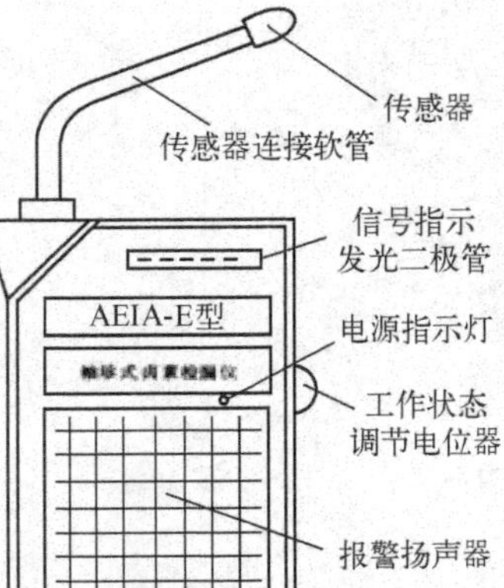

图 1-6　AEIA-E 型袖珍卤素检漏仪结构

2）卤素检漏仪的使用方法及注意事项

① 接通电源，缓慢转动调节电位器，使检漏仪仅有一个发光二极管亮，报警扬声器发出清晰缓慢的“嘀嗒”声，此时为仪器正常工作点。

② 将传感器探头靠近制冷设备被检部位慢慢移动，当接近漏源时，被测气体进入探头，报警扬声器的“嘀嗒”声频率加快，指示灯将被逐个点亮，被测气体氟利昂浓度

越大，发出的声频越高，被点亮的发光二极管越多。根据这一原理，就可检测到被测气体的泄漏处。

③ 使用卤素检漏仪时，要保持清洁，避免油污、灰尘污染探头。若探头的保护罩或滤布污染，可小心撤下保护罩或滤布，用酒精等中性溶剂清洗，然后用氮气等吹干后再照原样装好。

④ 使用卤素检漏仪，要防止撞击传感器的探头，更不要随意拆卸，以免损坏探头。

⑤ 卤素检漏仪在使用中如出现工作点调不稳，信号灯或扬声器发出的节拍声不规则，则首先要检查干电池的电压是否太低，如不属于电源系统的问题，则多为卤素检漏仪的探头已污染或损坏。

5. 钳形电流表的使用

1）钳形电流表简介

钳形电流表简称钳形表，又叫做卡表，是测量交流电流的专用电工仪表，钳形表与万用表组合在一起，构成多用钳形表，它由电流互感器和万用表组合而成，其显示方式有指针式和数字式。指针式多用钳形表外观如图 1–7 所示，数字式多用钳形表外观如图 1–8 所示。

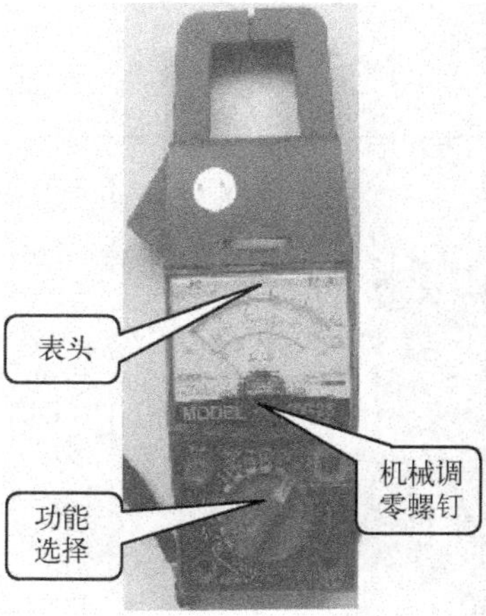

图 1–7 指针式多用钳形表外观

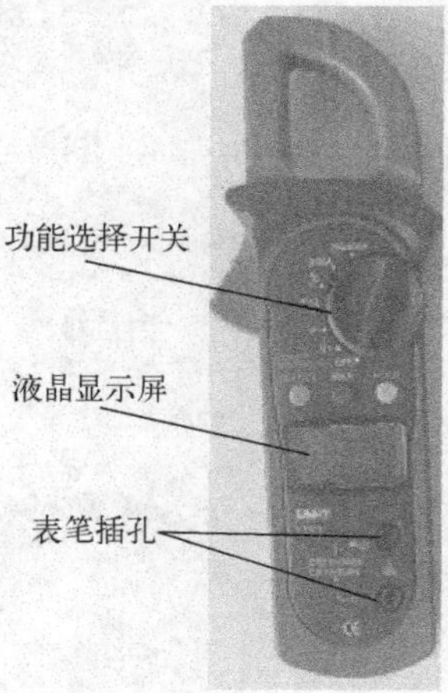

图 1–8 数字式多用钳形表外观

2）使用钳形电流表的注意事项

① 使用钳形表测量交流电流时，应先估计被测电流的大小，选择合适的量程。一般先选择较大量程，然后视被测电流的大小，调整到合适量程。

② 测量交流电流前，应保持钳口的清洁，清除互感器钳口上的油污、杂质，以减小测量误差。

③ 导线夹入钳口后，钳口铁芯的两个面应很好地吻合，被测导线应位于钳口的中央。

④ 钳形表只能钳住所测电路的一根导线，不能同时钳住同一电路的两根导线，如图 1–9 所示。

图 1–9 钳形表的操作

⑤ 测量较小电流时，可将被测导线在钳形铁芯上绕几圈后再

测量，将读取的电流值除以圈数，即为测量的实际电流值。

⑥ 使用钳形表检测交流电流时，不可夹钳裸露导线，以免发生触电危险。

⑦ 指针式钳形表每次测量完毕，应将转换开关拨至最大量程，以免再次使用时未选择量程就操作而损坏仪表。

1.3.2 制冷维修工具认知与使用

1. 认识制冷维修工具

制冷维修工具及其作用如表 1-1 所示。

表 1-1 制冷维修工具及其作用

名 称	实物及特征	使 用
1. 内六角扳手	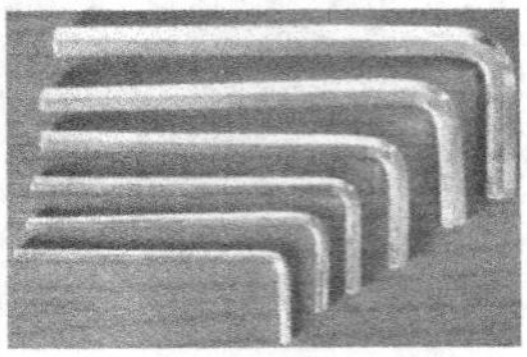	用于某些阀门的开启和关闭（例如分体空调的维修工艺阀）
2. 三通真空压力表（量程为 -0.1 ~ 1.5MPa）	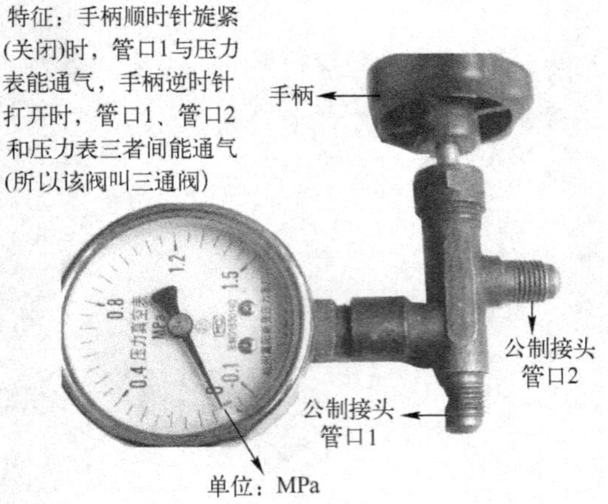	用于对冰箱高、低压部分，空调低压部分进行压力检测、抽真空、充注制冷剂等操作（不能用于空调高压部分，因为量程不够）
3. 制冷剂钢瓶（瓶体标有最大充装量，有 1.5kg、3kg、5kg、10kg 等）	实物 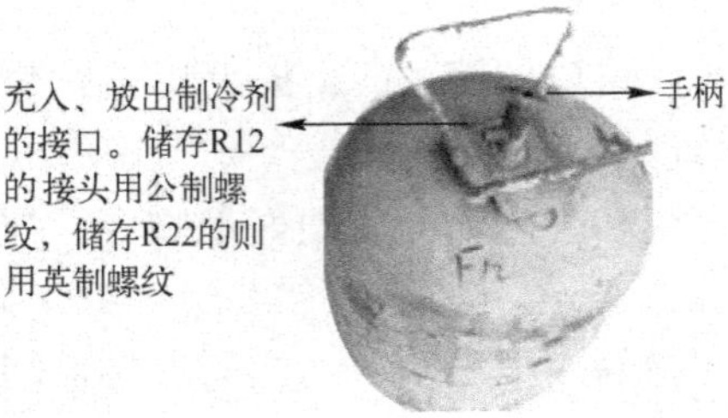	充装、储存制冷剂，此类钢瓶可重复充装

续表

名 称		实物及特征	使 用
3. 制冷剂钢瓶（瓶体标有最大充装量，有1.5kg、3kg、5kg、10kg等）	充装制冷剂	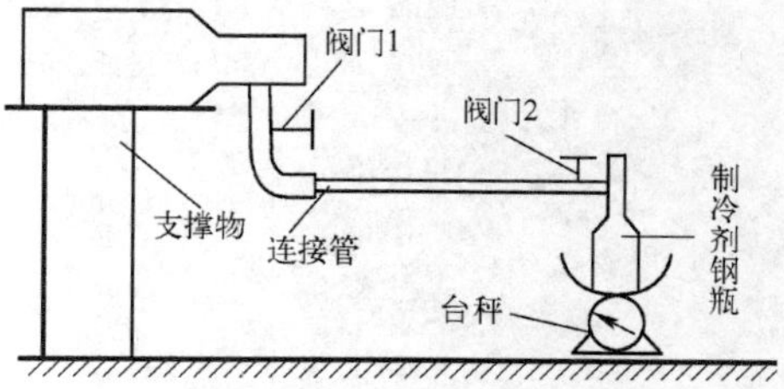 方法： ① 排空气：将阀门2关闭（顺时针转动手柄），其连接管旋松，阀门1的连接管旋紧，开启阀门1（逆时针转动手柄），放出制冷剂，当阀门2处的连接管有气体排出时，经1s左右，将阀门2的连接管旋紧。 ② 开启两阀门，储液罐中的液态制冷剂经连接管进入小型制冷剂钢瓶。当台秤示数等于钢瓶的自重与最大充装量之和时，关闭两阀门	充装、储存制冷剂，此类钢瓶可重复充装
	放出	将制冷剂钢瓶的阀门手柄逆时针转动，即可开启阀门放出制冷剂	
4. 连接管		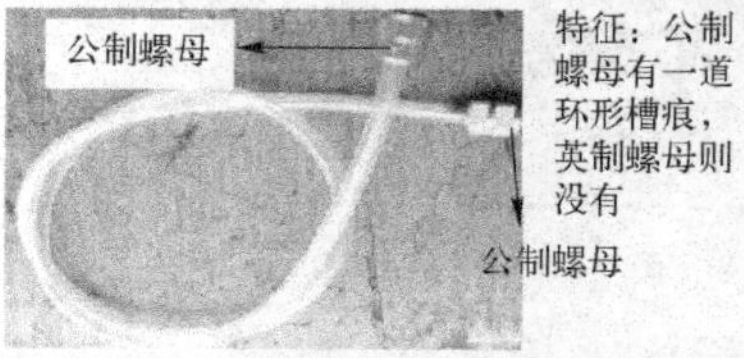	冰箱充氟时，两端分别接在三通真空压力表和制冷剂钢瓶的公制接头上
5. 连接管			常用于空调维修。实践中还用到两头都是英制或都是公制的连接管及公、英制转换接头
6. 复合修理阀		 说明： ① 手柄1顺时针（图中向右看）旋到底即关闭时，低压表与3之间能通气，逆时针转动即开启时，低压表、3与4二者间能通气。 ② 手柄2顺时针（图中向左看）旋到底即关闭时，高压表与5之间能通气，逆时针转动即开启时，低压表、5与4二者间能通气	常用于空调和汽车空调的单侧抽真空，高、低压侧同时抽真空和充注制冷剂

续表

名　称	实物及特征	使　用
7. 封口钳	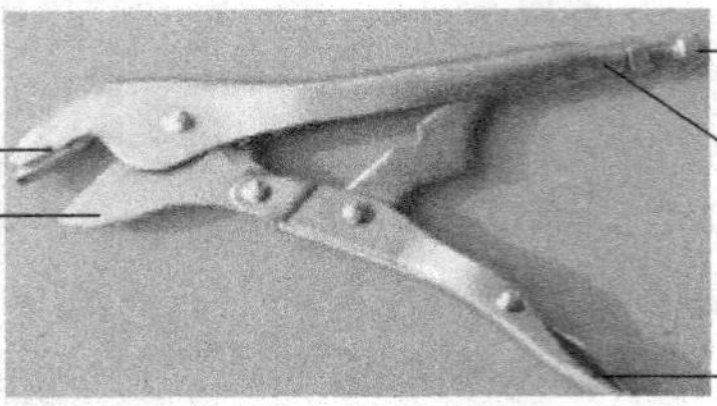	把待封口的管道置于1和2之间，用力握紧手柄，1和2就会合拢，将管道夹得扁平而不泄漏，再用气焊封闭缝隙
8. 真空泵		用于对制冷系统抽真空，效果好
9. “抽空打气两用泵”（用封闭式压缩机改装而成，可代替真空泵）	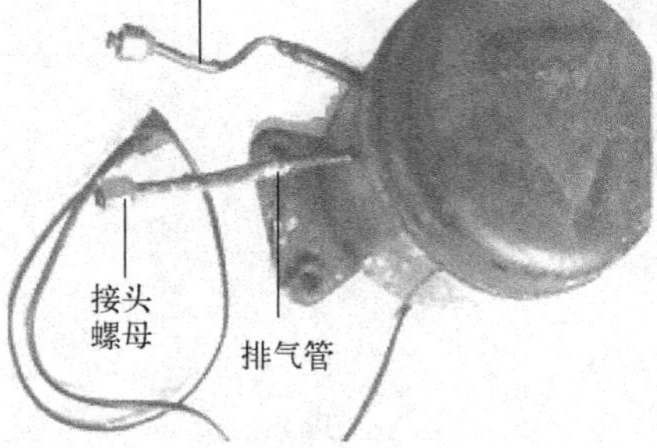	压缩机的吸气管可用来抽真空，效果略逊于真空泵，但它的排气管可以方便地对制冷系统充入干燥空气试压检漏，且价格较便宜，所以在实践中应用较广
10. 台秤（各种类型皆可）		定量充注制冷剂时，称取重量
11. 接头和接头螺母	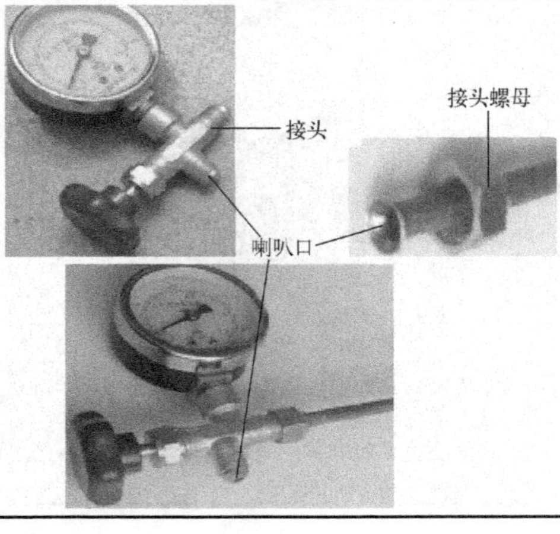	用于管道的活接

续表

名　称	实物及特征	使　用
11. 接头和接头螺母	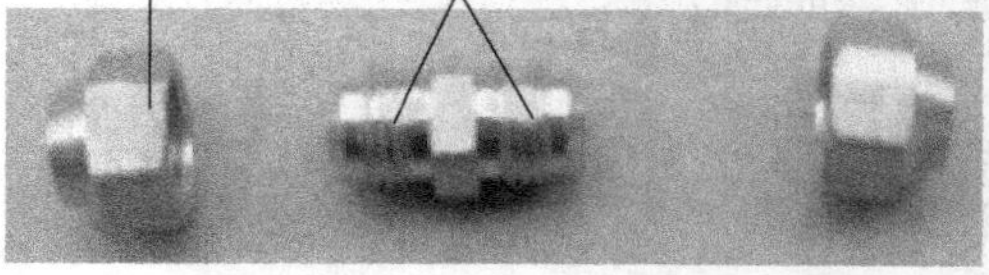	用于管道的活接
12. 维修用单向阀	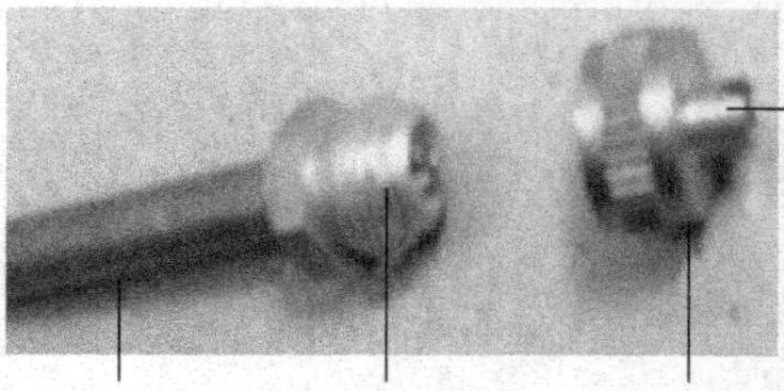	焊接在系统的低压部分。下次检测时，可将连接管带顶针的一端接在单向阀螺纹上，顶针可顶开气门销，另一端接真空表的三通阀，不需气焊，方便实用

2. 启开阀的结构与使用

1）启开阀的结构

对于小型灌装制冷剂，开启时需用专用的启开阀，它由阀针、板状螺母、调节手柄等构成，如图 1-10 所示。

2）启开阀的使用方法

① 逆时针旋转启开阀手轮，直至阀针完全缩回。

② 逆时针旋转板状螺母使其升到最高位置，然后将阀与制冷剂罐中心的凸台拧紧。

③ 顺时针旋转板状螺母，直至拧紧，如图 1-11 所示。将检修阀通过加液管连接到启开阀的接头。

图 1-10　启开阀的结构

图 1-11　启开阀的安装

④ 顺时针旋转调节手轮，使其前端的阀针刺入制冷剂罐凸台，再逆时针旋转调节手轮，制冷剂便从刺破的针孔经接头排出，从压力表读出压力值。

⑤ 如罐内制冷剂未使用完，可顺时针旋转调节手轮至最低位置，重新封闭制冷剂罐，但不可拆动启开阀，否则罐内制冷剂会泄漏。

3. 二通检修阀

1）二通检修阀的结构

二通检修阀又称做直角阀，是制冷设备维修中最常用的检修阀，其外观如图 1-12 所示，内部结构如图 1-13 所示。

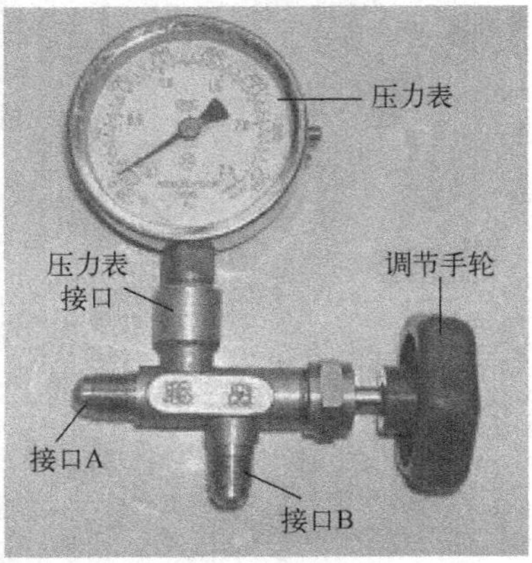

图 1-12　二通检修阀的外观

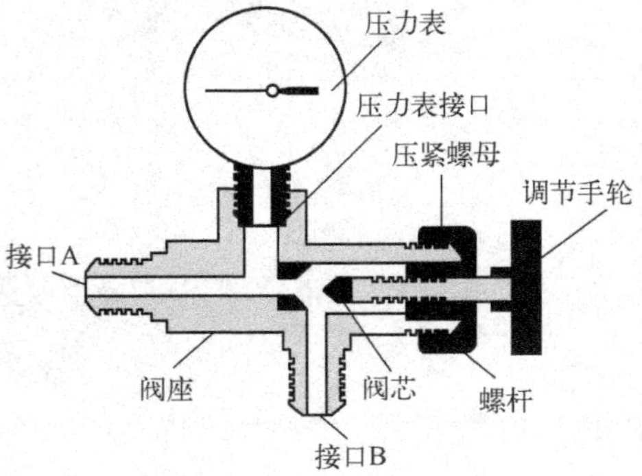

图 1-13　二通检修阀的内部结构

2）二通检修阀的使用方法

维修制冷设备时，与检修阀垂直的带外螺纹的接口 B 用于连接真空泵等检修设备，与检修阀调节手轮相对的接口 A 用于连接制冷设备的制冷系统，另一个接口用于安装真空压力表。顺时针旋转调节手轮，关闭修理阀，切断接口 B 与接口 A、压力表的连接，外接维修设备与制冷系统、压力表不通；逆时针旋转调节手轮，打开检修阀，接口 A 与接口 B、压力表相通。

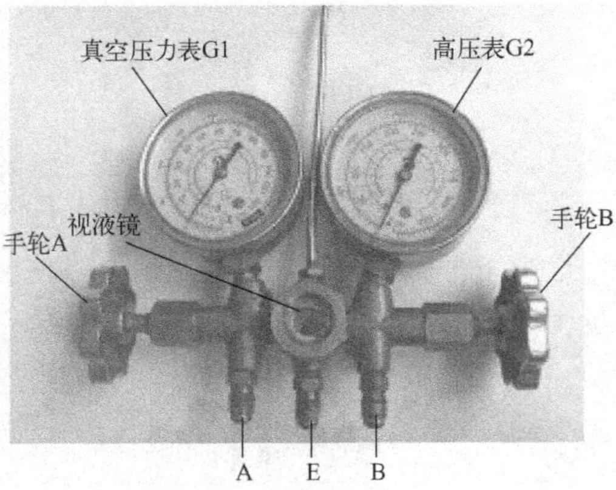

图 1-14　三通修理阀

4. 三通修理阀

1）三通修理阀的结构

三通修理阀又称做复式修理阀，结构如图 1-14 所示。这种阀上装有两块压力表：一块是真空压力表（蓝色，低压表），用来测量制冷系统的真空度和低压侧压力；另一块是高压表（红色），只能测量正压力，测量压力范围大。

2）三通修理阀的使用方法

三通修理阀的接口 B 接高压软管（红

色)，接口 A 接低压软管（蓝色)，接口 E 接维修软管（黄色)。

顺时针旋转手轮 A，关闭接口 E 与接口 A 和低压表 G1 的连接，逆时针旋转为打开。顺时针旋转手轮 B，关闭接口 E 与接口 B 和高压表 G2 的连接，逆时针旋转为打开。

5. 检修阀和压力表使用举例

检修阀一般通过加液管与制冷系统和维修设备进行连接。

1）加液管

加液管是一种机械强度较高的耐氟橡胶软管或耐压塑料尼龙管，两端装有穿心螺母，该螺母有英制和公制两种。如果加液管螺母与制冷设备的接头制式不符，则可选用转换接头，如图 1-15 所示。加液管接头分带顶针和不带顶针两种形式，外形如图 1-16 所示。维修空调器时，应使用一端带有顶针的加液管，如加液管不带顶针，则可另配带顶针的转换接头。

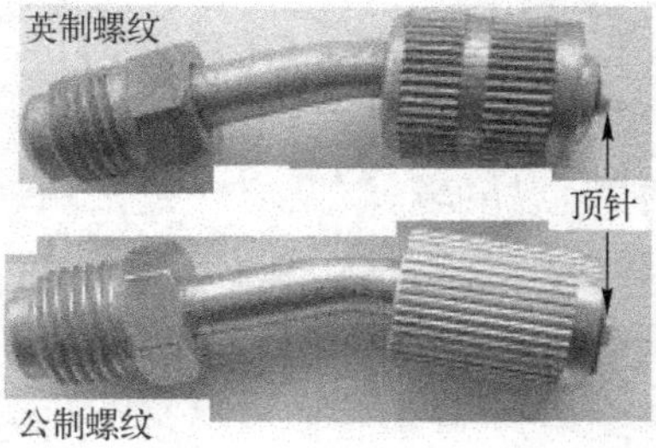

图 1-15　转换接头

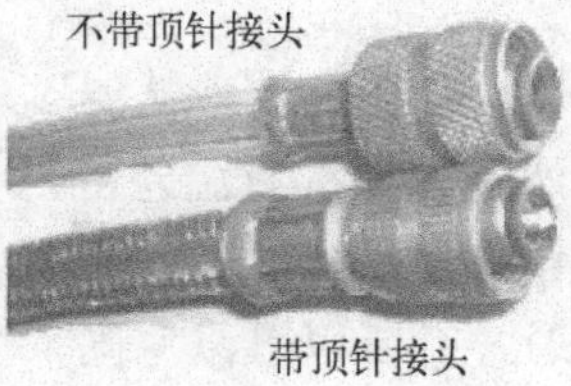

图 1-16　加液管接头

2）维修电冰箱时三通修理阀的使用

用三通修理阀维修电冰箱时，设备连接如图 1-17 所示。三通修理阀的接口 B 用来连接制冷剂容器，接口 A 连接真空泵，接口 E 连接制冷设备的工艺管。

3）用二通检修阀测量空调器的静态制冷剂压力

① 打开空调器气阀维修口盖帽。

② 将二通检修阀调节手轮顺时针旋到底。

③ 选择带顶针的接头。

④ 将二通检修阀通过加液管连接到空调器的气阀维修口上，如图 1-18 所示，读出压力表的读数。

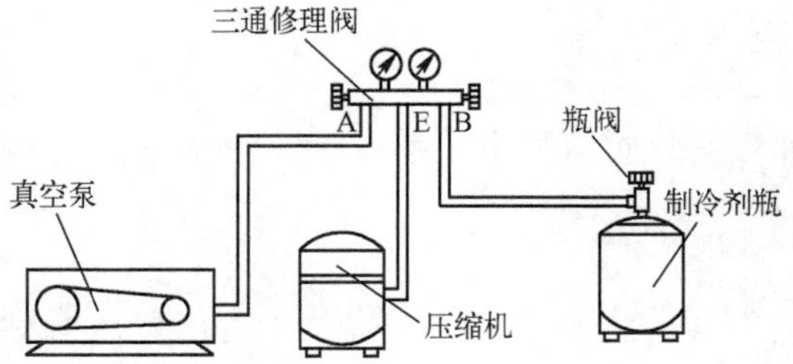

图 1-17　维修电冰箱时三通修理阀的设备连接

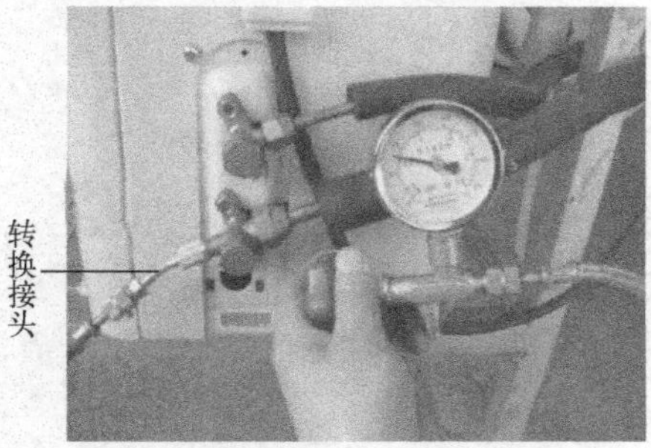

图 1-18　测量空调器制冷系统的静态制冷剂压力

1.4 项目基本知识

1.4.1 制冷常用物理现象与物理量

热和冷是自然界最常见的物理现象，要想学习好制冷技术就必须从冷、热现象开始。在本项目中，将讲解一些常用物理量概念并举一些简单的应用例子。所涉及的内容不能代替物理课程，但足够用了。对于没有物理学基础的人来说，这一节作为必修知识，是不可以省略的。

1. 什么是热

热可以定义为在两个热力系之间或热力系与外界之间因温度差而传递的一种能量形式。

要注意，热量只能自然地从温度较高的物体向温度较低的物体转移，我们说它是“往下走”的。当然，如果没有温差就没有热量的转移。

热量的国际单位是焦耳（J），它也是功的单位，由于功和热是同一个物理性质——能量的两种不同形式，所以可以用同一个单位来表示。实际上我们可以看到许多例子，在其中能量的一种形式——功，物体通过摩擦转化成另一种形式——热。常见的例子就是汽车的轮胎与路面的摩擦使轮胎变热。

在国际单位中，使用焦耳（J）作为各种形式能量的唯一单位，使用千瓦（kW）作为功率的唯一单位，这样可以简化计算过程。但是，在一些使用米制的国家，在制冷工作中，人们仍然会使用卡（cal）或千卡（kcal）作为热能的单位。1cal 是指将 1g、15℃的水温度升高 1℃所需要的热量。

2. 什么是冷

一个物体的热散发掉以后就成了冷。制冷是一个特殊的热量传递过程，我们要将热量从物体移走，使它达到我们想要的低温，或保持这种低温。当然，一定具有一种物体，比我们要从中移除热量的这个物体的温度还要低。这就是为什么我们要创造机械制冷的方法，也就是本书的主题。

3. 密度、比容和比重

比容是制冷工程中基本状态参数之一，与密度、比重有如下关系：

1）密度

密度（d）是某种物质单位体积的质量（m），即

$$d=\frac{m}{V}$$

式中，V 为体积。

2）比容

比容（v）是密度的倒数，即

$$v=\frac{V}{m}$$

物质的密度和比容会随着温度和压力的变化而变化，尤其是液体和气体。

3）比重

液体的比重定义为它的密度与相同体积 4℃ 水的密度的比值。4℃ 水的密度为 1 000kg/m^3，所以比重为

$$r=\frac{d}{d_w}=\frac{d}{1\,000}$$

式中，d 为物质的密度，单位为 kg/m^3；d_w 是 4℃ 水的密度，单位为 kg/m^3。

质量、密度都是物质的物理特性。

4. 温度与温标

温度是表示物体冷热程度的物理量，衡量温度的标尺即温标可分为摄氏温标、华氏温标和热力学温标，对应的温度分别为摄氏温度、华氏温度和热力学温度。

1）摄氏温度

摄氏温度符号为 t，单位为℃。摄氏温标规定，在 1 标准大气压下，把纯水的冰点和沸点分别定为 0℃ 和 100℃，其间等分成 100 份，每一份即为 1℃。

2）华氏温度

华氏温度符号为 t_f，单位为℉。华氏温标规定，在 1 标准大气压下，把纯水的冰点和沸点分别定为 32℉ 和 212℉，其间等分成 180 份，每一份即为 1℉。

3）热力学温度

热力学温度又称做开氏温度或绝对温度，符号为 T，单位为 K。热力学温标规定，在 1 标准大气压下，把纯水的冰点和沸点分别定为 273. 16K 和 373. 16K，其间等分成 100 份，每一份即为 1K。

4）3 种温标之间的关系

3 种温标之间的关系如图 1-19 所示。

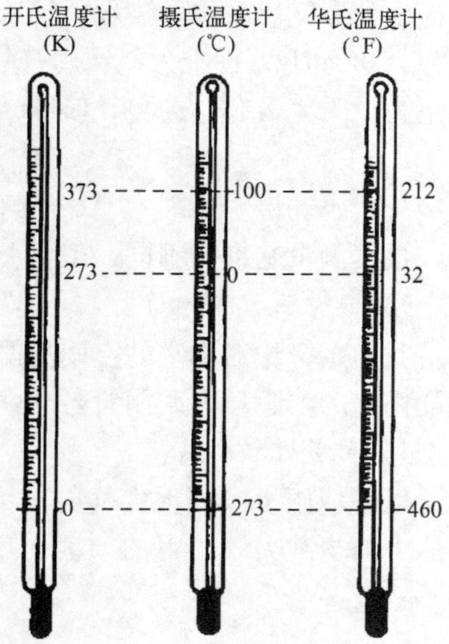

图 1-19　3 种温标之间的关系

5）3 种温标的换算

（1）摄氏温度与热力学温度的换算。

$$T=t+273.15\approx t+273(\text{K})$$

$$t=T-273.15\approx T-273(℃)$$

（2）摄氏温度与华氏温度的换算。

$$t_f=9/5\times t+32(℉)$$

$$t=5/9(t_f-32)(℃)$$

温度的测量使用温度计，常用的温度计有玻璃温度计、压力式温度计和半导体温度计。

5. 压力、绝对压力、表压和真空压力

1）压力和单位

（1）定义：压力定义为施加在单位面积上的力。用公式的形式来表达就是

$$P=\frac{力}{面积}=\frac{F}{A}$$

如果力的单位用牛顿（N），面积的单位用平方米（m^2），则压力的单位为牛/米^2（N/m^2）。

（2）压力的单位。

① 国际单位。在国际单位制中，力的单位是牛顿（N），面积的单位是平方米（m^2），压力（压强）的单位为帕斯卡，简称帕，用符号 Pa 表示。

$$1Pa=1N/m^2$$

制冷技术中，通常用千帕（kPa）或兆帕（MPa）作为单位。

$$1MPa=10^3kPa=10^6Pa$$

② 工程单位。工程技术上常用的压力单位称为工程单位，常用千克力/平方厘米（kgf/cm^2）表示。

$$1kgf/cm^2=9.8\times10^4Pa\approx0.1MPa$$

③ 采用液柱高度为压力单位。压力的单位可以用液柱高度 h 表示。常用的液体有汞（水银）和水，相应的压力单位为汞柱（mmHg）高度和水柱（mmH_2O）高度。

$$1mmHg=1.33Pa$$

2）标准大气压（P_{atm}）

标准大气压又称做物理大气压，是指在纬度为45°的海平面上大气常年的平均压强。其值为760mmHg，标准大气压用符号 B（atm）来表示。工程上为了计算方便，把大气压力近似定为1千克力/平方厘米（$1kgf/cm^2$）来计算，称为一个工程大气压（P_{atm}）。

$$1\text{标准大气压}(1B)=760mmHg$$

$$1B=1.033kgf/cm^2\approx1kgf/cm^2\approx0.1MPa$$

根据测量基准的不同，工程上气体的压力分为绝对压力、表压力和真空度。

3）绝对压力（$P_{绝}$）

我们定义绝对真空的空间里的压力为零，以零为起点的压力指容器内的气体或液体对于容器内壁的实际压力，用符号 $P_{绝}$ 表示。

4）表压力（$P_{表}$）

以环境压力（当地大气压）为起点的压力，即压力表上读取的压力值，表示被测工质的压力与当地大气压力的差值，用符号 $P_{表}$ 表示。绝对压力、表压力和大气压之间的关系如下：

$$P_{表}=P_{绝}-B$$

表压力使用起来很方便，因为大多数的压力测量仪器是根据大气压的读数为零来进行校准的。

5）真空度（$P_{真}$）

当流体产生的压力或密闭容器内气体绝对压力低于大气压力时，这个压力与大气压之间的差值就称为真空压力或真空度，用符号 $P_{真}$ 表示，反映在压力表上为负压力。绝对压力、大气压和真空度之间的关系如下：

$$P_{真} = B - P_{绝}$$

上述 3 种压力与大气压力的关系如图 1-20 所示。

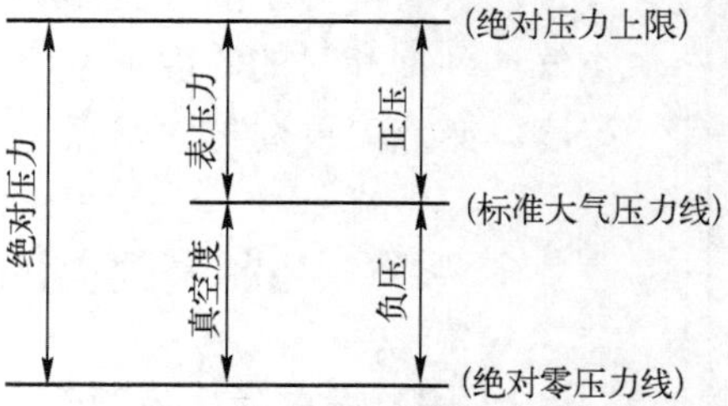

图 1-20　绝对压力、表压力和真空度的关系

6. 湿度、湿球温度和露点温度

自然界的空气由干空气和水蒸气两部分组成，即空气（湿空气）= 干空气 + 水蒸气。

湿空气按吸湿能力分为饱和湿空气和未饱和湿空气。在一定温度下，空气中所含水蒸气的量达到最大值时，这种空气叫做饱和空气；当空气中所含水蒸气的量未达到最大值时，这种空气叫做未饱和空气。

1）湿度

空气中的水蒸气含量用湿度表示，它分为绝对湿度、相对湿度及含湿量。

（1）绝对湿度。每立方米湿空气中所含水蒸气的质量叫做空气的绝对湿度，单位为 kg/m^3。

（2）相对湿度。湿空气中水蒸气的实际含量与该温度下湿空气可容纳的水蒸气最大含量之比，叫做相对湿度，用符号 Ψ 表示。相对湿度可用湿空气的绝对湿度与相同温度下饱和空气的绝对湿度之比来表示。相对湿度反映了湿空气中水蒸气含量接近饱和的程度，相对湿度小，湿空气偏离饱和的程度远，它的干燥程度高，吸收水蒸气的能力大；反之，相对湿度大，湿空气就潮湿，吸湿能力小。从人的舒适感觉看，夏季空调室内的相对湿度应控制在 40% ~65%，冬季应控制在 40% ~60%。

（3）含湿量。湿空气中每千克（kg）干空气所含有的水蒸气克数（g），单位为（g/kg）。

2）干球温度和湿球温度

普通温度计的温包是干燥的，它所测出的温度称为干球温度。将温度计的温包用纱布包住，纱布另一端浸入水中，由于毛细作用使温包湿润，这时测出的温度称为湿球温度。当温度计周围的空气未饱和时，湿球周围纱布吸收的水分就不断吸收热量蒸发，使温包温度降低。空气相对湿度越小，纱布上的水分蒸发就越快，湿球温度比干球温度低得就越多。

湿球温度并不直接反映空气的冷热程度，而是反映空气的干湿程度，所以常用干湿球温度计来测量空气的相对湿度，如图 1-21 所示。为提高测量准确度，工程上常采用装有一小通风电机的通风干湿球温度计来测量空气的干球和湿球温度。

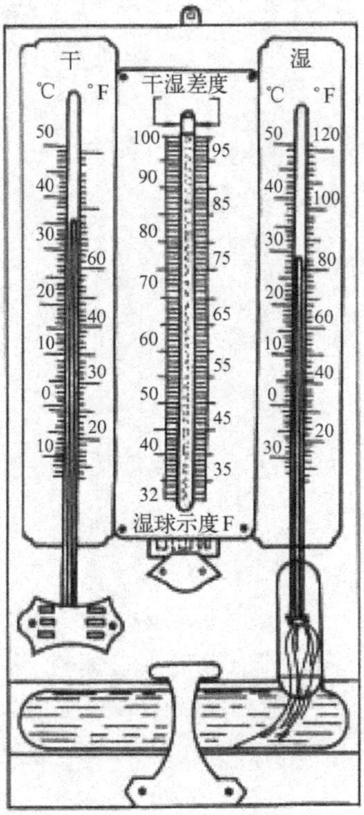

图 1-21　干湿球温度计

3）露点温度

湿空气能容纳的水蒸气量与温度有关，温度越高，空气能容纳的水蒸气量越大。若保持空气中水蒸气的含量不变，降低空气温度，空气将逐渐接近饱和。若继续冷却空气，便会有部分水蒸气凝结为露滴，从湿空气中析出，湿空气达到饱和时的温度或空气开始结露时的温度叫做露点温度，露点温度简称为露点。

1.4.2　与制冷有关的热力学基础知识

1. 沸腾温度与压力的关系

可以从实验中得出一个结论：当压力为 1atm（$1.013\times10^5\mathrm{N/m^2}$），温度为 100℃时，水的状态在气态和液态之间进行变化。在环境压力较高的情况下做一个同样的实验，比如 1.75atm，这时，当水的温度达到 100℃时，继续加热，它并没有沸腾而是温度继续升高。然而当温度达到 116℃时，沸腾过程开始了，温度保持不变直到液体完全蒸发。这表明水沸腾的温度随着压力的不同发生了变化。对于水而言，在 1.75atm 的压力下，其沸点为 116℃，也就是说，在低于 116℃时，水不会沸腾。

所有液体的沸腾温度与冷凝温度与它们所承受的压力有关，只是 p（压力）、t（温度）值有所不同而已。比如，在 1 大气压下，氨的沸点是 -33.3℃，酒精的沸点是 76.7℃，铜的沸点是 2 340℃。一般来说，液体所承受的压力越大，它的沸点就越高；所承受的压力越小，沸点就越低。

物质的温度实际上就是它们的分子运动的平均速度。分子运动的平均速度越快，其温度也就越高。但事实上并非所有的分子都以平均速度在运动，而是有的快，有的慢。比如一个盛水的容器，水的温度为 21℃，环境压力为 1 大气压。因此，水处于液体状态，分子运动的速度不足以使其逃逸。但其中有一小部分分子的速度高于平均速度，如果它们处于接近表面的位置，就可以从液体中逃逸，也就是说，液体的表面会有缓慢的蒸发，这会导致剩余的分子运动得更慢，因此温度更低。液体蒸发会产生轻微的冷却效果，当皮肤被擦上酒精时，我们都会注意到这种效果，蒸发使酒精和皮肤变凉。

从液体表面逃逸的分子产生了蒸汽。施加在液体表面的压力称为蒸汽压。如果环境压力高于蒸汽压，那么液体就无法迅速蒸发，但是，如果液体的温度增加，分子的运动速度增大到足以打破那种束缚它们保持液体状态的力时，液体就沸腾了。当然，如果环境压力增大，液体的沸点也随之增加。

液体的沸腾过程也就是施加的热量打破了原有的将分子束缚在一起的力，但并不会使分子的运动速度加快。这也就是为什么在沸腾的过程中温度不升高的原因。

如果气体施加在液体上的压力降低到低于液体的蒸汽压，我们应该注意将会发生的现象。在这种情况下，由于环境压力低于液体的蒸汽压，液体会突然沸腾。分子所具有的能量超过了所受到的阻力，它们就迅速地逃逸了。由于能量的转移，使得剩余的液体冷却了。通过降低压力可以达到使液体沸腾的目的，这一过程对于制冷来说是十分重要的。

2. 饱和、过冷和过热状态

发生沸腾的温度和压力条件称为饱和状态，沸点从技术角度而言，指的就是饱和温度和饱和压力。从实验中可以看出，在饱和状态下，物质存在的状态可以是液体、蒸汽或气液混合物的状态。把饱和状态下的蒸汽称为饱和蒸汽，饱和状态下的液体称为饱和液体。

饱和蒸汽是处于沸腾温度时的蒸汽，饱和液体是处于沸腾温度时的液体。当蒸汽的温度高于饱和温度（沸点）时，就称为过热蒸汽，而当液体低于饱和温度时就称为过冷液体。

对于给定的压力，过热蒸汽和过冷液体可以处于许多不同的温度，但是，饱和蒸汽或液体对于给定的压力只存在一个对应的温度值。

人们已经制作出了许多物质的饱和参数表，表中列出了这些物质的饱和温度、相应的饱和压力及其他一些饱和状态的参数。

3. 显热、潜热和蒸发制冷

（1）显热。当我们对一种物质加热，或将热量从中移出时，会导致其温度发生变化，但如果物质的状态保持不变，那么在这种情况下该物质的焓的变化就称为显热变化。

（2）潜热。如果对一种物质加热或将热量移出，所导致的结果是物质的状态发生了变化而温度不变，那么该物质中的焓的变化就称为潜热变化。

物质的状态从液体变为气体时的焓值的变化称为汽化潜热；从气体变为液体时焓值的减少量称为凝结潜热，与汽化潜热的值相等。

（3）熔解潜热和汽化潜热。物质的状态从液态到气态的变化需要获取汽化潜热，而汽化过程的温度和压力保持不变。如果对一个固体状态的物质进行加热，它的温度会升高，达到某一温度后就不再继续上升，这时它的状态开始发生变化，它将会熔解，由固体变成液体。相反，当将气体的热量移除时，它的温度会下降，最终冷凝成液体，冷凝过程温度和压力保持不变；当将液体的热量移除时，它的温度会下降，最终凝固成固体，凝固过程温度和压力保持不变。

伴随着熔解和凝固过程的热量称为熔解潜热，伴随着汽化和冷凝过程的热量称为汽化潜热。

冰的熔解潜热为335. 2kJ/kg，而水的汽化潜热为2 257kJ/kg，两者相差6倍多。

当固体有显热变化（温度变化 $\Delta T = t_2 - t_1$）时，遵循比热的定义，要将质量为 m 的物质从一个温度改变为另一个温度所需的热量为

$$Q = m \times c \times \Delta T = m \times c \times (t_2 - t_1)$$

式中　Q——热量增加或减少的净速率（kJ/s）；

c——物质的质量流速（kg/s）；

ΔT——物质的温度变化（℃），$\Delta T = t_2 - t_1$。

此公式称为显热方程，这是由于它应用于物质的温度发生变化而状态不变的加热或冷却过程。

(4) 蒸发制冷。在极低的温度和压力条件下，某些物质可以直接从固体状态变为气体状态，这一过程称为升华，常用于生产冻干食品，可以保持食品的良好风味和外形。首先将食品冻结，然后在极低的压力下，食品中的冰会直接蒸发成水蒸气。

环境压力的突然降低会导致液体沸腾，从而产生制冷作用，这种现象可以从分子运动的角度进行解释。

对于一种处于液体状态的物质，如果环境压力突然降低到低于它的饱和压力，液体就会剧烈地沸腾并汽化。在低压下，分子运动的速度已经足够使它们迅速地逃逸，这在原来较高的压力下是不可能的。沸腾会使物质冷却到相应于这个较低的压力的饱和温度。当液体沸腾时，必须从环境物体中吸收汽化潜热，这样就产生了制冷作用。如果压力足够低的话，水的沸腾也可以达到制冷的目的。

4. 饱和状态

密闭容器中的液体吸热汽化，逸出液面的分子数逐渐增多，当蒸汽分子的密度达到一定程度时，在同一时间内逸出液面和返回液面的分子数相等，气液两态达到动平衡，这种状态称为饱和状态。处于饱和状态的蒸汽，称为饱和蒸汽；处于饱和状态的液体，称为饱和液体；未达到饱和状态的液体，称为未饱和液体。

5. 饱和温度和饱和压力

饱和状态时的温度和压力称为饱和温度和饱和压力。通俗地讲，液体在某压力下的饱和温度就是该压力下的沸点，与液体沸点对应的压力就是该温度下的饱和压力。

一定的饱和温度对应着一定的饱和压力，两者有着一一对应的关系，饱和温度随着饱和压力的增大而增大，饱和压力随着饱和温度的升高而增大。比如，水在一个标准大气压（0.1MPa）下的沸点是100℃，而在0.048MPa的绝对压力（约半个大气压）下的沸点为80℃。我们生活中使用的高压锅，就是通过增加压力来提高饱和温度（水的沸点），进而更容易煮熟、煮烂食物的。

在一定压力下，液体只有达到相应的饱和温度才能沸腾汽化，同样蒸汽只能在与其压力相对应的饱和温度下才能冷凝液化。如制冷剂R12，在标准大气压下的饱和温度是-29.8℃，要想使它在环境压力（标准大气压）下液化，只能将环境温度降为-29.8℃及以下。那么能不能在环境温度下液化呢？根据饱和温度与饱和压力的关系，通过提高饱和压力来提高其冷凝温度，完全可以使其在环境温度下液化。如R12蒸汽被压缩机压缩至0.96MPa送往电冰箱冷凝器内，对应的冷凝温度升高为40℃，就是在炎热的夏天也可以向空气中放热液化。

6. 临界温度和临界压力

饱和蒸汽的温度越高，要使它液化所需的压力也越高。事实表明，当温度升高到超过某一特定数值后，即使压力再大也不能从气态液化变成液态，而只能处于气态，这一特定温度称为临界温度。与临界温度对应的压力称为临界压力，临界温度和临界压力就是最高饱和温度和饱和压力。

7. 过热度和过冷度

蒸汽在某压力下的温度高于该压力所对应的饱和温度时，这种蒸汽称为过热蒸汽，过热蒸汽所处的状态称为过热状态。

过热蒸汽比同压力下饱和温度高出的值，称为过热度。氟利昂 R22 在空调器蒸发器中的沸腾汽化温度（饱和温度）是 5℃，压缩机吸入的蒸汽温度是 15℃，因此压缩机的吸气状态处于过热状态，吸气过热度是 10℃。

液体在某压力下的温度低于该压力所对应的饱和温度时，这种液体称为过冷液体，这种液体所处的状态称为过冷状态，或称为未饱和状态。

过冷液体比同压力下饱和液体的饱和温度所低的值，称为过冷度。氟利昂 R22 蒸汽经压缩机压缩升压，在空调器冷凝器中冷凝液化的温度（饱和温度）达到 40℃，而从冷凝器末端流出的液态制冷剂温度是 35℃，则流出冷凝器的制冷剂过冷度是 5℃。

1.4.3 制冷剂

制冷剂又称为制冷工质，在南方一些地区俗称为雪种。它是在制冷系统中不断循环并通过其本身的状态变化以实现制冷的工作物质。制冷剂在蒸发器内吸收被冷却介质（水或空气等）的热量而汽化，在冷凝器中将热量传递给周围空气或水而冷凝。

特别是在制冷技术中，压缩机、蒸发器、冷凝器和节流装置是硬件，制冷剂是“软件”，不论空调器还是电冰箱，光有硬件没有“软件”将无法制冷。

目前，可以作为制冷剂的物质有百余种，现在仍在使用的也有数十种。各个国家、厂家对制冷剂的命名较为混杂。世界上大多数国家均采用美国供暖制冷空调工程师协会标准中的规定，我国也在国标中规定采用此命名方式。

该命名方式将制冷剂的名称和它的化学结构联系起来，用 R 开头加一串字母数字组合，只要知道它的分子式，就可以写出它的名字，反之亦然。

制冷剂的物理和化学性质直接关系到制冷装置的制冷效果、经济性、安全性及运行管理，因而对制冷剂性质要求的了解是不容忽视的。

1. 物理、化学和安全的要求

（1）制冷剂的黏度应尽可能小，以减小管道流动阻力，提高换热设备的传热强度。

（2）制冷剂的导热系数应当高，以提高换热设备的效率，减小传热面积。

（3）制冷剂与油的互溶性质。制冷剂溶解于润滑油的性质应从两个方面来分析。

如果制冷剂与润滑油能任意互溶，其优点是润滑油能与制冷剂一起渗到压缩机的各个部件，为机体润滑创造良好条件，且在蒸发器和冷凝器的换热面上不易形成油膜阻碍传热。其缺点是从压缩机带出的油量过多，并且能使蒸发器中的蒸发温度升高。

部分或微溶于油的制冷剂，其优点是从压缩机带出的油量少，故蒸发器中蒸发温度较稳定。其缺点是在蒸发器和冷凝器换热面上形成很难清除的油膜，影响了传热。

（4）由于制冷剂在运行中可能泄漏，故要求工质对人身健康无损害、无毒性、无刺激作用。

（5）应具有一定的吸水性，这样就不致在制冷系统中形成“冰塞”，影响正常运行。

（6）应具有化学稳定性：不燃烧、不爆炸，使用中不分解、不变质。同时制冷剂本身或与油、水等相混时，对金属不应有显著的腐蚀作用，对密封材料的溶胀作用应小。

2. 制冷剂的分类

在压缩式制冷剂中广泛使用的制冷剂是氨、氟利昂和烃类。

（1）按照化学成分，制冷剂可分为5类：无机化合物制冷剂、氟利昂、饱和碳氢化合物制冷剂、不饱和碳氢化合物制冷剂和共沸混合物制冷剂。

（2）根据冷凝压力，制冷剂可分为3类：高温（低压）制冷剂、中温（中压）制冷剂和低温（高压）制冷剂。

3. 制冷剂的命名方法

1）无机化合物

无机化合物的简写符号规定为R7( )。括号代表一组数字，这组数字是该无机物分子量的整数部分。

2）卤代烃和烷烃类

烷烃类化合物的分子通式为C_mH_{2m+2}；卤代烃的分子通式为$C_mH_nF_xCl_yBr_z(2m+2=n+x+y+z)$，它们的简写符号规定为$R(m-1)(n+1)(x)B(z)$。

3）非共沸混合制冷剂

非共沸混合制冷剂的简写符号为R4( )。括号代表一组数字，这组数字为该制冷剂命名的先后顺序号，从00开始。

4）共沸混合制冷剂

共沸混合制冷剂的简写符号为R5( )。括号代表一组数字，这组数字为该制冷剂命名的先后顺序号，从00开始。

5）环烷烃、链烯烃及它们的卤代物

简写符号规定：环烷烃及环烷烃的卤代物用字母“RC”开头，链烯烃及链烯烃的卤代物用字母“R1”开头。

6）有机制冷剂

有机制冷剂则在600序列任意编号，例如：R600a。

4. 常用制冷剂的特性

目前使用的制冷剂已达70～80种，并正在不断发展增多。但用于食品工业和空调制冷的仅10多种。其中被广泛采用的只有以下几种。

1）氨（代号：R717）

氨是目前使用最为广泛的一种中压中温制冷剂。氨的凝固温度为－77.7℃，标准蒸发温度为－33.3℃，在常温下冷凝压力一般为1.1～1.3MPa，即使当夏季冷却水温高达30℃时也绝不可能超过1.5MPa。氨的单位标准容积制冷量大约为520kcal/m^3。

氨有很好的吸水性，即使在低温下水也不会从氨液中析出而冻结，故系统内不会发生“冰塞”现象。氨对钢铁不起腐蚀作用，但氨液中含有水分后，对铜及铜合金有腐蚀作用，且使蒸发温度稍许提高。因此，氨制冷装置中不能使用铜及铜合金材料，并规定氨中含水量不应超过0.2%。

氨的比重和黏度小，放热系数高，价格便宜，易于获得。但是，氨有较强的毒性和可燃性。若以容积计，当空气中氨的含量达到0.5% ~0.6%时，人在其中停留半个小时即可中毒，达到11% ~13%时即可点燃，达到16%时遇明火就会爆炸。因此，氨制冷机房必须注意通风排气，并需经常排除系统中的空气及其他不凝性气体。

综上所述：氨作为制冷剂的优点是易于获得，价格低廉，压力适中，单位制冷量大，放热系数高，几乎不溶解于油，流动阻力小，泄漏时易发现。其缺点是有刺激性臭味，有毒，可以燃烧和爆炸，对铜及铜合金有腐蚀作用。

2）氟利昂-12（代号：R12）

R12为烷烃的卤代物，化学名称为二氟二氯甲烷，分子式为CF_2Cl_2。它是我国中小型制冷装置中使用较为广泛的中压中温制冷剂。R12的标准蒸发温度为-29.8℃，冷凝压力一般为0.78 ~0.98MPa，凝固温度为-155℃，单位容积标准制冷量约为288kcal/m^3。

R12是一种无色、透明、没有气味、几乎无毒性、不燃烧、不爆炸的很安全的制冷剂。只有在空气中容积浓度超过80%时才会使人窒息。但与明火接触或温度达400℃以上时，则分解出对人体有害的气体。

R12能与任意比例的润滑油互溶且能溶解各种有机物，但其吸水性极弱。因此，在小型氟利昂制冷装置中不设分油器，而装设干燥器。同时规定R12中含水量不得大于0.002 5%，系统中不能用一般天然橡胶做密封垫片，而应采用丁腈橡胶或氯乙醇等人造橡胶，否则，会造成密封垫片的膨胀引起制冷剂的泄漏。

3）氟利昂-22（代号：R22）

R22也是烷烃的卤代物，学名为二氟一氯甲烷，分子式为$CHClF_2$，标准蒸发温度约为-41℃，凝固温度约为-160℃，冷凝压力同氨相似，单位容积标准制冷量约为454kcal/m^3。

R22的许多性质与R12相似，但化学稳定性不如R12，毒性也比R12稍大。但是，R22的单位容积制冷量却比R12大得多，接近于氨。当要求-40 ~ -70℃的低温时，利用R22比R12适宜，故目前R22被广泛应用于-40 ~ -60℃的双级压缩或空调制冷系统中。

4）R-134a（代号：R134a）

分子式：CH_2FCF_3（四氟乙烷），分子量：102.03。

沸点：-26.26℃，凝固点：-96.6℃，临界温度：101.1℃，临界压力：4 067kPa。

饱和液体密度：25℃，1.207g/cm^3，液体比热：25℃，1.51kJ/(kg·℃)。

溶解度（水中，25℃）：0.15%，临界密度：0.512g/cm^3。

破坏臭氧潜能值（ODP）：0，全球变暖系数值（GWP）：0.29。

沸点下蒸发潜能：215kJ/kg。

质量指标：纯度≥99.9%，水分PPm≤0.001 0，酸度PPm≤0.000 01，蒸发残留物PPm≤0.01。

R134a作为R12的替代制冷剂，它的许多特性与R12很相像。

R134a的毒性非常低，在空气中不可燃，安全类别为A1，是很安全的制冷剂。

R134a 的化学稳定性很好，然而由于它的溶水性比 R22 高，所以对制冷系统不利，即使有少量水分存在，在润滑油等的作用下，将会产生酸、二氧化碳或一氧化碳，将对金属产生腐蚀作用，或产生“镀铜”作用，所以 R134a 对系统的干燥和清洁要求更高。R134a 对钢、铁、铜、铝等金属未发现有相互化学反应的现象，仅对锌有轻微的作用。

R134a 是目前国际公认的替代 R12 的主要制冷工质之一，常用于车用空调、商业和工业用制冷系统，以及作为发泡剂用于硬塑料保温材料生产，也可以用来配置其他混合致冷剂，如 R404a 和 R407c 等。

5）R－404A（代号：R404A）

R404A 由 HFC125、HFC－134a 和 HFC－143 混合而成，在常温下为无色气体，在自身压力下为无色透明液体，R－404A 适用于中低温的新型商用制冷设备、交通运输制冷设备或更新设备。

物化特性：R404A 是一种不含氯的非共沸混合制冷剂，常温常压下为无色气体，储存在钢瓶内是被压缩的液化气体。其 ODP 为 0，因此 R404A 是不破坏大气臭氧层的环保制冷剂。主要用途：R404A 主要用于替代 R22 和 R502，具有清洁、低毒、不燃、制冷效果好等特点，大量用于中低温冷冻系统。

通常与 R－404A 制冷剂配用的冷冻机油有：ICEMATIC SW32、SW220、EMKARATE RL32H、RL170H 等。在不同设备、不同应用场所最终使用何种冷冻油，应遵照冷冻压缩机和制冷（空调）设备厂商的建议，或根据该制冷压缩机、制冷设备使用的具体情况来确定使用同等设计和技术员要求的冷冻机润滑油，即选用对等的冷冻机油。

6）R－410A（代号：R410A）

由于 R－410A 属于 HFC 型环保型共沸制冷剂（完全不含破坏臭氧层的 CFC、HCFC），是得到目前世界绝大多数国家认可并推荐的主流低温环保制冷剂，广泛用于新冷冻设备上的初装和维修过程中的再添加。符合美国环保组织 EPA、SNAP 和 UL 的标准，符合美国采暖、制冷空调工程师协会（ASHRAE）的 A1 安全等级类别（这是最高的级别，对人体无害）。

物化特性：常温常压下，R410A 是一种不含氯的氟代烷非共沸混合制冷剂，无色气体，储存在钢瓶内的是被压缩的液化气体。其 ODP 为 0，因此 R410A 是不破坏大气臭氧层的环保制冷剂。

主要用途：R410A 主要用于替代 R22 和 R502，具有清洁、低毒、不燃、制冷效果好等特点，大量用于家用空调、小型商用空调、户式中央空调等。

通常与 R－410A 制冷剂配用的冷冻机油有：EMKARATE RL68H、RL170H、ICEMATIC SW68、SW220 等。

综上所述，常用制冷剂分子式、分子量和物理、化学性能部分数据如表 1-2 所示。

表 1-2　常用制冷剂分子式、分子量和物理、化学性能部分数据

制冷剂	分子式	分子量	蒸发温度（℃）	凝固温度（℃）	临界温度（℃）	临界压力（kPa）
水（R718）	H_2O	18.02	+100	0	+374.2	227.98
氨（R717）	NH_3	17.03	－33.4	－77.7	+132.4	112.5

续表

制冷剂	分子式	分子量	蒸发温度（℃）	凝固温度（℃）	临界温度（℃）	临界压力（kPa）
R11	$CFCl_3$	137.39	+23.7	-111	+198	44.6
R12	CF_2Cl_2	120.92	-29.8	-155	+111.5	40.86
R13	CF_3Cl	104.47	-81.5	-180	+28.8	39.4
R22	CHF_2Cl	88.48	-40.8	-180	+96	50.3
R-404A	CHF_2CF_3	97.6	-46.8		72.1	37.32
R-410A	CF_2H_2、CF_3CHF_2	72.6	-51.6		72.13	49.20
R-134a	CH_2CF_3	102.03	-26.26	-96.6	101.1	40.67

5. 冷冻油

（1）冷冻油的概念。制冷压缩机所使用的润滑油叫做冷冻机油，简称冷冻油。压缩机所有运动部件的磨合面必须用润滑油加以润滑，以减小磨损。

（2）冷冻油的作用。把磨合面的摩擦热能及磨屑带走，从而限制了压缩机的温升，改善了压缩机的工作条件。压缩机活塞与汽缸壁、轴封磨合面间的油蜡，不仅有润滑作用，而且有密封作用，可防止制冷剂的泄漏。

（3）冷冻油的要求。①黏度适当；②浊点低于蒸发温度；③凝固点足够低；④闪点足够高；⑤化学稳定性好；⑥杂质含量低；⑦绝缘性能好。

（4）冷冻油的选用。①牌号选择。目前，我国生产的冷冻油主要有5种，其牌号按运动黏度来标定，黏度越大，标号越高。不同牌号的冷冻油不能混用，但可以代用。代替原则是：高标号冷冻油可代替低标号冷冻油，而低标号冷冻油不能代替高标号冷冻油，使用R12作为制冷剂的压缩机可采用HD-18号冷冻油，使用R22作为制冷剂的压缩机可采用HD-25号冷冻油。②质量判断。从冷冻油外观可以初步判断其质量的优劣。当冷冻油中含有杂质或水分时，其透明度降低；当冷冻油变质时，其颜色变深。

1.5　项目拓展知识

1.5.1　热力学基础知识

1. 热力学第一定律

它可以表述为：热可以转变为功，功也可以转变为热；一定量的热消失时，必然伴随产生相应量的功；消耗一定的功时，必然产生与之对应量的热。或者说，热能可以转变为机械能，机械能可以转变为热能，在它们的传递和转换过程中，总量保持不变。

当物体从外界吸收热量 Q 时，物体的内能应增加，增加的数值等于 Q；当物体对外做功 W 时，物体的内能应减少，减少的数值等于 W。如果物体从外界吸收热量 Q，同时又对外做功 W，则物体内能的增加量应为 $\Delta E = Q - W$，通常写为

$$Q = \Delta E + W$$

式中 Q——物体从外界吸收的热量焦耳（J）；

ΔE——物体内能的增加量焦耳（J）；

W——物体对外做的功焦耳（J）。

上式表明：物体从外界吸收的热量，一部分使物体的内能增加，另一部分用于物体对外做功。

热力学第一定律是能量守恒与转换定律在热力学中的应用。能量守恒与转换定律是自然界的基本规律之一。它可以概述为：在自然界中，一切物质都具有能量，能量既不能被消灭，也不能被创造，但可以从一种形态转变为另一种形态，且在能量转化的过程中，总的能量保持不变。将这一定律应用到涉及热现象的能量转换过程中，即是热力学第一定律。

2. 热力学第二定律

热力学第二定律表述为：热不能自发地、不付出代价地从低温物体传至高温物体。如同低水位不能自动向高处流动，必须通过水泵做功（抽水）才能把低水位水送往高处一样。又如制冷机消耗一定的机械能将低温物体的热量转移到外界高温环境中，从而实现连续制冷的目的。

热力学第一定律和热力学第二定律都是根据无数次的实践得出的经验定律，它具有广泛的适用性和高度的可靠性。

3. 热传导

热能通过物质从高温区向低温区流动，利用传导作用（如通过水壶底）进行的热能传递，热量从系统的一部分传到另一部分或由一个系统传到另一系统的现象叫做热传导。热传导是固体中热传递的主要方式。在气体或液体中，热传导过程往往和对流同时发生。各种物质的热传导性能不同，一般金属都是传热的良导体，玻璃、木材、棉毛制品、羽毛、毛皮以及液体和气体都是传热的不良导体，石棉的热传导性能极差，常作为绝热材料。

4. 热对流

液体或气体中较热部分和较冷部分之间通过循环流动使温度趋于均匀的过程叫做热对流。对流是液体和气体中热传递的特有方式，气体的对流现象比液体明显。对流可分为自然对流和强迫对流两种：自然对流往往自然发生，是由于温度不均匀而引起的，如下雨现象；强迫对流是由于外界的影响对流体搅拌而形成的。加大液体或气体的流动速度，能加快对流传热，例如空调器制冷时，利用风扇电动机加快对流传热。

5. 热辐射

固体、液体和气体因其温度而产生以电磁波形式辐射的能量。温度越高，辐射越强。物体因自身的温度而具有向外发射能量的本领，这种热传递的方式叫做热辐射。热辐射虽然也是热传递的一种方式，但它和热传导、对流不同。它能不依靠媒质，把热量直接从一个系统传给另一个系统。热辐射以电磁辐射的形式发出能量，温度越高，辐射越强。辐射的波长分布情况也随温度而变，如温度较低时，主要以不可见的红外光进行辐射；在500℃以至更高的温度时，则顺次发射可见光以至紫外辐射。热辐射是远距离传热的主要方式，如太阳的热量就是以热辐射的形式，经过宇宙空间再传给地球的。

1.5.2 热工基础知识

1. 什么是热工

工程热力学与传热学简称为热工。其中，工程热力学主要研究热力学机械的效率和热力学工质参与的能量转换在工程上的应用，如将热力学能转化成机械能推动动力机械做功以及其效率的学科，再如空调将机械能转化成热力学能等；而传热学是研究热量传递的一门学科，如反应堆的导热、对流换热、辐射能的传递等。

2. 什么是热力系统

热力学研究中作为分析对象选取的某特定范围内的物质或空间叫做热力系统。系统以外的物质或空间称为外界。系统与外界之间的界限称为分界面。分界面可以是真实的或假想的，固定的或移动的。与外界之间既有能量又有物质交换的系统称为开口系统或控制体；与外界之间只有能量（功和热）而没有物质交换的系统称为封闭系统或闭口系统；与外界之间没有热量交换的系统称为绝热系统；与外界之间既没有能量也没有物质交换的系统称为孤立系统。自然界没有绝对的封闭系统、绝热系统和孤立系统。在分析实际问题时，为了简化可以应用上述概念做近似处理。

根据系统与环境间的能量和物质的关系，可将系统做如下分类。

（1）开口系统：与外界有物质交换的系统。此时，系统内物质的质量可以发生变化，但是可以把研究对象划定在一定的范围内，所以开口系统又称控制体积系统。

（2）闭口系统：与外界没有物质交换的系统。此时，系统内物质的质量保持不变，称为控制质量系统。

（3）孤立系统：系统与环境之间既无能量交换（其中，能量交换包括热、功和其他能量），又无物质交换。孤立系统完全不受环境的影响。

（4）绝热系统：系统与外界无热量交换。一个用完全隔热材料包围起来的系统，就是绝热系统。

3. 什么是系统的热力状态

（1）状态：某一时刻，系统中物质表现在热力现象方面的总状况。

（2）状态参数：描述系统状态的物理量称为状态参数。

（3）基本状态参数：当系统与外界发生相互作用时，系统的状态将发生变化。系统状态的变化一般表现为系统中工质的压力、温度、比容、内能（焓和熵）等的变化，并且这些物理量的变化与变化的过程无关。

4. 焓

焓是一个热力学系统中的能量参数，是物体在某种状态（温度和压力）下所具有能量的总和。1kg 的物质（制冷工质）在某一状态（温度和压力）时所含的热量称为该物质的焓。我们也将这种以温度和压力所储存的能量称为焓（H）。对于焓还有更为准确的定义，在制冷工业中常使用焓的概念，焓随制冷剂的状态、温度和压力等参数的变化而变化。当对制冷剂加热或做功时，焓就增大；反之，制冷剂被冷却或蒸汽膨胀向外做功时，焓就减小。

焓的单位是焦耳（J）。比焓是单位质量的物质的焓，它的单位是焦耳/千克（J/kg）。

能量可以分为流动的能量和储存的能量，一个物体中储存的总能量包括几种形式，比如我们都注意到了温度和压力也会使物体具有额外的能量，高压的气体具有能量（如沸腾时产生的蒸汽），高温下的水可以向外释放热能。

物体中储存有化学能，因为我们已经认识到物质通过燃烧可以释放出所储存的化学能。还有两种常见的能量储存的形式是动能和势能。动能是由于物体的运动或它的速度而储存的能量，而势能是由于它的位置或海拔高度而储存的能量。

将温度与焓（热含量）区别开来是很重要的，温度是对一个物体的热水平的一种衡量。当物体获得热量时，它的温度升高，而物体的焓（热含量）除了温度外，还取决于它的质量。例如，极少量在 1 400℃的温度下熔化了的钢，其温度要比一大池 90℃水高得多，但是这一大池子水的焓却高于这少量熔化的钢，也就是说，这些水中所储存的内能更多。这是一个很重要的事实，因为在许多实际应用的情况中，尽管它的温度较低，我们可以从这一池水中得到更多的热量。

5. 熵

物理学上指热能除以温度所得的商，标志热量转化为功的程度。熵在热力学中是表征物质状态的参量之一，通常用符号 S 表示。它是从外界加进 1kg 物质（系统内）的热量 Q 与加热时该物质的绝对温度 T(K)之比，用 S 表示，其关系式为

$$S = Q/T(\mathrm{kJ/kg})$$

1.6 项目学习评价

1. 思考练习题

（1）制冷剂的物理、化学和安全的要求有哪些？制冷剂在制冷中的作用是什么？

（2）一台冰箱冷藏室的温度为6℃，换算成华氏温度和热力学温度分别为多少？

（3）空气的相对湿度、绝对湿度有何异同？

（4）饱和压力与饱和温度有什么关系？冷凝温度与沸点有什么关系？

（5）夏天挥发后的酒精蒸汽如何重新变为液态？

（6）你对热工知识了解多少？请写出来。

2. 自我评价、小组互评及教师评价

班级：____________　小组编号：____________　成绩：________

评价方面	项目评价内容	分值	自我评价	小组评价	教师评价	得分
理论知识	① 温度表示方法、换算	5				
	② 压力表示方法、换算	10				
	③ 湿度的表示方法和测量	5				
	④ 从教材中找出制冷剂与润化油各自的作用	10				
实操技能	① 钳形表测试电流	5				
	② 检修阀测量瓶装 R12 的压力	5				
	③ 会将压力表接入低压管路中测量压力，并读出压力值	10				
	④ 能识别制冷剂的牌号，能说出 R410A 的适用范围	10				
	⑤ 能举例说明热力学第二定理的应用	5				
	⑥ 从书中找出 ODP 为 0 的制冷剂有哪几种，ODP 代表什么意思	15				
	⑦ 能用液体的沸腾和冷凝温度与它的压力有关的理论，说明为什么高压锅蒸、煮食物的时间短	10				
安全文明生产和职业素质培养	① 安全用电，规范操作	5				
	② 遵守操作规范，正确使用工具，保持实训场地清洁卫生，安全操作，无事故	5				

3. 小组学习活动评价表

班级：________________　小组编号：_____________　成绩：______

评价项目	评价内容及评价分值			自评	互评	教师点评
分工合作	优秀（12～15分）	良好（9～11分）	继续努力（9分以下）			
	小组成员分工明确，任务分配合理，有小组分工职责明细表	小组成员分工较明确，任务分配较合理，有小组分工职责明细表	小组成员分工不明确，任务分配不合理，无小组分工职责明细表			
资料查询 环保意识 安全操作	优秀（12～15分）	良好（9～11分）	继续努力（9分以下）			
	能主动借助网络或图书资料，合理选择归并信息，正确使用；有环保意识，注意制冷剂的性能，操作过程安全规范	能从网络获取信息，比较合理地选择信息、使用信息；能够安全规范操作，但不注意环保操作	能从网络或其他渠道获取信息，但信息选择不正确，信息使用不恰当；安全、环保操作不到位			
实操技能	优秀（16～20分）	良好（12～15分）	继续努力（12分以下）			
	会使用制冷工具、熟悉制冷剂的分类；正确判断制冷剂；能正确测量压力；会进行温度的测量；正确选用制冷剂，正确使用压力表，能够对温度、压力进行换算	会使用制冷工具，熟悉制冷剂的分类；正确判断制冷剂；能正确测量压力；会进行温度的测量；正确选用制冷剂，正确使用压力表	会使用制冷工具，熟悉制冷剂的分类；正确判断制冷剂；能正确测量压力；会进行温度的测量；正确选用制冷剂			
方案制定 过程管理	优秀（16～20分）	良好（12～15分）	继续努力（12分以下）			
	热烈讨论、求同存异，制定规范、合理的实施方案；注重过程管理，人人有事干、事事有落实，学习效率高、收获大	制定了规范、合理的实施方案，但过程管理松散，学习收获不均衡	实施规范制定不严谨，过程管理松散			
成果展示	优秀（24～30分）	良好（18～23分）	继续努力（18分以下）			
	圆满完成项目任务，熟练利用信息技术（电子教室网络、互联网、大屏幕等）进行成果展示	较好地完成项目任务，能较熟练利用信息技术（电子教室网络、互联网、大屏幕等）进行成果展示	尚未彻底完成项目任务，成果展示停留在书面和口头表达，不能熟练利用信息技术（电子教室网络、互联网、大屏幕等）进行成果展示			
总分						

1.7 项目小结

（1）数字温度计的使用方法。

（2）制冷维修中多使用表盘直径为60mm的真空压力表，它既可以测量正压，也可以测量负压（真空度），常见的表盘刻度如图1-4所示，单位有公制MPa（兆帕）和英制 b/in^2

（磅/平方英寸）两种，表盘由里向外第一圈刻度为公制压力，单位是 MPa；第二圈刻度是英制压力，单位是 b/in^2。还有些压力表表盘上标注有常用制冷剂饱和压力对应的饱和温度，如图 1-5 所示，该表盘由里向外第一圈刻度是公制压力，单位是 MPa；第二圈刻度是制冷剂 R22 与内圈压力值对应的饱和温度，单位是℃；第三圈刻度是制冷剂 R12 与内圈压力值对应的饱和温度，单位也是℃。这种真空压力表能显示 R22、R12 两种制冷剂的蒸发压力对应的蒸发温度。有些压力表可以同时读出真空压力和表压，称为复合压力表。复合压力表在制冷工作中特别有用，因为在压缩机的吸收管路中，压力常低于大气压。

（3）卤素检漏仪是检测以氟利昂为制冷剂的制冷设备有无泄漏的检漏仪器，它体积小，灵敏度高，携带方便。

（4）启开阀的使用方法。

（5）二通检修阀的使用方法。

（6）热可以定义为在两个热力系之间或热力系与外界之间因温度差而传递的一种能量形式。

（7）在制冷工程中基本状态参数有 3 个：温度、压力和比容。

（8）温度是表示物体冷热程度的物理量，衡量温度的标尺即温标可分为摄氏温标、华氏温标和热力学温标，对应的温度分别为摄氏温度、华氏温度和热力学温度。

（9）压力定义为施加在单位面积上的力。

（10）标准大气压又称为物理大气压，是指纬度为 45°的海平面上大气常年的平均压强。其值为 760mmHg，标准大气压用符号 B（atm）来表示；工程上为了计算方便，把大气压力近似定为 1 千克力/平方厘米（$1kgf/cm^2$）来计算，称为一个工程大气压（P_{atm}）。

$$1 \text{标准大气压}(1B) = 760\text{mmHg}$$

$$1B = 1.033\text{kgf/cm}^2 \approx 1\text{kgf/cm}^2 \approx 0.1\text{MPa}$$

因测量基准不同，工程上气体的压力分为绝对压力、表压力和真空度。

（11）自然界的空气由干空气和水蒸气两部分组成，即空气（湿空气）= 干空气 + 水蒸气。

（12）湿空气能容纳的水蒸气量与温度有关，温度越高，空气能容纳的水蒸气量越大。若保持空气中水蒸气的含量不变，降低空气温度，空气将逐渐接近饱和。若继续冷却空气，便会有部分水蒸气凝结为露滴从湿空气中析出，湿空气达到饱和时的温度或空气开始结露时的温度叫做露点温度，露点温度简称为露点。

（13）物质有 3 种不同的存在形式（也称做相）：固态、液态和气态。

（14）液体的沸腾温度随着压力的变化而变化。换言之，所有液体的沸腾、冷凝温度与它们所承受的压力有关，只是 p（压力）和 t（压力）值有所不同而已。比如，在 1 大气压下，氨的沸点是 -33.3℃，酒精的沸点是 76.7℃，铜的沸点是 2 340℃。一般的，液体上所承受的压力越大，它的沸点就越高；压力越小，沸点越低。

（15）密闭容器中的液体吸热汽化，逸出液面的分子数逐渐增多，当蒸汽分子的密度达到一定程度时，在同一时间内逸出液面和返回液面的分子数相等，气液两态达到动平衡，这种状态称为饱和状态。处于饱和状态的蒸汽，称为饱和蒸汽；处于饱和状态的液体，称为饱和液体；未达到饱和状态的液体，称为未饱和液体。

（16）饱和状态时的温度和压力称为饱和温度和饱和压力。通俗地讲，液体在某压力下的饱和温度就是该压力下的沸点，与液体沸点对应的压力就是该温度下的饱和压力。

（17）饱和蒸汽的温度越高，要使它液化所需的压力也越高。事实表明，当温度升高到超过某一特定数值后，即使压力再大也不能从气态液化变成液态，而只能处于气态，这一特定温度称为临界温度。与临界温度对应的压力称为临界压力，临界温度和临界压力就是最高饱和温度及饱和压力。

（18）制冷剂又称为制冷工质，在南方一些地区俗称为雪种。它是在制冷系统中不断循环并通过其本身的状态变化以实现制冷的工作物质。

（19）制冷剂物理、化学和安全的要求。

（20）制冷剂的分类和常用制冷剂的特性。

（21）冷冻油的作用、要求和选用。

项目二

制冷系统部件的认知

制冷部件的组成是以制冷系统为核心，制冷系统是由压缩机、冷凝器、节流装置和蒸发器 4 大部件组成的。在实际的制冷装置中，为了提高制冷运行的经济性和安全可靠性，除 4 大部分外，还有许多其他的辅助设备，如在小型氟利昂制冷系统（中央空调、冷库和冷藏车）中增加了油分离器、储液器、回热器、过滤干燥装置等；在小型氨制冷系统中增加了油分离器、储液器、气液分离器、集油器、空气分离器、紧急泄氨器等，还有压力表、温度计、截止阀液压计和一些自动化控制仪表，把这些设备和仪表组合起来就构成完整的制冷系统。本单元就对这些重要部件进行认知。

2.1 项目学习目标

学习目标		学习方式	学时
技能目标	① 掌握用万用表、兆欧表检测压缩机的方法。 ② 掌握冷凝器的检漏方法。 ③ 掌握蒸发器的检漏方法。 ④ 了解蒸发器的作用与分类。 ⑤ 了解影响换热器传热效率的因素及提高换热效率的方法。 ⑥ 掌握毛细管脏堵、冰堵的解决方法。 ⑦ 掌握套管法维修毛细管的技巧。 ⑧ 掌握干燥过滤器脏堵和冰堵的解决方法。 ⑨ 掌握更换干燥过滤器的方法	实物操作演示为主，辅助课件教学	12
知识目标	① 掌握压缩机的作用。 ② 了解压缩机的结构。 ③ 掌握冷凝器的作用与分类。 ④ 了解毛细管的作用与故障。 ⑤ 了解干燥过滤器的作用与主要故障。 ⑥ 掌握电磁换向阀的作用和工作原理	课件教学	4
情感目标	① 掌握制冷部件的检测方法，激发学习兴趣。 ② 通过实践操作，培养认真观察、勤于思考、规范操作和安全文明生产的职业习惯。 ③ 培养学生主动参与、团队合作的意识，养成“做中学”的习惯	做中学、分组实操、相互协作	课余时间

2.2 项目任务分析

熟悉制冷部件的结构，熟练掌握用万用表、兆欧表检测压缩机的方法，掌握冷凝器的检漏方法，能判断脏堵和冰堵故障的部位，制定合理的检修思路，运用正确的检修设备，参考检测结果判断故障发生部位，最终排除故障。要想快速、准确地判断制冷部件故障必须具备以下技能和知识：

（1）掌握用万用表、兆欧表检测压缩机的方法。

（2）掌握冷凝器的检漏方法。

（3）掌握蒸发器的检漏方法。

（4）掌握干燥过滤器脏堵和冰堵的解决方法。

（5）掌握毛细管脏堵、冰堵的解决方法。

2.3 项目基本技能

2.3.1 全封闭压缩机的检测

全封闭压缩机的检测需要用到的工具有万用表、兆欧表、压力表、钳形电流表，需要检测的项目有电动机绕组的阻值检测、绝缘电阻检测、压力的检测、电流大小的检测。

1. 全封闭压缩机电动机绕组阻值的检测

（1）检测原理。全封闭压缩机包括压缩机和电动机，而电动机为压缩机提供动力，只有电动机正常启动和运转，才能带动压缩机运行，促进制冷剂在制冷系统中流动，以实现制冷的目的。如果电动机出现故障，就不能带动压缩机启动运行，当然更谈不上制冷了。而电动机的好坏，可通过检测电动机绕组的直流电阻值来判断。对于使用单相交流电源的压缩机中的电动机，常采用单相电阻分相式或电容分相式单相异步电动机。这类电动机的绕组有两个，即运行绕组和启动绕组：运行绕组使用的导线截面积较大，绕制的圈数多，其阻值一般较小；启动绕组使用的截面积较小，绕组的圈数也少，其直流电阻一般较大。

（2）检测方法。电动机的引线通过插头接到机壳上的 3 个接线柱上。常用 C 表示电动机运行绕组与启动绕组的公共端，用 M 表示运行绕组的引出线端，用 S 表示启动绕组的引出线端。对于具体绕组接线端子的判定按下列步骤进行。万用表检测如图 2-1 所示。

① 拆卸下压缩机的接线盒，拆下热保护器和启动继电器，然后用万用表的 R×1 挡在机壳上的 3 个接线柱上检测电动机绕组的直流电阻值。

② 测量。在测量前先在每根接线柱附近标上 1、2、3 的记号，然后用万用表测量 1 和 2、2 和 3、3 和 1 三组接线柱之间的电阻。

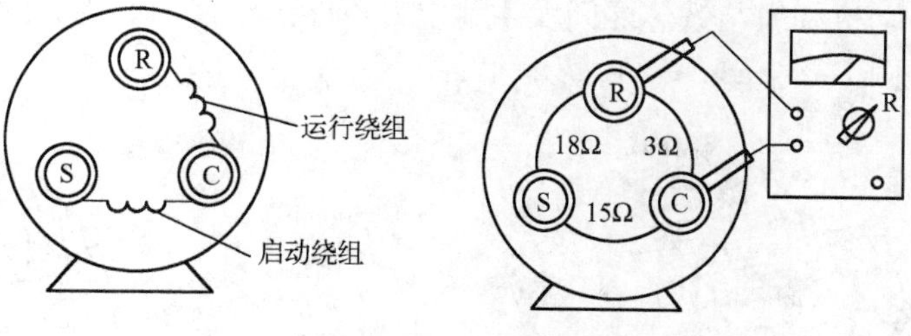

图 2-1　万用表检测

③ 判别。所测阻值有 3 个，其中最小的是运行绕组的阻值，较大的是启动绕组的阻值，最大的是启动和运行绕组的阻值之和，由此可以判断 3 个接线柱名称。对于压缩机电动机绕组阻值的测量，单相电动机在 3 个引线上测得的阻值应满足

$$R_{RS}=R_{SC}+R_{CR}$$

即总阻值 = 运行绕组阻值 + 启动绕组阻值。而对于三相电动机，3 个接线柱之间都有阻值，而且 3 组的电阻值相等。普通压缩机运行绕组的阻值一般为 8 ~ 10Ω，启动绕组的阻值一般为 20 ~ 26Ω。旋转式压缩机运行绕组的阻值一般为 20 ~ 35Ω，启动绕组的阻值为 40 ~ 100Ω，3 个接线端子和壳体之间的绝缘电阻大于 2MΩ。

在检测绕组电阻时，若测得的绕组电阻无穷大，则说明有断路。出现的现象是：电动机不能启动运转。若只有一个绕组断路，电动机也无法启动运转，而且电流很大。产生这种现象的原因有：绕组的埋入式保护继电器的触点跳开后不能闭合或者触点被烧坏，以至于电动机运转时产生振动，导致电动机内引线折断、烧断或内插头脱落，也都表现为断路。在检测绕组电阻时，若测得的阻值比规定值小得多，则说明内部短路。若两绕组的总阻值小于规定的两绕组的阻值之和，则说明两绕组之间存在着短路。出现的现象是：不论能否启动，其通电电流都较大，而且压缩机的温升也快。

全封闭电动机的引线是焊接在机壳上的，内部和电动机的绕组引出线连接，外部和电源线连接。如果通电后电动机的电流过大，可能会使此密封接线柱发生损坏而失去密封作用。大功率的全封闭压缩机更容易出现此类故障。密封接线柱被损坏后不能修复，应该更换同一规格、型号的全封闭压缩机。同时还应知道，电动机绕组的电阻值与温度有关。温度越高，电阻值越大，如表 2-1 所示。

表 2-1　电动机绕组阻值

型　　号	温度（℃）	启动绕组阻值（Ω）	运行绕组阻值（Ω）
NK6003A	20	3. 17	0. 78
	75	3 086	0. 95

因此，电阻值的测量应在压缩机停止运行 4h 后进行，以保证检测的准确性。

2. 压缩机电动机绝缘电阻的检测

（1）检测方法。在检测全封闭压缩机电动机绕组直流电阻值的同时，还必须测量压缩机电动机绕组的绝缘电阻。方法是：将兆欧表的两根检测线接于压缩机的引线柱和外壳之间，用 500V 兆欧表进行测量，其绝缘电阻值应不低于 2MΩ。若测得的绝缘电阻低于 2MΩ，

则表示压缩机的电动机绕组与铁芯之间发生漏电，不能继续使用。用兆欧表测量压缩机绝缘电阻的测量方法如图 2-2（a），（b）所示。

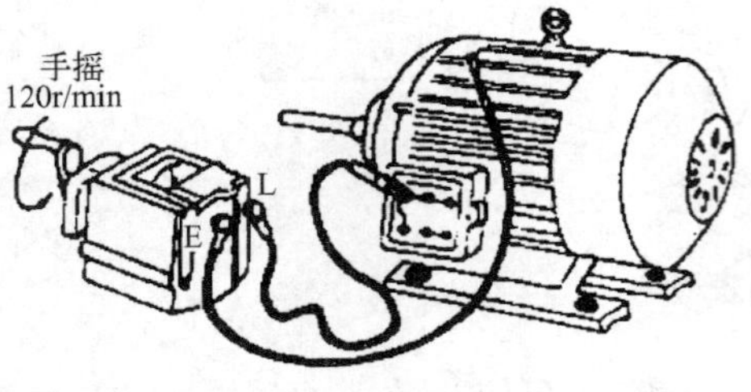

（a）兆欧表对地绝缘性能的检测

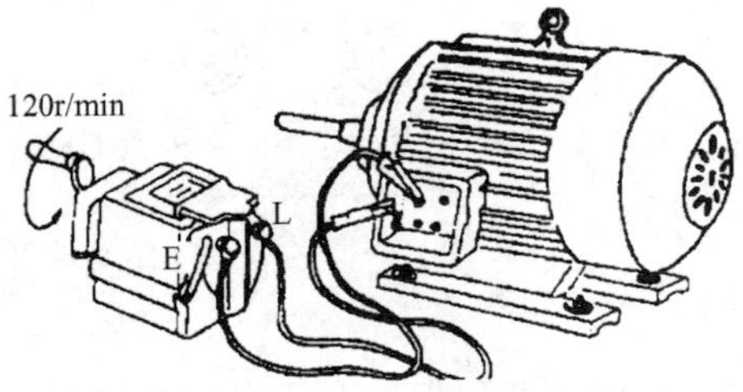

（b）兆欧表绕组间绝缘性能的检测

图 2-2　用兆欧表测量压缩机绝缘电阻

若没用兆欧表，也可用万用表电阻挡的 R×10k 挡来进行测量和判断。在测量时，不能让手指碰到万用笔上，以免出现错误的读数。

（2）绝缘不良的原因。造成压缩机电动机绝缘不良有以下几种原因。若出现绝缘不良，最好更换相同规格、型号的压缩机。

① 电动机绕组绝缘层破损，造成绕组与铁芯局部短路。

② 组装或检修压缩机时因装配不慎，致使电线绝缘受到摩擦或碰撞，出现冷冻油和制冷剂的侵蚀，导线绝缘性能下降。

③ 因绕组温升过高，致使绝缘材料变质，绝缘性能下降等。

3. 全封闭压缩机的通电检测

接通电源，听电冰箱的运行情况。电冰箱正常工作时，压缩机会发出微弱的声音，若听到“嗡嗡”声，说明压缩机没启动，应立刻切断电源；若没有声音，说明压缩机没有接到电源上，有断路现象，应切断电源检查。

（1）测压力。电冰箱工况标准吸、排气压力如表 2-2 所示。

表 2-2　电冰箱工况标准吸、排气压力（表压）

吸 气 压 力	排 气 压 力
0.04MPa	0.8MPa

电冰箱在实际维修操作中，运行吸气压力范围如表 2-3 所示。

表 2-3　电冰箱的运行吸气压力（表压）

单　门	冬天 0.03～0.04MPa	夏天 0.04～0.05MPa
双　门	冬天 0.02～0.03MPa	夏天 0.03～0.04MPa

吸气压力过高通常由以下原因引起：制冷剂充入量过多，新换毛细管过短，压缩机性能不好等。当出现吸气压力为负压时，通常由以下原因之一引起：制冷剂不足，系统内有堵塞现象，新换毛细管太细太长。

（2）检测电流。参考项目一的内容。

2.3.2 换热器的检测、更换与维修

制冷系统是一个密封的系统，它必须有较好的气密性，这样才能保证它的运行可靠性，减少制冷剂的损耗，提高运行的经济性。制冷系统主要的泄漏部位有：制冷压缩机所有可拆卸的连接部和轴密封处，螺栓端部，蒸发器和冷凝器的各个焊接部位，各管道和部件（干燥过滤器、截止阀及阀杆、电磁阀、热力膨胀阀、液体分配器）等连接处。

1. 常见的检漏方法

常见的检漏方法和说明如表 2-4 所示。

表 2-4　常见的检漏方法和说明

检漏方法	说　明
目测检漏	制冷系统泄漏时，一定伴有冷冻油渗出。利用这一特性，可目测整个制冷系统的外壁，特别是各焊口部位及蒸发器表面有无油渍存在，也可用干净白布按压。如有油渍则说明有泄漏
肥皂水检漏	这种方法可用于制冷系统充注前的气密性实验，也可用于已充注制冷剂或工作的制冷系统，一般维修中常用此种方法。具体做法：用小毛刷蘸上事先准备好的肥皂水，涂于需要检查的部位，仔细观察。如有气泡或不断增大的气泡，则说明有泄漏
浸水检漏	常用于蒸发器、冷凝器、压缩机等部件的检漏。方法是被测部件充入 0.8～1.2MPa 压力的氮气，将被测件放入 50℃的温水中，仔细观察有无气泡产生。如有气泡产生，则说明有泄漏
卤素灯检漏和电子卤素仪检漏	卤素灯是以工业酒精为燃料的喷灯。靠鉴别火焰颜色变化来判断制冷剂泄漏量。泄漏量从少到多的颜色变化是由微绿到紫绿。这种方法只能用于粗测，不能满足家用冰箱和空调的检漏电子卤素仪是一个精密的检漏仪器，主要用于精检漏，但不能用于定量检测

2. 冷凝器的检修

冷凝器由于管路组件结构简单，因此不太容易出现大的性能故障，易出现的故障就是泄漏。通常，冷凝器的管口焊接处是最容易出现泄漏的部位，因为这里最容易被腐蚀。此外，在搬运过程中，冷凝器如果受到碰撞，在碰撞部位也易发生泄漏。

当电冰箱制冷效果下降，怀疑为冷凝器侧出现泄漏时，可以先目测冷凝器管路上是否有油渍，如果管路上有油渍，则很有可能该处存在泄漏情况。

（1）外置式冷凝器。如果怀疑冷凝器泄漏，可先将冷凝器拆下来，与修理表阀和试压阀氮气瓶连接，进行充氮气试验检漏。当氮气充入后，关闭修理阀，检查冷凝器各处是否有漏气现象。

（2）内藏式冷凝器。检测内藏式冷凝器泄漏时，可采用分段式检漏法对高、低压侧进行检查。在压缩机的工艺管和回气管中充灌 0.4MPa 压力的氮气，然后将肥皂水涂抹于外露的管道、接头和蒸发器等处进行检漏，如果未发现泄漏之处，再检查修理阀上的压力表。若低压侧的压力维持不变，而高压侧的压力降低得很多，在排除压缩机泄漏的故障后，通常说明是冷凝器泄漏。此时可用气焊断开冷凝器与压缩机排气管及与干燥过滤器的焊缝，使内藏式冷凝器脱离制冷系统，再给冷凝器的两端各焊上一根钢管，将其中一根的端口封闭，在另一根的端口焊上修理阀，通过修理阀单独向内藏式冷凝器中充灌 1MPa 的氮气，仅过几分钟后

就发现明显掉压，即可判断出是内藏式冷凝器出现泄漏。

3. 对冷凝器泄漏的维修

如果漏孔较小，可先用砂纸将漏孔周围打磨干净，然后采用银焊进行补焊；如果漏孔较大，可将该管路割下来，然后用大一规格的铜管套接并焊接牢固；如果电冰箱冷凝器因为碰撞造成铜管大面积扁瘪和泄漏，则只能更换冷凝器。

电冰箱内藏式冷凝器安装在箱体左右侧板或后板内侧，与箱体发泡层连成一体，一旦泄漏（俗称内漏），漏点相当难找。由于内藏式冷凝器泄漏时不宜检测出泄漏点，此时可将内藏式冷凝器改装成外置式冷凝器。改装方法是：将连接内藏式冷凝器的两端连接管在适当位置断开，并与后配的外置式冷凝器按原系统流程焊接固定在箱体后背适当位置上。再经检漏、抽真空、充注制冷剂后，电冰箱即可重新使用。代换时，新的冷凝器的传热面积应等于或稍大于原来的冷凝器的传热面积。

4. 蒸发器的检修与更换

电冰箱蒸发器安装在冷冻室和冷藏室内。蒸发器常发生的故障主要有泄漏和积油。

1）蒸发器的泄漏检修

蒸发器的泄漏会使电冰箱制冷剂减少甚至消失，引起电冰箱制冷效果差或不制冷。内藏式蒸发器采用的是铜管，而外置式蒸发器采用的是钢丝盘管。铜管铜板式蒸发器发生泄漏的位置一般在焊口处，钢丝盘管式蒸发器的泄漏通常发生在回气管连接处。蒸发器泄漏的原因除了材料有问题外，主要是在使用中因受到制冷剂压力和液体的冲刷或受到腐蚀后出现微小泄漏。另外，食品冷冻后由于不易取出使用刀尖或硬物取食品，也容易将蒸发器表面扎破，引起制冷剂泄漏。

(1) 内藏式蒸发器查漏。将制冷系统放气后，打开毛细孔，用气焊封闭毛细孔的管口，由压缩机工艺管口对低压管路吹入氮气至 0.8MPa，保压时间 24h 后，如果压力表值下降，则可确定蒸发器泄漏。

(2) 外置式蒸发器查漏。外置式蒸发器采用低压分段压查漏方式。将制冷系统放气后，焊开上、下蒸发器连接管管口，根据制冷管路方向分别向上、下蒸发器打压至 0.8MPa，保压 24h 后，如果压力表值下降，则可确定蒸发器泄漏。

(3) 对蒸发器泄漏的维修。蒸发器由于采用铜、铝等材料制造，在维修中应采用不同的方法进行堵漏。铜管铜板式蒸发器泄漏后的补焊宜采用银焊，操作时间要短，以免系统产生过多的氧化物，造成系统脏堵。对于单门电冰箱，无须将蒸发器卸下，可先将蒸发器从悬挂部位取下，找到焊口后直接进行补焊。铝蒸发器泄漏后，一般可采用锡铝补焊法、气焊补焊法和粘接修补法进行修理。对于翅片蒸发器内部泄漏，通常只能将蒸发器更换掉。

2）蒸发器补漏方法

(1) 胶粘剂补漏。常用的胶粘剂如 302 强力环氧树脂胶、cx212 型胶粘剂、JC－311 型胶粘剂等。补漏时应把制冷系统氮气放出（卸压），然后将漏气孔周围胶接面用刀片轻轻刮研，再用汽油或酒精清洗并擦净，保持干燥。由于制冷剂与冷冻油能相互溶解，因此，漏孔周围清洗后冷冻油又会从蒸发器通道内侧渗透出来，因此要经过多次清洗，做到最后一次清洗后漏孔周围不再渗油，否则补不牢。从胶粘剂配套的 A、B 两管中挤出等量的原料于玻璃板或塑料板上，混合后充分调匀，涂在漏孔周围，以能覆盖漏孔周围2mm宽为好。在室温20～25℃以下，胶粘剂固化时间为24h。若要缩短时间，可用25W或40W灯泡烘烤胶粘剂，等胶粘剂固化后方可试压检漏。

遇到天冷季节胶粘剂不易挤出时，将胶管放至温暖处稍待片刻即可。有的胶粘剂如盘石牌302强力环氧树脂胶，不适宜在温度低于15℃时固化，为此可采用电灯泡烘烤、胶接件预热或将粘接件放至火炉附近等措施。若要增加胶接强度，可做第二次增补，但应在第一道胶粘剂固化后，用细砂纸轻轻打磨胶粘剂及周围金属表面，方可将胶粘剂涂上，其范围可比第一次稍宽。做增补时，一次用胶量不可太多。若漏孔较大，可先剪一块厚度约为1mm，面积略大于孔洞的方形金属片，擦净，除油后置于孔洞上，用针尖顶住后上胶，固化后再做第二次增补。

注意：除铝蒸发器外，不锈钢蒸发器、铝蒸发器的铜铝管接头、冷凝器及管路的泄漏，均可用胶粘剂修补，但毛细管接头不易用胶粘剂修补，以免堵塞毛细管。

（2）锡焊补漏。铝板式蒸发器泄漏通常情况下应更换，但也可修补，除了修补外，还可用摩擦焊焊补，后者适用于漏孔直径为0.1～0.5mm的场合。焊剂的配方是：松香粉50%、石英粉20%（用80目铜丝网过筛）、耐火砖粉30%（用80目铜丝网过筛，也可用生铁粉代替），三者混合。焊补时先清洗漏孔周围，在漏孔周围撒一些焊剂粉。用100W电烙铁焊头粘上较多的焊锡，一面拿电烙铁用力在焊接处摩擦，以除去铝表面的氧化层，一面熔锡，焊锡便可牢固地附在铝的表面，漏洞即被补好。此时趁热用布将焊粉擦去，然后再用电烙铁加一道锡即可。焊补后用酒精清洗补漏周围，并用塑料热垫垫在铜管与蒸发器之间，以消除微电极影响。蒸发器固定原位后，对制冷系统用0.8MPa压力检漏，因焊补处的承压能力较低且漏孔在低压区。检测合格后抽空、充灌制冷剂。

（3）压接环补漏。抽屉式冰箱铜铝接口泄漏，用压接环补漏。将扩口头装入压接钳一端，另一端装上铝管，如图2-3（a）所示；将压接环套入铜管（大头向铝管），铜管插入铝管内，将压接液滴于铜铝连接缝处，如图2-3（b）所示，装上压接钳，扳动两把手压接。在无工具的情况下也可以用环氧树脂胶补漏。

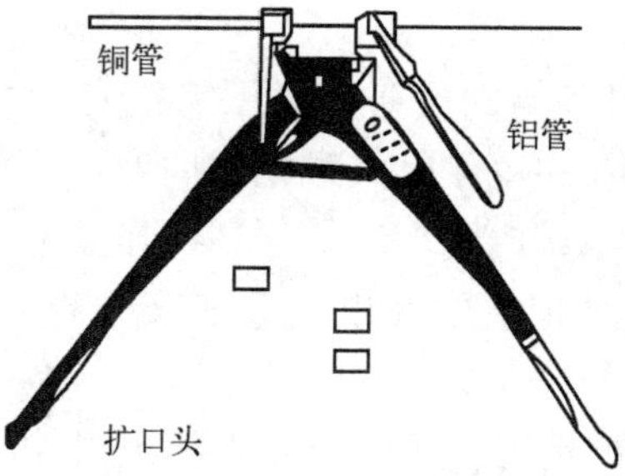

（a）扳动两把手扩钳

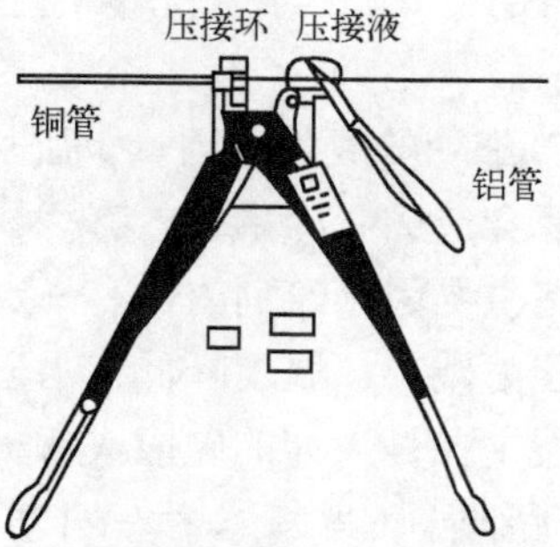

（b）装上压接钳，扳动两把手压接

图2-3　压接钳的使用

3）蒸发器的更换

对于破坏严重的蒸发器，只能以新的蒸发器进行替换。该蒸发器每层都通过电冰箱冷冻室两侧，是固定卡扣固定，使整个蒸发器固定在冷冻室内。在取下蒸发器之前需将连接管路断开，断开前可将电冰箱背部蒸发器连接端口的保护盖拆下来，以便操作。保护盖由4个螺钉固定在电冰箱的背部，拆卸时将固定的螺钉逐个拧下后即可取下保护盖。保护盖取下后再将隔热泡沫取出，找到电冰箱背部的管路连接端口，对连接端口分别用气焊加热，即可将连接端口熔断。然后，将用来固定蒸发器的固定卡扣用旋具撬开卸下，卸下卡扣后就可取出蒸发器，以便进一步检查和更换。更换的新蒸发器型号一定要和原来的一致。铝复合板式蒸发器因不易进行补焊，即使找到漏点也需要换蒸发器，所以不需要找漏点，直接套入小一号的板管式蒸发器在冷冻室内，再重新安装一块同样大小的冷藏室蒸发器，手枪钻钻孔，把两块蒸发器铜管焊接连在一起，重新钻孔连接新毛细管与回气管，新的毛细管长度要与原来的相同。焊接要牢固，焊接时一定要放入铁皮，防止焊枪火焰烧坏内胆，自攻螺钉安装固定两块蒸发器，再充入高压氮气确认焊接点不漏，接下来进行抽真空、加制冷剂调试、封口等操作。

蒸发器内积油主要是由压缩机性能不好，排油量过大造成的。蒸发器内积油过多，会严重影响电冰箱的制冷性能。修理时，取出蒸发器，在一端连接氮气管，加压至0.4MPa，内部的油污和杂质就会被氮气从另一端全部吹出。

2.3.3 节流装置的检测与维修

1. 热力膨胀阀的检修

热力膨胀阀出现故障时表现为工作失常。故障原因和检修方法如下。

（1）阀体被杂物堵塞。

（2）膨胀阀调节不当（过大或过小）。

（3）维修方法：①拆下热力膨胀阀过滤网，用汽油清洗干净，并用高压气体吹充阀体后，重新装上；②应根据蒸发器压力，配合蒸发器的程度去调整阀门的开启度。

2. 毛细管的检修

毛细管的故障是电冰箱和家用空调最常见的故障之一，主要有脏堵和冰堵，此外还有毛细管断裂。

（1）毛细管的故障原因。①脏堵多发生在使用多年的设备上，压缩机发生磨损或润滑油分解，都会造成制冷系统内有污物，这些污物极易在毛细管或过滤器内发生堵塞，就是脏堵。②冰堵主要因制冷剂内含有一定水分，水分在系统内随制冷剂循环，当到毛细管出口处时，由于压力减小，温度降低，水分就会结冰。这种现象常发生在毛细管与蒸发器连接处。毛细管断裂主要是人为的碰撞或弯折。

（2）毛细管脏堵和冰堵处理方法。①毛细管脏堵处理方法。先打开压缩机的工艺管，喷出大量制冷剂，待放完气体后，接上修理阀。用焊枪将毛细管和干燥过滤器退火分离，从压缩机检修阀上充入高压氮气，高压氮气经蒸发器后从毛细管进口处排出，接着可用手指靠近毛细管附近，检查气体的排出情况。如有脏堵，则排气量较小，持续用高压氮气吹一会；如果排气量变大，说明脏堵解决了，新连接上干燥过滤器。如果仍感觉出气量很少，则只能更换毛细管，脏堵解决或换上新的毛细管要用高压氮气再查一下焊点是否漏，同时再次给制冷系统充注高压氮气，最后再进行抽真空加制冷剂等操作。切记：更换的毛细管要与原来的规格和长度相同。②毛细管的冰堵检修方法。发生轻微冰堵时，可用毛巾热敷干燥过滤器以及毛细管进口处，或者用酒精棉花球点燃烘烤消除冰堵，制冷剂开始流动，且有“嘶嘶”的流动声。冰堵一旦发生，就必须更换制冷剂，原因是制冷剂内含有了大量的水分，冰堵就会重复发生。

如果制冷系统的部件能拆下，可将制冷部件在100～105℃温度下加热干燥24h，排除内部水分。出现冰堵故障必须更换干燥过滤器，但不能采取向制冷系统内充入甲醇的方法来排除冰堵，因为甲醇虽能降低冰点，但与水及R12混合，会产生盐酸、氢氟酸，腐蚀铝蒸发器和压缩机。接下来完成抽真空的操作，加注制冷剂操作，完成检修工作。

（3）毛细管断裂的检修方法。毛细管破裂后，不能进行补焊，因为毛细管的内径太小，补焊会造成毛细管堵塞。毛细管断裂后的修理一般采用“套管法”焊接，其方法是：在毛细管的断裂处用刀形什锦锉锉毛细管的外圆，将其锉断。断面顶面锉平，校直约10mm管子。找一段长为60mm，内径与毛细管外径相同的紫铜管，将毛细管插入紫铜管中，并使毛细管头顶紧，然后在套管的两端用焊锡与毛细管焊牢。在修理时要注意：①套管和毛细管之间不要有缝隙；②毛细管两头各插入套管一半的深度；③两管接头的顶部一定要顶紧，避免在焊接过程中焊锡从缝隙中流入毛细管接头处，将毛细管堵塞。

2.3.4　干燥过滤器的检测与更换

1. 干燥过滤器的故障

干燥过滤器的故障有两种，即脏堵和冰堵。

（1）干燥过滤器脏堵。由于电冰箱压缩机长时间运行，机械磨损产生杂质，或制冷系统在装配焊接时未清洗干净，制冷剂和冷冻油中有杂质均会导致干燥过滤器脏堵。要判断其是否脏堵，可在压缩机运转正常的情况下，用手钳掰断干燥过滤器管口2cm处毛细管。脏堵时干燥过滤器一侧毛细管无气体排出。解决脏堵的方法是需要更换同型号的干燥过滤器。

（2）干燥过滤器冰堵。冰堵是由于干燥过滤器吸收水分过多而引起的。故障表现为电冰箱通电后，压缩机正常运行，如果制冷系统内制冷剂循环流动声音很弱或者听不到流动声，再用手摸干燥过滤器，其表面温度明显低于环境温度，甚至在干燥过滤器处结霜结露，间隔一段时间又能正常制冷，制冷一段时间又形成周期性的重复故障现象。解决干燥过滤器冰堵的方法就是排气法和抽空干燥法：排气法是将压缩机充气工艺管焊开，放出管内原有的制冷剂，此时可先充入少量的制冷剂，开机运行10min后，再放出制冷剂，然后重新充入规定数量的制冷剂；抽空干燥法是将制冷剂从充气工艺管放出，更换同型号的干燥过滤器。

2. 干燥过滤器的更换

第一步：焊开毛细管和干燥过滤器的连接部位。在取下旧的干燥过滤器时，将焊枪的火焰调至中性火焰，对准毛细管和干燥过滤器的接口部位操作。注意，在进行焊接熔断前需要先在干燥过滤器后部衬垫一块挡板，以免气焊损坏其他部件。

第二步：分离毛细管与干燥过滤器。加热一段时间后，用钳子（不能用手）夹住接口附近的毛细管，慢慢地将毛细管与干燥过滤器连接处断开。

第三步：分离干燥过滤器与冷凝器。将焊枪对准干燥过滤器与冷凝器的一端，加热使其分离。旧的干燥过滤器拆卸下来后，将新的干燥过滤器从真空铝箔包里取出来，一定要在10min内完成安装，否则干燥过滤器会自然吸收空气中的水分而使其吸水率下降。

第四步：安装新的干燥过滤器。将新的干燥过滤器迅速与冷凝器的管口对接，用气焊将连接处焊接牢固，用同样的方法将干燥过滤器与毛细管接口处焊接牢固。在焊接前注意检查毛细管的管口是否平滑，内孔是否变小或被堵塞。如果毛细管的管口变形、变小或堵塞，用毛细管专用剪刀剪掉一段，或用一般的剪刀卡住毛细管，来回转动，把毛细管割断。把完好的毛细管插入干燥过滤器内，插入的深度以毛细管碰到物体为止，再往后退5mm左右，把毛细管与干燥过滤器焊接牢固。

第五步：从压缩机工艺管的修理阀充入高压氮气，对焊接处进行检查看是否有泄漏现象。如果有泄漏，放气后重新补焊。

第六步：如检查没有泄漏，则进行抽真空、加制冷剂调试、封口等工序。

注意：只要制冷系统被打开，都要更换干燥过滤器，因为过滤器里的干燥剂暴露在空气中，很快吸水饱和，会失去干燥作用。更换干燥过滤器，在焊接时方可打开干燥过滤器外包装。

2.4 项目基本知识

2.4.1 制冷压缩机的认知

制冷压缩机是制冷系统的心脏。同时在制冷系统中由于功率、使用环境的不同，压缩机的形式与结构大不相同，分类也不同。但是，不论什么结构、什么功率的压缩机，其制冷原理都是相同的。

按压缩机的密封方式分类，压缩机可分为开启式、半封闭式和全封闭式3种。

1. 制冷压缩机的作用

压缩机通过消耗机械能，一方面压缩蒸发器排出的低压制冷蒸汽，使之升到正常冷凝所需的冷凝压力，另一方面也提供了制冷剂在系统中循环流动所需的动力，达到循环冷藏或冷冻物品的目的。所以说，压缩机在制冷系统中的作用犹如人的心脏一样重要。一旦压缩机停止运转，电冰箱、空调器就停止制冷。所以，学会对压缩机进行认知尤其重要。

2. 制冷压缩机的结构

全封闭式制冷压缩机将压缩机和电动机装在一个全封闭的壳体里。外壳表面有3根铜管，它们分别接低压吸气管、高压排气管、抽真空和充注制冷剂用的工艺管。有些120W以上的压缩机，在外壳部还增设两根冷却压缩机的铜管。另外，还附设有接线盒启动器和保护器，外形如图 2–4 所示。

图 2–4　全封闭式压缩机的外形

在一些家用及医用电冰箱中，为了进一步简化压缩机的结构，采用滑管滑块式机构来代替活塞、汽缸和连杆组件（汽缸组件），如图 2–5 所示。滑管式全封闭压缩机的剖面图如图 2–6 所示。压缩机的外部罩壳由钢板冲压而成，分上下两部分，装配完毕后焊死。它比半封闭式压缩机更为紧凑，密封性更好。

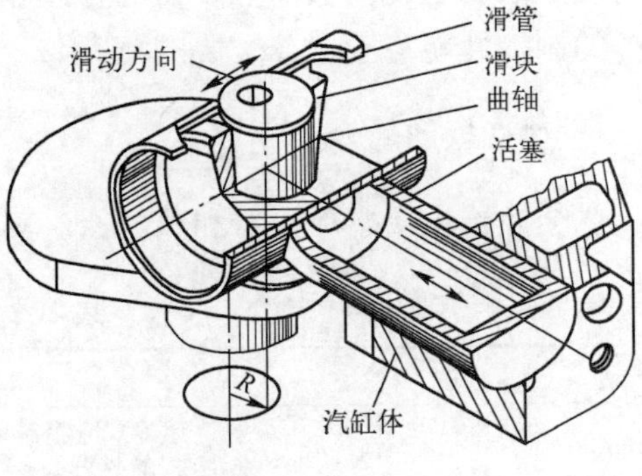

图 2–5　汽缸组件装配图

3. 制冷压缩机的分类

压缩机的作用、分类、铭牌及制冷原理如表 2–5 所示。

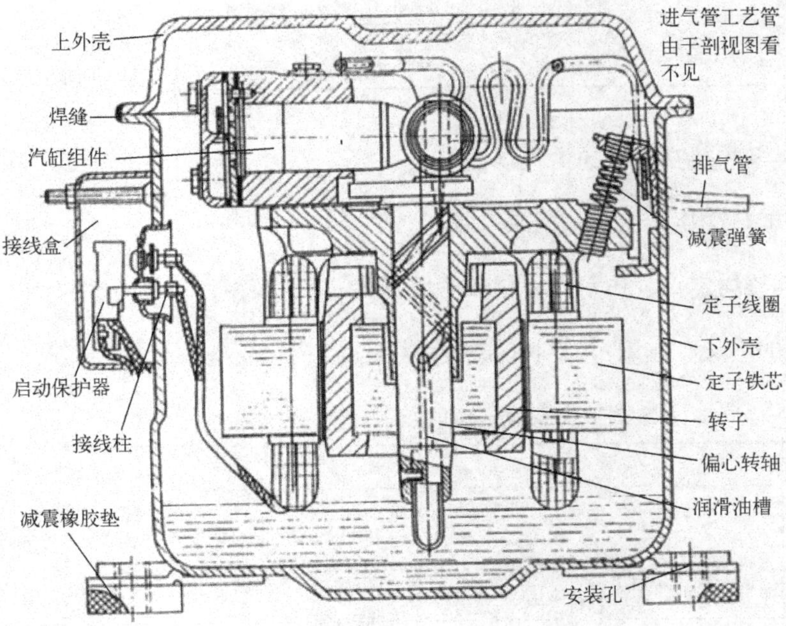

图 2–6　滑管式全封闭压缩机的剖面图

表 2-5　压缩机的作用、分类、铭牌及制冷原理

作　用	分　类	铭　牌	制冷原理
压缩和输送制冷剂蒸汽，使之达到制冷循环的动力装置	按原理分：容积式制冷压缩机（活塞式和回转式）、离心式制冷压缩机。 按压缩机和电动机的连接形式和密封性分：开启式、半封闭式和全封闭式；按制冷量的大小分：大、中、小 3 种。 按采用的制冷剂分：氨压缩机、氟利昂压缩机和二氧化碳压缩机等	制冷量 功率 性能系数 COP 制冷工质 额定电压 额定电流 生产日期	容积式制冷压缩机是靠改变汽缸容积来进行气体压缩的。 离心式制冷压缩机靠离心力的作用，连续地将所吸入的气体压缩

2.4.2　热交换器的认知

冷凝器和蒸发器是制冷系统中的主要热交换设备，制冷系统的性能和运行的经济性在很大程度上取决于冷凝器与蒸发器的传热能力。因此，正确认知冷凝器和蒸发器，对提高制冷装备的制冷性能有着十分重要的意义。

1. 热交换器的分类

热交换器主要指冷凝器和蒸发器。其分类如表 2-6 所示。

表 2-6　热交换器的分类

分　类		说　明
冷凝器	风冷式	风冷式冷凝器是利用常温的空气来冷却的。按空气在冷凝器盘管外侧的流动形式，可分为空气自然对流和强迫对流两种形式
	水冷式	水冷式冷凝器是利用低于大气环境的水来冷却的。按结构形式不同可分为套管式和壳管式两类
蒸发器	冷却空气式	冷却空气式蒸发器用于直接冷却空气。制冷剂在管内流动汽化，空气在管外流动被冷却。按空气的流动，可分为自然对流和强迫对流两种
	冷却液体式	冷却液体式蒸发器用于直接冷却载冷剂，生产冷水或冷盐水，再由低温载冷剂去冷却空间的空气和物体。按供液方式可分为满液式和非满液式（干式）两种

2. 不同类型的热交换器的结构认识

不同类型的热交换器结构如图 2-7 所示。

3. 热交换器的定义、作用、材料和结构形式

热交换器的定义、作用、材料和结构形式如表 2-7 所示。

表 2-7　热交换器的定义、作用、材料和结构形式

分　类	定　义	作　用	材料和结构形式
冷凝器	将制冷剂的热量传递给外界的热交换器	把压缩机压缩后排出高温高压的过热制冷剂蒸汽变成中温中压的液态制冷剂，达到向周围环境散热的目的	冰箱的有百叶窗式（铜管或镀铜钢管）、钢丝盘管式（镀铜钢管或钢管）、内藏式（铜管）、翅片盘管式（铜管铝片、铝管铝片、钢管钢片）等。空调的通常采用风冷翅片式

续表

分　类	定　义	作　用	材料和结构形式
蒸发器	将电冰箱内的热量传递制冷剂的热交换器	把毛细管送来的低温低压的制冷剂液，经吸收向内或房间内的热量后蒸发为制冷剂饱和蒸汽，达到制冷的目的	结构形式：冰箱的用复合铝板吹胀式（两块铝板压合而成）、管板式（铜管－铝板式、异性铝管－铝板式）、单脊翅片式（铝管）、翅片盘管式（铝翅片套入U形的铜管中）。空调大都采用风冷翅片式

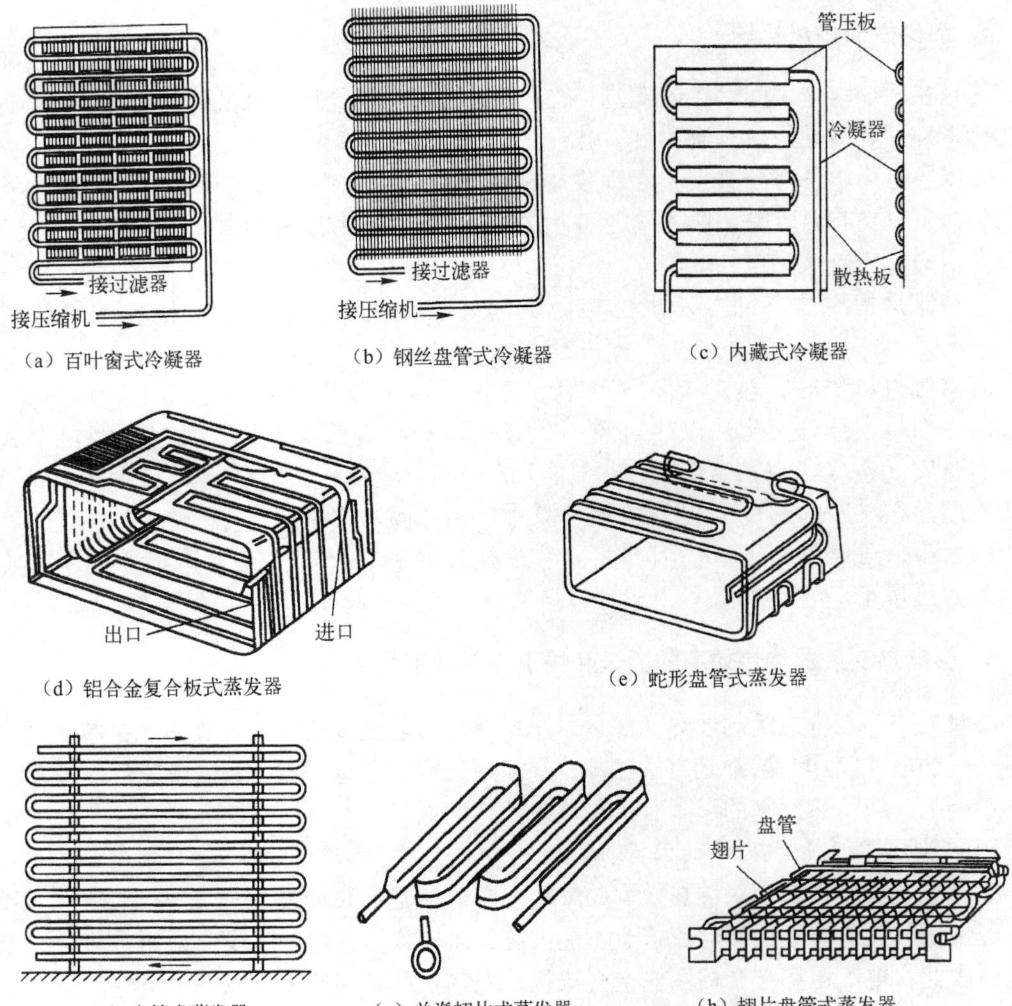

（a）百叶窗式冷凝器　（b）钢丝盘管式冷凝器　（c）内藏式冷凝器
（d）铝合金复合板式蒸发器　（e）蛇形盘管式蒸发器
（f）光管式蒸发器　（g）单脊翅片式蒸发器　（h）翅片盘管式蒸发器

图 2-7　不同类型的热交换器结构图

4. 常见热交换器的用途

（1）复合铝板吹胀式蒸发器：多用于单门冰箱和双门冰箱冷藏室，也有用于双门直冷式电冰箱冷冻室的，传热效率高。

（2）管板式蒸发器：制冷式双门电冰箱的冷冻室多采用这种蒸发器，传热效率较低一些。

（3）翅片盘管式蒸发器：主要用于间冷式电冰箱。这种蒸发器依靠小风扇，以强制对流的方式吹送空气经过表面。专用小风扇电动机输入的功率一般为 3W、6W、9W 三种，盘管内还设有热管，用以快速除霜。

（4）层架盘管式蒸发器：在目前较流行的冷冻室下置内抽屉式直冷式冰箱中普遍采用此种蒸发器。这种蒸发器冷却速度快。

（5）翅片盘管式冷凝器只适用于强制对流的装置中。

5. 热交换器传热机理

凡是在两个物体之间存在温度差，就会彼此发生热量交换，在实际生活中，物体间的热交换有 3 种：热传导、热对流和热辐射。

热传导是物体各部分直接接触而发生的热量传递，它在固体、液体、气体中都可以进行。比如，只要有温度差，铁和铁之间，铁和水之间，水和水都能进行热量交换，直到两者的温度相同，传递才停止。

热对流是指流体各部分发生位移而引起的热量交换，它只在有液体或气体时才会发生。

热辐射与热传导、热对流不同，不需要彼此接触就能传递热量。比如在冷凝器中，气态制冷剂将大部分液化热以热对流的形式传递给冷凝管的内壁，再通过对流形式传递给周围介质（空气或水）；而气态制冷剂中的少部分液化热则以热辐射形式直接向周围的介质传递。在一般的制冷工程的传热计算中，由于两物体的温差比较大，辐射热量所占的比例太小，可以忽略不计，因此主要考虑热传导和热对流两项，但对于冷库就要考虑热辐射的热量了。

6. 影响热交换器传热效率的因素和提高传热效率的方法

冷凝器作为制冷系统的散热部件，总是希望尽可能地提高其传热效率，在散热方式确定后，一般的电冰箱和空调都是空气冷却，在使用过程中还有一些因素影响其传热效率。下面阐述影响电冰箱传热效率的因素和提高传热效率的途径。

1）影响冷凝器传热效率的因素

空气流速和环境温度对传热效率的影响。空气流速是影响冷凝器传热效率的重要因素，流速越慢则传热效率越低。但流速也不能太高，流速太高，将增大噪声，而传热效率无明显提高。因此，电冰箱和空调周围应空气流畅，尤其上部不能遮盖，以利于空气对流。

（1）环境温度越低，则传热效率越高。所以电冰箱应尽量放置在通风、凉爽的地方。周围应避免热源，更应避免太阳直晒，提高电冰箱冷凝器的传热效率。

（2）污垢对传热效率的影响。自然对流冷却方式或强制对流冷却的冷凝器，使用一段时间后，其表面一定有灰尘、油垢。由于灰尘和油垢传热不良，会影响传热效率，因此需定期清洁冷凝器。此问题易被使用者忽视。

（3）系统中残留空气对传热效率的影响。当电冰箱制冷系统中的残留空气过多时，由于不易液化，在电冰箱运行中将集中于冷凝器。空气的导热系数低，也将使冷凝器的传热效率大大降低。因此，在充注制冷剂的过程中，必须将制冷系统中的空气排干净。如果要补充制冷剂，还要更换干燥过滤器，以保证效果。

2）提高冷凝器传热效率的两个方面

其一是设备制作的优化设计，在设备结构上有利于提高传热效率；其二是设备用户在运行管理中应当排除各种不利因素，使得设备总是处于高效的传热状态。要想达到上述目标，应采取以下措施：

（1）改变传热表面的几何特性。增大冷凝器与传热介质的接触面积，可以提高传热效率。

（2）及时排出制冷系统中的混合气体。在系统中会存在一些空气和制冷剂及润滑油在高温下分解出来的氮、氢等，这些气体的存在会影响制冷剂蒸汽的凝结，从而影响其传热效率，所以在制冷系统要及时排出混合气体。

（3）要及时地将系统中的润滑油分离出去。在制冷系统中，压缩机中的润滑油雾化后随高压制冷剂蒸汽排出。为了防止润滑油进入冷凝器，在冷凝器前设置油分离器，将系统中的大部分油分离出去，防止冷凝器中形成较厚的油膜，影响冷凝器的传热效率。

（4）要及时清洗污垢。电冰箱使用一段时间后要及时清洗污垢，以免影响制冷效果。

3）影响蒸发器传热效率的因素

霜层及污垢等对传热的影响。蒸发器是通过金属表面对空气进行热交换的。金属导热率很高，铝的导热系数为203W/(m·K)或（瓦/米·开），铜的导热系数为380W/(m·K)，但冰和霜的导热系数分别为2.3W/(m·K)和0.58W/(m·K)，要比铜和铝的低数倍。所以当蒸发器表面有较厚的冰和霜时，传热效率就会大幅降低。尤其是强制对流的翅片盘管式蒸发器，霜层的积蓄将导致翅片出现间隙甚至堵塞风道，使冷风不能循环，会导致冰箱工作失常。室外蒸发器的表面如果黏附有污物，也会造成很大的热阻力，影响制冷剂液体的蒸发能力，使传热效率下降。

（1）空气对流速度对传热的影响。通过蒸发器表面的空气流速越高，传热效率就越高。直冷式电冰箱靠空气自然对流冷却，若食品和食品之间或者食品与箱内壁之间没有适当的间隙，造成空气不能对流，从而就降低蒸发器传热效率。强制对流的蒸发器，风速过低或风道不畅都会使传热效率降低。

（2）传热温差对传热效率的影响。蒸发器与周围空气的温差越大，蒸发器的传热效率就越高；当温差相同时，箱内温度越高，传热效率越低。

（3）制冷剂特性对蒸发器传热的影响。制冷剂蒸发时的吸热强度、制冷剂的导热系数及流速，都会直接影响蒸发器的传热性能。制冷剂蒸发时吸热强度随受热表面积与饱和温度之差的增大而增高。制冷剂流速大则传热系数也大。R134a传热效率比R12差，也稍差于R600a，而R12传热效率最好。

4）提高蒸发器传热效率的途径

影响蒸发器传热的因素除了制冷剂本身的物理性质及传热表面的几何特性外，在实际设计和运行也有一些需要考虑的问题。为了强化蒸发器的传热，应采取以下措施：

① 在氨制冷系统的载冷剂中的蒸发器，要定期排放油污，否则传热面上的油膜太厚，会影响其传热效果。

② 适当提高载冷剂的流速，这样可以提高载冷剂一侧的放热系数。

③ 要防止蒸发温度过低，避免在传热面上结冰。

④ 及时清除载冷剂侧的水垢。

⑤ 在冷藏库中，冷却排管和冷风机要定期除霜，以免霜层增加传热热阻，影响其传热效果。

2.4.3 节流装置的认知

1. 节流装置的作用

节流装置是制冷系统中控制制冷剂流量，最大限度地发挥蒸发器效率的装置。它具有两个功能：一是将高压制冷剂液体节流减压，使制冷剂的压力由冷凝压力降到蒸发压力；二是调节蒸发器的供液量。

2. 节流装置的分类

在制冷设备中节流装置主要有膨胀阀和毛细管。膨胀阀有热力膨胀阀、热电膨胀阀和电子膨胀阀等。膨胀阀分为手动和自动调节两种。

3. 节流装置的结构和原理

节流装置的结构和原理如表 2-8 所示。

表 2-8 节流装置的结构和原理

分　类	结　　构	实　物　图	原　　理	应用及优点
毛细管	它是细而长的紫铜管	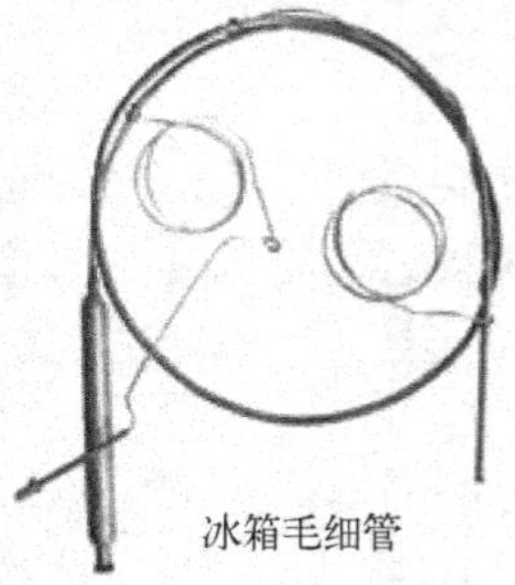 冰箱毛细管	高压流体通过一个小孔，它在小孔前的部分静压力将转化在小孔后的动力，使之通过小孔后流速急剧增加，摩擦阻力增大，静压力随之下降，从而实现降压、节流	毛细管常用在制冷工况稳定和泄漏小的制冷设备上。其结构紧凑、简单，制造方便，不易发生故障
膨胀阀	热力膨胀阀一般由感应机构、阀体和调节装置3 部分组成		热力膨胀阀根据蒸发器出口处过热度的变化来改变阀针的开度，达到自动调节供给蒸发器的制冷剂量的目的	热力膨胀阀常用在空调机组上。电子膨胀阀在变频技术空调器、模糊技术空调器、多路系统空调器等系统中得到广泛应用。 它能自动调节供给蒸发器的制冷液量，以满足制冷装置热负荷的变化。电子膨胀阀可以根据不同工况，控制系统制冷量的流量

2.4.4 干燥过滤器的认知

1. 干燥过滤器的结构

干燥过滤器的结构如图 2-8 所示。

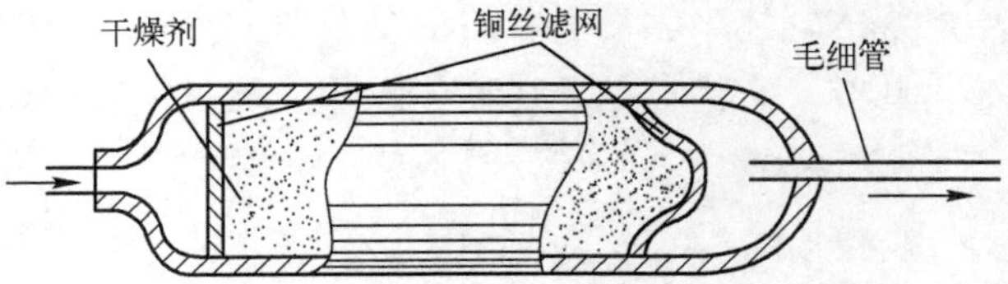

图 2-8　干燥过滤器结构图

2. 干燥过滤器的原理、作用和构造

干燥过滤器的原理、作用和构造如表 2-9 所示。

表 2-9　干燥过滤器的原理、作用和构造

	结　构	原　理	作　用
干燥过滤器	它的外壳是紫铜管，直径 16 ~ 18mm，长度 80 ~ 100mm。它在进出口端设有金属的过滤网，进口为粗金属网，以充分过滤杂质。中间填充分子筛干燥剂，用以干燥系统中的水分。分子筛是一种具有立方晶格的硅铝酸盐化合物，在制冷系统中能把直径小的水分子吸附到内部，而把大分子排斥在外，即具有筛子的作用，故称为分子筛	利用金属过滤网的过滤作用和分子筛干燥剂的吸水作用去除制冷系统里的杂质和水分	干燥过滤器是由干燥器和过滤器两部分组成的。在电冰箱的制冷系统中，它安装在冷凝器出口和毛细管进口之间的液体管道中。它的作用主要有两个：一是清除制冷系统中的残留水分，防止产生冰堵，并减少水分对制冷系统的腐蚀作用；二是滤除制冷系统中的杂质，如金属屑、各种氧化物和灰尘，防止毛细管脏堵

2.5　项目拓展知识

1. 功的定义

功是当移动一个物体时，施加在它上面的力所产生的效果。可以用下面的公式来表示：

$$功 = 力 \times 距离$$

在国际单位制中，功的单位是焦耳（J），1N 的力使物体移动 1m 所做的功为 1J，也就是说，1J = 1N · m。

2. 功率的定义

功率是做功和所用的时间的比，可以用下式表示：

$$功率 = \frac{功}{时间}$$

在工业应用中，功率常常比功具有更直接的意义，设备的工作能力是以它们的输出功率或能量消耗为基础的。功率的单位常用马力（hp）和千瓦（kW），功率的标准国际单位是千瓦（kW），等于 1kJ/s。

3. 能的概念

能被定义为做功的能力，它是一个抽象的概念。比如，我们使用储存在燃料中的化学能，通过在高压下产生燃烧的气体来驱动引擎的活塞做功，所以功是能的一种形式。能有许多种存在形式，可以分为几类，它们被储存在物体内部，或在各种形式之间转化，或从一个物体转移到另一个物体。

2.6 项目学习评价

1. 思考练习题

（1）压缩机的作用是什么？
（2）如何判断全封闭压缩机的3个端子？
（3）冷凝器在制冷系统中的作用是什么？
（4）蒸发器在制冷系统中的作用是什么？
（5）毛细管在制冷系统中的作用是什么？
（6）干燥过滤器的作用是什么？
（7）干燥过滤器脏堵怎样处理？
（8）蒸发器的泄漏怎样检修？
（9）节流装置有什么作用？
（10）毛细管的故障有哪些？

2. 自我评价、小组互评及教师评价

评价方面	项目评价内容	分 值	自我评价	小组评价	教师评价	得 分
理论知识	① 影响蒸发器传热效率的因素有哪些，如何解决	5				
	② 影响冷凝器传热效率的因素有哪些，如何解决	5				
	③ 简述节流装置的结构和原理	10				
	④ 简述电磁四通阀的原理	10				
实操技能	① 如何检修冷凝器和蒸发器	10				
	② 干燥过滤器脏堵和冰堵的故障现象如何区分	5				
	③ 毛细管套管时应注意哪些问题	5				
	④ 如何用万用表检测压缩机绕组，判断压缩机有哪些电气故障	10				
	⑤ 简述干燥过滤器的更换步骤	10				
	⑥ 如何用兆欧表检测压缩机的绝缘性能	10				
	⑦ 能识别各种蒸发器和冷凝器	10				
安全文明生产和职业素质培养	① 安全用电，规范操作	5				
	② 文明操作，不迟到、不早退，操作工位卫生良好，按时、按要求完成实训任务	5				

3. 小组学习活动评价表

班级：____________________　小组编号：________________　成绩：________

评价项目	评价内容及评价分值			自评	互评	教师点评
分工合作	优秀（12～15分）	良好（9～11分）	继续努力（9分以下）			
	小组成员分工明确，任务分配合理，有小组分工职责明细表	小组成员分工较明确，任务分配较合理，有小组分工职责明细表	小组成员分工不明确，任务分配不合理，无小组分工职责明细表			
资料查询 环保意识 安全操作	优秀（12～15分）	良好（9～11分）	继续努力（9分以下）			
	能主动借助网络或图书资料，合理选择归并信息，正确使用；有环保意识，注意制冷剂的回收，操作过程安全规范	能从网络获取信息，比较合理地选择信息、使用信息；能够安全规范操作，但不注意环保操作	能从网络或其他渠道获取信息，但信息选择不正确，信息使用不恰当；安全、环保操作不到位			
实操技能	优秀（16～20分）	良好（12～15分）	继续努力（12分以下）			
	压缩机工作电压、工作电流测试准确；正确判断热交换器的好坏；能正确判断压缩机绕组绝缘好坏；会进行热交换器检漏；正确判断制冷部件的脏堵和冰堵	压缩机工作电压、工作电流测试准确；正确判断热交换器的好坏；会进行热交换器检漏；正确判断制冷部件的脏堵和冰堵	压缩机工作电压、工作电流测试准确；正确判断热交换器的好坏；正确判断制冷部件的脏堵和冰堵			
方案制定 过程管理	优秀（16～20分）	良好（12～15分）	继续努力（12分以下）			
	热烈讨论、求同存异，制定规范、合理的实施方案；注重过程管理，人人有事干、事事有落实，学习效率高、收获大	制定了规范、合理的实施方案，但过程管理松散，学习收获不均衡	实施规范制定不严谨，过程管理松散			
成果展示	优秀（24～30分）	良好（18～23分）	继续努力（18分以下）			
	圆满完成项目任务，熟练利用信息技术（电子教室网络、互联网、大屏幕等）进行成果展示	较好地完成项目任务，能较熟练利用信息技术（电子教室网络、互联网、大屏幕等）进行成果展示	尚未彻底完成项目任务，成果展示停留在书面和口头表达，不能熟练利用信息技术（电子教室网络、互联网、大屏幕等）进行成果展示			
总分						

2.7 项目小结

（1）对于压缩机电动机绕组阻值的测量，单相电动机在3个引线上测得的阻值，应满足

$$R_{RS}=R_{SC}+R_{CR}$$

（2）3个接线端子和壳体之间的绝缘电阻大于2MΩ。

（3）冷凝器泄漏的判断方法：当电冰箱制冷效果下降，怀疑为冷凝器侧出现泄漏时，可以先目测冷凝器管路上是否有油渍，如果管路上有油渍，则很有可能该处存在泄漏情况。

（4）蒸发器的泄漏检修。蒸发器的泄漏会使电冰箱制冷剂减少甚至消失，引起电冰箱制冷效果差或不制冷。内藏式蒸发器采用的是铜管，而外置式蒸发器采用的是钢丝盘管。铜管式蒸发器发生泄漏的位置一般在焊口处，钢丝盘管式蒸发器的泄漏通常发生在回气管连接处。蒸发器泄漏的原因除了材料有问题外，主要是在使用中因受到制冷剂压力和液体的冲刷，或受到腐蚀后出现微小泄漏。另外，食品冷冻后由于不易取出使用刀尖或硬物取食品，也容易将蒸发器表面扎破，引起制冷剂泄漏。

（5）毛细管的故障是电冰箱和家用空调最常见的故障之一，主要有脏堵和冰堵，此外还有毛细管断裂。

（6）干燥过滤器脏堵。由于电冰箱压缩机长时间运行，机械磨损产生杂质，或制冷系统在装配焊接时未清洗干净，制冷剂和冷冻油中有杂质均会导致干燥过滤器脏堵。要判断其是否脏堵，可在压缩机运转正常的情况下，用手钳掰断干燥过滤器管口 2cm 处毛细管。脏堵时干燥过滤器一侧毛细管无气体排出。解决的方法是需要更换同型号的干燥过滤器。

（7）干燥过滤器冰堵。冰堵是由干燥过滤器吸收水分过多而引起的。故障表现为电冰箱通电后，压缩机正常运行，如果制冷系统内制冷剂循环流动声音很弱或者听不到流动声，再用手摸干燥过滤器，其表面温度明显低于环境温度，甚至在干燥过滤器处结霜结露，间隔一段时间又能正常制冷，制冷一段时间又形成周期性的重复故障现象。排除干燥过滤器冰堵的方法就是排气法和抽空干燥法：排气法是将压缩机充气工艺管焊开，放出管内原有的制冷剂，此时可先充入少量的制冷剂，开机运行 10min 后，再放出制冷剂，然后重新充入规定数量的制冷剂；抽空干燥法是将制冷剂从充气工艺管放出，更换同型号的干燥过滤器。

（8）制冷压缩机的作用：压缩机通过消耗机械能，一方面压缩蒸发器排出的低压制冷蒸汽，使之升到正常冷凝所需的冷凝压力，另一方面也提供了制冷剂在系统中循环流动所需的动力，达到循环冷藏或冷冻物品的目的。所以说，压缩机在制冷系统中的作用犹如人的心脏一样重要，一旦压缩机停止运转，电冰箱、空调器就停止制冷。所以，对压缩机进行认知尤其重要。

（9）节流装置是制冷系统中控制制冷剂流量，最大限度地发挥蒸发器效率的装置。它具有两个功能：一是将高压制冷剂液体节流减压，使制冷剂的压力由冷凝压力降到蒸发压力；二是调节蒸发器的供液量。

项目三

制冷技术维修基本操作

掌握制冷技术维修基本操作是维修人员保证制冷设备维修质量的重要环节，熟练掌握弯管、铜管焊接技术与合理选用材料是一名合格的制冷维修人员必备的基本技能。本项目就这个环节和基本技能的内容呈现给大家，意在“抛砖引玉”。

3.1 项目学习目标

学习目标		学习方式	学时
技能目标	① 了解制冷系统管道加工工具的结构、原理和使用方法。 ② 能正确使用割刀、弯管器、扩孔器加工制冷管道。 ③ 会熟练操作氧－乙炔气焊设备。 ④ 掌握氧－乙炔气焊接铜管的工艺方法。 ⑤ 掌握常用铜管型号的选择	实物操作演示为主，辅助课件教学	12
知识目标	① 熟练掌握制冷系统的清洗、吹污、试漏、检漏、抽真空、充灌制冷剂的方法和工艺，重点是试漏、检漏、抽真空和充灌制冷剂。 ② 认识常见维修材料及配件（这里不讲电路控制配件），熟悉其用途。 ③ 氧－乙炔气焊接设备的使用方法及火焰的调整。 ④ 氧－乙炔气焊接铜管的操作要点和方法步骤	课件教学	6
情感目标	① 掌握制冷操作工艺，激发学习兴趣。 ② 通过实践操作，培养认真观察、勤于思考、规范操作和安全文明生产的职业习惯。 ③ 培养学生主动参与、团队合作的意识，养成“做中学”的习惯	做中学、分组实操、相互协作	课余时间

3.2 项目任务分析

熟练掌握铜管的割、弯、胀和毛细管的加工操作步骤，熟悉铜管在加工中有哪些基本工具，它们的结构、原理以及如何使用的理论知识，分析扩出的喇叭口不光滑、有裂纹和卷边、扩口伤疵、不合格喇叭口及其产生原因。掌握焊接技术，熟练掌握焊接设备的操作，必须具备以下技能和知识：

（1）掌握焊枪使用操作步骤。

（2）学会铜管的割、弯、胀和毛细管的加工。

（3）能够将铜管－铜管焊接为质量合格的产品。

（4）能够将铜管－钢管焊接为质量合格的产品。

（5）能够将铜管－毛细管焊接为质量合格的产品。

（6）能够将毛细管与干燥过滤器焊接为质量合格的产品。

（7）掌握制冷技术操作工艺。

3.3 项目基本技能

3.3.1 管道的加工

1. 铜管加工基本工具结构、原理与使用

铜管在加工中的基本工具，它们的结构、原理与使用如表 3-1 所示。

表 3-1 铜管加工基本工具结构、原理与使用

名称	外形与结构图	结构与加工原理	使用方法
割管器	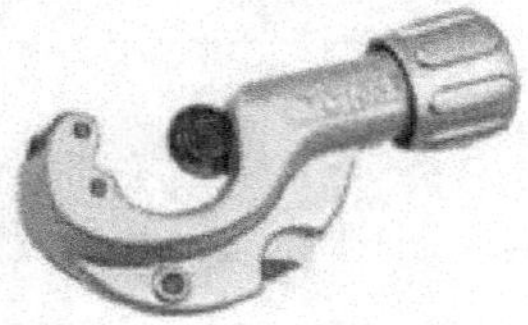 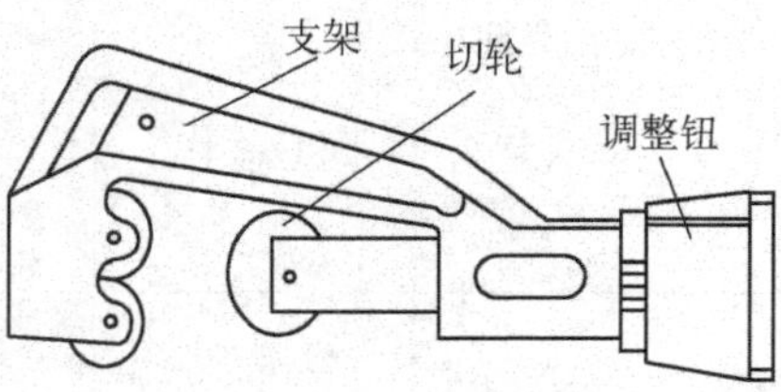	割管器又称割刀，实物图如左图所示，用来切割制冷管路的铜管、铝管，它分为大割刀和小割刀。 割刀主要由刀片、滚轮、支架、调节手轮等构成，刀片为易损部件，可以更换。大割刀可切割直径为 3～35mm 的管子，小割刀可切割直径为 3～15mm 的管子，小割刀用于操作空间较小的场合	将铜管放置在滚轮与切轮之间，铜管的侧壁贴紧两个滚轮的中间位置，切轮的切口与铜管垂直夹紧。然后转动调整钮，使割刀的刀刃切入铜管管壁，随即均匀地将割刀整体环绕铜管旋转。旋转一圈后再拧动调整转柄，使切轮进一步切入铜管，继续转动割刀直至将铜管切断。切断后的铜管管口要整齐光滑，必要时，还要用绞刀将管口边缘上的毛刺去掉，以防止铜屑进入制冷系统
剪刀	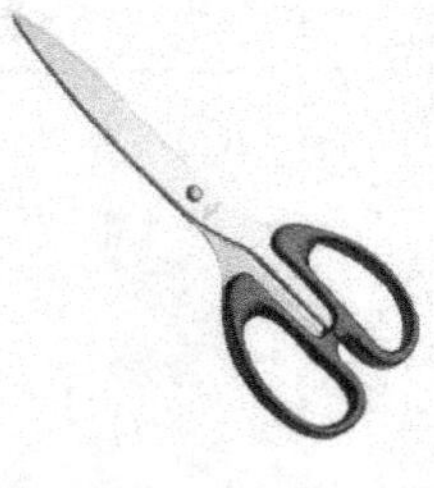	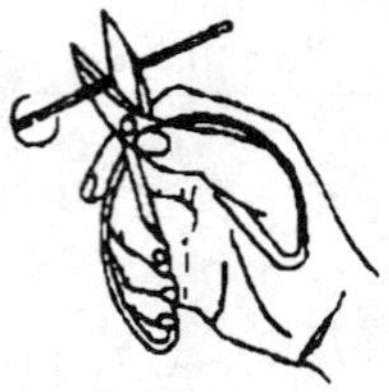 剪刀夹住毛细管来回转，划出裂痕，然后用手轻轻地折断	毛细管管径细，管壁薄，因此不能用一般割管器去割，可用剪刀划出划痕再掰断，也可用专用的毛细管钳切割，在此只介绍常用的剪刀切割
弯管器	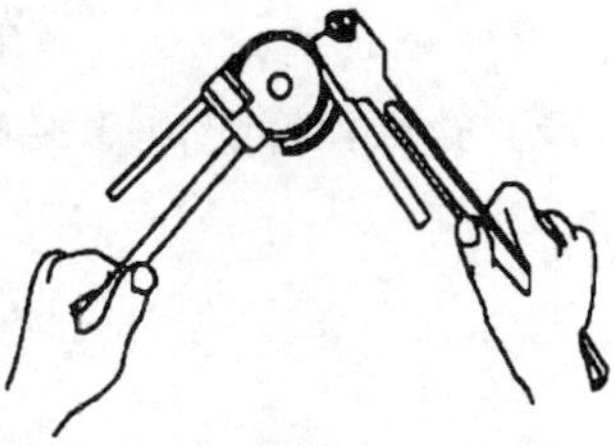	弯管器有直径不一的凹圆形槽沟，铜管放入后转动两手柄，在一定的力矩下加力，将铜管握弯。铜管四周由于受力均匀，因此在握弯的过程中不会被夹扁	弯管器有大小多种规格，适合弯制半径小于 20mm 的铜管。弯管时，先将已退火的铜管放进弯管器的轮子槽沟内，用搭扣扣住管子，慢慢旋转手柄，直到所需的角度为止

续表

名称	外形与结构图	结构与加工原理	使用方法
胀管器	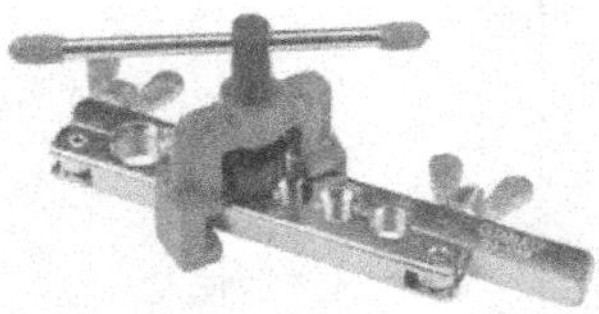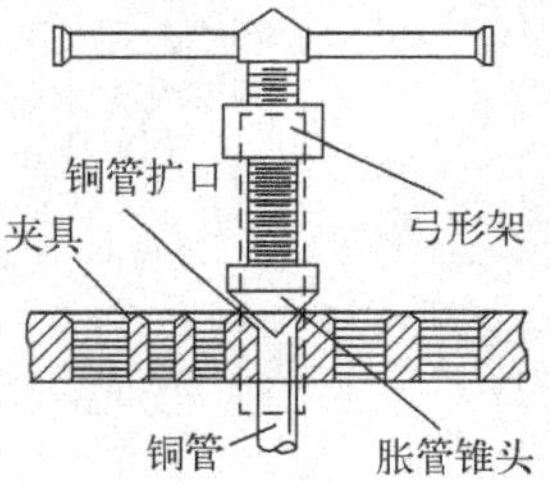	两根铜管对接时，需要将一根铜管插入另一根铜管中，这时往往需要将被插入铜管的端部的内径胀大，以便另一根铜管能够吻合地插入，只有这样才能使两根铜管焊接牢固；另外，当采用螺纹接头时，管口要胀成喇叭形才能保证连接处的密封性。胀管器实际上是利用夹具夹紧铜管的，通过旋转螺栓把一个锥头压入铜管管口，从而把铜管管口胀成喇叭形（若胀管头是柱状，则会胀成杯形），不同的管径有不同的胀管头和夹具孔与之对应。夹具孔的上口有60°的倒角	胀管时，首先将退火的铜管放入夹具相应的孔径内，铜管伸出夹具的长度随管径的不同而有所不同，管径大的铜管，胀管长度应大一点，对于$\phi 8$的铜管，一般胀管长度为10mm左右，拧紧夹具两端的螺母，使铜管被牢固地夹紧，插入所需口径的胀管头，顺时针缓缓旋转胀管器的螺杆，胀到所需长度为止。 胀喇叭口时应注意，铜管露出夹端面的高度为铜管直径的1/5
封口钳	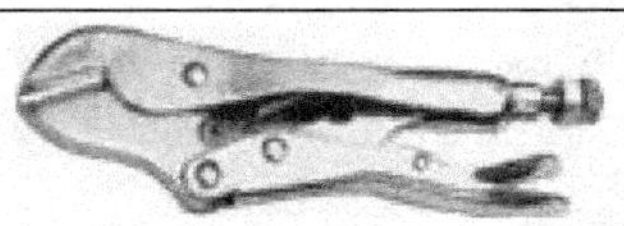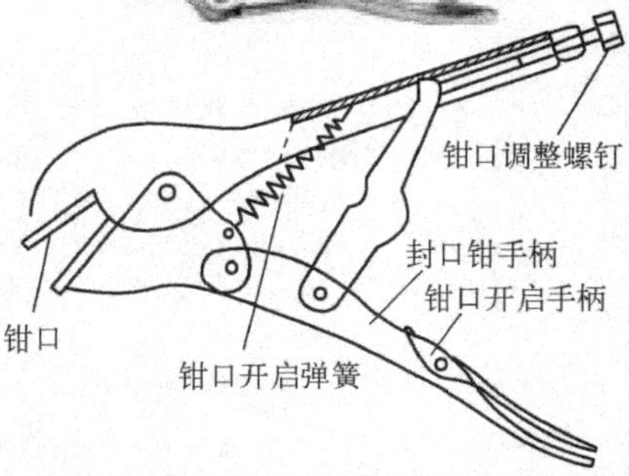	封口钳用于电冰箱、窗式空调器等全封闭制冷系统维修后，封闭工艺口时使用。它相当于一把电工钳，不过它的钳口是半圆形的，避免在夹扁铜管时把铜管夹断；另外，当把铜管夹扁时，封口钳能保持锁紧状态，直到人为打开为止	实际操作中，首先要根据管壁的厚度调整钳柄尾部的螺钉，使钳口的间隙小于铜管壁厚的两倍。调整适宜后将铜管夹于钳口的中间，合掌用力紧握封口钳的两个手柄，钳口便把铜管夹扁，而铜管的内孔也随即被侧壁挤死，起到封闭的作用。封口后拨动开启手柄，在开启弹簧的作用下，钳口自动打开

2. 铜管的割、弯、胀和毛细管的加工

铜管的割、弯、胀和毛细管的加工操作步骤如表3-2所示。

表3-2 铜管的割、弯、胀和毛细管的加工操作步骤

操作项目	操作示意图	操作步骤
割管	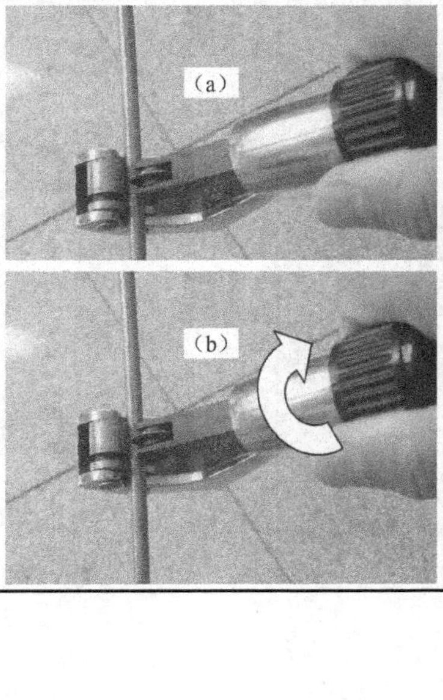	1. 取一根适当管径的铜管，并将其放置在滚轮与切轮之间，铜管的侧壁贴紧两个滚轮的中间位置，如图（a）所示。 2. 转动调整钮，使切轮的切口与铜管垂直夹紧。随即均匀地将割刀整体环绕铜管旋转。 3. 旋转一圈后再拧动调整转柄，使切轮进一步切入铜管，继续转动割刀，直至将铜管切断。 4. 用割管器自带的绞刀沿管口边缘刮上几圈，将管口边缘上的毛刺去掉，以防止铜屑进入制冷系统。 5. 观察切口应平整，无缩口现象，否则应重割。 **注意事项：** 每次进刀量不宜过多，只需拧进1/4圈即可，否则可能会将铜管挤压变形，出现缩口现象

续表

操作项目	操作示意图	操 作 步 骤
倒角 （去毛刺）	 (a) 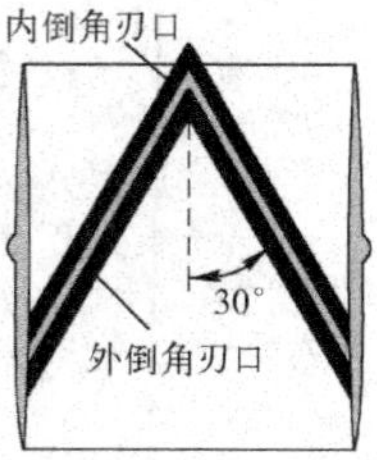 (b)  (c) 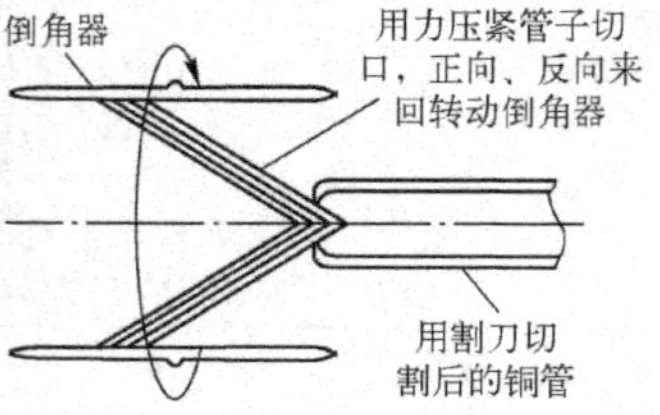 (d)	管子割断后，断口处会出现管壁收缩、内径变小的卷边现象，可用专用倒角器（三棱刮刀）刮除卷边，倒角器的外观和结构如图（a），（b）所示，其操作过程如图（c），（d）所示。或用割刀后面配置的尖铁，将管子断口内缘的毛刺刮净，直到它的断面厚度与管壁相同，刮毕清除管内碎屑，去毛刺过程中管口应始终朝下
弯管	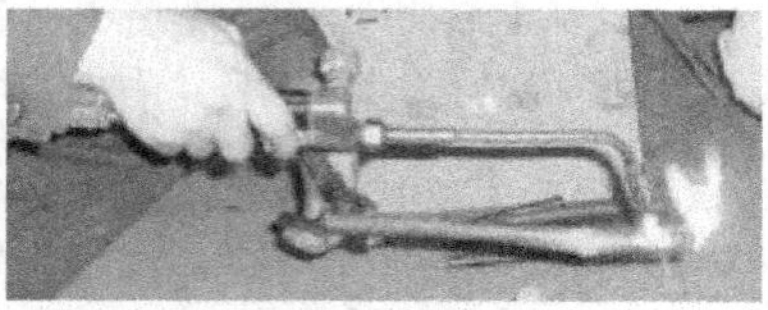 (a) 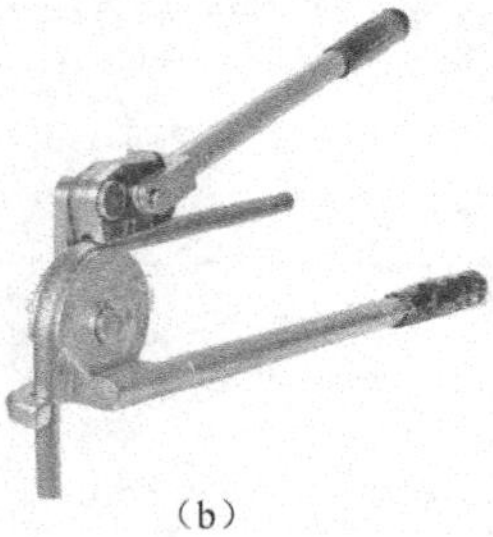 (b)	1. 先用气焊火焰把铜管加热成暗红色，然后放在空气中自然冷却，这一过程称为退火，如图（a）所示。 2. 将退火后的铜管放入弯管器的相应槽沟内，用搭扣扣住管子，慢慢旋转手柄，直到所需的角度为止，如图（b）所示。 **注意事项：** 1. 为了不使管子的管壁凹瘪，各种管子弯曲半径应不小于其管径的 5 倍。因此，弯曲不同管径的管子，应选择不同规格的弯管器。 2. 对于管径较小的铜管，可将弹簧弯套管套入铜管外，徒手直接弯曲
胀杯形口	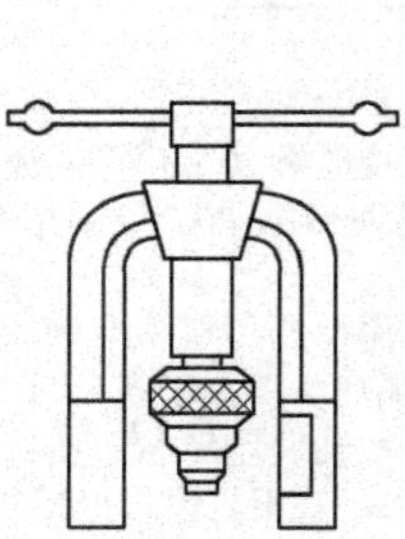 (a) 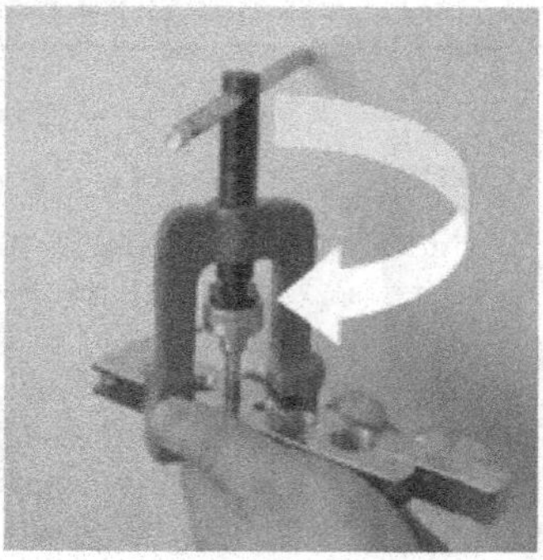 (b) 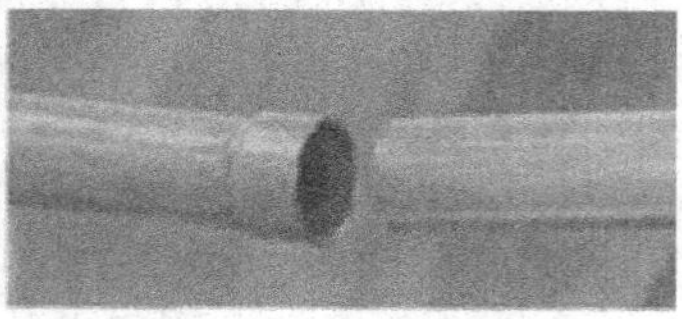 (c)	胀套口又称扩杯形口，目的是为了连接铜管。根据不同的管径，选用不同的钢模冲旋到胀管器的螺杆上即可，如图（a）所示。然后将退火后的铜管放入夹具相应的孔径内，铜管露出高度要稍大于管径。最后将管冲对准管口，慢慢旋转手柄使钢模冲压入铜管，胀到所需长度即可，如图（b）所示。压好后将准备好的另一根铜管插入里面，如图（c）所示。 **注意事项：** 胀套口时，为了增加焊口的焊接强度，一般要使套管套口的内径比被套管外径大 0.5mm 左右，套口的长度应在 10mm 左右，以便焊料能够流入套口间隙中，形成能满足需要的焊接面。管口露出夹具表面的高度应略大于胀头的深度。扩管器配套的系列胀头对于不同管径的胀口深度及间隙都已制作成型。一般小于 10mm 管径的伸入长度为 6～10mm，间隙为 0.06～0.1mm

续表

操作项目	操作示意图	操 作 步 骤
胀喇叭口	 （a）  （c） 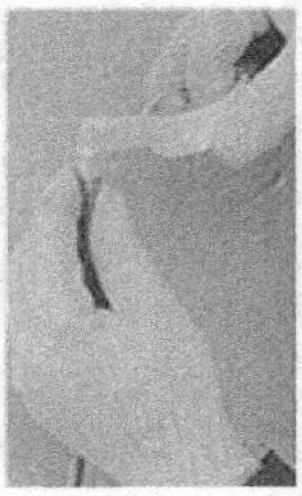 （d） 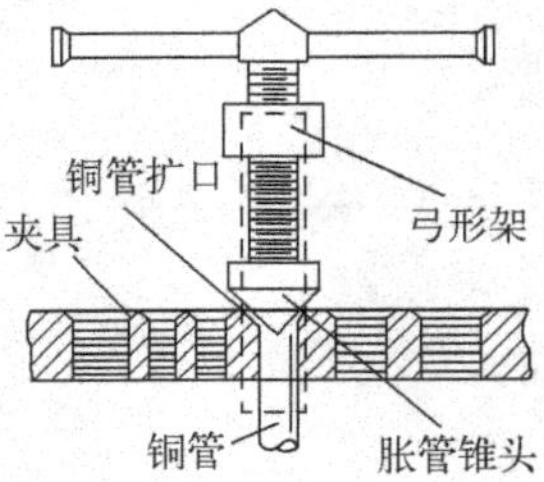 （b）	胀喇叭口。首先将铜管扩口端退火（部分铜管需要），并用锉刀锉修平整，然后把铜管放置于相应管径的夹具中，拧紧夹具上的紧固螺母，将铜管牢牢夹死。扩喇叭口时管口必须高于扩管器的表面，其高度大约与孔倒角的斜边相同，然后将扩管锥头旋固在螺杆上，连同弓形架一起固定在夹具的两侧，如图（a）所示。扩管锥头顶住管口后再均匀缓慢地旋紧螺杆，锥头也随之顶进管口内，如图（b）所示。加工好的喇叭口如图（c）所示。 **注意事项：** 胀喇叭口时应注意，旋进螺杆时不要过分用力，以免顶裂铜管。一般每旋进 3/4 圈后再倒旋 1/4 圈，这样反复进行直至扩制成形。最后扩成的喇叭口要圆正、光滑、没有裂纹。 最后将铜管封口，如图（d）所示
封口	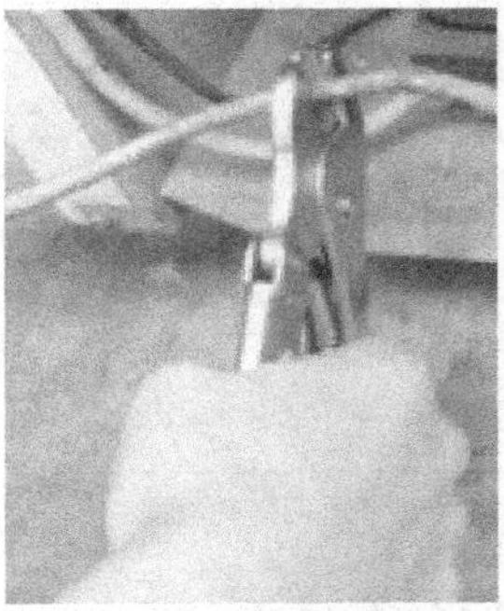 （a） 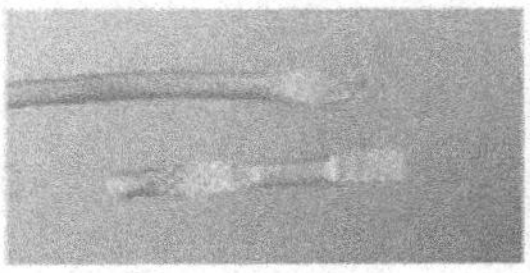 （b）	1. 根据管壁的厚度调整钳柄尾部的螺栓，使钳口的间隙小于铜管壁厚的两倍。 2. 调整适宜后将铜管夹于钳口的中间，合掌用力紧握封口钳的两个手柄，如图（a）所示。钳口便把铜管夹扁而铜管的内孔也随即被侧壁挤死，如图（b）所示，起到封闭的作用。 3. 气焊封口后拨动开启手柄，在开启弹簧的作用下，钳口自动打开。 **注意事项：** 1. 钳口间隙要调整适当，过大时封闭不严，过小时易将铜管夹断。 2. 封口后可检测是否封住，其方法是：排出铜管到压力表里面的氟利昂，然后关闭表阀，观察压力表的压力变化。如果不变，则封闭起作用，反之，就必须重新调整钳口，二次封闭
毛细管的加工	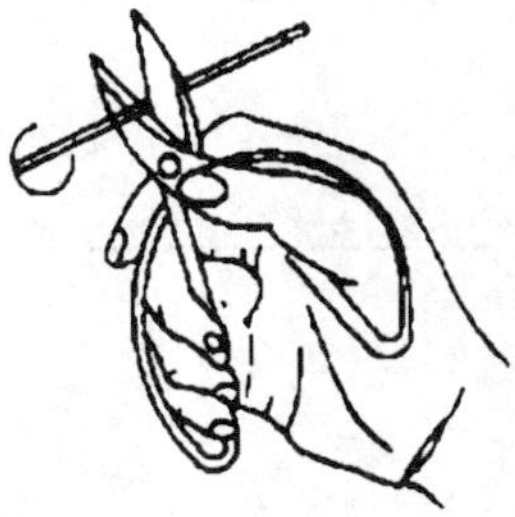	1. 左手拿着毛细管，右手拿着剪刀，轻轻转动毛细管，划出整圈的刀痕。 2. 在将要划透的时候，放下剪刀，双手捏住划痕处的两端掰开。 **注意事项：** 要注意剪刀不可用力过猛，另外不要试图划透，这样操作可以防止断口处出现缩口，影响制冷剂正常流动

3. 扩喇叭口的质量检查要求

扩出的喇叭口应光滑，无裂纹和卷边，扩口无伤疵。扩成的喇叭口既不能小，也不能大，以压紧螺母（纳子）能灵活转动而不致卡住为佳，质量不合格喇叭口及产生原因如表 3-3 所示。

表 3-3　质量不合格喇叭口及产生原因

不合格喇叭口	产 生 原 因
	铜管扩口端毛刺去除不净或铜管内壁附有金属屑
	打毛刺时划伤铜管内壁
	打毛刺过度损伤铜管边沿
	顶压器手柄拧得过紧
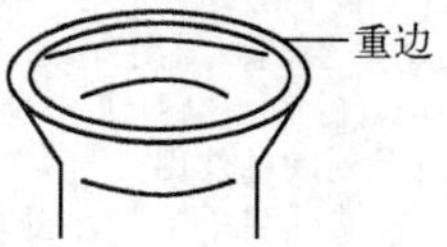	卷边未处理或处理不彻底
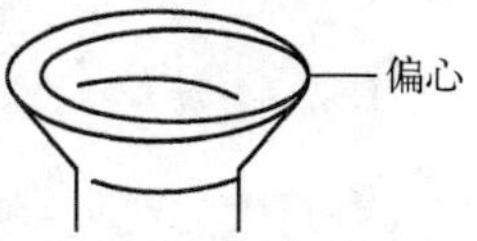	喇叭口形冲头与夹具孔中心不重合、偏心
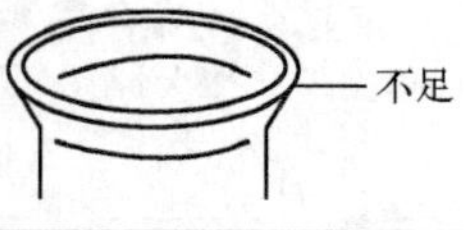	铜管伸出夹具过少
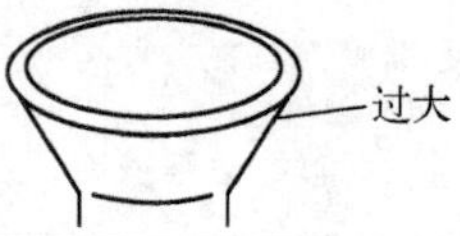	铜管伸出夹具过多

3.3.2　焊接设备和工具的认知

氧气－乙炔气焊接设备主要有氧气瓶、乙炔瓶、氧气减压阀、乙炔减压阀、氧气管、乙炔管和焊枪，如图 3-1 所示。

1. 氧气瓶

氧气瓶的结构如图 3-2 所示，常用瓶壁厚度为 5 ~ 8mm，优质碳素钢板或低合金钢板则制成无缝圆柱形。瓶体的上部瓶口内壁有螺纹，用以旋上瓶阀，瓶口外部还套有瓶箍，用以旋装瓶帽，以保护瓶阀不受意外的碰撞以致损坏。防震圈（橡胶制品）用来减轻振动冲击，瓶体的底部呈凹面形状或套有方形支底座，使气瓶直立时保持平稳。氧气瓶外表面漆成天蓝色，并用黑漆写上明显的“氧气”字样。其耐压为30MPa，满瓶的氧气压力为15MPa。氧气瓶不准在阳光下暴晒，不准靠近热源，不准磕碰。其使用期限为一年，到达使用期限后，必须经有关部门指定的专业单位进行检验，氧气瓶内的氧气不允许用光，剩余氧气的压力不能低于0.5MPa。

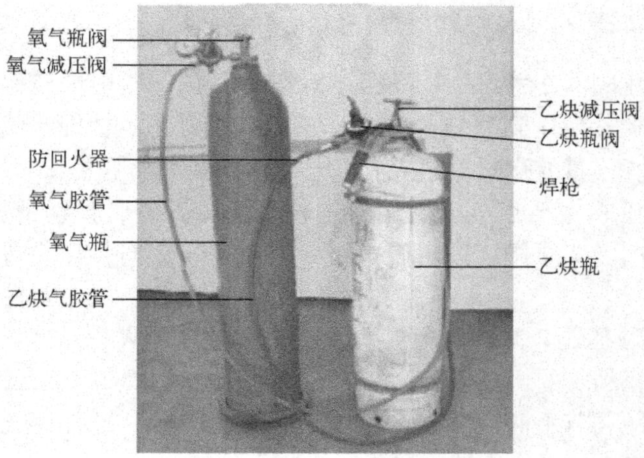

图3-1 氧气-乙炔气焊接设备

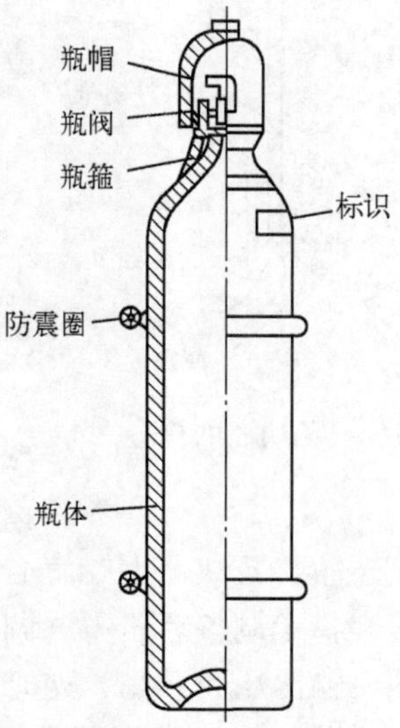

图3-2 氧气瓶的结构

氧气瓶阀是控制氧气瓶内氧气进出的阀门，按瓶阀的构造不同，可分为活瓣式和隔膜式两种。目前主要采用活瓣式氧气瓶阀，其构造如图3-3所示。但国内也有少数氧气瓶阀是采用隔膜式的，因为隔膜式瓶阀气密性好，但缺点是容易损坏和使用寿命短。

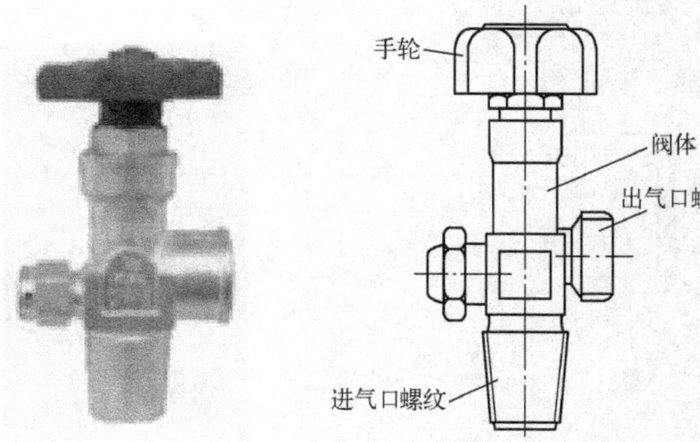

图3-3 活瓣式氧气瓶阀的构造

2. 乙炔瓶

乙炔瓶的材料和结构与氧气瓶基本相似，如图3-4所示。但是瓶体外表面漆白色，并

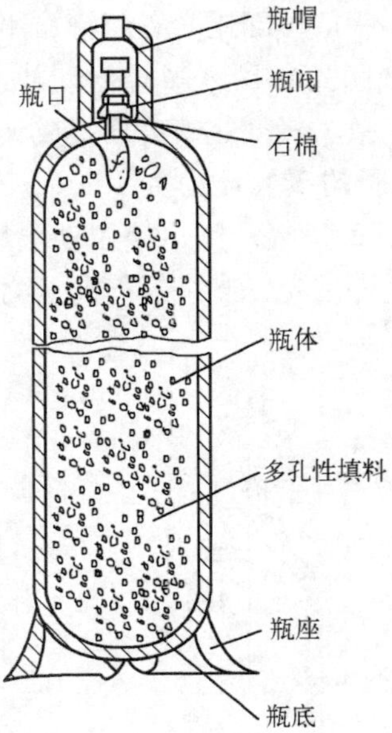

图 3-4　乙炔瓶的构造

标注红色的“乙炔”和“火不可近”字样。瓶体内装着浸满丙酮的多孔性填料，使乙炔稳定而又安全地储存在乙炔瓶内。使用时打开瓶阀，溶解于丙酮内的乙炔就分解出来，通过瓶阀流出乙炔气体。瓶口中心的长孔内放置过滤用的不锈钢丝网和毛毡（或石棉）。瓶里的填料可以采用多孔而轻质的活性炭、硅藻土、浮石、硅酸钙、石棉纤维等。乙炔瓶在 15℃ 时的充装压力为 1.5MPa，水压试验压力为 60MPa。乙炔瓶的使用周期为一年，使用时必须直立，不允许倾斜，更不允许放倒。

3. 减压阀（俗称氧气表）

减压阀的作用：一是降压，即把储存在气瓶内的较高压力的气体，减压到所需要的工作压力；二是稳压，即当气瓶压力或耗气量变化时，保持工作压力的稳定。

减压阀主要由外壳、调压螺杆、调压弹簧、弹性薄膜、减压活门、安全阀、进出气口接头以及高压表与低压表等部分组成。

在氧气瓶、乙炔瓶上配置合适的减压阀，减压阀上有两块压力表，高压表指示瓶内压力，低压表指示调整后压力，调节减压阀上的调节手柄，可调节减压后的压力，顺时针旋转调节手柄，输出压力升高，逆时针旋转调节手柄，输出压力降低。乙炔减压阀和氧气减压阀内部结构相同，氧气减压阀和氧气阀仰视图及内部结构如图 3-5 所示。

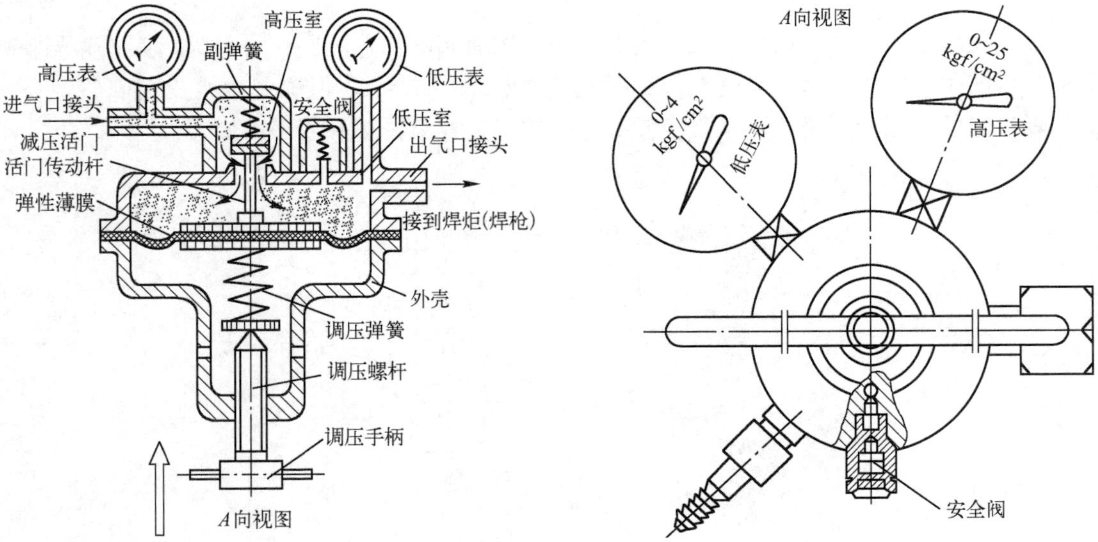

图 3-5　氧气减压阀和氧气阀仰视图及内部结构

4. 输气胶管

输气胶管分为氧气胶管和乙炔胶管，两者不能相互代用，氧气胶管为红色，乙炔胶管为蓝色或黑色。在氧气减压阀出气口接上红色输气胶管，乙炔减压阀出气口接上绿色（黑色）输气胶管，然后与焊枪连接。

5. 焊枪结构

焊枪由焊嘴、射吸管、乙炔调节手轮、氧气调节手轮、氧气接口、乙炔接口和手柄组成。

制冷维修一般采用 H01－6 型射吸式焊枪，它有 5 个孔径不同的焊嘴，以 1 号、2 号为宜，如图 3-6 所示。

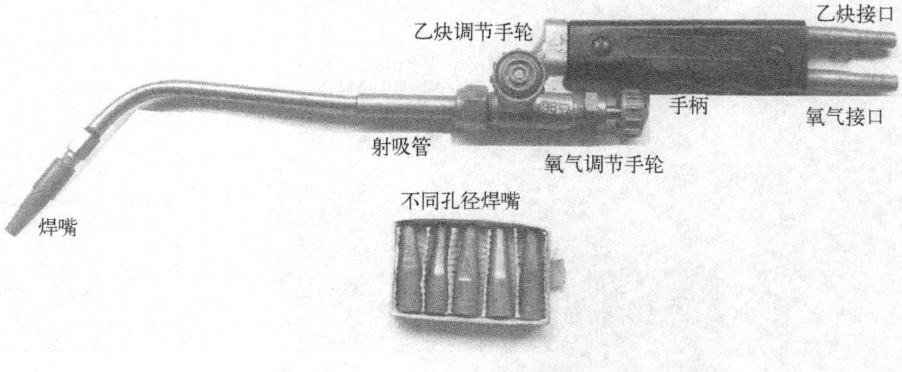

图 3-6　焊枪的结构

3.3.3　氧气－乙炔气焊接设备的使用

1. 氧气减压阀的调节

将氧气瓶阀调节手轮逆时针旋到底，然后顺时针缓慢旋转减压阀调节手柄，如图 3-7 所示，使低压表（输出压力）压力为 0.2MPa 左右，如图 3-8 所示（图中高压表指的是进气压力）。氧气工作压力与焊炬、焊嘴型号有关，如表 3-4 所示。

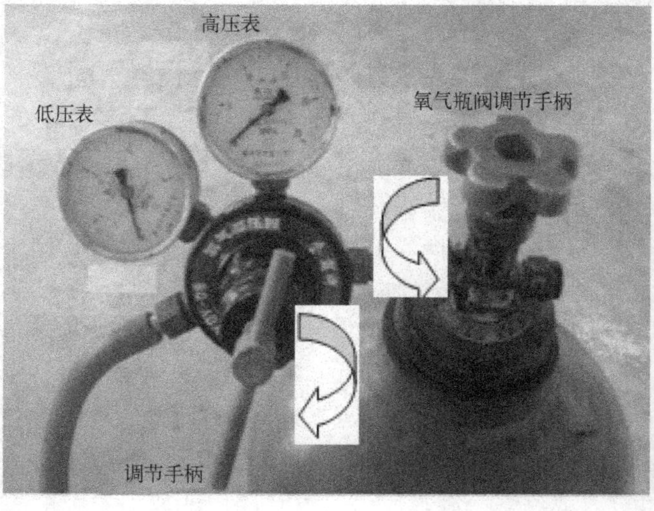

图 3-7　氧气减压阀

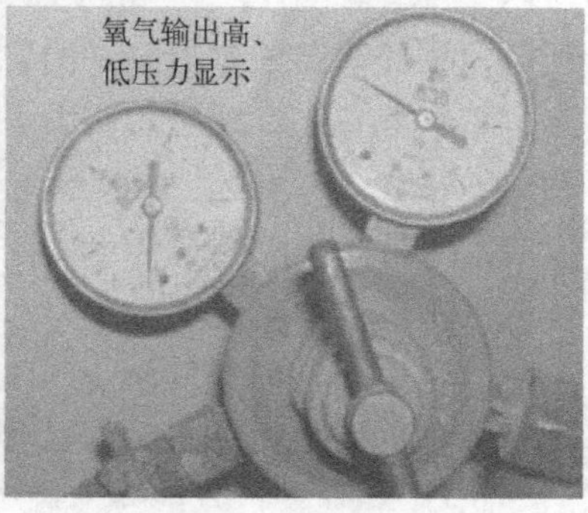

图 3-8　氧气输出压力指示

表 3-4　焊炬氧气工作压力

焊　　嘴	1#	2#	3#	4#	5#
氧气压力（kgf/cm^2）	0.2	0.25	0.3	0.35	0.4

2. 乙炔减压阀的调节

将乙炔瓶阀调节手轮逆时针旋转 90°，然后顺时针缓慢旋转减压阀调节手柄，如图 3-9 所示，将低压表压力（输出压力）调整为 0.05MPa，如图 3-10 所示（图中高压表指的是进气压力）。

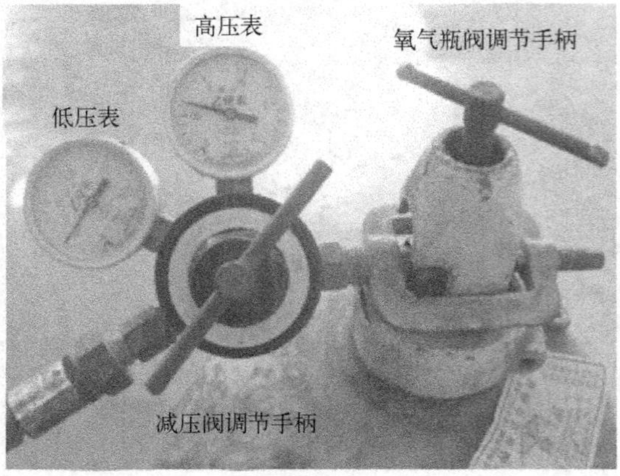

图 3-9　乙炔减压阀

图 3-10　乙炔输出压力指示

3. 焊枪使用方法

（1）焊枪使用前，必须检查气体通路与射吸情况。先将氧气软管套在氧气接头上，并以手指按于乙炔进气接头上，打开氧气和乙炔阀门，此时如果手指感觉有一股吸力，则表示焊枪正常；如无吸力或氧气从乙炔接头倒流出来，则表示焊枪性能不良，不能使用，必须检查修理。

（2）检查焊枪射吸情况正常后，可把乙炔软管装在乙炔进气接头上，并扎紧以防漏气。

制冷维修一般采用 H01－6 型射吸式焊枪，如图 3-6 所示，它配有 5 个孔径不同的焊嘴，以 1 号、2 号为宜。焊枪乙炔气调节手轮为红色标志，向前推为打开，向后拨为关闭；氧气调节手轮为蓝色标志，逆时针旋转为打开，顺时针旋转为关闭。

（3）焊枪握法。通常用右手握焊枪，将右手大拇指置于乙炔气调节手轮处，食指置于氧气调节手轮处，以便随时调节气体流量，其余 3 个手指握住焊枪柄，如图 3-11 所示。初学者可以用大拇指与食指卡住氧气调节手轮，其余 3 个手指握住焊枪柄，左手大拇指与食指调节乙炔调节手轮。

（4）首先，逆时针旋转焊枪上的乙炔手轮，打开乙炔气调节阀，使焊嘴中有少量乙炔气喷出，再稍打开氧气调节阀，从焊嘴的后下方点火，开始练习时，可能会出现不易点燃或连续的“放炮”声，原因是因为氧气量过大或乙炔不纯，应微关氧气阀门或放出不纯的乙炔后，重新点火。

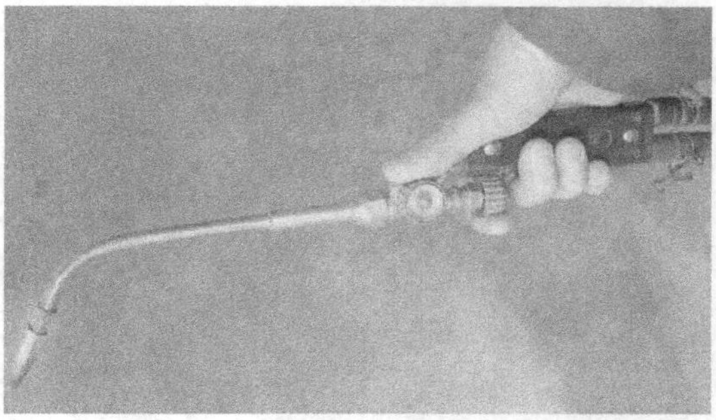

图 3-11　焊枪握法

（5）点火的方法有两种：一种用专用点火器点火，如图 3-12 所示；另一种用火柴（或打火机）点火，如图 3-13 所示。在工厂里工人师傅将一根麻绳点燃（注意不是明火），也可点火。点火时焊嘴不能正对引燃物或手，以免烧伤。

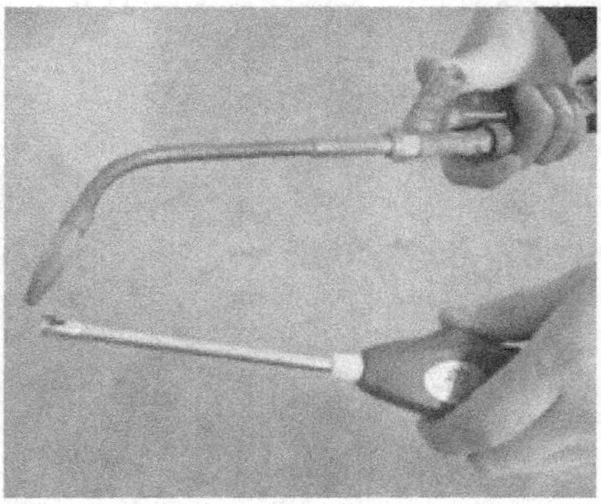

图 3-12　专用点火器点火

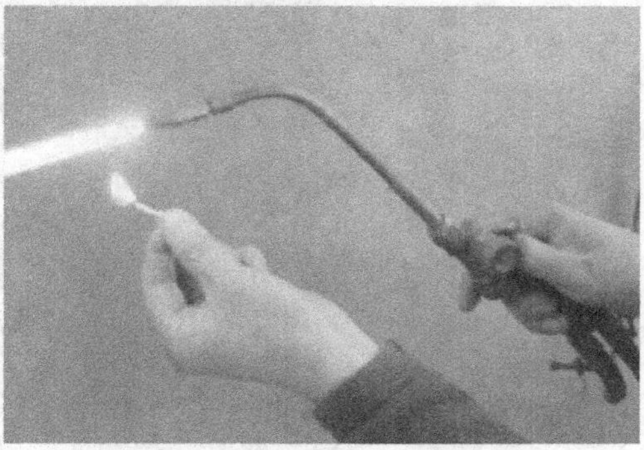

图 3-13　火柴点火

（6）调节焊枪上的氧气、乙炔气手轮，使火焰为中性焰。

（7）关闭焊枪时，应先关闭焊枪上乙炔气调节阀，再关闭氧气调节阀，这样可以防止回火和减少烟灰。

（8）焊接完毕，将氧气瓶、乙炔瓶阀门顺时针旋到底，再顺时针旋转减压阀调节手柄，使高压表压力指示为零，最后逆时针退出减压阀调节手柄。

4. 便携式微型焊炬的使用

1）便携式微型焊炬简介

便携式微型焊炬由氧气瓶、丁烷气瓶和焊炬等组成，如图 3-14 所示。

2）便携式微型焊炬使用各种气体的操作步骤

（1）氧气的充注操作。

① 先关闭小氧气瓶高、低压旋钮，卸下充气口的堵塞。

② 用氧气转接头（氧桥）将大、小氧气瓶连接起来并将大氧气瓶拧紧螺帽，如图 3-15 所示。

③ 关闭小氧气瓶低压旋钮，打开小氧气瓶高压旋钮。

④ 缓慢打开大氧气瓶阀调节手轮，并注意观察小氧气瓶压力表指针上升情况。

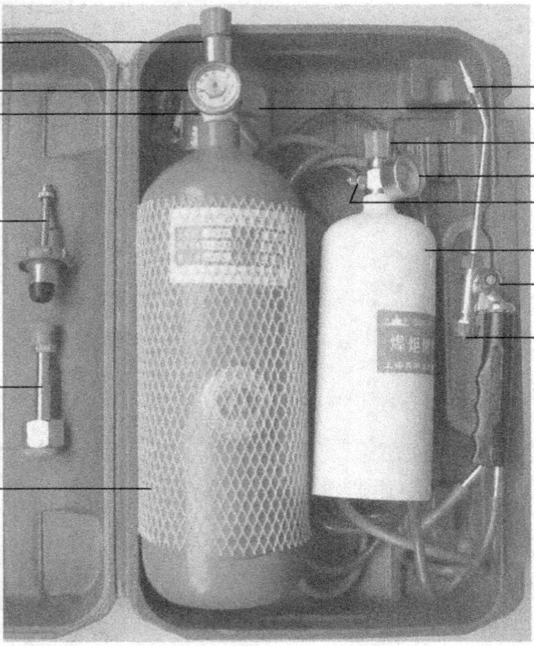

1—氧气低压旋钮；2—氧气高压旋钮；3—氧气高压表；4—氧气瓶；5—丁烷气调节旋钮；
6—燃气瓶；7—焊枪氧气调节手轮；8—焊枪燃气调节手轮；9—焊嘴；10—燃气瓶压力表；
11—氧气转接口；12—液化气转接头；13—丁烷充气口；14—氧气阀堵塞

图 3-14 便携式微型焊炬的组成

⑤ 当小氧气瓶高压表指针不再上升后约 1min，充气完毕，先关闭小氧气瓶高压开关，然后关闭大氧气瓶阀，卸下氧气转接头，上紧堵塞。

⑥ 充氧过程中，小氧气瓶表面温度有所升高，属正常物理现象。

（2）丁烷气的充注操作。

① 将丁烷气罐摇动后，垂直插入燃气瓶充气口，如图 3-16 所示。

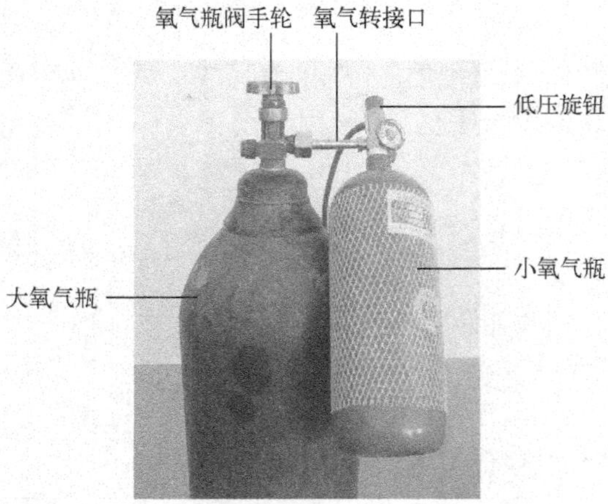

图 3-15 氧气的充注

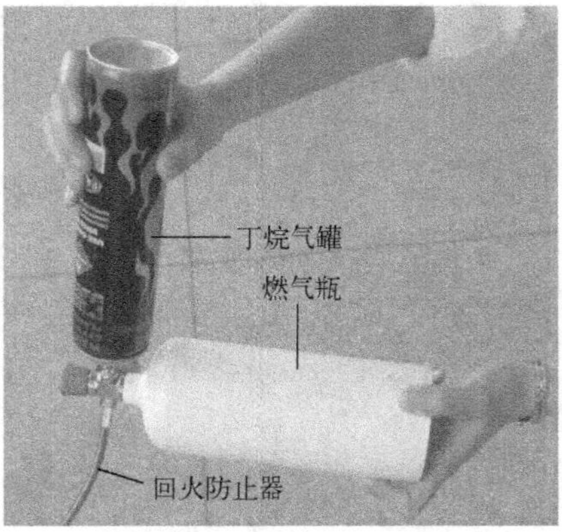

图 3-16 丁烷气的充注

② 为了更好地吻合，可以稍微上下移动丁烷气罐，当气体开始溢出时，停止充注。

（3）液化气的充注。

① 卸下出气接头（有的取下燃气瓶阀上的灌装口堵塞），将充气转接头的大头旋紧在液化气瓶上，小头接在燃气瓶阀上。

② 将液化气瓶倒置后倾斜约 20°，防止瓶中的杂质流出。

③ 将燃气瓶阀的旋钮开至最大，迅速打开液化气瓶上的截止阀，将液化气充入燃气瓶内。

④ 第一次充液化气时，因燃气瓶内有空气，因此要在第一次充完后，关闭瓶阀开关，卸下充气转接头，将小燃气瓶直立，打开瓶阀旋钮排出一些气体，主要是为了排放空气。

⑤ 再按上述步骤充气，液化气不能充得太满，一般在容积的 60% 以下，如图 3-17 所示。

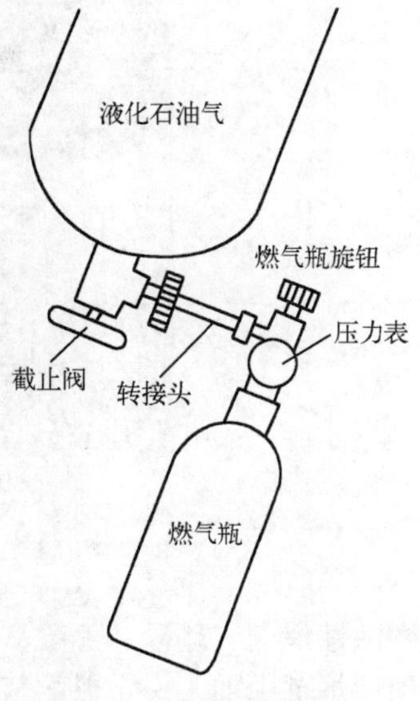

图 3-17　液化气的充注

3）使用注意事项

① 红色胶管用于连接氧气，接在焊炬标有"O_2"的接头上，蓝色胶管用于连接燃气，接在焊炬标有"C_2H_2"的接头上。

② 打开氧气瓶阀的高压旋钮和低压旋钮，再打开燃气瓶阀旋钮。

③ 先将焊枪的燃气旋钮稍稍打开，然后点火，再打开焊枪的氧气旋钮，然后分别交替调整焊枪燃气和氧气旋钮，至火焰最佳。

④ 焊接完毕，先关闭焊枪的燃气旋钮，再关闭焊枪氧气旋钮，最后关闭氧气瓶高、低压旋钮和燃气瓶阀旋钮。

3.3.4　焊接操作技能与知识

1. 钎焊焊接与焊条的选用

1）钎焊焊接

电冰箱、空调器制冷系统的管道连接一般采用钎焊焊接。钎焊的方法是利用熔点比所焊接管件金属熔点低的焊料，通过可燃气体和助燃气体在焊枪中混合燃烧时产生的高温火焰加热管件，并使焊料熔化后添加在管道的结合部位，使其与管件金属发生粘润现象，从而使管件得以连接，而又不至于使管件金属熔化。

2）钎焊焊条的选用

钎焊常用的焊条有银铜焊条、铜磷焊条、铜锌焊条等，如图 3-18 所示。为提高焊接质量，在焊接制冷系统管道时，要根据不同的焊件材料，选用合适的焊条。如铜管与铜管之间的焊接可以选用铜磷焊条，而且可以不用焊剂。铜管与钢管或钢管与钢管之间的焊接，可选用银铜焊条或铜锌焊条。银铜焊条具有良好的焊接性能，铜锌焊条次之，但在焊接时需用焊剂。

3）钎焊焊剂的选用

(1) 焊剂的分类。焊剂又称为焊粉、焊药、熔剂，它分为非腐蚀性焊剂和活性化焊剂。

图 3-18　各种钎焊焊条

非腐蚀性焊剂有硼砂、硼酸、硅酸等，呈粉状、白色，如图 3-19 所示。活性化焊剂是在非腐蚀性焊剂中加入一定量的氟化钾、氯化钾、氟化钠和氯化钠等化合物。活性化焊剂比非腐蚀性焊剂具有更强的清除焊件上的金属氧化物和杂质的能力，但它对金属焊件有腐蚀性，焊接完毕后，焊接处残留的焊剂和熔渣要清除干净。

图 3-19　非腐蚀性焊剂

（2）焊剂的作用。焊剂能在钎焊过程中使焊件上的金属氧化物或非金属杂质生成熔渣。同时，钎焊生成的熔渣覆盖在焊接处的表面，使焊接处与空气隔绝，防止焊件在高温下继续氧化。钎焊若不使用焊剂，焊件上的氧化物便会夹杂在焊缝中，使焊接处的强度降低，如果焊件是管道，焊接处可能产生泄漏。

（3）焊剂的选用。焊剂对焊件的焊接质量有很大的影响，因此钎焊时要根据焊件材料、焊条选用不同的焊剂。例如，铜管与铜管的焊接，使用铜磷焊条可不用焊剂；若用银铜焊条或铜锌焊条，要选用非腐蚀性的焊剂，如硼砂、硼酸或硼砂与硼酸的混合焊剂。铜管与钢管或钢管与钢管焊接，用银铜焊条或铜锌焊条，焊剂要选用活性化焊剂。

2. 焊接方法

焊接的方法主要有氧气－乙炔气钎焊、交流氩弧焊、自动锡钎焊和闪光对焊等。若连接管件均是铝件，则一般采用交流氩弧焊或铝焊；连接管件是铜、铝接头焊点时，直接焊接十分困难，可换铜铝接头后再焊接；连接管件均是铜件时，一般采用氧气－乙炔气钎焊。电冰箱、空调器的全封闭制冷系统管路均是焊接而成的。在维修过程中，管道的连接和修补多采用焊接的方法，而焊接质量的好坏直接影响着电冰箱、空调器的性能。因此，焊接技术是电冰箱、空调器维修人员必须掌握的一项基本技能。

3. 焊接火焰

1）氧气和乙炔的气体性质

（1）氧气的性质。氧气在常温常压下是一种无色、无味、无毒的气体，比空气稍重。高压氧气在常温下能和油脂发生化学变化，引起发热、自燃或爆炸。使用中氧气瓶和嘴、氧气表、焊炬及连接胶管里面切不可沾污油脂。

（2）乙炔气的性质：乙炔是一种无色的碳氢化合物，分子式为 C_2H_2，乙炔气中含有 93% 的碳与 7% 的氢。由于乙炔气中含有硫化氢和有毒的碳化氢等杂质，所以带有刺鼻的异味。乙炔气本身不能完全燃烧，当与适量的氧混合后，点火即可产生 3 200℃ 的高温火焰，是气焊理想的可燃气体。

2）氧气－乙炔气的火焰种类

使用气焊焊接时，要根据不同的焊接材料选用不同的焊接火焰。氧气－乙炔气的火焰可分为中性焰、碳化焰、氧化焰 3 种，如表 3-5 所示。

表 3-5　氧气－乙炔气的火焰种类

种　类	示 意 图	说　明
1. 中性焰	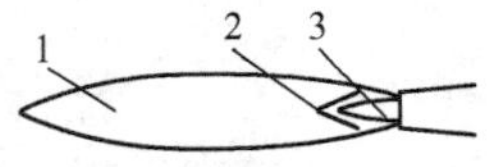 中性焰	氧气与乙炔气的体积之比为 1～1.2 时，其火焰为中性焰，如图所示。中性焰由焰心 3、内焰 2、外焰 1 三部分组成。焰心呈尖锥形，色白而明亮；内焰为杏核形，呈蓝白色；外焰由里向外逐渐由淡紫色变为橙黄色。适宜钎焊铜管与铜管、钢管与铜管
2. 碳化焰	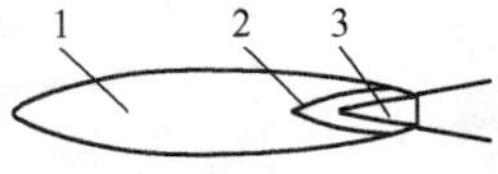 碳化焰	在中性焰的基础上减少氧气可得到碳化焰，如图所示。此时氧气与乙炔气的体积之比小于 1，碳化焰的火焰分 3 层，焰心轮廓不清，呈白色，焰心外围带蓝色；内焰为淡白色；外焰特别长，呈橙黄色。当乙炔供应量过大时，火焰冒黑烟。适宜钎焊铜管与钢管
3. 氧化焰	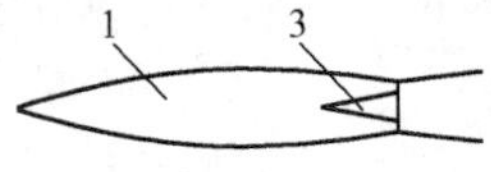 氧化焰	在中性焰的基础上增大氧气可得到氧化焰，如图所示。此时氧气与乙炔气的体积之比大于 1.2，供氧量多于乙炔量，氧化焰的火焰只有两层，焰心短而尖，呈青白色；内焰几乎看不到；外焰也较短，呈蓝色，燃烧时有噪声。不适于铜管与铜管、铜管与钢管的焊接

3）中性焰的温度分布

中性焰的温度分布如图 3-20 所示，焰心温度约为 900℃，内焰最高温度达 3 150℃，位于距离焰心末端 2～4mm 处，气焊时金属应放置在该处进行加热和焊接。

4）火焰的调节

由于焊接金属材料的性质、厚度不同，为保证焊接质量，火焰的热量应随之改变，通常采用以下方法对火焰热量进行调节：

① 调节焊枪上氧气、乙炔手轮，控制混合气体的流量，达到调节火力的目的。

② 调节焊嘴与被焊工件间的距离，改变被焊工件吸收热量的大小，如图 3-21 所示。

③ 调节焊嘴与焊件表面的夹角（焊炬倾角），焊嘴垂直于焊件表面时，火焰集中，焊件受热量大，随着夹角减小，火焰分散，焊件吸热量下降。刚开始焊接时，焊炬倾角要大，以便快速加热焊件。

5）焊接工艺

① 焊前清洁管道、焊件的焊接处，以免水分、油污、灰尘等影响焊接质量。

② 根据焊件材料选用合适的焊条及焊剂。

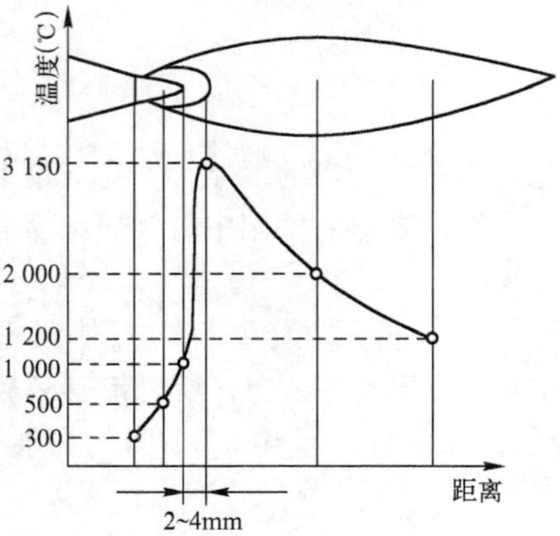

图 3-20　中性焰的温度分布

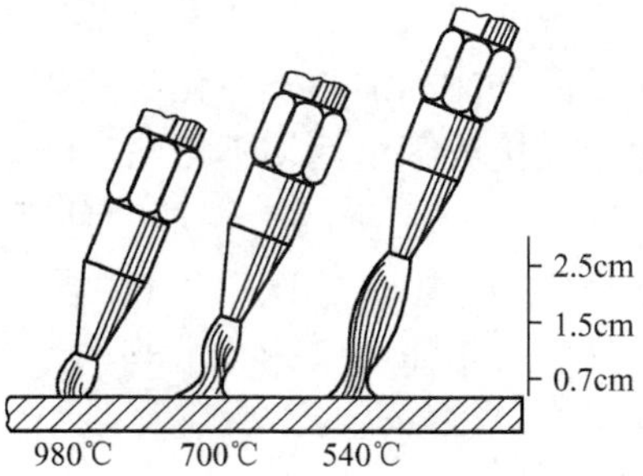

图 3-21　焊嘴与被焊工件间不同距离时的温度

③ 加热焊件时火焰方向应如图 3-22 所示。

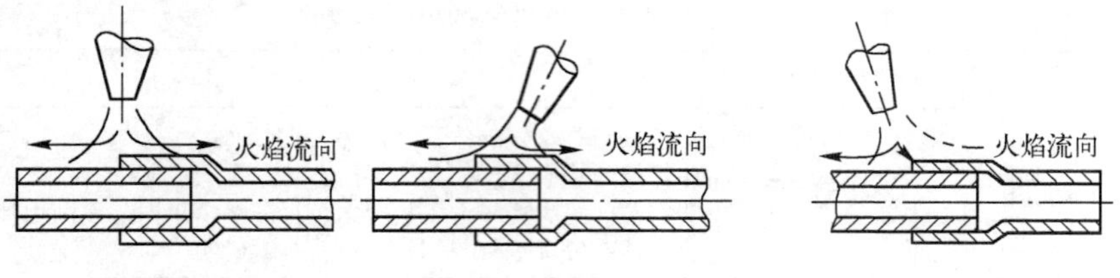

（a）正确　　（b）正确　　（c）错误

图 3-22　焊接时的火焰方向

图 3-22（c）所示的火焰方向是错误的，由于火焰流向正对着管子接头的间隙，易使火焰燃烧产生的水分或杂质进入制冷系统。

3.3.5　管道的焊接

1. 铜管与铜管的焊接

制冷管道的焊接一般采用套管焊接法，即将细管子插入粗管子中，如图 3-23 所示。对于管径相同的管子，通常将其中一端扩成杯形口后再插入焊接，如图 3-24 所示。

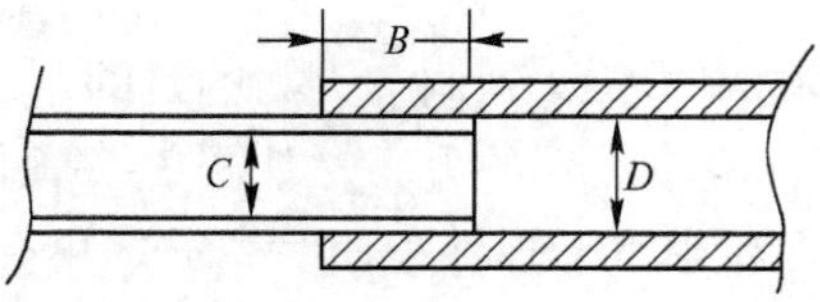

图 3-23　直管插入焊接

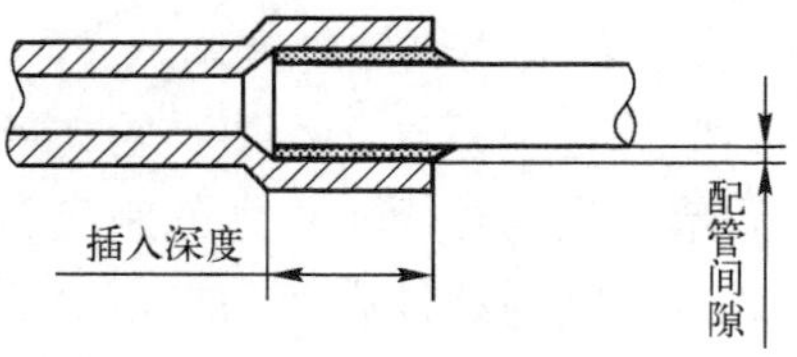

图 3-24　扩成杯形口再插入焊接

套管焊接法对管子插入的深度和间隙都有一定的要求。如果插入太浅，不但影响强度和密封性，而且焊料易堵塞管道；如果间隙过小，焊料不能流入，强度差、易开裂，造成泄漏；如果间隙过大，不仅浪费焊料，而且焊料易流入管内造成焊堵。套接管子插入的长度和间隙可按表3-6所列尺寸掌握。

表3-6　套接管子插入的长度和间隙

管径（mm）	5～8	8～12	12～16	16～25	25～35
间隙（mm）	0.035～0.05	0.035～0.05	0.045～0.05	0.05～0.055	0.05～0.055
伸入长度（mm）	6	7	8	10	12

① 清除焊接部位的脏物。

② 点燃焊枪，将火焰调整为中性焰，左手拿铜磷焊条，右手握焊枪。

③ 预热，先加热插入管，使焊枪火焰焰心尖端距离铜管2～4mm，然后沿铜管方向来回移动均匀加热焊接部位，如图3-25所示。焊接处要均匀加热，加热时间不宜过长，以免管道内壁氧化甚至局部烧穿。

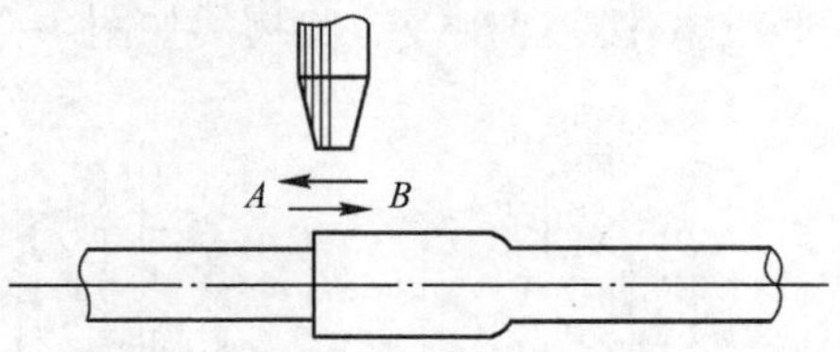

图3-25　焊枪火焰在A、B之间来回移动

④ 当加热至暗红色时，将焊条放至铜管接头焊缝处，利用铜管的温度熔化焊条，焊条不要直接接触火焰，否则容易产生气孔，焊好后移开焊条和焊枪，如图3-26所示。

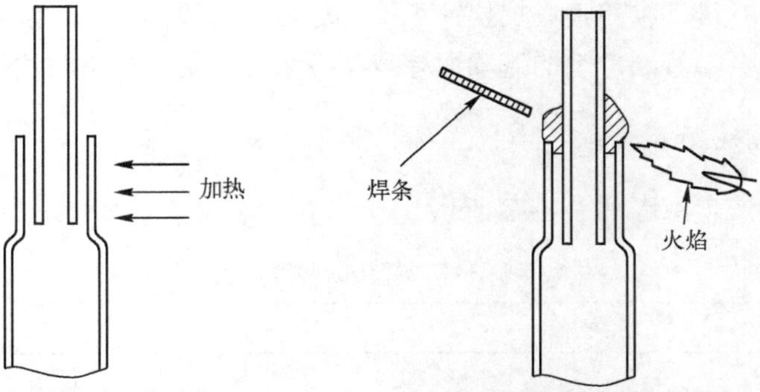

（a）把铜管均匀加热至暗红色　　（b）焊条从反方向插入焊缝处

图3-26　焊接操作工序

⑤ 关闭焊枪，保持铜管固定不动，直至凝固。焊接结束，焊料未完全凝固时，如果铜管晃动，会使焊接部位产生裂缝。

2. 铜管与钢管的焊接

① 准备好银焊条或黄铜焊条、焊剂。

② 清除焊接处的油污、氧化物等脏物。

③ 点燃焊枪，将火焰调整为碳化焰。

④ 在焊接处涂上助焊剂，加热焊剂呈透明液体时，将黄铜焊条放在焊接处继续加热，使其充分熔化，直至牢固附着在管道上为止。移开焊条和焊枪，关闭焊枪。

⑤ 关闭焊枪，保持铜管固定不动，直至凝固。

3. 铜管与毛细管的焊接

毛细管与管径不同的紫铜管焊接，在焊接前要用钳子把大于毛细管管径的紫铜管管口夹扁。夹扁时将毛细管插入管内，插入长度为 25 ~ 30mm。外管夹扁长度为 15 ~ 20mm，即毛细管伸入外管内距夹扁边缘至少 10mm，夹时不得将毛细管夹扁造成堵塞。

4. 毛细管与干燥过滤器的焊接

焊接时要特别注意毛细管的插入深度，一般为 15mm，毛细管插入端面距滤网端面为 5mm。若插入过深，会触及过滤器内的过滤网，杂质容易进入过滤网，增大堵塞的可能性；若插入过浅，焊料会流进毛细管端部，使阻力加大，造成堵塞，如图 3-27 所示。焊接时火焰重点加热干燥过滤器侧，毛细管与干燥过滤器的加热比例为 2∶8，防止毛细管加热过度而变形或熔化。焊接好的实物图如图 3-27(d) 所示。

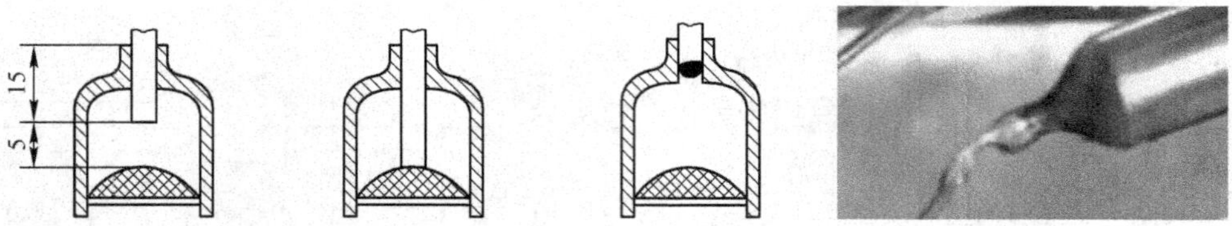

（a）　（b）　（c）　（d）

图 3-27　毛细管插入干燥过滤器深度

总之，焊接时最好采用强火焰快速焊接，尽量缩短焊接时间，以防止管路内生成过多的氧化物，氧化物会随着制冷剂的流动而导致制冷系统脏堵，严重时使压缩机发生故障。

5. 焊接质量检测

焊接缺陷及产生原因如表 3-7 所示。

表 3-7　焊接缺陷及产生原因

焊接缺陷	产生原因
焊接不足一周 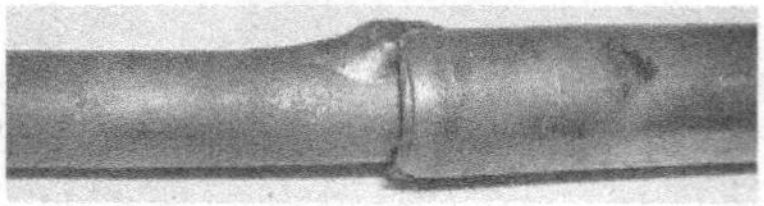	接头部位有油污或未预热，焊枪直接加热焊条，加热时间短，铜管温度未达到焊料熔点
烧　穿 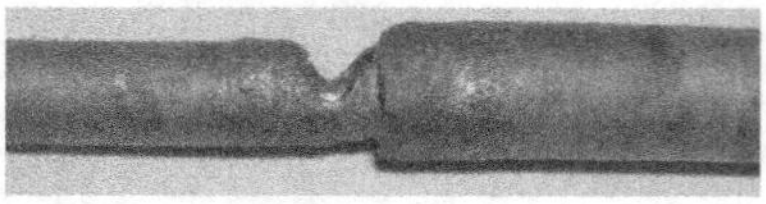	操作不熟练，动作慢，火焰调节不当，火焰过强，焊接时未沿焊接部位移动，在一处停留时间过长
烧　损 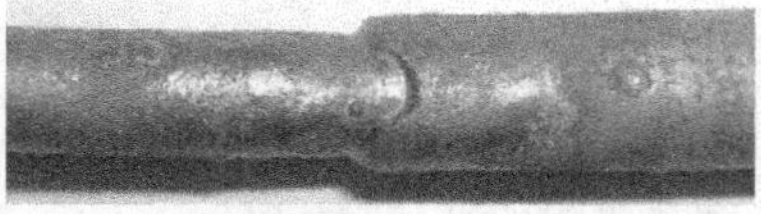	管壁边缘被烧损，但又未完全烧穿。操作不熟练，火焰调节不当，焊枪在焊缝处停留时间过长
焊接处外表面粗糙 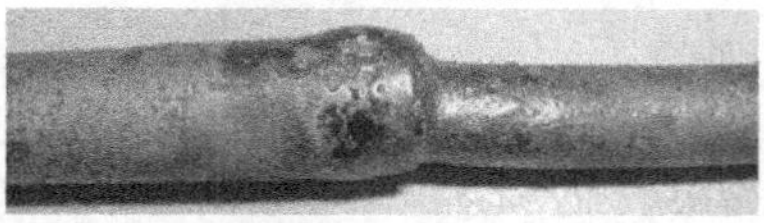	焊料过热或焊接时间过长、焊剂不足等

续表

焊接缺陷	产生原因
焊接处有气泡、气孔 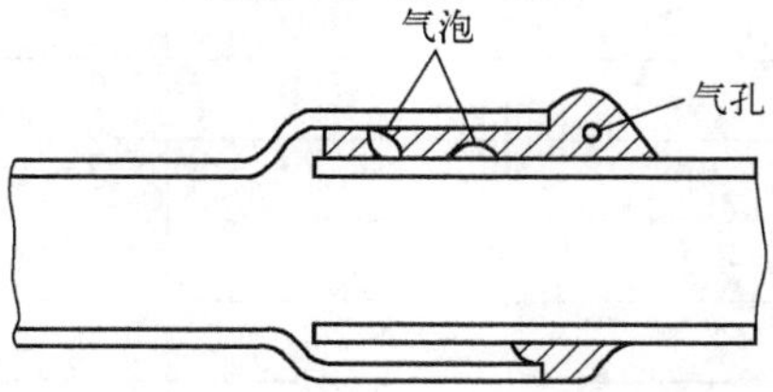 	焊接处有油污、氧化物等，焊接速度过快或过慢
未焊透 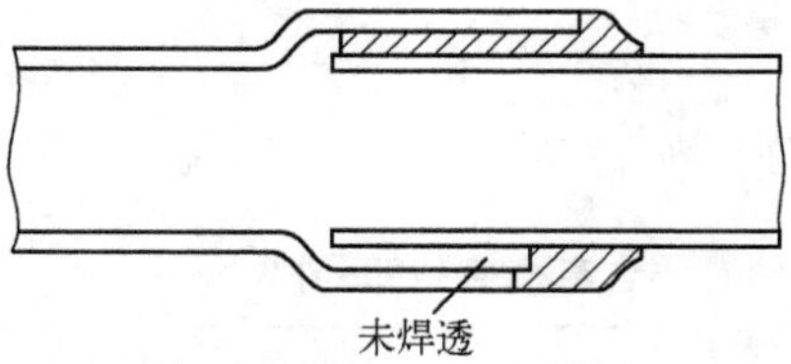 	加热不够，接头间隙过小，焊接处不干净（有油污、氧化物等）
裂　纹 	焊料未完全凝固时晃动

6. 焊接安全注意事项

① 焊接前应检查焊接设备是否完好，工作场地不应有易燃易爆品。

② 禁止用带油的布、棉纱擦拭气瓶及减压阀，以免引起爆炸。

③ 焊接时不能长时间焊烧地面，以防地面爆裂。

④ 乙炔气瓶不得卧放，开启乙炔气针阀时，动作要轻、缓。不得同时开启乙炔气针阀和氧气针阀。

⑤ 点火时要取正确方向，防止火焰吹向气瓶、气管、人及其他物体。

⑥ 不准在未关闭减压阀的情况下清理焊枪嘴，不准将输气胶管折弯后更换焊嘴。

⑦ 不准在未关闭焊枪的情况下离开工作现场。

⑧ 气瓶应放在阴凉通风处，不得置于阳光下暴晒及靠近热源。

⑨ 系统内有制冷剂 R12 时不能进行焊接，必须放空后才可进行焊接操作，以防 R12 遇明火产生有毒的光气。

3.4 项目基本知识

3.4.1 常用修理材料

1. 铜管的规格

常用紫铜管的规格如表 3-8 所示。

表 3-8　常用紫铜管的规格

公称直径 D_g（mm）	外径（mm）×壁厚（mm）	理论质量（kg · m^{-1}）	公称直径 D_g（mm）	外径（mm）×壁厚（mm）	理论质量（kg · m^{-1}）
1.5	3.2×0.8	0.05	14	16×1	0.42
2	4×1	0.08	16	19×1.5	0.73
4	6×1	0.14	19	22×1.5	0.86
8	10×1	0.25	22	25×1.5	0.985
10	12×1	0.31			

2. 常用制冷维修材料及配件

常用制冷维修材料及配件（不含电气控制部分）如表 3-9 所示。

表 3-9　常用制冷维修材料及配件（不含电气控制部分）

名　称	图片或文字说明	作　用
1. 铜管（ϕ6、ϕ8、ϕ10 等）		对制冷系统中有腐蚀或有严重损伤的管道进行更换
2. 毛细管	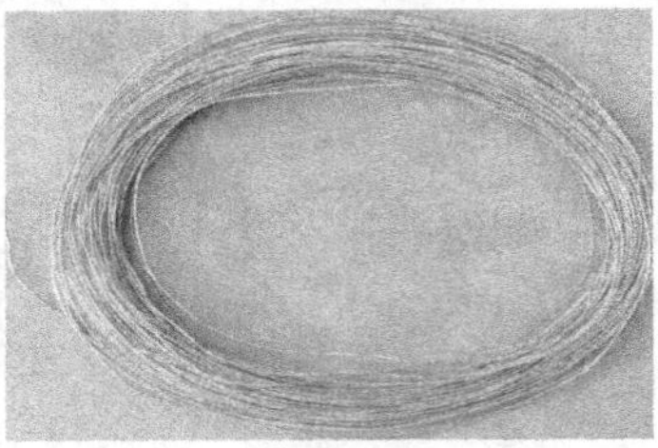	铝质蒸发器损坏后，常用铜质蒸发器代换，同时要更换毛细管
3. R12		目前冰箱、汽车空调使用的制冷剂之一（瓶子是一次性的）
4. R22		目前家用空调使用的制冷剂之一（瓶子是一次性的）
5. R134a		目前无氟系统使用的听装制冷剂（瓶子是一次性的）

续表

名　称	图片或文字说明	作　用
6. R600a		属于无氟系统的制冷剂（瓶子是一次性的）
7. AB 粘胶剂	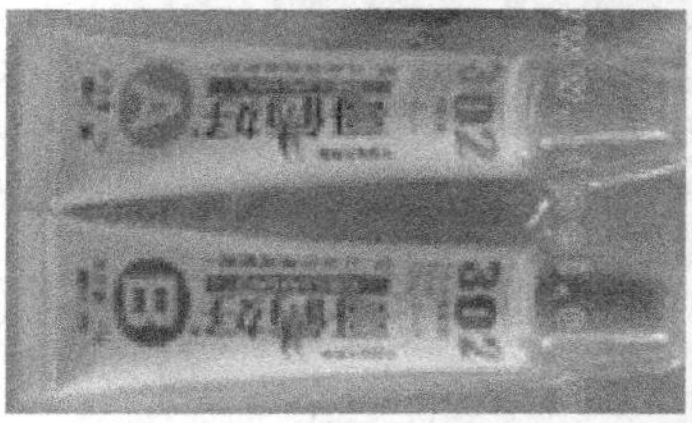	工作压力低的铝制管道的粘补
8. 氮气瓶	瓶体为黑色，可储存氮气 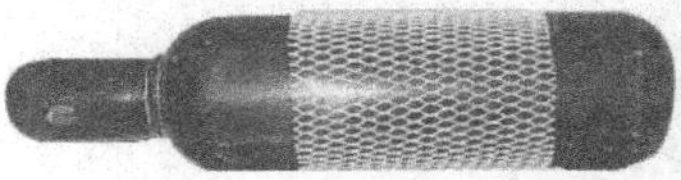	对管道系统充氮气，进行检漏，也可用干燥空气代替
9. 冷冻油	新鲜冷冻油清澈，无杂质、沉淀和焦糊味 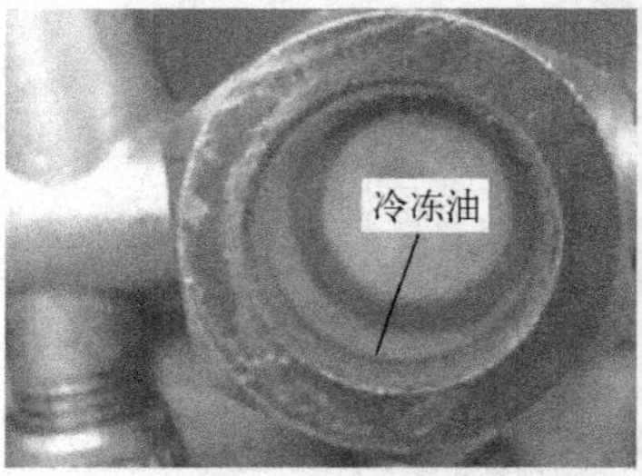	（1）当压缩机里冷冻油变质或维修压缩机时，要进行更换。 （2）缺油时进行添补
10. 过滤器		内装干燥剂（可吸收制冷剂中的水分）和过滤网（可滤掉制冷剂中的杂质）

3.4.2　制冷系统的维修工艺

1. 制冷系统的清洗

冰箱、空调的压缩机电动机绝缘击穿或绕组烧毁后，会产生大量的酸性氧化物，污染制冷系统，因此修理中除更换压缩机和干燥过滤器外，最好还要对整个系统进行清洗，这样，可使维修质量更高（实践中，也有一些污染不严重的系统，未进行清洗，只更换了压缩机和过滤器，制冷机也能正常工作的例子）。清洗的具体操作如表 3-10 所示。

2. 制冷系统的吹污

制冷系统大修或部件维修时，需酌情进行吹污，也就是用氮气或干燥的压缩空气高速流过管道内壁，把管道内的碎屑、脏物、油污等吹出来，这样，可提高维修质量。设备连接如图 3-28 所示。

表 3-10　制冷系统的清洗

项　目	图示和说明
清洗连接示意图	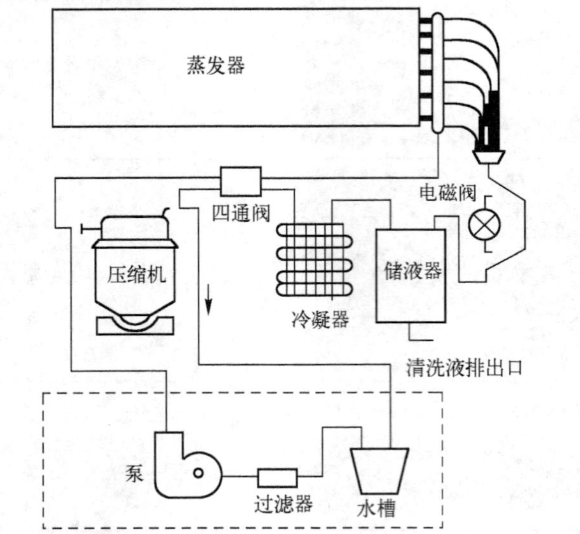 （1）清洗主要部件：冷凝器、蒸发器、单向阀、毛细管、过滤器、储液器、四通阀和管道。 （2）常用设备：清洗泵、过滤器、槽形容器、管道接头和各种阀门。 （3）材料：四氯化碳或 RF113、氮气
清洗操作过程及注意事项	（1）清洗前，先将制冷系统内的制冷剂放出，然后拆下压缩机、过滤器和毛细管，从压缩机工艺管中倒出冷冻油。 （2）用一根耐压的软管将蒸发器和冷凝器连接起来，如图 3-28 所示。压缩机一般需要单独清洗。 （3）先将清洗剂 RF113 注入液槽中，然后启动泵，使之运行，开始清洗。 （4）清洗时，按正反方向进行多次清洗，直至清洗剂不呈酸性。对于轻度的污染，只要循环 1h 左右，而严重污染的，要清洗 3～4h。清净后，清洗剂可以回收。 （5）清洗完毕，应对制冷管路进行氮气吹污和干燥处理。 **注意事项：** （1）更换压缩机时，必须先清洗系统。 （2）对污染程度较重的（如管道内部油质发黑），可先用氮气正反方向吹一下，防止系统堵塞。 （3）清洗时，根据污染的程度，可采用集中串联式清洗，也可单独对某些零件进行清洗。逐个零部件进行清洗效果更好。 （4）对于无此设备的网点，应采用高压氮气或氟利昂对单个部件进行反复吹污

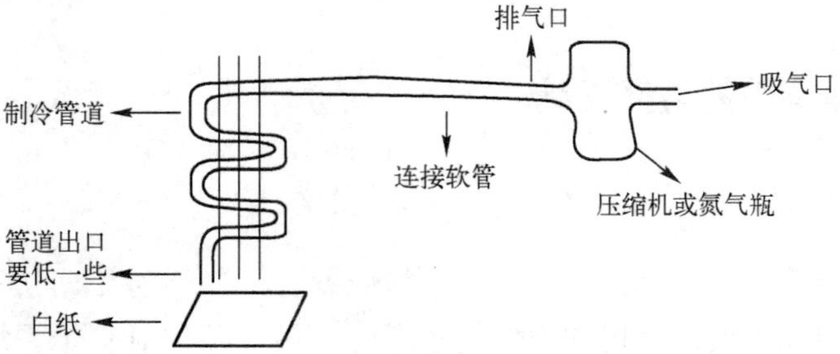

图 3-28　制冷系统的吹污设备连接图

操作说明：用软管将制冷设备管道和氮气瓶出口或压缩机排气口相连，开启氮气瓶或压缩机，让气流流经制冷管道，可同时用气焊碳化焰适当加热管道（若是铝管，容易被火焰熔化，最好用电吹风加热），使管道内水分蒸发，随其他脏物、碎屑一道被气流携带出来，落在出口下面的白纸上。更换白纸，当上面没有任何污点和水分时，就可以结束该操作。

3. 制冷系统的压力试漏和检漏

制冷剂泄漏会导致压缩机运转但不制冷，该故障率极高。要排除故障，必须试漏、检漏，再对泄漏点补焊后使用。

1）冰箱的试漏、检漏过程

冰箱的试漏、检漏过程如表3-11所示。

表3-11　冰箱的试漏、检漏过程

步　骤	方法或图示	说　明
1. 看（目测检漏）	观察管道的接头焊缝、生锈处及其他可疑部位是否有破损、裂纹、油污和腐蚀穿孔现象（制冷剂泄漏时会把冷冻油携带出来）	若有，该处一定泄漏；若无，则进行第2步
2. 放尽制冷剂	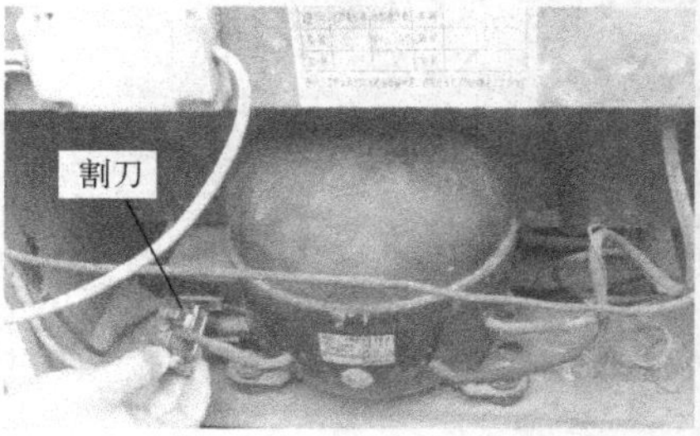	在通风良好的环境，用割刀慢慢割开工艺口，放掉制冷剂（放出速度过快，会把冷冻油携带出来）
3. 用气焊熔化焊料，将较细管从工艺口拔出	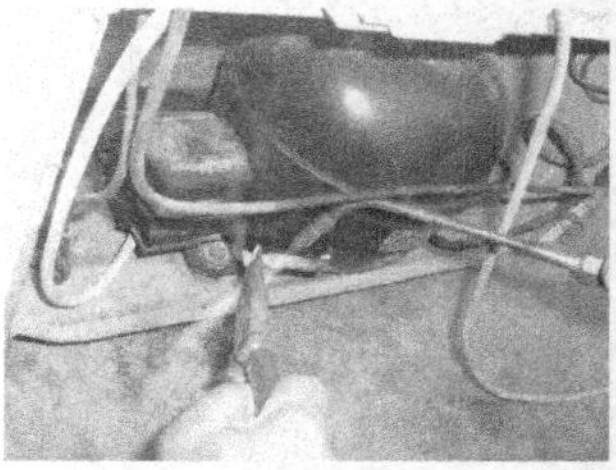	
4. 将真空压力表的连接铜管（外径小于6mm）插入压缩机工艺口	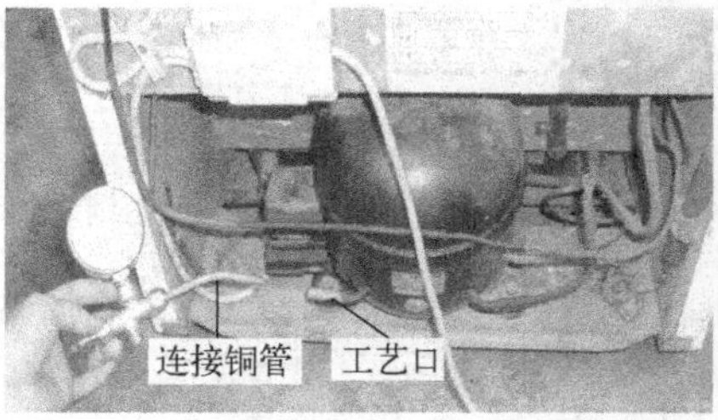	若插不进去，可在用气焊火焰加热工艺口的同时插入较细管
5. 在接头处施焊（用铜磷焊条）	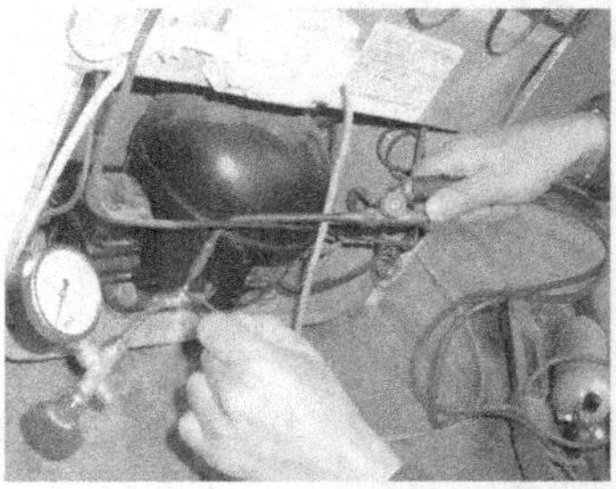	施焊前要打开阀门

续表

步　　骤	方法或图示	说　　明
6. 充入氮气或干燥空气	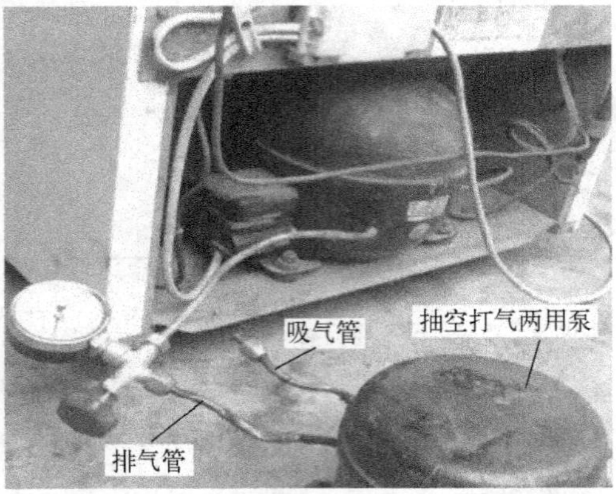	充入的气体压力一般在0.8MPa左右为宜。过高，蒸发器铝制部件及接头易破裂；过低，不易检漏
7. 听（声响检测）	漏气时，很多情况能听到“嘶嘶”的漏气声，从声音可找到泄漏处。若没听见，则进行第8步	在安静的环境中，仔细聆听
8. 用肥皂水检漏	有气泡产生的地方，一定泄漏。该方法简单、方便、实用，在实践中常用。若没发现气泡，则进行第9步（或用检漏仪检漏）	在接头、焊缝、脏污等可疑处涂上浓肥皂水
9. 整体压力试漏	经6h左右，观察表压 	只要压力不降，可认为系统不泄漏。注意：要考虑环境温度对压力的影响，温度升高，导致压力升高，反之，则压力降低。若压力明显下降，则肯定泄漏，可进行第10步
10. 分段压力试漏（高、低压部分均充入氮气或干燥空气）	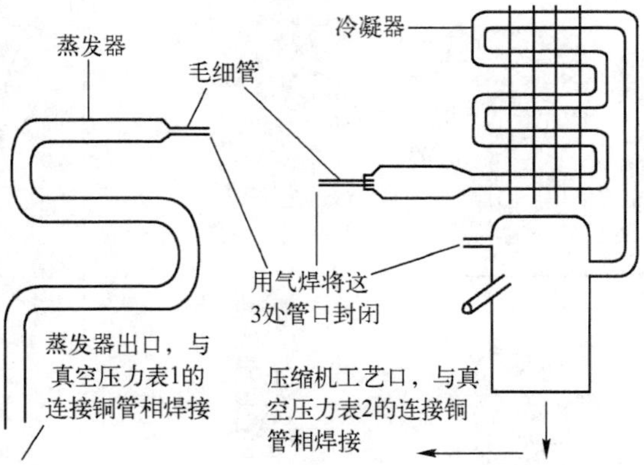 方法：通过压力表3对低压部分充入0.8MPa左右，压力表2对高压部分充入1.2MPa左右的氮气或干燥空气。注意：考虑环境温度的影响，经6h左右，高、低压部分均允许有9.8～19.6kPa的压降，再经十数小时，压力应无变化	（1）若高压部分压力下降，则高压部分（冷凝器及相应连接管）泄漏。若是内置冷凝器，可甩掉不用，在冰箱背部安装外置冷凝器代替；若是外置冷凝器，可焊补。 （2）若低压部分压力下降，则低压部分（蒸发器及相应连接管）泄漏。若蒸发器是铜管，可以焊补；若蒸发器是铝管，不能施焊，可用铜管重绕蒸发器代换

2）空调的试漏、检漏过程

窗式空调的试漏、检漏方法与冰箱相同（只是充入氮气，气体的压力可更高，一般1.2MPa左右）。分体式空调的试漏、检漏步骤如表3-10所示。

表3-12　分体式空调的试漏、检漏步骤

步　　骤	图　　示
1. 拆下抽空加氟工艺口的保护螺帽，露出工艺口	
2. 在工艺接口安装复合压力表，将“抽空打气两用泵”的排气口与复合表中间的接头相连，给系统充入干燥空气（一般1.2~1.8MPa左右）。也可充入氮气	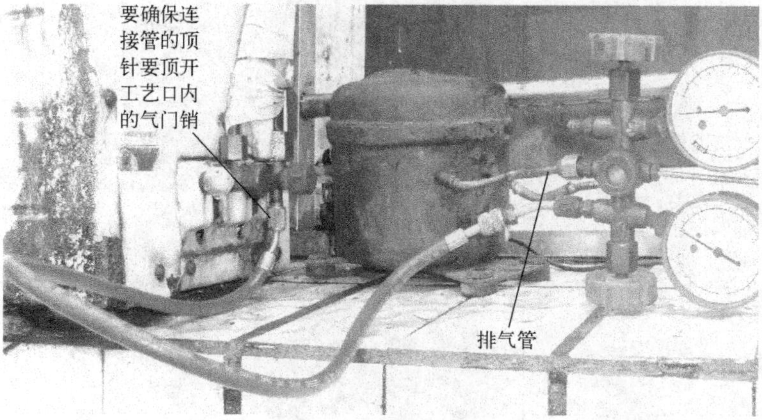
3. 在接头、焊缝、脏污、磨损、腐蚀等可疑处用浓肥皂水或检漏仪检漏	常用浓肥皂水检漏，有气泡产生，则一定泄漏

4. 制冷系统的抽真空

系统管道内的空气等不凝气体，会使压缩机过载，冷凝器传热系数显著下降；若有水分，则会造成：①节流装置冰堵；②同制冷剂反应生成酸，腐蚀压缩机线圈，在压缩机的机件表面产生镀铜现象，缩短压缩机的寿命。所以，在制冷系统充灌制冷剂之前，必须对系统抽真空，使管道内的真空度达到133Pa以下。抽真空的方法有以下3种：

1）低压单侧抽真空

低压单侧抽真空如表3-13所示。

低压单侧抽真空是利用压缩机壳上的工艺管进行的，工艺简单，焊接口少，但高压侧的空气、水分要通过毛细管、蒸发器、低压回气管、压缩机，然后由真空泵抽出。由于毛细管的内径小，流阻很大，当低压侧真空度达133Pa时，高压侧仍在1 000Pa左右，整体真空度达不到要求，不过，可通过二次抽真空弥补。

2）二次抽真空

就是在低压侧进行一次抽真空后，再加入少量制冷剂，启动压缩机运转几分钟，停机后，再进行第二次抽真空，效果很好。

3）高、低压双侧抽真空

高、低压双侧抽真空如图3-29所示。

表 3-13　低压单侧抽真空

步　骤	图示、方法
1. 用连接管将真空泵（维修中可用压缩机代替）的吸气端与真空压力表的三通阀连通	 
2. 开启三通阀，使制冷系统与连接管相通	逆时针转动三通阀的手柄
3. 启动真空泵或压缩机	把电源插头插入 220V 电源插座
4. 观察压力表	当压力表示数为 -0.1MPa 时，酌情再抽数十分钟，顺时针转动三通阀手柄，关闭三通阀，逆时针旋松连接螺帽，然后断开真空泵或压缩机电源

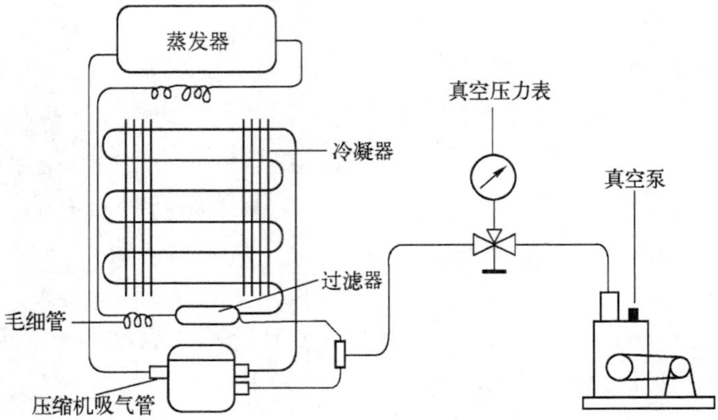

图 3-29　高、低压双侧抽真空

启动真空泵，可对制冷系统的高、低压两侧同时抽真空，效果较好，已被普遍采用。

注意：

① 上述3种抽真空方法同样适用于空调等其他制冷系统。分体式空调的抽真空器材连接如图3-30所示。

图3-30　分体式空调的抽真空器材连接图

② 无氟冰箱和无氟空调对真空度的要求更高，抽真空时间要更长一些。

5. 制冷系统充注制冷剂

充注制冷剂有观察充注法和定量充注（精确充注）法两种。

（1）观察充注法：该方法所需设备简单、方便，在实践中应用极广，如表3-14所示。

表3-14　观察充注法（以冰箱为例）

步　　骤	图示、方法
第一步：用充氟管将真空压力表的三通阀与制冷剂钢瓶或听装瓶接头相连并排出管道内空气	

续表

<table>
<tr><th>步　骤</th><th>图示、方法</th></tr>
<tr><td>第一步：用充氟管将真空压力表的三通阀与制冷剂钢瓶或听装瓶接头相连并排出管道内空气</td><td>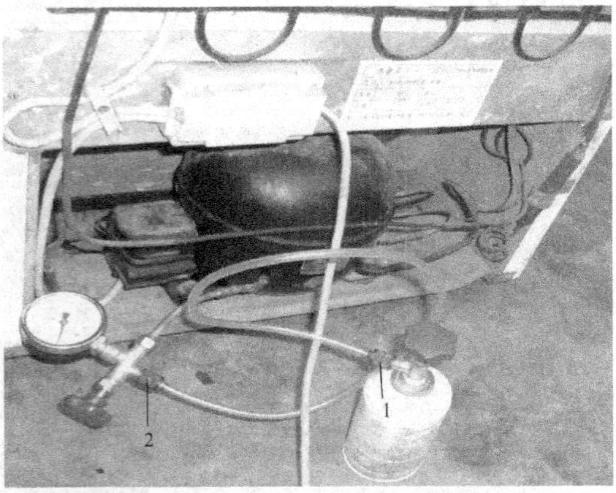

方法说明：将1处螺母旋紧，2处不旋紧，开启制冷剂钢瓶或听装瓶阀门，放出制冷剂，将空气从螺母2处排出，然后将螺母2旋紧</td></tr>
<tr><td>第二步：充注制冷剂（要缓缓加入，边加边看制冷效果）</td><td>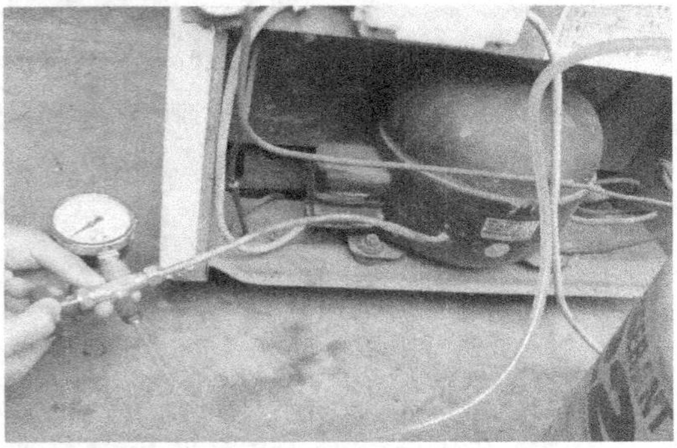
（1）将真空压力表的三通阀开启，让制冷剂进入制冷系统。
（2）经数秒钟，关闭三通阀或制冷剂瓶阀，停止充注，查看表压。
（3）当表压在0.1～0.3MPa时，启动压缩机，听蒸发器有无流水声（制冷剂膨胀声）。若无，则毛细管处堵塞，需排除故障再充；若有，则正常，可打开阀门，继续充注。
注意：制冷剂瓶若直立，充入的是气态制冷剂；若倒立，充入的是液态制冷剂</td></tr>
<tr><td>第三步：观察</td><td>看表压力，摸冷凝器的温度，听蒸发器的声音，感受制冷效果。当低压部分（表压）在0.1MPa左右时，制冷效果好，蒸发器有连续均匀的流水声，压缩机吸气管冷且潮湿带露，能稳定1～2h以上，则说明充注成功</td></tr>
<tr><td>第四步：封口（注意，一定要在运行状态下进行，因为此时工艺管内气压较低，容易封口）</td><td>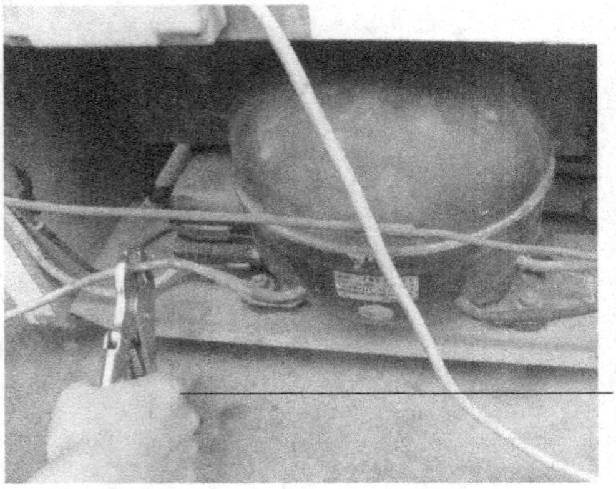
用封口钳夹扁焊在工艺口上的铜管，使之不泄漏。一般夹扁两处</td></tr>
</table>

续表

步 骤	图示、方法
第四步：封口（注意，一定要在运行状态下进行，因为此时工艺管内气压较低，容易封口）	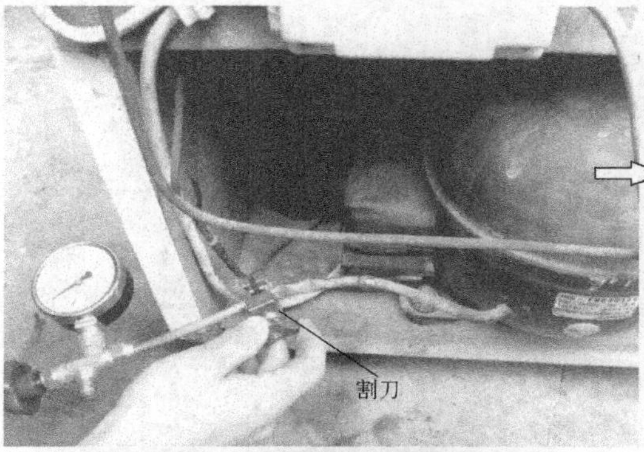 用割刀将铜管割断，取下压力表  使用银焊条（铜磷焊条）将管口封闭，并在焊接处和夹扁处用肥皂水检漏

（2）定量充注法：有使用定量充注器、抽空充注机和称量法 3 种。称量法简单有效，使用广泛，如图 3-31 所示。

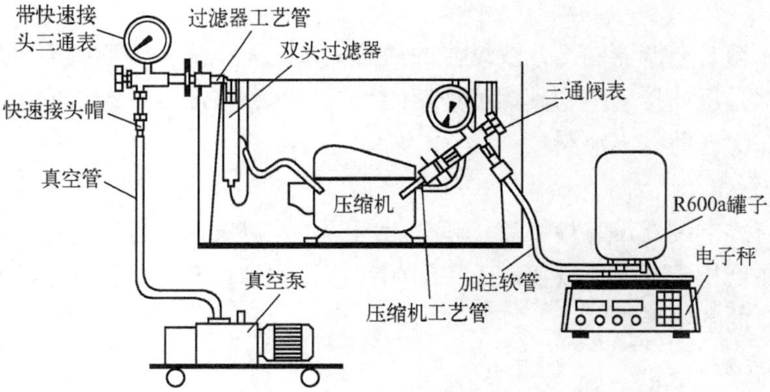

图 3-31 称量法充注制冷剂示意图

具体做法是：未充注时，先称得制冷剂及钢瓶的重量 G_1，设制冷剂的充注量为 G_2，在充注过程中，当台秤示数为 $G_1 - G_2$ 时，顺时针转动手柄，关闭三通阀或制冷剂钢瓶阀门，停止充注（充注量已基本达到），观察制冷或制热效果，若效果略差，可酌情加减制冷剂量。

注意：上述称量充注法和观察充注法同样适用于空调器等其他制冷系统。空调器的观察充注法器材连接如图 3-32 所示，充注正常时空调器的特征如表 3-15 所示。

图 3-32　空调器的观察充注法器材连接

表 3-15　制冷剂充注正常时空调器的特征（30℃）

名　称	特　征	名　称	特　征
低压侧压力	0.45 ~ 0.5MPa	排气管温度	80℃左右
高压侧压力	1.8 ~ 2.0MPa	过滤器温度	比环境温度低 2 ~ 5℃
停机平衡时压力	0.85 ~ 0.9MPa	毛细管	常温
压缩机吸气管温度	较凉，有结露	制冷或制热效果	良好

6. 封口

封口是电冰箱、空调器制冷系统维修的最后一步。分体式空调器或厨房冷柜都设有检修接口，检修阀都是用连接管道与其螺纹连接的。封口时，只需卸下阀口连接螺母，再用封口螺母将其堵上，保证此处不泄漏。

1）封口的要求

电冰箱和窗式空调器没有检修口，是全封闭的。检修阀通过连接管道焊接在压缩机工艺管上或者焊接在低压管道上。既要取下三通阀和连接铜管，又必须保证制冷系统不会发生泄漏，这是对封口的基本要求。

2）封口的方法

① 让电冰箱和空调器正常工作，在离压缩机工艺管或离低压管道焊接处 15 ~ 20mm 远的三通阀连接铜管口处，用气焊将其烧得暗红，并立即用封口钳将连接铜管夹扁。为了保证不泄漏，可在相距 1cm 处再夹扁一次，可夹 2 ~ 3 次。

② 在距离最外一个夹扁处 30 ~ 50mm 的地方，用钢丝钳将连接铜管切断，取下三通阀和剩余的连接铜管。

③ 用气焊将留在电冰箱或空调器上的连接管道端部焊死。可用气焊将连接铜管烧化后自熔堵死，也可用银焊将端头封死。然后将其浸入水中检查是否封堵良好，以保证不发生

泄漏。

④ 将残留端整形。

3.5　项目拓展知识

1. 电磁四通阀故障判断

若热泵型空调能在制冷制热间转换，如间隔在5min以上却不能制热，或风机运转正常，既不制冷也不制热，除考虑其他因素外，还要考虑电磁换向阀的故障。

电磁换向阀常见的故障有：电磁头的吸力线圈受潮、霉变、烧坏，在这种情况下要重新绕制，更换吸力线圈，衔铁腐蚀或附有污物，通电后电磁阀芯不能正常吸合，就需要清洗阀芯，除锈严重时更换；衔铁被弹簧卡住，断电后阀门不能关闭，就要更换弹簧；短路环断裂，通电后有“嗒嗒”声，要进行修复或者更换电磁换向阀。

2. 更换电磁换向阀的步骤

拆下旧的电磁换向阀换上新的电磁换向阀，4根铜管接口要摆正到位，保持原来的方向和角度，换向阀必须处于水平状态。

焊接顺序：先焊单根（高压管），然后焊3根的中间一根，再去焊左右两根。选用适当的焊枪，火焰调到立刻能焊接的程度，火到即焊，直焊到铜管的2/3，焊接完立即回烤一次，保证焊口牢固。这时用两块湿毛巾降温（只对四通阀及铜管），片刻后焊余下的1/3。看得准，手法要快，按顺序一根一根地焊接，使它完全降温再焊第二根，焊接时间要短，速度要快，使电磁换向阀温度没上来就焊完。

3. 电磁四通阀的使用注意事项

阀体要垂直于管道，阀体上的箭头方向与制冷剂的流向一致。

① 安装要牢固，不能随接管的振动而发生共振。

② 更换电磁阀时，必须与原阀型号一致。

③ 电磁阀的工作电压一定要与电源电压相同，电压波动不得超过额定值的±10%。

④ 电磁阀不得安装在有溅水或滴水的地方。

3.6　项目评估检查

1. 思考练习题

（1）铜管为什么要用割管器去割？割时应注意什么？

（2）胀铜管时有几种胀口？胀铜管时应注意什么？

（3）封口钳的作用是什么？封口时应注意什么？

(4) 毛细管是怎样截断的？方法如何？
(5) 氧气－乙炔气焊接时中性焰的特点是什么？
(6) 铜－铜、铜－钢的焊接温度是否一样？
(7) 简述制冷系统抽真空工艺。
(8) 简述制冷系统的清洗工艺。
(9) 简述制冷系统的压力试漏和检漏的工艺。

2. 自我评价、小组互评及教师评价

评价方面	项目评价内容	分 值	自我评价	小组评价	教师评价	得 分
理论知识	① 钎焊常用的焊条有几种	5				
	② 钎焊焊剂的选用	5				
	③ 简述焊枪使用方法	10				
	④ 氧气－乙炔气的火焰可分为几种，最高和最低温度为多少	10				
实操技能	① 用割刀切割铜管、倒角、打毛刺	10				
	② 胀杯形口、扩喇叭口	5				
	③ 用弯管器弯曲铜管	5				
	④ 正确操作气焊设备，将火焰调整为中性焰	10				
	⑤ 在充注制冷剂时如何封口，如何操作	10				
	⑥ 怎样调节氧气减压阀	10				
	⑦ 怎样调节乙炔减压阀	10				
安全文明生产和职业素质培养	① 安全用电，规范操作	5				
	② 文明操作，不迟到、不早退，操作工位卫生良好，按时、按要求完成实训任务	5				

3. 小组学习活动评价表

班级：____________ 小组编号：____________ 成绩：________

评价项目	评价内容及评价分值			自评	互评	教师点评
分工合作	优秀（12～15分）	良好（9～11分）	继续努力（9分以下）			
	小组成员分工明确，任务分配合理，有小组分工职责明细表	小组成员分工较明确，任务分配较合理，有小组分工职责明细表	小组成员分工不明确，任务分配不合理，无小组分工职责明细表			
资料查询环保意识安全操作	优秀（12～15分）	良好（9～11分）	继续努力（9分以下）			
	能主动借助网络或图书资料，合理选择归并信息，正确使用；有环保意识，注意查找制冷技术维修的技能，操作过程安全规范	能从网络获取信息，比较合理地选择信息、使用信息；能够安全规范操作，但不注意环保操作	能从网络或其他渠道获取信息，但信息选择不正确，信息使用不恰当；安全、环保操作不到位			

续表

评价项目	评价内容及评价分值			自评	互评	教师点评
实操技能	优秀（16～20分）	良好（12～15分）	继续努力（12分以下）			
	会使用制冷加工工具，熟练掌握管道的加工；熟练掌握焊接技术；能应用基本技能进行制冷部件的清洗、检漏和试压等基本操作	会使用制冷加工工具，熟练掌握管道的加工；熟练掌握焊接技术；能应用基本技能进行制冷部件的清洗、检漏和试压等基本操作	会使用制冷加工工具，熟练掌握管道的加工；熟练掌握焊接技术；能应用基本技能进行制冷部件的试压等基本操作			
方案制定过程管理	优秀（16～20分）	良好（12～15分）	继续努力（12分以下）			
	热烈讨论、求同存异，制定规范、合理的实施方案；注重过程管理，人人有事干、事事有落实，学习效率高、收获大	制定了规范、合理的实施方案，但过程管理松散，学习收获不均衡	实施规范制定不严谨，过程管理松散			
成果展示	优秀（24～30分）	良好（18～23分）	继续努力（18分以下）			
	圆满完成项目任务，熟练利用信息技术（电子教室网络、互联网、大屏幕等）进行成果展示	较好地完成项目任务，能较熟练利用信息技术（电子教室网络、互联网、大屏幕等）进行成果展示	尚未彻底完成项目任务，成果展示停留在书面和口头表达，不能熟练利用信息技术（电子教室网络、互联网、大屏幕等）进行成果展示			
总分						

3.7　项目小结

（1）铜管的割、弯、胀和毛细管的加工操作步骤。

（2）铜管在加工中使用的基本工具，它们的结构、原理及如何使用。

（3）扩出的喇叭口应光滑，无裂纹和卷边，扩口无伤疵。扩成的喇叭口既不能小，也不能大，以压紧螺母（纳子）能灵活转动而不致卡住为佳，不合格喇叭口及产生原因。

（4）氧气－乙炔气焊接设备主要有氧气瓶、乙炔瓶、氧气减压阀、乙炔减压阀、氧气管、乙炔管、焊枪。

（5）将氧气瓶阀调节手轮逆时针旋到底，然后顺时针缓慢旋转减压阀调节手柄，如图3-7所示，使低压表（输出压力）压力为0.2MPa左右。

（6）将乙炔瓶阀调节手轮逆时针旋转90°，然后顺时针缓慢旋转减压阀调节手柄，如图3-9所示，将低压表（输出压力）压力调整为0.05MPa。

（7）焊枪使用操作步骤。

（8）便携式微型焊炬使用各种气体的操作步骤。

（9）钎焊焊接助焊剂和焊条的选用。

（10）制冷系统的清洗。

（11）制冷系统的吹污。

（12）铜管与铜管的焊接操作步骤。

（14）毛细管与干燥过滤器的焊接操作步骤。

（15）铜管与钢管的焊接操作步骤。

（16）铜管与毛细管的焊接操作步骤。

项目四

电冰箱制冷循环与电气控制系统

电冰箱是一种小型的制冷装置，它广泛地应用于家庭、饭店、商场、医院和科研单位，常用来冷藏、冷冻食物和药品等。

4.1 项目学习目标

	学习目标	学习方式	学时
技能目标	① 熟练掌握电气控制器件及负载的检测。 ② 熟知启动继电器、温控器、过热保护器的基本结构和动作过程。 ③ 熟知压缩机、蒸发器、冷凝器、过滤器与毛细管的作用及结构。 ④ 能使用仪器测量压缩机中电动机的绝缘电阻	实物操作演示为主，辅助课件教学	4
知识目标	① 了解电冰箱的分类和结构。 ② 熟知电冰箱的制冷原理与制冷循环。 ③ 掌握电冰箱典型电路的工作原理。 ④ 理解电冰箱制冷系统维修	课件教学	10
情感目标	① 掌握制冷电冰箱维修技术，激发学习兴趣。 ② 通过实践操作，培养认真观察、勤于思考、规范操作和安全文明生产的职业习惯。 ③ 培养学生主动参与、团队合作的意识，养成“做中学”的习惯	做中学、分组实操、相互协作	课余时间

4.2 项目任务分析

熟悉压缩式电冰箱制冷系统主要有压缩机、冷凝器、干燥过滤器、毛细管和蒸发器5大部件。熟练掌握压缩机、冷凝器、干燥过滤器、毛细管和蒸发器基本结构和理论知识。理解为什么要进行全封闭压缩机的启动与吸、排气性能检测，为什么通过此项检测可以间接判断压缩机输入/输出功率、性能系数、制冷量、噪声等性能，为什么制冷系统的运转取决于所充注的制冷剂是否合适。掌握这些理论知识和技能，必须具备以下技能和知识：

（1）压缩机结构与工作原理。
（2）冷凝器结构与工作原理。
（3）干燥过滤器结构与工作原理。
（4）毛细管结构与工作原理。
（5）蒸发器结构与工作原理。
（6）制冷剂液体充注法及如何决定电冰箱制冷剂的充注量。
（7）直冷式电冰箱电路原理图的识读。
（8）间冷式电冰箱电路原理图的识读。
（9）间、直冷混合型电冰箱电路原理图的识读。

4.3　项目基本技能

4.3.1　电冰箱制冷系统组成及工作原理

压缩式电冰箱制冷系统主要由压缩机、冷凝器、干燥过滤器、毛细管和蒸发器5大部件组成。

压缩机整体安装在冰箱的后侧下部，冷凝器多安装在冰箱背部，也有少数冰箱的附件冷凝器装于底部，但都与箱底有一定的间隔。干燥过滤器安装在冰箱后部，便于与毛细管连接。毛细管的前段常缠绕成圈，后段与蒸发器排气管合焊，外部包以绝缘材料。蒸发器设置在冰箱内腔上部，形状为盒式，前方带有小门，盒内为小型冷冻室。蒸发器的排气管自冰箱背后返回压缩机。典型的压缩机制冷系统如图4-1所示。

其工作原理是：当电冰箱工作时，制冷剂在蒸发器中蒸发汽化，并吸收其周围大量热量后变成低压低温气体。低压低温气体通过回气管被吸入压缩机，压缩成为高压高温的蒸汽，随后排入冷凝器。在压力不变的情况下，冷凝器将制冷剂蒸汽的热量散发到空气中，制冷剂则凝结成为接近环境温度的高压常温（也称为中温）的液体。通过干燥过滤器将高压常温液体中可能混有的污垢和水分清除后，经毛细管节流、降压成低压常温的液体，重新进入蒸发器。

这样再开始下一次气态→液态→气态的循环，从而使箱内温度逐渐降低，达到人工制冷的目的。

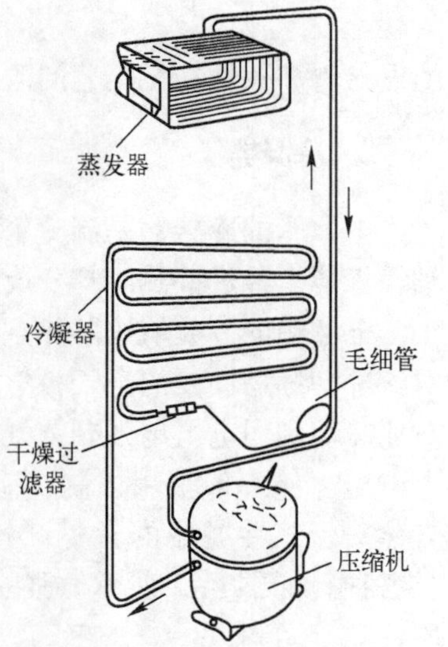

图4-1　压缩机制冷系统

通过上述分析，可以看出5大部分各有不同的使命：压缩机提高制冷剂气体的压力和温度，冷凝器则使制冷剂气体放热而凝结成液体，干燥过滤器把制冷剂液体中的污垢和水分滤除掉，毛细管则限制、节流及膨胀制冷剂液体，以达到降压、降温的作用，蒸发器则使制冷剂液体吸热汽化。因此，要使制冷剂永远重复利用，在系统循环中达到制冷效应，上述5大部件是缺一不可的。由于使用条件的不同，有的制冷剂系统在上述 5 大部件的基础上，增添了一些附属设备，以适应环境的需要。

4.3.2 制冷部件识别

1. 全封闭式制冷压缩机

全封闭式制冷压缩机由压缩机机械传动（曲轴、凸轮和输气与排气管路）和电动机（定子铁芯、绕组和转子）组装后装在一个全封闭的壳体内。外壳表面有 3 根铜管，它们分别接低压吸气管、高压排气管、抽真空和充注制冷剂用的工艺管。有些 120W 以上的压缩机，在外壳上部还增设两根冷却压缩机的铜管。另外，外壳还附有接线盒，盒里有电动机的接线柱、启动器和保护器，外形如图 4-2 所示。

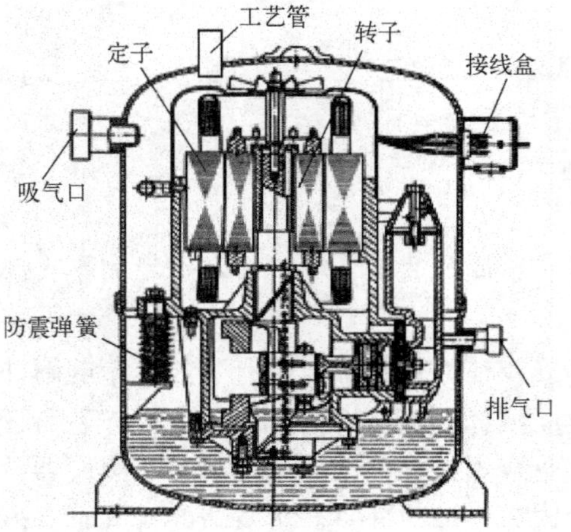

图 4-2 全封闭式制冷压缩机外形

电冰箱制冷主要是依靠压缩机制冷，而电动机又是压缩机的原动力。电动机将电能通过压缩机活塞运动转换成机械能，压缩机活塞的运动将蒸发器内已经蒸发的低温、低压制冷剂蒸汽压缩后转变吸回压缩机，然后压缩成为高压、高温的气态制冷剂，并排至冷凝器中冷却为高温、高压的过热蒸汽，从而建立起使制冷剂液化的条件。

它的作用是在制冷系统中建立压力差，以使制冷剂在循环系统中循环流动。全封闭式制冷压缩机是制冷系统的心脏，是制冷剂在制冷系统中循环的动力。

电冰箱用的压缩机有往复式和旋转式两种。目前我国广泛使用的是滑管活塞往复式压缩机。随着材料和装配加工工艺的改进，旋转式压缩机将得到普及。

2. 冷凝器

电冰箱的冷凝器是制冷系统的关键部件之一。它的作用是使压缩机送来的高压、高温氟利昂气体，经过散热冷却变成高温、高压的氟利昂液体，所以这是一种热交换装置。

电冰箱的冷凝器按散热方式的不同，分为自然对流冷却式和强制对流冷却式两种：自然对流冷却利用周围的空气自然流过冷凝器的外表，使冷凝器的热量能够散发到空间去；强制对流冷却利用电风扇强制空气流过冷凝器的外表，使冷凝器的热量散发到空间去。300L 以上的电冰箱一般采用强制对流式冷凝器，300L 以下的电冰箱一般采用自然对流式冷凝器。自然对流式冷凝器的常见结构，按其传热面的形式不同，有百叶窗式、钢丝管式和平板式 3 种，如图 4-3 所示。强制对流式冷凝器的结构有翅片管式和卷板式两种，如图 4-4 所示。

3. 干燥过滤器

在制冷系统中，冷凝器的出口端和毛细管的进口端之间必须安装一个干燥过滤器。制冷系统中总会含有少量的水分，从制冷系统中彻底排除水蒸气是相当困难的。水蒸气在制冷系统中循环，当温度下降到0℃以下时，水蒸气聚集在毛细管的出口端，累积而结成冰珠，造成毛细管堵塞，即所谓的冰堵，使制冷剂在制冷系统内中断循环，失去制冷能力。制冷系统中的杂质、污物、灰尘等进入毛细管也会造成堵塞，中断或部分中断制冷剂循环，即发生所谓的脏堵。

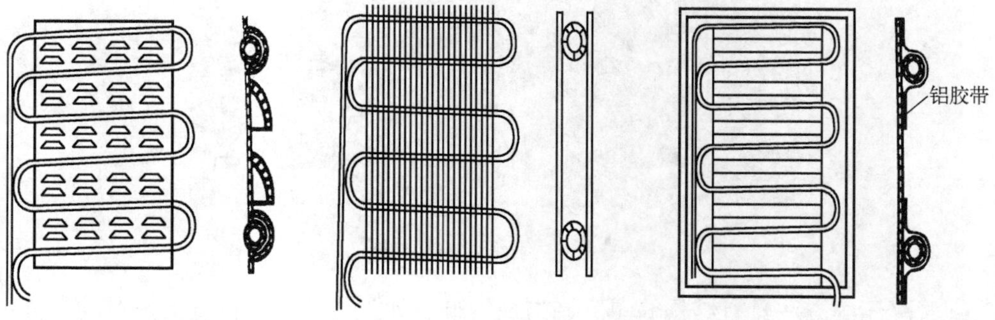

（a）百叶窗式　（b）钢丝管式　（c）平板式（内藏式）

图4-3　自然对流式冷凝器的结构

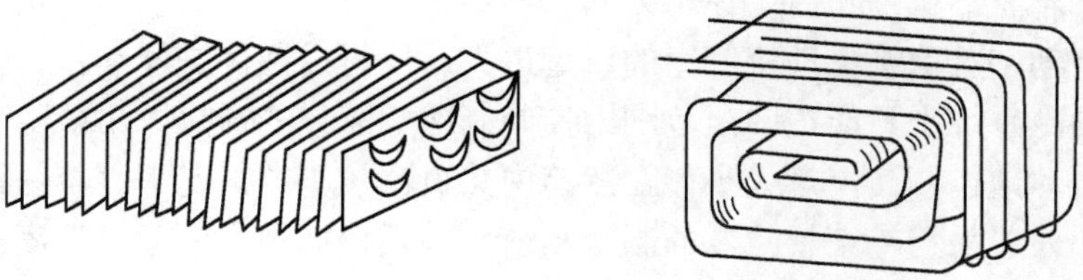

（a）翅片管式　（b）卷板式

图4-4　强制对流式冷凝器的结构

干燥过滤器的作用就是除去制冷系统内的水分和杂质，以保证毛细管不发生冰堵和脏堵，减少对设备和管道的腐蚀。过滤器是由直径14~16mm、长100~150mm的紫铜管为外壳，两端装有铜丝制成的过滤网，两网之间装入分子筛或硅胶。分子筛或硅胶是干燥剂，它们以物理吸附的形式吸水后不生成有害物质，可以加热再生。干燥过滤器的结构如图4-5所示。

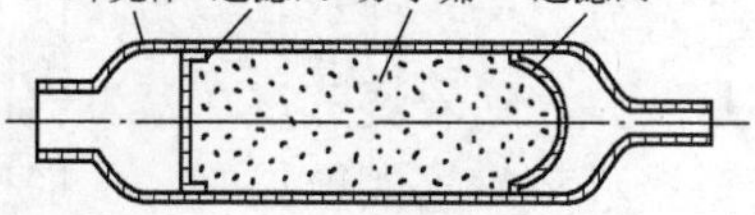

图4-5　干燥过滤器的结构

4. 毛细管

按照制冷循环的规律，流入蒸发器中的制冷剂应呈低压液态。为此需要一种节流装置，把高压液态制冷剂变为低压液态制冷剂。家用电冰箱普遍采用毛细管作为节流装置。毛细管接在干燥过滤器与蒸发器之间，依靠其流动阻力沿管长方向的压力变化，来控制制冷剂的流量和维持冷凝器与蒸发器的压力。当制冷剂液体流过毛细管时要克服管壁阻力，产生一定的压力降，且管径越小，压力降越大。液体在直径一定的管内流动时，单位时间流量的大小由管子的长度决定。电冰箱毛细管一般内径为0.5~1mm，外径约2.5mm，长度为1.5~4.5m，如图4-6所示。

电冰箱的毛细管就是根据这个原理，选择适当的直径和长度，就可使冷凝器和蒸发器之间产生需要的压力差。

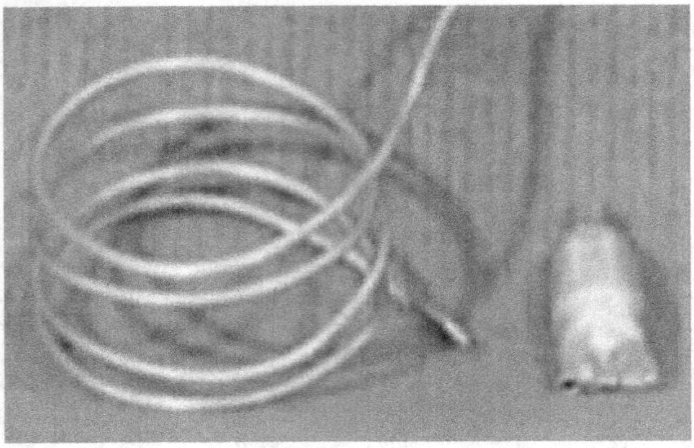

图 4-6　毛细管的实物图

毛细管降压的方法具有结构简单、制造成本低、加工方便、造价低廉、可动部分不易产生故障等优点，且在压缩机受温度控制器的控制而停止运转期间，毛细管仍然允许冷凝器中的高压液态制冷剂流过而进入蒸发器，直至制冷系统内的压力平衡为止，以利于压缩机在下次能轻易启动。若压缩机停止后，在压力尚未达到平衡时，立即启动压缩机，则压缩机因负荷过重而无法启动，且由于电动机绕组的对流过大，使得过载保护器动作，切断电路。

毛细管在制冷系统中只能在一定范围内控制制冷剂流量的通过，不能随着冰箱内食物的热负荷变化而自动地控制其流量大小。在冰箱内热负荷较小的情况下，容易造成压缩机处于湿行程运行。此外，采用毛细管减压的制冷系统，必须根据规定的环境温度确定充灌的制冷剂量，要做到严格准确。充灌少了，蒸发器内将产生过热蒸汽，低压管内回气的温度过高，压缩机和电动机的温度升高，制冷系统的制冷量降低；充灌多了，不仅会降低制冷量，而且也会使制冷系统高压端的压力升高，容易造成管道爆裂及制冷剂泄漏等不良现象。

5. 蒸发器

蒸发器是制冷系统的主要热交换装置。它的作用是使毛细管送来的低压液态制冷剂在低温的条件下迅速沸腾蒸发，大量地吸收冰箱内的热量，使箱内温度下降，达到冷冻、冷藏食物的目的。为了实现这一目的，要求蒸发器的管径较大，所用材料的导热性能良好。

蒸发器内大部分是湿蒸汽区。湿蒸汽进入蒸发器时，其蒸汽含量只占 10% 左右，其余都是液体。随着湿蒸汽在蒸发器内流动与吸热，液体逐渐汽化为蒸汽，使蒸汽越来越多。当流至接近蒸发器的出口时，一般已成为干蒸汽。在这一过程中，其蒸发温度始终不变，且与蒸发压力相对应。由于蒸发温度总是比冷冻室温度低（有一传热温度差），因此当蒸发器内制冷剂全部汽化为干蒸汽后，在蒸发器的末端还会继续吸热而成为过热蒸汽。

蒸发器在降低箱内空气温度的同时，还要把空气中的水汽凝结而分离出来，从而起到减湿的作用。蒸发器表面温度越低，减湿效果越显著，这就是蒸发器上积霜的原因。

电冰箱的蒸发器按冷空气循环对流方式的不同，可分为自然对流式蒸发器和强制对流式蒸发器两种；按传热面的结构形状及其加工方法的不同，可分为管板式蒸发器、铝复合板式蒸发器、单脊翅片管式和翅片盘管式蒸发器等。

（1）管板式蒸发器。它由纯钢管弯曲成 U 形盘管，用锡焊或黏合剂固定在铝或黄铜板框外壁表面而形成，其结构如图 4-7（a）所示。这种蒸发器结构简单，加工方便，对材料和加工设备无太高的要求，有耐腐蚀、寿命长等特点。其缺点是：流阻损失大，蒸发器各方面的制冷量不均匀。

（2）铝复合板式蒸发器。又称为吹胀式蒸发器，其结构如图4-7（b）所示。它是将双层铝板焊接在一起而成双层板，并在模型内加热，利用高压氮气将印刷管路吹胀成一个通道，再按冷冻室的尺寸制成一定形状。制冷剂在蒸发器中流动降压并汽化而吸收热量。其特点是：蒸发器表面平，不易积垢，吹胀管无接头，而且管路密集，压力损失小，传热效率高。

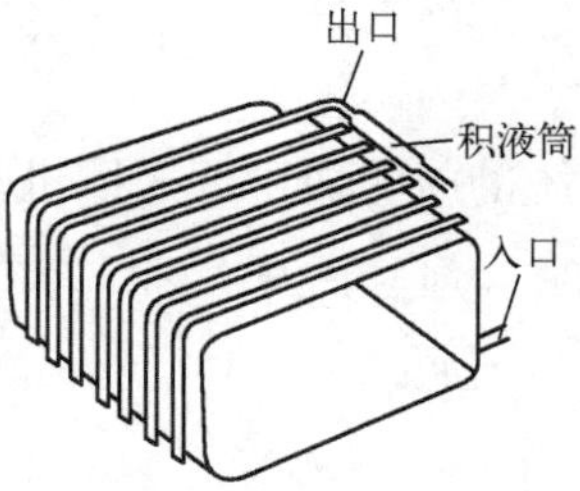

（a）管板式

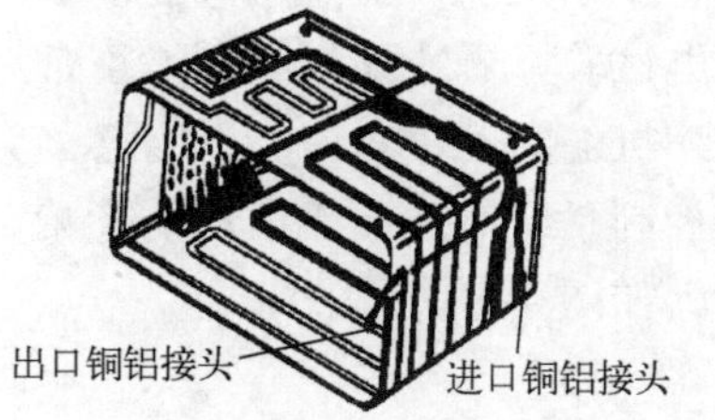

（b）铝复合板式

图4-7　蒸发器的结构（1）

（3）单脊翅片管式蒸发器。又称为钢丝盘管式蒸发器。单脊翅片管式蒸发器由钢管和钢丝敷于管体两侧并焊接固定，做成一个坚固的片状，分层敷设在冷冻室中，其结构如图4-8（a）所示。它的冷冻效率高，结构紧凑。

（4）翅片盘管式蒸发器。它由0.14～0.3mm厚的铝片或铜片制成的翅片，套入直径为8～13mm弯成U形的铝管或铜管中，并将其扩口加工，使翅片均匀而紧密地固定在铜管或铝管上，然后再用U形管将铝管或铜管的弯头焊接起来，其结构如图4-8（b）所示。其特点是：传热效果好，制冷快，吸热均匀等。

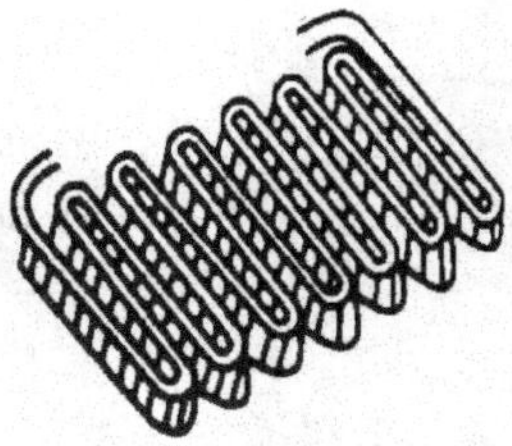
（a）单脊翅片管式

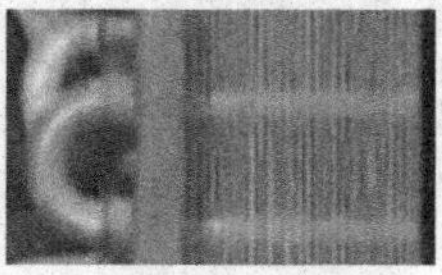
（b）翅片盘管式（实物图）

图4-8　蒸发器的结构（2）

4.3.3　压缩机性能检测

按照我国标准，压缩机安全性能检验是依据GB 4706.17—2004规定项目进行的。其中主要项目是电气强度、泄漏电流、堵转，以及过载运行试验等。

诚然，在实际工作中，对于一台设计、制造好的，并且正在使用的压缩机来说，有一些性能输入/输出功率、性能系数、制冷量、启动电流、运转电流、噪声等。不做专项的性能检查，而对全封闭式压缩机的启动与吸、排气性能进行检测，通过此项检测可以间接判断压缩机输入/输出功率、性能系数、制冷量、噪声等性能。具体如下：

1. 全封闭式压缩机的启动

全封闭式压缩机是由压缩机和电动机两部分组成的。若电动机绕组的阻值正常，可按以下方法对压缩机的启动进行检查。

(1) 要进行压缩机的启动，可将压缩机从电冰箱的制冷系统中断开或取下后进行。因为制冷系统出现严重堵塞可能导致压缩机无法启动。

(2) 在启动压缩机前，注意检查启动继电器和热保护器的好坏。确认这些元器件无故障后，再进行通电试验，看压缩机是否能正常启动运转。

(3) 在压缩机的启动过程中，有时会因为控制系统的故障而影响压缩机的正常启动。这时，为了防止控制系统对压缩机启动的影响，可以自制一副一头焊有夹子而另一头接有电源插头的电源线，如图 4-9 所示。

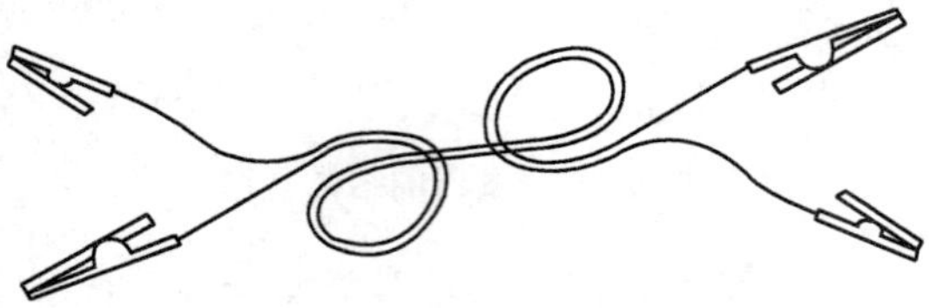

图 4-9　自制的带夹电源线

启动压缩机时，去掉接在压缩机的启动继电器和热保护器上的引线，将自制的电源线的两个夹子分别夹在原引线的接点上，将电源线的电源插头插入电源插座，看压缩机能否正常启动运转，并监测电流。此时，压缩机应能正常启动和运转，且启动电流和工作电流亦应符合指标。

(4) 压缩机通电后若无法启动，且电流值接近或等于该压缩机的堵转电流值，则该压缩机的机械部分被卡死，应及时断电。若压缩机通电后虽然能启动运转，但电流值超过该压缩机的空载运转电流值较多，则该压缩机的故障部位仍在机械部分。只有当压缩机通电后既能正常运转，且电流值与该压缩机的空载电流值相符时，才说明该压缩机的运转部分正常，然后就应检查压缩机的吸、排气性能了。

图 4-10　压缩机的吸、排气性能检查

2. 压缩机吸、排气性能检查

若压缩机正常启动，则应进一步进行吸、排气性能的检查。

(1) 方法。如图 4-10 所示，压缩机的吸、排气性能的检查方法是先焊开压缩机上的吸、排气管，然后接通电源让压缩机启动运转。再用手指使劲堵住压缩机的排气口，若手指堵不住压缩机的排气口，则说明压缩机的排气性能良好。放开排气口后，用手指轻轻堵住压缩机的吸气口，若堵住吸气口的手指很快就有被内吸的感觉，而且此时压缩机运转噪声降低，则说明压缩机的吸、排气性能正常；若不是上述结果，则应判定该压缩机的吸、排气性能不良。

(2) 原因。导致压缩机吸、排气性能不良的主要原因有压缩机内排气导管断裂，高压密封垫被击穿，阀门结炭及阀片破裂等。

压缩机的内排气管由于管径很细，而且是悬装在压缩机壳内的，因而压缩机在启动和运行时要产生抖动和高频振颤。如果内排气管的材质处理不好，或者本身有缺陷，或者产生“共振”现象，就很可能使其断裂，使高、低压气体串通。而密封垫被击穿多是由于紧固螺栓的紧固力较小或螺栓松动，或者是压缩机工作中偶然出现非正常高压原因所致。压缩机过热，会使润滑油变质，会在阀口处结炭，致使排气压力下降，而阀门破裂是由于加工不良或者是材质有缺陷，或者是压缩机运行中发生“液击”现象所致。

如电冰箱在低温环境中置放时间过长，制冷剂将会大量溶于润滑油中，若此时开机，制冷剂就可能从润滑油中逸出而形成泡沫沸腾状态。制冷剂和润滑油的混合物可能被吸入汽缸而造成“液击”，使阀片受到破坏。对于吸、排气性能不良的压缩机，只有进行剖壳修理才能使其恢复正常，否则应更换。

4.3.4 制冷系统充注制冷剂

制冷系统的运转取决于所充注的制冷剂是否合适。

制冷剂充注量过多，则会造成电冰箱蒸发温度升高，冷凝压力增大，压缩机轴功率增大，压缩机运转率提高，可能出现冷凝器积液过多。在压缩机停机后，当高压低于与环境温度对应的饱和压力时，液态制冷剂在干燥过滤器和冷凝器末端蒸发吸热，造成热能损失。

系统中制冷剂充注不足，则会造成蒸发器末端过热，温度升高，结霜不满，从而使蒸发器的产冷量减少，压缩机运转率提高，耗电量增大。蒸发器蒸发量不足，导致压缩机吸气压力过低，冷量减少并可能使压缩机过热。加液过量又会使进入冷凝器的制冷剂太多，导致排气压力过高，液态制冷剂回流，甚至可能损坏压缩机。

1. 制冷系统充注制冷剂的方法

(1) 液体充注法：液态制冷剂充注要比加气态制冷剂快得多，也正是由于这个因素，大型现场安装系统总是用液体充注制冷剂。加液时在液体管道上需要有一个加液阀，或在系统的高压侧有一加液接头或加液口的储液器出口阀。建议通过干燥过滤器来加液，以防止任何污染物由于疏忽而进入系统。不要将液态制冷剂通过压缩机吸、排气管上检修阀接口处加入，因为这会导致压缩机损坏。

(2) 加液体充注法：即将制冷剂通过主液管道上的加液阀加入系统。注意：将制冷剂缸瓶倒放在秤上。储液器截止阀起节流作用，便于制冷剂从瓶中流入系统中。第一次安装时，应将整个系统抽成高真空。称一下制冷剂瓶的重量，把制冷剂瓶上的加液管与加液阀连接。如果已经知道大致需要加多少制冷剂或者如果加的量必须受限制，那么应该把制冷剂瓶筒放在秤上，就可以经常知道制冷剂的净加入量了。

(3) 气态充注法：当只需将最多不超过 25 磅的少量制冷剂充入系统时，通常就使用气态充注法。这种方法的充注精度比加液体法高。在气态充注时，通常是用压力表装在压缩机吸气检修阀口中。如果没有吸气阀接口（全封闭式压缩机上就是这样），那就有必要在吸气管道上装入一个针型阀或接头。

在充注前称一下制冷瓶的重量，将压力表阀管与吸、排气检修阀连接，并将公共接口与制冷剂瓶连接。冲除管道中气体，打开制冷剂瓶的蒸汽阀，启动压缩机，用压力表管阀来调节充注量。

制冷剂气瓶必须保持直立，制冷剂只从蒸汽阀处排出，确保只有蒸汽进入压缩机。气瓶里液态制冷剂的蒸发会使残留制冷剂降温，而使气瓶压力降低。为保持气瓶压力和加速充注，可将气瓶放进热水中，或使用加热灯加热，但决不能用喷枪来加热。为了确定是否已加入了足够的制冷剂，关闭制冷剂气瓶阀，并观察系统运转情况，继续加制冷剂直至充注恰当，再称一下制冷剂瓶并记下加入系统的制冷剂重。

在充注过程中，注意排气压力，确保系统的充注量不要过大。

2. 制冷系统充注制冷剂的操作

① 先去除加液管道中的气体，然后打开液瓶阀及加液阀。系统中的真空会使液料通过加液口吸入，直至系统压力与制冷剂瓶中的压力相等为止。

② 关闭储液器出口阀，启动压缩机。液态制冷剂会从制冷剂瓶中流入液体管道中，再通过蒸发器中，积聚在冷凝器和储液器中。为了确定充流量已达到系统的要求，打开储液器出口阀，关闭加液阀，观察系统运转情况，直到系统中具有规定的制冷剂为止。再称一下制冷剂瓶，并记录系统的充注量。密切注视排气压力表，压力迅速上升表明冷凝器已充满了制冷剂液体，并已超过了系统的抽注能力。如果发生这种情况，立刻停止从液瓶中充注，并打开储液器出口阀。

③ 在工厂组装的使用全封闭式压缩机的成套设备上，通常在加液中，要将系统抽成高真空，然后借助于系统高压侧的工艺接头经称重加入适量制冷剂，随后将该接头封闭焊牢。在现场给系统加液，有必要安装一个工艺附件或加液阀，并经称重加入所需的制冷剂。

3. 充注制冷剂量多少的确定

（1）根据机组的铭牌确定。大多数系统对加液量有合理的允许限度，但有些小型系统对充注量极为严格，这对其正常运转是极为重要的。每个系统必须分别考虑，因为有同样冷量或马力的系统不一定需要同样的制冷剂或相同的充注量，所以重要的是首先要确定系统需要哪种制冷剂及其充注量，通常根据机组的铭牌可以知道制冷剂种类和充注量，如图 4-11 所示。

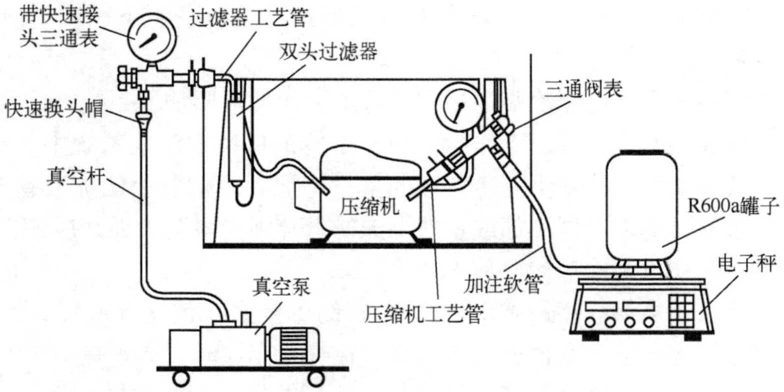

图 4-11　根据机组的铭牌确定制冷剂种类和充注量

(2) 确定维修后的电冰箱制冷剂充注量。维修后的电冰箱如果是采用 R12 或 Rl34a 作为制冷剂，其充注量一般不超过 200g。如采用 R600a（异丁烷）作为制冷剂，其充注量更少，为 80g 以下。因此对制冷剂充注量的精度要求比较高，一般前者误差不得大于 5g，后者不得大于 2g。当制冷剂充注量少于额定值的 80% 时，电冰箱便不能正常工作。

电冰箱制冷剂的充注量取决于制冷系统管道内部容积的大小（压缩机排气量大小、蒸发器大小、冷凝管长短及储液器大小等）。目前尚无准确计算公式可借鉴，仅对于 R12 制冷剂而言，一般可用下列经验公式进行初步估算。

$$g = 0.4V_e + 0.62V_c - 38(\mathrm{g})$$

式中　g——制冷剂的充注量（g）；

V_e——蒸发器等低压部分内容积（cm^3）；

V_c——冷凝管等高压部分内容积（cm^3）。

然后，通过下面的方法来确定制冷剂的最佳充注量。

将上述计算的 g 值再加 30g 作为试验冰箱的制冷剂充注量。例如，计算出某冰箱 $g = 140$g，则以 170g 作为制冷剂充注量。

4.3.5　压缩机冷冻润滑油的充注

压缩机内灌注的冷冻油除具有润滑、清洁和冷却作用外，还需具有不腐蚀线圈、绝缘层和密封垫片等有机材料，能与制冷剂溶解、耐热等特性。

由于生产厂家不同、结构形式不同、采用的供油方式不同，压缩机内冷冻油的灌注量也不相同。生产厂家在压缩机出厂时，已经按该压缩机的润滑油规定灌注量注入了润滑油。只要不在运输途中倾倒溢出或在维修中更换润滑油，可不必添加润滑油。否则，应检查润滑油量是否达到厂家的规定量。若油量过少，应适当增加油量以保证润滑；若油量过多，易产生管道堵塞或蒸发器积油而降低制冷效果。

全封闭式压缩机从结构上分，主要有往复式和旋转式两种。结构不同，冷冻油的灌注方法也不同。

1. 往复式压缩机润滑油的充注

对于小型往复式全封闭压缩机，充灌冷冻油最简单的方法是：用干净的油杯和漏斗，将规定量的冷冻油从压缩机的工艺管口注入，如图 4-12（a）所示，可启动压缩机后自动将冷冻油吸入。具体操作方法如下：

① 将冷冻油倒入一个清洁而干燥的量杯中，且使盛油的量杯略高于压缩机的吸气管位置。

② 将一根内部充满冷冻油，清洁、干燥的软管接在压缩机的吸气管上，再将软管的另一头插入油桶中，从吸气管注入冷冻油。

③ 也可以用手堵死工艺管后启动压缩机，将冷冻油从吸气管吸入，至规定量时停止即可。启动压缩机吸入冷冻油时，若充灌过程中高压管口喷出雾状油滴，则可将高压管插入事先准备好的杯子中，防止油雾乱喷。

2. 旋转式压缩机润滑油的充注

小型旋转式压缩机充灌冷冻油的方法如图 4-12（b）所示。

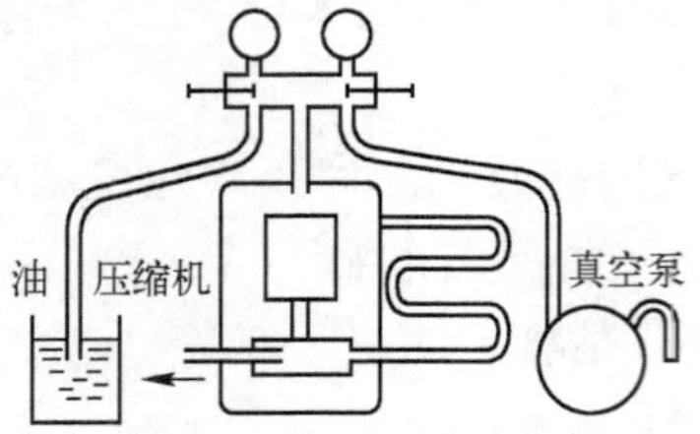

（a）往复式压缩机灌油

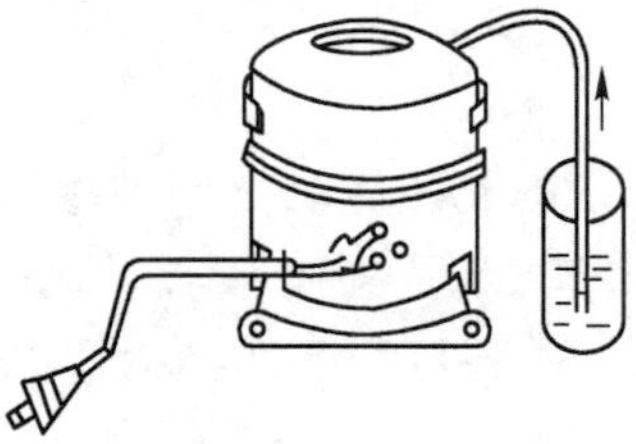

（b）旋转式压缩机灌油

图 4-12　冷冻油的灌注方法

① 将冷冻油倒入清洁、干燥的量杯中。
② 将压缩机与油桶相接。
③ 在旋转式压缩机的高压管上接一个复合式压力表和真空泵。
④ 接上电源，启动真空泵，将旋转式压缩机的高压部分抽成真空。
⑤ 将高压阀关上后再切断电源，关闭真空泵。
⑥ 开启低压阀，量杯中的冷冻油被大气压入真空的压缩机中，充灌至规定量。

4.3.6　制冷系统故障检修（R600a 冰箱维修工艺）

R600a 又名异丁烷（2 - 甲基丙烷），属碳氢化合物，分子量为 58，分子式结构为 C_4H_{10}。R600a 比空气重，很易聚积，无色气体，微溶于水，性能稳定，其臭氧消耗潜力（ODP：Ozone Depletion Potential）=0，温室效应潜力（GWP：Global Warming Potential）=0，有别于以往的制冷剂，如 R12、R134a 等。它最大的特点是与空气能形成爆炸性混合物，爆炸极限为 1.9% ~8.4%（体积比），当达到或高于此比例时，如遇明火即刻会引起爆炸，所以安全是最应注意的问题。

不管系统是否有泄漏，在所有打火的电器件区域，R600a 的浓度都不能达到爆炸极限。因为 R600a 比空气重，因此要求维修现场保证良好的通风条件。在灌注制冷剂时，为避免可能产生静电从而产生火花，要求所有设备必须可靠接地，所有的接线必须牢固，绝对不允许有接错现象。

维修前检查：首先检查周围环境有无火源，并保持良好的通风，将维修专用设备及配件准备好，检查维修设备及电源的安全性，检查排空钳刺针状态，退出排空钳刺针。检查排空钳导管和胶垫的密封性能，确认密封良好后，将排空钳的排气导管引出室外。维修操作过程如下：

（1）高压端排空：把排空钳夹在干燥过滤器处，拧紧刺针，刺破管路，然后退出刺针。插上冰箱电源，运行 5min 后，拔下冰箱电源，轻轻震动压缩机（前后轻摇晃），使冷冻油内溶解的少部分 R600a 释放出来。暂停 3min 后，再插上冰箱电源，运行 5min，使管路内残留的制冷剂减至最少。拧紧排空钳刺针，拔下冰箱电源。

（2）低压端排空：取另一把排空钳，检查好密封性后，将导管与小型便携式定量制冷剂加注机（以下称抽空充注设备）的 R600a 低压阀连接，并确认抽空充注设备的各阀门都已经关闭。将排空钳夹在压缩机工艺管上，拧紧刺针，刺破管路，然后退出刺针。打开抽空充注设备电源，依次旋开 R600a 低压阀及真空泵阀、真空表阀，对制冷系统低压侧进行抽真空，10min 后依次关闭 R600a 低压阀、真空泵阀、真空表阀，关闭抽空充注设备电源。卸下排空钳（包括压缩机工艺管上的排空钳和干燥过滤器上的排空钳），此时低压端排空完成。

（3）更换压缩机与干燥过滤器：拆下故障压缩机、干燥过滤器。对各管路吹氮清洗 5s 以上，吹氮后为防止过多空气进入，用胶皮堵将各管口堵上。更换新压缩机，重新焊好与压缩机相连的管口，并检查焊点质量。更换 R600a 专用的 XH9 型干燥过滤器，焊接好与之相连的管路接口，并检查焊点质量。

（4）充氮检漏：在压缩机工艺管口接上汉森阀，通过快速接头充入氮气，充氮压力不高于 0.8MPa，用肥皂水检查各焊点是否泄漏，确认无泄漏后拔下快速接头，放掉氮气。

（5）抽真空：将制冷剂罐、抽空充注设备、压缩机用真空软管连接，依次打开抽空充注设备的制冷剂阀、R600a 低压阀、真空泵阀、真空表阀，抽空 20min 以上（此时，制冷剂连接黄色软管与 R600a 加注蓝色软管一起抽成真空），在真空压力 100Pa 以下抽空运行 10min 以上后，依次关闭抽空充注设备制冷剂阀、R600a 低压阀、真空泵阀、真空表阀，关闭抽空充注设备电源。

（6）制冷剂的灌注：依次打开制冷剂瓶阀、抽空充注设备的制冷剂阀、R600a 低压阀，插上冰箱电源（此时电子秤读数出现负数，数值逐渐增大）。当数值达到规定的充注量后，迅速关闭抽空充注设备的制冷剂阀，将软管内残留的 R600a 充入制冷系统，1min 后依次关闭抽空充注设备的制冷剂阀、R600a 低压阀，拔下冰箱电源。

充注完毕后，因冰箱制冷系统内充满 R600a 制冷剂，因此此后严禁明火，封口必须用 LOKRING 工艺管堵头（洛克环）。

（7）管口打磨：用封口钳垂直于压缩机工艺管夹住管路，取下汉森阀，用砂纸旋转打磨压缩机工艺管管口部分（砂纸需用 400 目以上），打磨后用棉布擦拭。

（8）封闭管口使用洛克环：滴上 LOKPREP 密封液，套上堵头洛克环，旋转洛克环，使 LOKPREP 密封液充分分布。用压接钳将堵头洛克环逐步压接到位（压接过程要平稳用力，不能晃动）。

（9）封闭后检漏：封口后，用肥皂水对封口处检漏，确认封口无泄漏后插上冰箱电源，检查压缩机与冰箱运转情况，保证冰箱正常修复。

维修操作注意事项：

① 返修时若更换压缩机，灌注量为规定值；不更换压缩机，灌注量为规定值的 90%。

② 因有一定的危险性，原则上不允许在用户家中打开制冷系统操作。

③ 更换压缩机时若条件不允许，可采用以下工艺：

- 在宽敞通风良好的车间或室外打开干燥过滤器处毛细管并密封毛细管口，然后启动压缩机，泄放 5min 后关掉压缩机，振动压缩机暂停 3min，再插电运行 5min；
- 用割管器割断压缩机回气管和高压管，用氮气吹冷凝器和蒸发器不少于 30s；
- 换上新压缩机、干燥过滤器，焊接后检漏；
- 充注制冷剂，插电运行，确认制冷良好后，用洛克环封口并检漏；
- 更换下的压缩机将压缩机油倒掉并密封各管口。

4.3.7 电冰箱电气系统主要部件的认知

电冰箱的电气控制系统主要是根据使用要求，自动控制电冰箱的启动、运行和停止，调节制冷剂的流量，并对电冰箱及电气设备实行自动保护，以防止发生事故。此外，还可实现最佳控制，降低能耗，以提高电冰箱运行的经济性。

电冰箱的控制电路是根据电冰箱的性能指标来确定的。一般来说，电冰箱的性能越好，其对应的控制电路部分也越复杂。但其电气控制系统还是大同小异的，一般由动力（电动机）、启动和保护装置、温度控制装置、化霜控制装置、加热与防冻装置，以及箱内风扇、照明等部分组成。

1. 全封闭式压缩机电动机

1）全封闭式压缩机电动机绕组阻值的检测

检测电动机的好坏，可通过检测电动机绕组的直流电阻值来判断。对于使用单相交流电源的压缩机中的电动机，常采用单相电阻分相式或电容分相式单相异步电动机。这类电动机的绕组有两个，即运行绕组和启动绕组。运行绕组使用的导线截面积较大，绕制的圈数多，其直流电阻值一般较小；启动绕组使用的导线截面积较小，绕制的圈数较少，其直流电阻值一般较大。

例如，某种电冰箱使用的全封闭压缩机，其电动机的运行绕组导线直径为 $\phi0.64$mm，匝数为 2×376 匝，直流电阻为 12Ω；启动绕组导线直径为 $\phi0.35$mm，匝数为 2×328 匝，其直流电阻为 33Ω。

电动机绕组的引线通过内插头接到机壳上的 3 个接线引柱上。常用 C 表示电动机运行绕阻与启动绕组的公共端，用 M 表示运行绕组的引出线端，用 S 表示启动绕组的引出线端。

设 M 与 S 之间的直流电阻为 R_{ms}，C 与 M 之间的直流电阻为 R_{cm}，C 与 S 之间的直流电阻为 R_{cs}。一般有 $R_{ms}>R_{cs}>R_{cm}$，且 $R_{ms}=R_{cm}+R_{cs}$。利用这一规律，可用万用表的电阻挡来判断 3 个接线端的功能。卸下压缩机的接线盒后，在 3 个接线端上分别标上 1、2、3 的记号，然后用万用表的 R×1 挡分别测量 1 与 2、2 与 3、3 与 1 三组接线柱之间的电阻。如 R_{23} 最大，则可知 2 和 3 分别是 M 或 S，但不能确定 2 是 M 还是 3 是 M。但可知道悬空的那一个接线柱 1 肯定是公共端 C。然后比较 R_{12} 和 R_{13}。如 $R_{13}>R_{12}$，则 2 是运行绕组引出线端 M，3 是启动绕组引出线端 S，如图 4-13 所示。

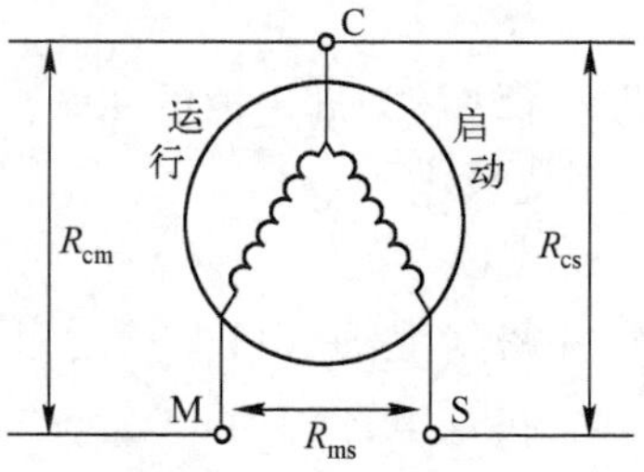

图 4-13 压缩机接线端子的判断

在测量绕组电阻时，若测得绕组电阻无穷大，即说明绕组断路。电动机绕组断路时，电动机不能启动运转。如果只有一个绕组断路，电动机也无法启动运转，而且电流很大。绕组的埋入式热保护继电器的触点跳开后不能闭合或者触点被烧坏，以及由于电动机运转时产生的振动，导致电动机内引线的折断、烧断或内插头脱落，也都表现为绕组断路。

在测量绕组电阻时，若测得的阻值比规定的小得多，即说明绕组内部短路。若两绕组的总阻值小于规定的两绕组的阻值之和，则说明两绕组之间存在着短路。电动机绕组出现短路时，依短路的程度不同而现象各异。压缩机电动机出现短路后，不论能否启动运转，其通电后的电流都较大，而且压缩机的温升很快。全封闭式压缩机电动机的引线柱是焊在机壳上的，内部与电动机的绕组引出线相连接，外部与电源线相连接。若通电后电动机的短路电流过大，可能会使此密封引线柱发生损坏而失去密封作用。大功率的全封闭式压缩机更容易出现此类故障。密封引线柱被损坏后不能修复，应该更换同一规格、型号的全封闭式压缩机。

同时，应该指出，电动机绕组的电阻值与温度有关，温度越高，电阻值越大。因此，电阻值的测量应在压缩机停止运行4h后进行，以保证测量值的准确性。

2）压缩机电动机绝缘电阻的测量

在测量全封闭式压缩机电动机绕组直流电阻值的同时，还必须测量压缩机电动机绕组的绝缘电阻。其测量方法是：将兆欧表的两根测量线接于压缩机的引线柱和外壳之间，用500V兆欧表进行测量时，其绝缘电阻值应不低于2MΩ。若测得的绝缘电阻值低于2MΩ，则表示压缩机的电动机绕组与铁芯之间发生漏电，不能继续使用。用兆欧表测量压缩机绝缘电阻如图4-14所示。

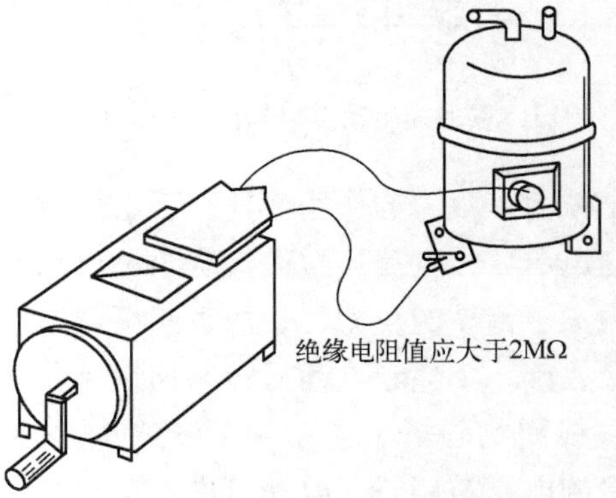

图4-14 用兆欧表测量压缩机的绝缘电阻

若无兆欧表，也可用万用表电阻挡的R×10k挡来进行测量和判断。在测量时，不能让手指碰到万用表的表笔，以免出现错误的读数。

造成压缩机电动机绝缘不良有以下几种原因。若出现绝缘不良，最好更换相同规格、型号的压缩机。

① 电动机绕组绝缘层破损，造成绕组与铁芯局部短路；

② 组装或检修压缩机时因装配不慎，致使电线绝缘受到摩擦或碰撞，又经冷冻油和制冷剂的浸蚀，导线绝缘性能下降；

③ 因绕组温升过高，致使绝缘材料变质、绝缘性能下降等。

2. 启动继电器工作原理、结构与检测

单相异步电动机的启动，必须依靠外接启动元件来完成，一般由继电器或电容来启动。电冰箱专用的电流继电器称为启动继电器。

启动继电器的作用是：当电动机启动时，启动绕组接通电源，随即电动机转子加速旋转。当只靠运行绕组即可维持运行速度时，运行电流减小，并及时切断启动电路。所以，启动时，如不在启动绕组中通入电流，电动机就无法启动旋转，运转后若不能及时切断启动电

流，则启动绕组就会被烧毁。目前，家用电冰箱常用的启动继电器有电流式继电器和电压式继电器。电流式继电器是利用电动机运行绕组中电流的变化工作的，电压式继电器是利用电动机启动绕组中感应电压的变化工作的。电冰箱一般使用电流式启动继电器，它又可分为重力式、弹力式和半导体式（PTC）等几种。

1）重力式启动继电器工作原理与检测

（1）工作原理。弹力式启动继电器的构造复杂，启动噪声大，常见于老式的冰箱上，现广泛采用的是重力式启动继电器，其工作原理如图 4-15（a）所示。

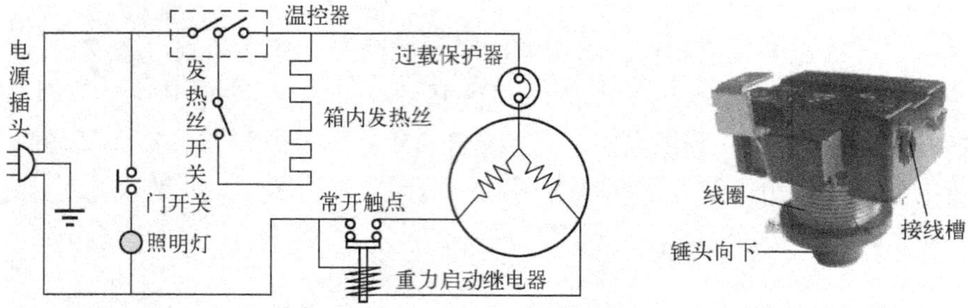

（a）　（b）

图 4-15　重力式启动继电器的工作原理和实物图

在电动机未运转时，衔铁由于重力的作用而处于下落位置，与它相连的动触点与静触点处于断开状态。电动机接通电源后，电流通过运行绕组和启动器的励磁线圈，使启动器励磁线圈强烈磁化，磁场的引力大于衔铁的重力，从而吸起衔铁，使动触点与静触点闭合，启动绕组的电路接通，电动机开始旋转。随着电动机转速加快，当达到额定转速的 75% 以上时，运行电流迅速减小，使励磁线圈的磁场引力小于衔铁的重力，衔铁因自重而迅速落下，使动、静触点脱开，启动绕组的电路被切断，电动机进入正常工作状态。

重力式启动继电器的优点是体积较小，可靠性强。但当电压波动较大时，容易因触点接触不良或粘连而引起电动机故障或损坏。

（2）电流线圈重锤式启动继电器的检测。重锤式启动继电器属于电流型启动继电器。因为它的线圈和压缩机电动机的运行绕组串联，所以线圈所用漆包线的线径较粗，匝数也很少。用万用表的 R×1 挡检测，其直流电阻也是接近于 0 的。如果线圈两个接线端之间的电阻为∞，则表明线圈断路。如果线圈外表面有焦黑的痕迹，则说明它已烧毁。

重锤式启动继电器中的重锤朝下时，如图 4-15（b）所示，它的电触点是断开的。而如果倒置，则重锤下压，使电触点闭合。利用这一特点，可用万用表电阻挡判断其电触点是否完好。方法是：先将重锤朝下，用万用表测电触点的两个引出端，正常时电阻值应为∞。然后将启动继电器倒置，由于电触点闭合，正常的检测结果电阻值应为 0。如果无论重锤在下还是倒置，电触点的电阻值都不变（始终为∞或始终为 0），则表明电触点已损坏。

无论是线圈损坏还是电触点损坏，都只能更换。更换新的重锤式启动继电器时，要注意所选的启动继电器应与压缩机电动机匹配，即它的吸合电流和释放电流这两个主要参数应与压缩机电动机的启动过程相适应。否则会造成通电后电动机不能启动（启动继电器的吸合电流过大），或者虽然能启动，但不能释放（启动继电器的释放电流过小）。这两种结果都会导致压缩机电动机电流过大。

2）PTC 式启动继电器的结构与检测

PTC 式启动继电器常用在各种需要启动控制的压缩机电动机上。PTC 器件损坏（一般为断路）后，其故障现象表现为压缩机无法正常启动。

（1）结构。PTC 式启动继电器又称半导体式启动继电器，是一种具有正温度系数的热敏电阻器件。它是一种在陶瓷原料中掺入微量稀土元素烧结后制成的半导体晶体结构。因为它具有随温度的升高而电阻值增大的特点，因而具有无触点开关的作用，如图 4-16（b）所示。PTC 元件与启动绕组串联，如图 4-16（a）所示。电动机开始启动时，PTC 元件的温度较低，电阻值也较小，可近似地认为是通路。电动机启动时电流很大，是正常运转电流的 5～7倍，PTC 元件在大电流的作用下温度升高，至临界温度（约 100℃）以后，元件的电阻值增大至数千欧，使电流难以通过，可近似地认为断路。这样，串联的启动绕组也相当于断路，而运行绕组继续使电动机正常运行。

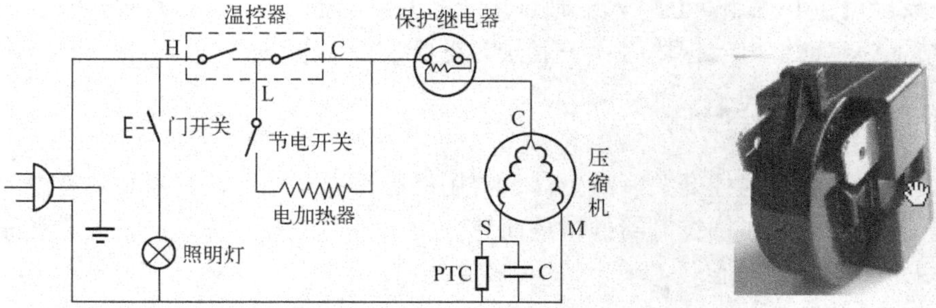

（a）　　（b）

图 4-16　PTC 式启动继电器工作原理和实物图

PTC 式启动继电器的优点是无触点，可靠性好，无噪声，成本低，寿命长，对电压波动的适应性强。但由于 PTC 元件的热惯性，必须等几分钟，待其温度降至临界温度以下时才能重新启动。

（2）PTC 式启动继电器的检测。作为启动继电器的 PTC 器件，实际上是一个无触点开关。刚通电时，由于温度低于居里点，电阻值很小，相当于“开关”闭合；至启动过程结束，进入正常运转时，因温度超过居里点，电阻值增大好多倍，相当于“开关”断开。

在常温下，用万用表的 R×1 挡检测 PTC 启动继电器的两个引出端。正常时，电阻值为 10nΩ。如 $R=0$ 或∞，都表明 PTC 器件损坏，只能更换。如果使 PTC 器件的温度升高到居里点以上，则 PTC 器件的电阻值将增大到几百 kΩ 以上。

判断 PTC 式启动继电器有无控制功能，可用图 4-17 所示的电路。将 PTC 式启动继电器与一只 60W 左右的白炽灯串联后，接通 220V 交流电源。正常时应观察到以下结果：刚通电时，灯泡最亮，几秒内灯逐渐转暗。这是因为通电后，电流流过 PTC 器件，电流的热效应使 PTC 器件温度升高。当超过居里点后，电阻值突然增加好多倍，使电路中的电流减小，灯转暗。如果灯泡的状态一直不变（一直亮或一直不亮），则说明 PTC 式启动继电器已损坏，只能更换。

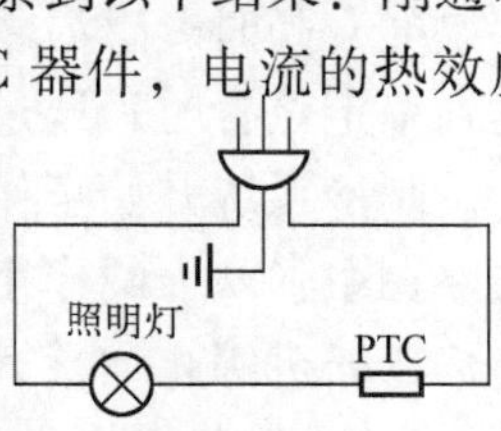

图4-17　检测 PTC 式启动继电器的电路

更换时，应注意 PTC 器件的主要参数。一是常温下的直流电阻值应接近；二是其居里点；三是它的电功率应大于或等于原 PTC 器件，否则会影响压缩机的正常启动或损坏 PTC 器件。

由于 PTC 式启动继电器的电路简单，更换时其参数没有电流型启动继电器严格，所以在重锤式启动继电器损坏后，如找不到同规格的重锤式启动继电器，可用 PTC 式启动继电器代换，但应改变压缩机电动机的连接线。电动机的运行绕组直接接电源（将原接启动继电器线圈的两根线短接），而将 PTC 式启动继电器接在原启动继电器常开触点的位置上。接好后，再通电试运转，如能顺利完成启动功能，则可替代原重锤式启动继电器。

3）电压型启动继电器的检测

电压型启动继电器常用在电容启动——运转式电动机上。与电流型启动继电器比较，虽然也是一个线圈和一组电触点，但其线圈的线径较细，匝数也多得多，所以直流电阻也大得多。用万用表的直流电阻挡检测电压型启动继电器线圈引出线，正常时应测得较大的电阻值。如 $R=0$，则是线圈内部短路；如为∞，则是线圈断路。

用万用表检测电触点时，如为常闭触点，则线圈断电时，该电触点接线端间的电阻值为 0；当线圈吸合后，电触点断开，该电触点接线间的电阻值为∞。如为常开触点，则反之。

检测结果为启动继电器损坏时，一般只能更换。

3. 温度控制器原理与检测

温度控制器又称为温控开关、温控器，常用的有压力式温度控制器和热敏电阻式温度控制器两种。其中压力式温度控制器的结构简单，使用可靠，寿命长，价格低，在家用电冰箱中广泛使用，如图 4-18 所示。

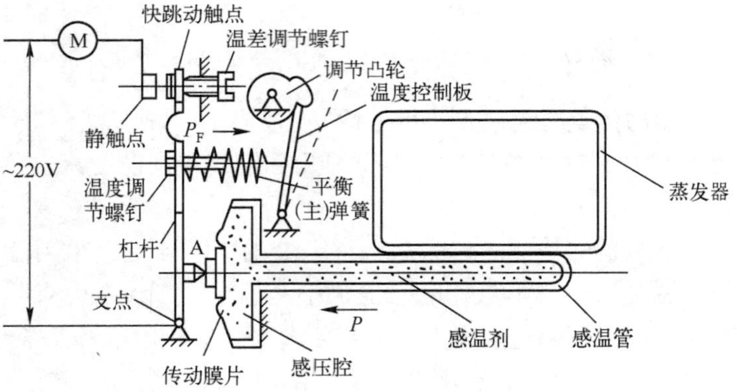

图 4-18　压力式温度控制器

1）温控器工作原理

压力式温度控制器由温压转换部件、凸轮调节机构及快跳活动触点组成。当电冰箱内腔的温度升高时，感温管内的压力随之升高，使得感压腔传动膜片克服弹簧拉力而向左移动，达到一定位置时，通过杠杆推动快跳活动触点与静触点闭合，从而接通电源，压缩机开始运转，制冷系统开始工作。之后，蒸发器表面温度逐渐下降，感温管内感温剂的压力也随之下降。在主弹簧力的作用下，传动膜片向右移动，达到一定位置时，快跳活动触点与静触点分离，压缩机停止运转，从而把冰箱内腔的温度自动控制在所设定的范围内。

2）温控器的检测

判断温控器的控制功能是否正常，可用万用表检测。首先，根据室温高低确定温控器电触点的状态是闭合还是断开。如电冰箱上的温控器在室温下，其电触点肯定是闭合的（因为必定高于其开点)。

第一步：用万用表的电阻挡测量温控器电触点的两个接线端间的电阻值。电触点闭合时，其电阻值应为0；断开时，其电阻值应为∞。测量到的电阻值应与电触点的状态相吻合。但即使吻合，还得要看电触点能否随着温度的变化而转换。

第二步：用万用表监测温控器电触点两接线端间的电阻值，看能否从闭合（$R=0$）转换为断开（$R\to\infty$），或从断开（$R\to\infty$）转换为闭合（$R=0$）。如果可以转换，说明该温控器的控制功能正常。否则，可以确定该温控器已经损坏。

第三步：改变温度，就是改变温控器感温管部位的温度。要升温，可将感温管靠近点亮的白炽灯或用电吹风对准感温管吹。要降温，由于其停点比较低，可先将温控旋钮逆时针旋到底，一般这是控制温度最高的位置，然后将它放入电冰箱冷冻室内，隔一会儿再取出，立即用万用表检测其电触点的状态，看是否已变化。

第四步：经检测后，如果确定温控器已损坏，一般只能进行更换。如果能找到同一型号的，当然可以直接更换。如找不到，则要用其他型号的温控器代换。代换时，除了应考虑其外形及几何尺寸外，还得注意它的两类主要参数，即温度参数和电参数应与原温控器相同。电冰箱上的温控器还得注意更换同一种类型的，即原来是普通型的，只能用普通型的代换；原来是定温复位型的，只能用定温复位型的代换。否则会人为地造成电冰箱不能正常工作。

3）温控器产生故障的一般原因

温控器是电冰箱的一个重要的控制器件。温控器失灵造成的故障在各类故障总量中占有相当大的比例。如发现反复旋转温控器的调温旋钮，仍不能达到正常的温度自动控制；开停机过于频繁或时间过长，长停不开机或长开不停机等，都应重点检查温控器。

温控器产生故障一般有以下两种原因：

（1）内部机械零件变形。这是较容易发生的故障。温控器由几十个零件组成，其零件小，结构又紧凑，各种温控器实物图如图4-19所示。在使用过程中，如某个零件的几何尺寸或性能产生微小变异，就会偏离设计的作用力矩，使控制值产生变化，导致失控。

（a）普通型　　（b）定温复位型　　（c）化霜复合型

图4-19　各种温控器实物图

（2）感温剂泄漏。当反复旋转调温旋钮或拨动其内部的传动机构时，温控器的电触点始终无变化，则表明封闭于温控器感温系统内的感温剂已经泄漏。

4. 热保护装置结构与检测

电动机的保护装置主要指过载、过热保护器。其作用是：当电压太高或太低时，通过电动机的电流会增大，如果该电流超过了额定电流的范围，过电流保护器就能有效地切断电路，保护电动机不会因负载过大而烧毁。若制冷系统发生故障，电动机长时间运转，电动机的温度就会升高，当温升超过允许范围时，过热保护器就会切断电源，使电动机不会被烧毁。电冰箱使用的保护器大多具有过电流、过热保护的双重功能。

常用保护装置有双金属碟形热保护器和内埋式保护器。

1）双金属碟形热保护器

这种保护器的实物图和结构示意图如图 4-20 所示，在正常情况下，触点为常闭导通状态。当电流过大时，电阻丝发热，碟形双金属片受热向反方向拱起，使触点断开，切断电源；当电流正常，而机壳温升较高时，双金属片安装在紧贴机壳的侧壁上，感受壳温比较灵敏，双金属片也会受热变形而拱起，触点断开切断电源。因此，这种保护器具有过电流、过热两种保护作用。

（a）实物图

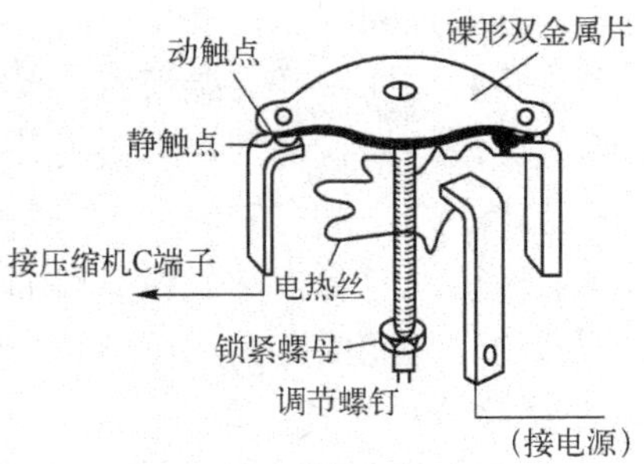

（b）结构示意图

图 4-20　双金属碟形热保护器的结构

2）内埋式保护器

内埋式保护器的结构如图 4-21 所示，这种保护器置于压缩机机壳内，埋装在电动机的定子绕组中。当电动机电流过大或温升过高时，保护器内的双金属片就会变形拱起，从而断开电动机的电路。

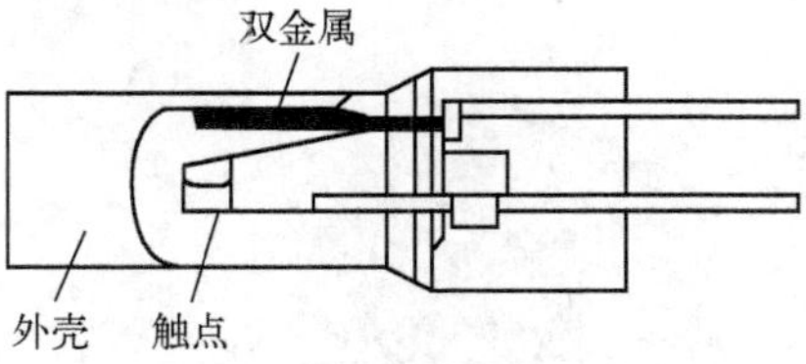

图 4-21　内埋式保护器的结构

内埋式保护器的特点是体积小，对电动机的过热保护作用好，密封的绝缘外套可防止润滑油和制冷剂的渗入。但是其一旦发生故障，检修比较困难。

3）保护继电器的检测方法及故障处理

检查保护继电器可用万用表检测法、替代法及短路法。

（1）万用表检测法。用万用表电阻挡测量保护继电器的两个接线端，正常时其电阻值接近于 0。此时测量到的是其内部的电热丝及常闭触点的电阻。然后，可将它放在倒置过来的电熨斗上对其加热。隔一段时间，会听到“嗒”一声响（双金属片翻转）。此时，再用万用表测量保护继电器的两个接线端，电阻值应为∞。降温后，电触点又会重新闭合。

如果常温下测量保护继电器的两个接线端之间电阻值为∞，则表明它已断路。原因可能是电热丝烧断，也可能是电触点接触不好。

如果确定蝶形双金属过电流、过温升保护继电器有故障，除电触点接触不良，可做适当的修理外，其他均只能更换。

内埋式保护继电器经常出现的故障是绝缘破坏、触点失灵等。一般不能修复，也不易拆换，只有同压缩机一同更换。

（2）替代法。就是用一只好的保护继电器代替原来怀疑存在故障的保护继电器。如替代后故障现象消失，说明原来的保护继电器确已损坏；如替代后故障现象依旧，则说明故障与保护继电器无关。

（3）短路法。就是用一根粗导线将保护继电器的两个接线端短接，如短接后故障现象消失，表明原故障是由保护继电器引起的；如故障现象没有变化，说明故障与保护继电器无关。

电冰箱上一般都有过电流、过温升保护继电器，它串联在压缩机电动机的主回路中，保护的对象是全封闭式压缩机。如保护继电器发生故障，可引起电冰箱不能正常运转。

过电流、过温升保护继电器的断路故障，主要是电热丝烧断或电触点烧毁引起的接触不良。也有的是质量较差，如双金属片稳定性不好，内应力发生了变化，致使触点断开后不能复原。上述故障往往是由压缩机的频繁启动造成的。制冷效果不好，超负载运转，制冷系统内制冷剂过少或过多等原因，都会引起压缩机频繁启动。

5. 化霜控制部件原理与检测

全自动化霜控制装置由化霜定时器、化霜温控器、化霜加热器（丝）与化霜超热保护熔断器等组成。

1）化霜定时器的检测

要对化霜定时器进行检测，应先将其 4 个接头上的接线拔掉。其中两个接线端是电动机的引出线。正常时，直流电阻值在 7kΩ 左右。化霜定时器的电触点相当于一个单刀双掷开关，其实物图和接线图如图 4-22 所示。如 C—B 之间通（$R=0$），则 C—D 之间应断（$R\to\infty$）。再将其手控钮顺时针旋转到出现一声“嗒”的声音时停止旋动，此即为化霜位置。在此时测量应该是 C—B 之间断（$R\to\infty$），而 C—D 之间通（$R=0$）。如果再将手控钮顺时针旋转很小一个角度，又会出现“嗒”的一声。这时，又恢复到 C—B 通，C—D 断的状态。

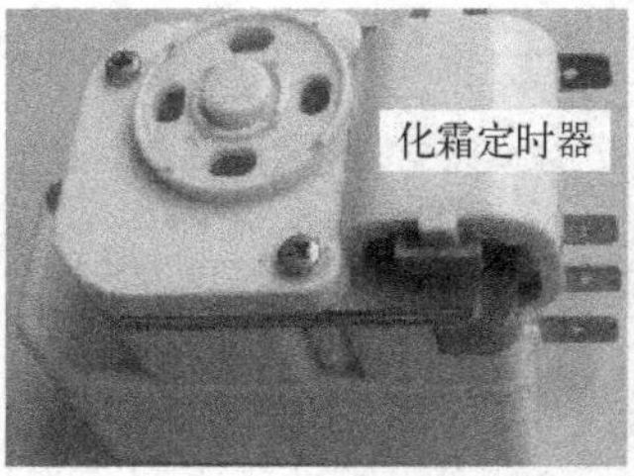

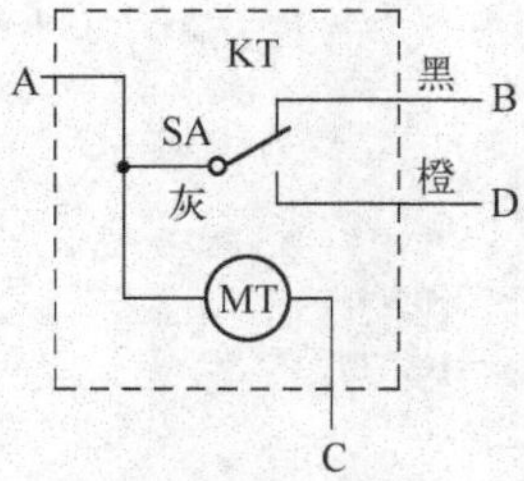

图 4-22 化霜定时器的实物图和接线图

由于化霜定时器中还有一些减速齿轮，必须对其传动性能进行检测。简单的办法就是将化霜定时器的接线仍然接上，让电冰箱通电工作，并在手控钮上做上一记号。待电冰箱工作 1 ~ 2h 后，所做的记号应顺时针转动一定的角度。否则，说明化霜定时器的传动机构有问题。

化霜定时器损坏后，只能更换。

2）化霜温控器的检测

化霜温控器的感温元件是双金属片。当温度达到 13℃时，双金属片翻转，常闭触点断开。在温度降至 -5℃时，双金属片复原，电触点恢复为闭合状态。根据这一原理，可用万用表判断它的好坏。

拔下化霜温控器后，用万用表的电阻挡测量其两根引出线。常温下（高于13℃），电触点是闭合的，检测到的电阻值应为0。想办法使其温度降至-5℃以下（如放在电冰箱冷冻室内一段时间），然后检测其两根引出线，电阻值应为∞。如果测试结果与此相符，说明化霜温控器功能正常，否则只能将其更换。

3）化霜加热器（丝）和化霜超热保护熔断器的检测

化霜加热器（丝）的电功率一般都较大，其直流电阻较小。断开化霜加热器（丝）的电源后，用万用表的电阻挡测量。正常时，一般应有几百欧姆的电阻值。如阻值相差较大，多为化霜加热器（丝）被烧断。如阻值为∞，则多为化霜超热保护熔断器已熔断，应予以更换。

6. 辅助电器元器件检测

1）风扇电动机的检测

先打开冷冻室箱门，按住门开关。如风扇不转，则再卸下后栅板。观察风叶是否被蒸发器上的厚霜层卡死。若为此现象，则是化霜装置有问题。只要排除了化霜系统的故障，风扇电动机自然会恢复正常。

如果化霜系统正常，则进一步检查风扇电动机，如图4-23所示。断电后拔下电动机插头，用万用表的R×10挡测量电动机绕组的直流电阻值，正常时应为300～500Ω。如阻值为∞，则可能绕组断路；如阻值为零或阻值很小，则表明绕组短路。发现故障后，能修则修，不能修便更换电动机。

2）照明电路的检测

箱内照明灯一般装在箱内右侧壁上，照明开关由箱门的启闭来控制，如图4-24所示。灯的功率在15W以下，双门冰箱仅冷藏室装有照明灯，有的双门冰箱照明灯和开关装在温控器的外罩和面板内。当打开冰箱门时，门开关按钮释放而使开关触点接通，照明灯点亮；当关上箱门时，门开关按钮被箱门压下而使开关触点断开，照明灯熄灭。

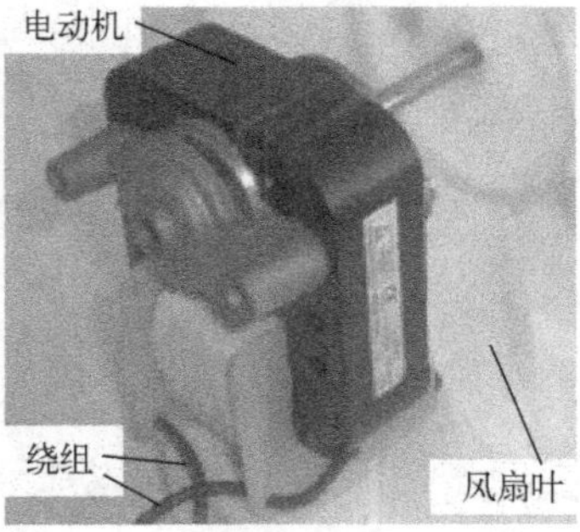

图4-23　风扇电动机

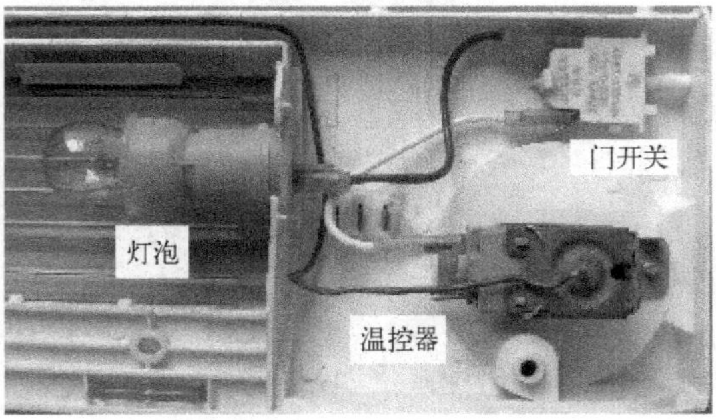

图4-24　箱内照明灯和照明开关（门开关）

照明电路由灯泡和开关两部分组成。用万用表的R×1挡测一下开关的通、断，正常情况下，开关闭合时阻值应为0，开关断开时阻值应为∞。若测得开关闭合时阻值为∞，或测得开关断开时阻值为0，说明开关已损坏或已粘连，需要更换同型号新产品。用万用表的R×100挡测一下灯泡的冷态电阻值，正常情况下应为200Ω左右。若测得阻值为∞，则说明灯丝已断，需要更换同型号新产品。

3）电加热器（丝）的检测

在电冰箱上，有化霜加热器（丝）、接水盘加热器（丝）、排水管加热器（丝）、温控器加热器（丝）等。电加热器（丝）的功率有大有小，其中，功率最大的是化霜加热器（丝）。一般来说，电加热器（丝）的功率越大，其直流电阻越小。电加热器（丝）的原理图与实物图如图 4-25 所示。

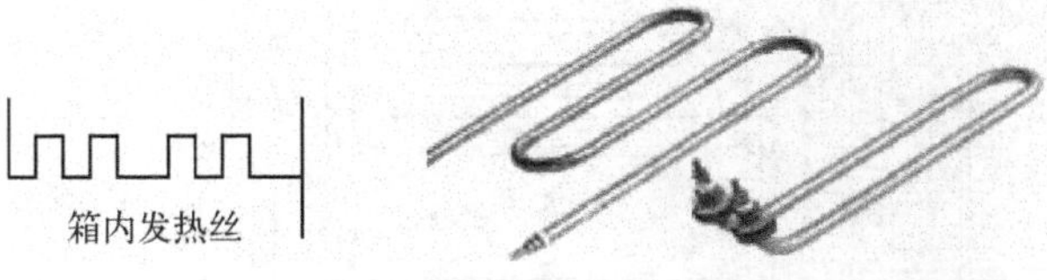

图 4-25 电加热器（丝）的原理图和实物图

判断电加热器（丝）是否有问题，可先断开电源，打开电冰箱的门，拔下该电加热器（丝）的接线后，用万用表的电阻挡测量电加热器（丝）的直流电阻值。如阻值为∞，则说明该电加热器（丝）已经断路。更换后，故障便可排除。

4.4 项目基本知识

4.4.1 电冰箱制冷工作原理与组成

热力学第二定律说："热量总是从温度高的物体传向温度低的物体，或者从物体的高温部分传向低温部分"，这就是自然冷却的规律。因而，要想把某物体的温度降低到它周围介质的温度之下，只能借助于人工冷却的方法。电冰箱就是人工制冷的设备。

1. 电冰箱的制冷原理

在炎热的夏天，常会感到房间里闷热。这时只要在房间的地面上洒些水，我们立即就会感到凉爽一些。这是因为洒到地面上的水很快蒸发，在蒸发时，水要吸收周围空气的热量，从而起到降温的作用。这说明，液态物体在蒸发时，都要吸收其周围物体的热量，而使周围物体由于失去热量而降低了温度，从而起到制冷的效果。电冰箱就是利用易蒸发的某种制冷剂液体在蒸发器里大量蒸发，冷却了蒸发器，再由蒸发器从被冷冻、冷藏的食品或空间介质中吸收蒸发所需的热量，从而降低电冰箱内食品或空气的温度。

目前，制冷方式大致有压缩式、吸收式和半导体式 3 种。压缩式制冷是利用压缩机增加制冷剂的压力，从而使制冷剂在制冷系统中循环流动的。吸收式制冷是利用燃料燃烧或电能所转化的热量使制冷剂产生压力，从而使制冷剂在制冷系统中循环流动的。半导体式制冷（又称温差电制冷）利用半导体在热电偶中通直流电时，在电偶的不同结点处会产生吸热或放热的现象，从而实现制冷目的。

在我国，家用电冰箱大部分都是采用压缩式制冷循环原理来制冷的。吸收式和半导体式制冷由于效率不高，较少采用。

2. 电冰箱的组成

家用电冰箱主要由箱体、制冷系统、电气自动控制系统和附件等组成，如图 4－26 所示。

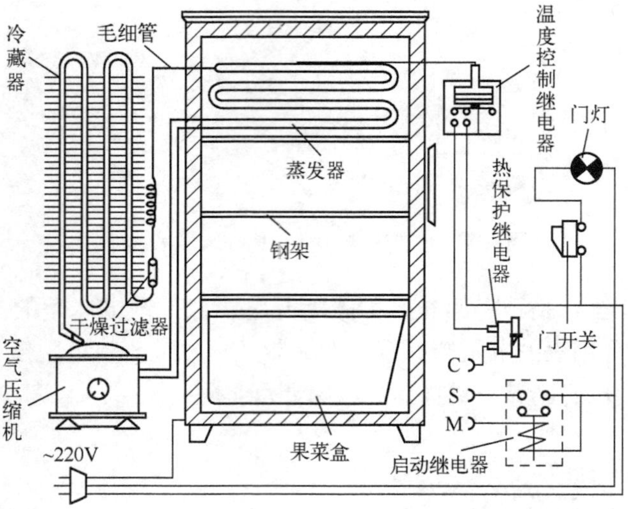

图 4-26　电冰箱的基本组成

箱体是电冰箱的躯体，用来隔热保温。一般箱内空间分为冷冻和冷藏两个部分。制冷系统利用制冷剂在循环过程中的吸热和放热作用，将箱内的热量转移到箱外介质（空气）中去，使箱内温度降低，达到冷藏、冷冻食物的目的。电气自动控制系统用于保证制冷系统按照不同的使用要求自动而安全地工作，将箱内温度控制在一定范围内，以达到冷藏和冷冻的需要。附件是为完善和适应冷藏、冷冻的不同要求而设置的。一般在箱内都还装有照明灯，开门时灯亮，关门后灯灭。

电冰箱的箱体是电冰箱的基础结构。箱体结构形式直接影响着电冰箱的结构性能、耐久性和经济性。箱体的质量在一定程度上标志着电冰箱的质量。

电冰箱的箱体由壳体、箱门、台面及其他一些必要附件组成。壳体和箱体形成一个能存放物品的密闭容器。台面主要起装饰和保护作用。箱体首先要有长时间的保冷作用，其次是美观、平整、光洁。

（1）壳体。包括外壳、内胆和隔热材料 3 部分。外壳多用 0.5 ~ 1mm 的优质冷轧钢板经裁剪、冲压、折边、焊接或辊压成形，外表经磷化、喷漆或喷塑处理；箱体的内衬称为内胆，具有强度高、耐摩擦、抗腐蚀、不易污染和寿命长等优点；电冰箱总热负荷中，有 80% 以上的热量是由箱壁传入箱内的，为减少热量传导，保持电冰箱内的低温环境，需要在箱体的外壳和内胆之间填充优质的隔热材料，常用的隔热材料有超细玻璃纤维、聚苯乙烯泡沫及聚氨酯发泡剂。

（2）箱门。箱门由门体和磁性门封条两部分组成。

（3）台面（箱顶）。台面板（或称顶板）一般采用复合塑料纤维板或复合塑料钢板。

（4）箱内附件。箱内附件包括搁架、苹果盒、接水盒、玻璃盖板等。

4.4.2 电冰箱分类及型号命名方法

1. 分类

目前，国内市场上出售的电冰箱品种和类型很多，主要有以下几种分类。

1）按冰箱内冷却方式分类

（1）冷气强制循环式：又称为间冷式（风冷式）或无霜冰箱。冰箱内有一个小风扇强制箱内空气流动，因此箱内温度均匀，冷却速度快，使用方便。但因具有除霜系统，耗电量稍大，制造相对复杂。

（2）冷气自然对流式：又称为直冷式或有霜冰箱。其冷冻室直接由蒸发器围成，或者冷冻室内有一个蒸发器，另外冷藏室上部再设有一个蒸发器，由蒸发器直接吸取热量而进行降温。此类冰箱结构相对简单，耗电量小，但是温度无效性稍差，使用相对不方便。

（3）冷气强制循环和自然对流并用式：此类形式的电冰箱近年来新产品较多采用，主要是同时兼顾风冷、直冷冰箱的优点。

2）按电冰箱用途分类

（1）冷藏电冰箱：该类型电冰箱至少有一个间室是冷藏室，用以储藏不需冻结的食品，其温度应保持在0℃以上。该类型电冰箱可以具有冷却室、制冰室、冷冻食品储藏室、冰温室，但是它没有冷冻室。

（2）冷冻电冰箱：该类型电冰箱至少有一个间室为冷冻室，并能按规定储藏食品，可有冷冻食品储藏室。

（3）冷藏冷冻电冰箱：该类型电冰箱至少有一个间室为冷藏室，一个间室为冷冻室。

3）按气候环境分类

（1）亚温带型（SN 型）：使用的环境温度为 10～32℃。

（2）温带型（N 型）：使用的环境温度为 16～32℃。

（3）亚热带型（ST 型）：使用的环境温度为 18～38℃。

（4）热带型（T 型）：使用的环境温度为 18～43℃。

4）绿色制冷电冰箱

随着环境保护观念的日益增强，许多国家相继开发和生产出新颖独特、无公害、无污染、耗能低的各种绿色制冷电冰箱。例如，法国研制的光能冰箱，这种电冰箱内部设有太阳能电池，可直接利用太阳能来制冷；美国研制的用超声波作为动力的无污染电冰箱，其制冷系统由超声波发生器、电磁及振动元器件等组成，不采用氟利昂制冷，而是采用氦压缩膨胀散温方法；日本研制的磁热电冰箱，利用磁热效应的制冷原理使电冰箱保持冷冻状态，不使用压缩机，不用氟利昂，制冷效率比现有电冰箱提高一倍。

2. 电冰箱的型号表示及含义

近年来生产电冰箱都是根据国际 GB 8059—95 的规定，其型号表示方法和含义如图 4-27 所示。

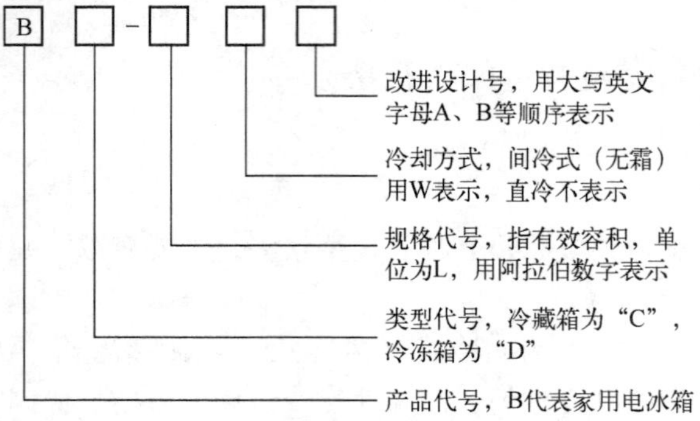

图 4-27　电冰箱型号表示方法示意图

例如，型号 BC－158 指有效容积为 158L 的家用冷藏箱；型号 BCD－185A 指工厂第一次改型设计，其有效容积为 185L 的家用冷藏冷冻箱；而型号 BCD－158W 指有效容积 158L 的间冷式冷藏冷冻箱。另外，我国电冰箱型号中的阿拉伯数字直接表示电冰箱的有效容积数。电冰箱的有效容积是指关上门后，冰箱内壁所包围的可供储藏物品的空间大小，单位通常用升（L）表示。生产厂家在产品铭牌或样本上标出的有效容积为该产品的额定有效容积。

4.4.3　电气控制系统原理图识读

识图是中职学生学习基本技能与基本知识的一项基本功的训练，在识图中要解决电冰箱存在的故障，既要能通过图纸找到故障点，又要用基本技能将故障点排除。为此，在此任务中要总结出识图的规律，为我们掌握基本功打好基础。

一般家用电冰箱大体分为直冷式单双门、间冷式单双门和间、直冷混合型 3 类。电冰箱的电气线路并不复杂，电路中有压缩机电动机、启动继电器、温控器、保护继电器、箱内照明灯、门开关等。

间冷式电冰箱都为双门以上结构，它的电路中还有强制箱内冷空气循环的风扇电动机、化霜定时器、化霜加热器（丝）、化霜温控器、化霜超热保护熔断器等。部分电冰箱还有启动电容器、除霜加热器（丝）和各种防冻加热器（丝）等。

1. 直冷式电冰箱电路原理图的识读

重锤启动式直冷单门电冰箱电路如图 4-28 所示，由压缩机、温控器、保护继电器、重锤式启动继电器、照明电路和启动电容器组成。

1）电气系统各器件的作用

（1）压缩机、启动继电器和启动电容器的组合。完成压缩机内电动机的启动、运行，压缩机电动机为电容启动式电动机，向压缩机提供动力，使电能转换为机械能，最终使得压缩机内汽缸组件完成吸气→压缩→膨胀→排气整个过程。

（2）温控器。温度控制采用机械式温控器，且为化霜复合型，即还带有半自动化霜控制装置。

（3）保护继电器。采用电流线圈重锤式启动继电器做启动控制。过电流、过温升保护采用碟形双金属保护继电器。

（4）照明电路。它由门开关和 15W、220V 照明灯组成。

2）电气系统主电路和辅助电路

（1）电气系统主电路。一路由 1 号线→3→5→7→9→2 完成启动，另一路由 1→3→5→11→2 完成运转。

（2）电气系统辅助电路。由 1 号线→4→2 完成照明电路。

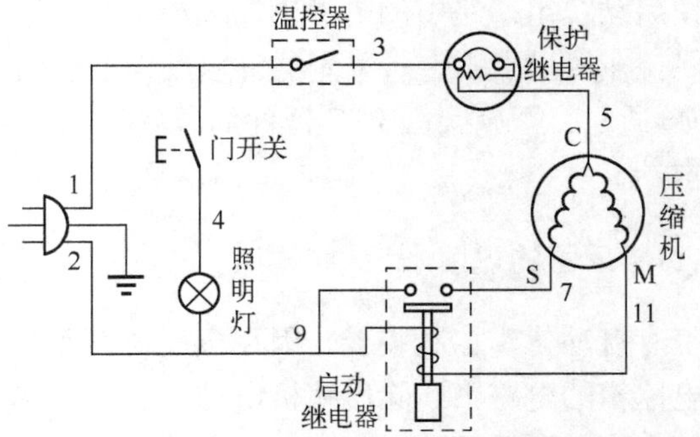

图 4-28　重锤启动式直冷单门电冰箱电路

3）电气系统工作过程

温控器的电触点每一次闭合，对压缩机电动机来说便是一次启动过程。以国产 93W 压缩机电动机为例，启动时瞬间电流值可达 10A 左右。由于运行绕组中的电流大于重锤式启动继电器的吸合电流，所以吸动重锤向上，带动电触点闭合，启动绕组得电，电动机运转。随着转速的增加，运行绕组中的电流减小，当接近于额定转速时，减小为额定电流。因这一电流小于启动继电器的释放电流，即线圈中电流产生的电磁吸力已小于重锤受到的重力，所以重锤下落，带动电触点断开（启动继电器释放），启动绕组断电。

在电冰箱工作时，如电流过大或长时间连续运转，保护继电器中的碟形双金属片都会翻转，使常闭触点断开，切断压缩机电动机的电源，保护它不至于损坏。在蒸发器表面结霜时，只要按下温控器调温旋钮中心的化霜控制按钮，温控器的电触点便立即断开，使压缩机断电。制冷系统停止工作后，温度自然回升，逐渐将蒸发器上的霜溶解掉。霜化完后，蒸发器表面的温度才会上升到 5℃左右，这时温控器中的化霜控制机构复位，电触点闭合，恢复制冷运转中的自动控温状态。

PTC 启动式直冷单门电冰箱电路如图 4-29 所示。电路的组成、电气系统各器件的作用及电气系统主电路和辅助电路与重锤启动式直冷单门电冰箱电路基本一样，其差异是这一电冰箱的压缩机由阻抗分相式电动机驱动。采用 PTC 式启动继电器做启动控制。保护控制采用过电流、过温升保护继电器，温度控制也是机械式温控器。

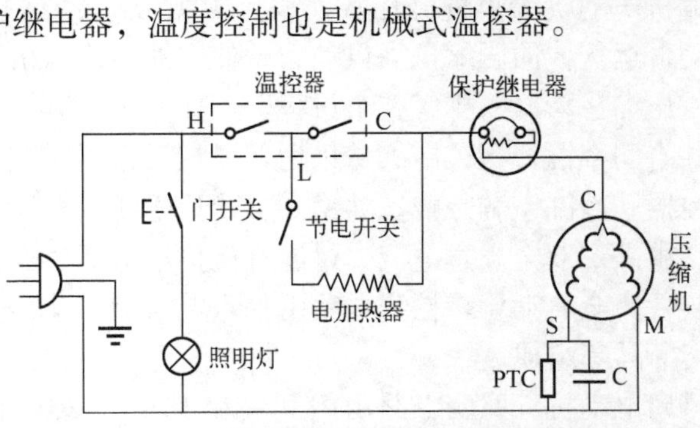

图 4-29　PTC 启动式直冷单门电冰箱电路

另外，工作过程是：常温下，启动继电器中的 PTC 器件阻值很小。在温控器电触点刚闭合时，PTC 器件两端电压降很小，相当于开关闭合，电动机的启动绕组得到的电压接近于 200V，所以电动机定子绕组产生旋转磁场，压缩机运转。在启动过程中，电流的热效应使 PTC 器件的温度升高，当电动机接近于额定转速时，PTC 器件的温度已升高到居里点。它的阻值一下子变得很大，使启动绕组回路中的电流迅速减小，相当于电路断开。在正常运转过程中，PTC 器件的温度保持在居里点以上。采用这种启动继电器的电冰箱在断电后应延时一段时间（一般为 5min）再通电，否则会因 PTC 器件的温度还来不及降到居里点以下而呈高阻状态，使压缩机不能启动。

2. 间冷式电冰箱电路原理图的识读

间冷式电冰箱大多带有自动化霜控制装置，因在蒸发器表面看不到霜，所以又称为无霜汽化式电冰箱。在这种电冰箱的电路中，除压缩机电动机、启动继电器、保护继电器、温控器等外，还有一个强制箱内冷空气循环的风扇电动机及全自动化霜装置。为了防冻和除霜，有的电冰箱上还有多个电加热器（丝）。

××牌 BYD－155 型间冷式双门电冰箱电路如图 4－30 所示，由压缩机、PTC 式启动继电器、温控器、保护继电器、全自动化霜装置、照明电路、除霜加热器（丝）和排水加热器（丝）组成。

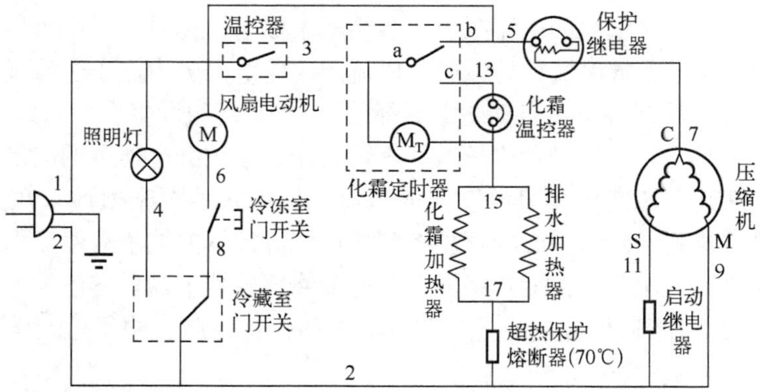

图 4－30　××牌 BYD－155 型间冷式双门电冰箱电路

1）电气系统各器件的作用

（1）压缩机。压缩机电动机为阻抗分相式，采用 PTC 式启动继电器做启动控制，完成压缩机内电动机的启动、运行，向压缩机提供动力，使电能转换为机械能，最终使得压缩机内汽缸组件完成吸气→压缩→膨胀→排气整个过程。

（2）温控器。它共有两个温控器，冷冻室采用普通型温控器（机械电触点式），冷藏室则采用感温风门式温控器。冷冻室和冷藏室共用一支翅片管式蒸发器，置于冷冻室一侧。

（3）保护继电器。由碟形双金属过电流、过温升保护继电器做保护控制。

（4）全自动化霜装置。全自动化霜控制电路由化霜定时器、化霜加热器（丝）、化霜温控器、化霜超热保护熔断器等组成。

（5）照明电路和风扇电动机。照明电路由门开关和 15W、220V 照明灯组成。风扇电动机为单相罩极式异步电动机。

（6）除霜加热器（丝）和排水加热器（丝）。其作用分别是蒸发器除霜和防止排水管结冰，它们都受化霜定时器的控制。

2）电气系统主电路和辅助电路

（1）电气系统主电路。

第一条回路路径由 1 号线→3→5→7→9→2 完成运转。

第二条回路路径由 1 号线→3→5→7→11→2 完成启动。

（2）电气系统辅助电路。

第一条回路路径由 1 号线→4→2 完成照明电路。

第二条回路路径由 5 号线→6→8→2 完成风机启动和运行。

第三条回路路径由 3 号线→13→15→17→2 完成化霜任务（具体参见全自动化霜控制电路工作原理）。

3）电气系统工作过程

电冰箱的压缩机启动、保护及冷冻室的温度控制与直冷式电冰箱类似。

（1）温控器工作原理。冷藏室的温度由风门式温控器来控制，在冷藏室温度升高时，风门式温控器感温剂压力增大，通过机械结构将风门顶开。由于风门开大，进入箱内的冷空气流量增大，温度下降，感温剂的压力也随温度的降低而变小，又是机械结构使风门关小，减少了进入箱内的冷空气流量。过一段时间，箱内的温度又会升高，即由风门开启大小的变化，来控制冷空气的流量，达到使箱内温度在某一范围内恒定的结果。

（2）全自动化霜控制电路工作原理。全自动化霜控制电路由化霜定时器、化霜加热器（丝）、化霜温控器、化霜超热保护熔断器等组成。化霜加热器（丝）、化霜温控器及化霜超热保护熔断器都卡装在翅片管式蒸发器的翅片上。

由于化霜定时器接在温控器电触点之后，当温控器电触点闭合，压缩机运转时，化霜定时器小电动机 M_T也运转；温控器电触点断开，压缩机停时，M_T也停。当压缩机累计运转 8h 时，化霜定时器的电触点 a—b 之间断而 a—c 之间通。这时 M_T被化霜控制器的常闭触点短路而停止运转，同时化霜加热器（丝）和排水加热器（丝）得到220V 电压，对蒸发器化霜及对排水管加热，溶化后的水经排水管排出。等到化霜完毕后，蒸发器表面的温度上升到 13℃，化霜温控器的双金属片翻转，带动它的常闭触点断开。由于解除了对化霜定时器电动机 M_T的短路，M_T恢复运转，经过约 2min 后，化霜定时器的电触点复位，即 a—c 断而 a—b 通，压缩机重新启动运转，恢复为自动控温状态。在蒸发器翅片表面温度降到 -5℃左右时，化霜温控器的触点复位，为下一次化霜做好准备。为了防止万一化霜温控器失灵，触点断不开，而造成霜化后化霜加热器（丝）一直得电从而使蒸发器盘管爆裂，电路中接入了超热保护熔断器。如发生以上这种情况，蒸发器温度升高到 70℃，超热保护熔断器断开，切断化霜加热器（丝）的电源。

在压缩机制冷运转时，化霜定时器电机 M_T与化霜加热器（丝）及排水加热器（丝）是串联的。由于 M_T的内阻（约 7 500Ω）远大于两个加热器（丝）并联后的等效电阻（约 320Ω），所以此时加热器（丝）的实际电功率很小，几乎不发热。

3. 间、直冷混合型电冰箱电路原理图的识读

间冷式电冰箱采用风扇强制冷空气循环的方式来制冷，制冷较快，箱内温度较均匀，这

是它的优点。但是这种风冷式制冷会使储存的食品，尤其是冷藏室中的食品极易风干。为了克服这一不足，有些厂家推出了间、直冷混合型电冰箱，即冷冻室采用风冷式（间冷式）制冷，冷藏室采用直冷式制冷，使水果、蔬菜得到理想的温度，以保持清脆爽口。

××牌 BCD－218W 型双门电冰箱也是一种间、直冷混合型双温控无霜电冰箱，其电路如图 4-31 所示，由压缩机、PCT 式启动继电器、温控器、保护继电器、全自动化霜装置、照明电路、除霜加热器（丝）和排水加热器（丝）组成。

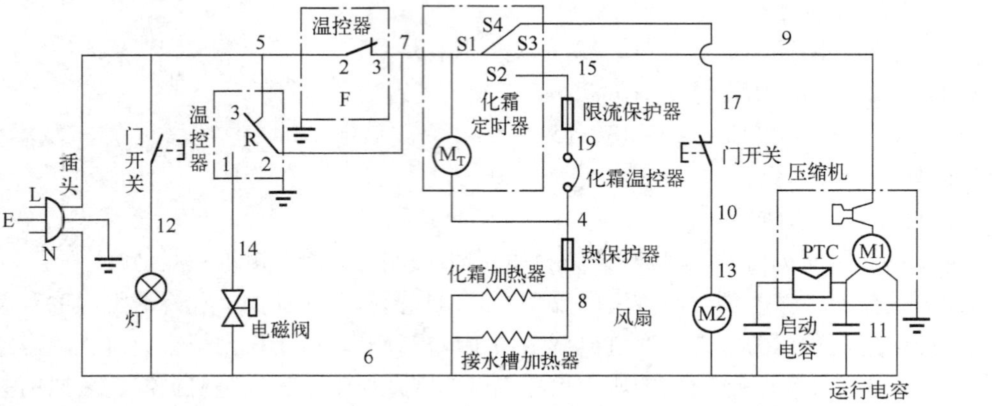

图 4-31　××牌 BCD－218W 型双门电冰箱电路

1）电气系统各器件的作用

（1）压缩机。压缩机采用电压启动——运转式电动机驱动，由 PTC 式启动继电器做启动控制，完成压缩机内电动机的启动、运行，向压缩机提供动力，使电能转换为机械能，最终使得压缩机内汽缸组件完成吸气→压缩→膨胀→排气整个过程。

（2）温控器。为了实现单压缩机的双温双控，电路中除了采用一个二位三通电磁阀以形成双制冷回路外，冷冻室和冷藏室的温度还由 F 温控器和 R 温控器分别控制。

（3）保护继电器。由碟形双金属保护继电器做过电流、过温升保护控制。

（4）全自动化霜装置。全自动化霜控制电路由化霜定时器、化霜加热器（丝）、化霜温控器、化霜超热保护熔断器等组成。

（5）照明电路和电磁阀。照明电路由门开关和 15W、220V 照明灯组成。电磁阀为单相换向电磁阀。

（6）除霜加热器（丝）和排水加热器（丝）。其作用分别是蒸发器除霜和防止排水管结冰，它们都受化霜定时器的控制。

2）电气系统主电路和辅助电路

（1）电气系统主电路。

第一条回路路径由 5 号线→7→9→11→6 完成运转。

第二条回路路径由 5 号线→7→9→PTC→启动电容→6 完成启动。

（2）电气系统辅助电路。

第一条回路路径由 5 号线→12→6 完成照明电路。

第二条回路路径由 7 号线→17→10→6 完成风机启动和运行。

第三条回路路径由 7 号线→15→19→4→8→6 完成化霜任务（具体参见全自动化霜控制

电路工作原理)。

第四条回路路径由 7 号线→R 温控器中 2—1 触点→14→6 完成电磁阀吸合。

3) 电气系统工作过程

它采用一个压缩机、双毛细管系统，通过二位三通电磁阀形成双制冷回路，解决了利用小压缩机带动大容量、大冷冻室的冷量分配难题。

(1) 温控器工作原理。当冷藏室（R 室）和冷冻室（F 室）的温度均高于各自调定的温度时，R 温控器的 2—3 接通，F 温控器接通，压缩机得电，电磁阀断电。此时制冷剂按第一主制冷回路循环，R 室、F 室都制冷。当冷藏室降到调定温度时，R 温控器 2—3 断开，2—1 闭合，电磁阀通电换向。此时制冷剂按第二补充制冷回路循环，R 室不制冷，只有 F 室制冷。当冷冻室降到调定温度时，F 温控器断开，压缩机和电磁阀都断电，冷藏室和冷冻室温控器断开，冷藏室和冷冻室都不制冷。

当 R 温控器旋钮置于 OFF 挡时，冷藏室不制冷，即冷藏室不使用。当 R 温控器旋钮置于 ON 挡时，冷藏室温度可降至 -6℃，使电冰箱成为双冷冻箱。当 F 温控器置于 ON 挡时，冷冻室温度可降至 -30℃，具有速冻能力。

(2) 全自动化霜装置工作原理。电冰箱的化霜也是自动控制的。压缩机累计运转 25h，化霜定时器的电触点 S1—S3 及 S1—S4 断开，S1—S2 闭合，压缩机停止运转，同时化霜定时器电动机 M_T 因被化霜温控器常闭触点短路而停止运转。此时，化霜加热器（丝）和接水槽加热器（丝）得到 220V 电压，通电发热，给冷冻室蒸发器化霜。霜化完，冷冻室蒸发器温度升高到 8℃时，化霜温控器的常闭电触点断开，解除对 M_T 的短路，化霜定时器电动机运转。此时因并联的两个加热器（丝）与 M_T 是串联的，而 M_T 的电阻远大于加热器（丝）的阻抗，所以加热器（丝）的实际电功率很小，几乎不发热。在 M_T 运转 3min 后，化霜定时器电触点 S1—S2 断开，S1—S3 接通，压缩机运转、制冷。当 F 蒸发器降至 -7℃左右时，化霜温控器复位，触点闭合。压缩机运转 7min 后，S1—S4 才闭合，风扇电动机得电运转，强制冷气循环。为避免过电流或过热，两个电加热器（丝）还串联一个限流保护器和超热保护器。

因翅片蒸发器结霜远少于一般的间冷式电冰箱，所以设计化霜定时器的运行周期为普通间冷式电冰箱的 3 倍左右，即节省电能，又提高了运行的可靠性。

4.5　项目评估检查

1. 思考练习题

(1) 电冰箱的种类有哪些?

(2) 电冰箱的控制系统由哪些元部件组成？它的作用是什么?

(3) 重力式启动继电器是如何实现电动机启动控制的?

(4) 电冰箱的制冷原理是什么?

(5) 电冰箱制冷系统主要有哪 5 大部分？各部分的作用是什么?

(6) 直冷式单门电冰箱电路中采用什么电动机驱动压缩机？简速其启动和保护控制的原理。

(7) 直冷式双门电冰箱电路中压缩机电动机是哪一种电动机？启动继电器和保护继电器分别是哪一种？温控器采用的是哪一种？加热器（丝）的作用是什么？

(8) 电冰箱制冷系统的工作原理是什么？

(9) 压缩机的吸、排气性能检测方法是什么？

(10) R600a 冰箱维修过程如何？应注意哪些问题？

2. 自我评价、小组互评及教师评价

评价方面	项目评价内容	分值	自我评价	小组评价	教师评价	得　分
理论知识	① 电冰箱型号的表示方法和含义是什么，举例说明	5				
	② 电冰箱在结构上由哪几部分组成	5				
	③ 温度控制器怎样控制电冰箱的温度	10				
	④ PTC 式启动器是怎样实现电动机启动控制的	10				
实操技能	① 如何检测重锤式启动继电器的好坏	7.5				
	② 如何检测 PTC 式启动继电器的好坏	7.5				
	③ 如何检测温控器的好坏	5				
	④ 一般电加热器（丝）的直流电阻与它的功率有什么关系	10				
	⑤ 如何判断电动机的断路故障	10				
	⑥ 全封闭式压缩机性能检测包括哪些方面，如何进行正确的判断	10				
	⑦ 在充注制冷剂时，如何判断电冰箱制冷剂的充注量	10				
安全文明生产和职业素质培养	① 安全用电，规范操作	5				
	② 文明操作，不迟到、不早退，操作工位卫生良好，按时、按要求完成实训任务	5				

3. 小组学习活动评价表

班级：____________________ 小组编号：________________ 成绩：________

评价项目	评价内容及评价分值			自评	互评	教师点评
	优秀（12～15 分）	良好（9～11 分）	继续努力（9 分以下）			
分工合作	小组成员分工明确，任务分配合理，有小组分工职责明细表	小组成员分工较明确，任务分配较合理，有小组分工职责明细表	小组成员分工不明确，任务分配不合理，无小组分工职责明细表			
	优秀（12～15 分）	良好（9～11 分）	继续努力（9 分以下）			
资料查询 环保意识 安全操作	能主动借助网络或图书资料，合理选择归并信息，正确使用；有环保意识，注意查找制冷技术维修的技能，操作过程安全规范	能从网络获取信息，比较合理地选择信息、使用信息；能够安全规范操作，但不注意环保操作	能从网络或其他渠道获取信息，但信息选择不正确，信息使用不恰当；安全、环保操作不到位			

续表

评价项目	评价内容及评价分值			自评	互评	教师点评
实操技能	优秀（16~20分）	良好（12~15分）	继续努力（12分以下）			
	会使用制冷加工工具，熟练掌握管道的加工；熟练掌握焊接技术；能应用基本技能进行制冷部件的清洗、检漏和试压等基本操作	会使用制冷加工工具，熟练掌握管道的加工；熟练掌握焊接技术；能应用基本技能进行制冷部件的清洗、检漏试压等基本操作	会使用制冷加工工具，熟练掌握管道的加工；熟练掌握焊接技术；能应用基本技能进行制冷部件的试压等基本操作			
方案制定过程管理	优秀（16~20分）	良好（12~15分）	继续努力（12分以下）			
	热烈讨论、求同存异，制定规范、合理的实施方案；注重过程管理，人人有事干、事事有落实，学习效率高、收获大	制定了规范、合理的实施方案，但过程管理松散，学习收获不均衡	实施规范制定不严谨，过程管理松散			
成果展示	优秀（24~30分）	良好（18~23分）	继续努力（18分以下）			
	圆满完成项目任务，熟练利用信息技术（电子教室网络、互联网、大屏幕等）进行成果展示	较好地完成项目任务，能较熟练利用信息技术（电子教室网络、互联网、大屏幕等）进行成果展示	尚未彻底完成项目任务，成果展示停留在书面和口头表达，不能熟练利用信息技术（电子教室网络、互联网、大屏幕等）进行成果展示			
总分						

4.6　项目小结

（1）压缩式电冰箱制冷系统主要由压缩机、冷凝器、干燥过滤器、毛细管和蒸发器5大部件组成。

（2）全封闭式制冷压缩机由压缩机机械传动（曲轴、凸轮和输气与排气管路）和电动机（定子铁芯、绕组和转子）组装后装在一个全封闭的壳体内组成。

（3）电冰箱的冷凝器是制冷系统的关键部件之一。它的作用是使压缩机送来的高压、高温氟利昂气体，经过散热冷却变成高压、高温的氟利昂液体，所以这是一种热交换装置。

（4）电冰箱用的压缩机有往复式和旋转式两种。它的作用是在制冷系统中建立压力差，以使制冷剂在循环系统中做循环流动。全封闭式压缩机是制冷系统的心脏，是制冷剂在制冷系统中循环的动力。

（5）电冰箱用的压缩机有往复式和旋转式两种。我国目前广泛使用的是滑管活塞往复式压缩机。随着材料和装配加工工艺的改进，旋转式压缩机将得到普及。

（6）电冰箱的冷凝器按散热的方式不同，分为自然对流冷却式和强制对流冷却式两种。

（7）干燥过滤器的作用就是除去制冷系统内的水分和杂质，以保证毛细管不发生冰堵和脏堵，减少对设备和管道的腐蚀。

（8）毛细管接在干燥过滤器与蒸发器之间，依靠其流动阻力沿管长方向的压力变化，来控制制冷剂的流量和维持冷凝器与蒸发器的压力。电冰箱毛细管内径为0.5~1mm，外径约为2.5mm，长度为1.5~4.5m。

（9）蒸发器是制冷系统的主要热交换装置。它的作用是使毛细管送来的低压液态制冷剂在低温的条件下迅速沸腾蒸发，大量地吸收冰箱内的热量，使箱内温度下降，达到冷冻、冷藏食物的目的。

（10）通过对全封闭式压缩机的启动与吸、排气性能进行检测，可以间接判断压缩机输入/输出功率、性能系数、制冷量、噪声等性能。

（11）制冷系统的运转取决于所充注的制冷剂是否合适。

（12）液体充注法：液态制冷剂充注要比加气态制冷剂快得多，也正是由于这个因素，大型现场安装系统总是用液体充注制冷剂。加液时在液体管道上需要有一个加液阀，或在系统的高压侧有一加液接头或一带加液口的储液器出口阀。建议通过干燥过滤器来加液，以防止任何污染物由于疏忽而进入系统。不要将液态制冷剂通过压缩机吸、排气管上检修阀接口处加入，因为这会导致压缩机损坏。

（13）新型制冷剂R600a的冰箱维修工艺。

（14）启动继电器的作用是：当电动机启动时，启动绕组接通电源，随即电动机转子加速旋转。当只靠运行绕组即可维持运行速度时，运行电流减小，并及时切断启动电路。

（15）PTC式启动继电器又称为半导体式启动继电器，是一种具有正温度系数的热敏电阻器件。

（16）温度控制器又称为温控开关、温控器，常用的有压力式温度控制器和热敏电阻式温度控制器两种。

（17）家用电冰箱主要由箱体、制冷系统、电气自动控制系统和附件等组成。

（18）直冷式电冰箱电路原理图的识读。

（19）间冷式电冰箱电路原理图的识读。

（20）间、直冷混合型电冰箱电路原理图的识读。

项目五

电冰箱的故障检查及维修技术

5.1 项目学习目标

学习目标		学习方式	学时
技能目标	① 会检修常见的实际故障。 ② 能处理制冷系统的故障。 ③ 能处理制冷系统电气故障。 ④ 能将前几个项目中的技能在此项目中应用	实物操作演示为主，辅助课件教学	6
知识目标	① 掌握常见的故障检修方法。 ② 能分析制冷系统故障的原因。 ③ 能分析制冷系统电气故障的原因。 ④ 能总结听、看、摸和测的要点	课件教学	2
情感目标	① 掌握制冷电冰箱维修技术，激发学习兴趣。 ② 通过实践操作，培养认真观察、勤于思考、规范操作和安全文明生产的职业习惯。 ③ 培养学生主动参与、团队合作的意识，养成“做中学”的习惯	做中学、分组实操、相互协作	课余时间

5.2 项目任务分析

熟悉压缩式电冰箱制冷系统主要由压缩机、冷凝器、干燥过滤器、毛细管和蒸发器5大部件组成。熟练掌握压缩机、冷凝器、干燥过滤器、毛细管和蒸发器常见故障的处理。理解检修方法4个要素的内涵。掌握这些理论知识和技能操作，必须具备以下技能和知识：

（1）掌握电冰箱维修方法。

（2）掌握常见的故障检修方法。

（3）能分析制冷系统故障的原因。

（4）能分析制冷系统电气故障的原因。

（5）能总结听、看、摸和测的要点。

（6）会检修常见的实际故障。

（7）能处理制冷系统的故障。

（8）能处理制冷系统电气故障。

（9）能将前几个项目中的技能在此项目中应用。

5.3 项目基本技能

5.3.1 电冰箱故障检查

1. 检查故障的基本方法

电冰箱是由一个完整的制冷系统、电气控制系统和箱体 3 部分组成的。其故障检查方法大同小异，归纳起来 4 个字：看、听、摸、测。最后，根据看、听、摸、测，获得第一手信息，进行综合分析，选择适当方法去排除或修复。故障检查基本方法如表 5-1 所示。

表 5-1 故障检查基本方法

一看	电冰箱在正常工作状态下，蒸发器表面的结霜应该是均匀的。因而判断电冰箱故障时应首先查看蒸发器的结霜情况。 （1）看制冷系统管路完好情况，有无管路断裂，接头是否渗漏，如有渗漏，会有油渍出现。看压缩机吸、排气压力是否正常，控制器在 $t=30$℃ 时的正常压力值为 490 ~ 539kPa，排气压力值为 1 172 ~ 1 176kPa。 （2）看蒸发器和吸气管挂霜情况和降温速度，如蒸发器结霜过厚，降温速度比正常运转时显著减慢，则属不正常现象。 （3）正常工作的直冷式电冰箱蒸发器表面应有霜且霜层均匀、厚实，若发现蒸发器无霜，或上部结霜、下部无霜，或结霜不均匀、有虚霜等现象，都说明电冰箱制冷系统工作不正常。如果出现周期性结霜情况，说明制冷系统中含有水分，可能出现冰堵。若电冰箱工作很长一段时间后，蒸发器仍不结霜，说明制冷系统可能有泄漏。 （4）观察毛细管、干燥过滤器局部是否有结霜或结露。若有，则表明局部有堵塞现象。观察压缩机吸气管中是否结霜，箱门过滤器局部是否凝露，由此可判断制冷剂是否过量，防露管是否有故障。再观察制冷管路系统，主要观察管路的接头处是否有油渍。管中外部若有油渍出现，说明此处制冷剂有渗漏，由于制冷剂有很强的渗透力并可与冷冻油以任意比例互溶，故若有油渍，就说明制冷剂有渗漏。 （5）看电路各种压力表和电表指示读数是否正常等
二听	（1）听管理人员的介绍，如故障发生的现象等。 （2）听压缩机运转时的各种噪声，如全封闭机组出现“嗡嗡”的声音，是电动机不能正常启动的过负荷声音；继电器内发出“嗒嗒”的声音，是接点不能正常跳开的声音；“嘶嘶”或“嗒嗒”声，是压缩机内高压引出管断裂后发出的高压气流或吊簧断裂后发出的声音；开启式压缩机正常运转时，“啪啪”声是压缩机飞轮键槽配合松动后的撞击声，“啪啪”声是皮带损坏后的折击声等。 （3）听电冰箱的运行情况。电冰箱正常工作时，压缩机会发出微弱的声音，这是高压液态制冷剂通过毛细管进入低压蒸发器内，进行蒸发器吸热制冷所引起的。打开箱门，将耳朵贴在蒸发器或箱体外侧，可听到有气流声，这说明电冰箱工作正常
三摸	用手摸有关部件，感觉其温度情况，可分析、判断故障所在的部位。 （1）摸压缩机运行时的温度，压缩机正常运行时，温度不会上升得太高，一般不超过 70℃。若运行一段时间后，手摸感觉烫手，则压缩机温度升高。下部温度较低，说明制冷剂在循环。若冷凝器不发热，则说明制冷剂渗漏了。若冷凝器发热数分钟后又冷下来，说明过滤器、毛细管有堵塞。对于出风机组，可手感冷凝器有无热风吹出，无热风吹出说明不正常。

续表

三摸	（2）摸过滤器表面的冷热程度，若出现显著低于环境温度的凝露现象，说明其中滤网的大部分孔网已阻塞。 （3）在室温30℃时，接通电冰箱电源运行30min后，用手触摸排气管应烫手。冬季触摸应有较热的感觉。 （4）用手触摸冷凝器表面温度是否正常。电冰箱在正常连续工作时，冷凝器表面温度约为55℃，其上部最热、中部较热、下部微热。冷凝器的温度与环境温度有关，冬天气温低，冷凝器温度低一些，夏天气温高，温度高一些。手摸冷凝器时应有热感，但可长时间放在冷凝器上，这是正常现象。若手摸冷凝器进口处，感到温度过高，这说明冷凝压力过高，系统中可能含有空气等不凝结气体或制冷剂过量。若手摸冷凝器不热，蒸发器中也听不到“嘶嘶”声，这说明制冷系统在干燥过滤器或毛细管等部位发生了堵塞。 （5）用手触摸干燥过滤器表面温度。正常工作时，应与环境温度相差不多，手摸应有微热感觉（约40°C）。若出现明显低于环境温度或有结霜、结露现象，说明干燥过滤器内部发生脏堵。 （6）用手蘸水贴于蒸发器表面，然后拿开，如有黏手感觉，表明电冰箱工作正常。若手贴蒸发器表面不黏手，而且原来的霜层也化掉，表明制冷系统内制冷剂过少或过多。 通过上述的看、听、摸之后，可再次按表3-1和表3-2所示的方法进行区别，即可对故障发生的部位和程度做到心中有数。由于电冰箱是多个部件的组合体，各个部件之间相互影响、相互联系。因此在实际维修过程中，只掌握个别故障现象，很难准确地判断出故障发生的部位。若需进一步分析判断故障的准确部位及故障程度，需用有关仪表对电冰箱进行性能检测
四测	（1）用电子卤素检漏仪或电子检漏仪可以查出泄漏的部位。根据检修阀上的压力表读数可以判断制冷系统的堵塞或泄漏情况，用温度计可测量箱内温度是否正常。 （2）检查电气系统绝缘情况。一般用500V的兆欧表或万用表（R×10k挡）来检测电气系统的绝缘电阻值是否为正常值，正常情况下的绝缘电阻值一般不得低于2MΩ；若低于2MΩ，应对压缩机、温控器、启动继电器电路做进一步检查，看其是否漏电。 （3）用万用表电阻挡检查压缩机电动机绕组电阻值是否正常。其中MC为运行绕组，阻值一般为10～20Ω；M为运行绕组接线头；SC为启动绕组，它的阻值一般为20～40Ω；S为启动绕组接线头，两个绕组的另一端连接在一起，用C表示其接头。压缩机外壳上的3个接线柱可根据它们之间电阻值的不同来判别，亦即$R_{MS}>R_{SC}>R_{MC}$以及$R_{MS}=R_{SC}+R_{MC}$，其中R_{SC}为启动绕组阻值，R_{MC}为运行绕组阻值，R_{MS}为该两绕组阻值之和。 （4）用万用表检测判断电冰箱电器故障情况。检测时，电冰箱不通电，将温控器调至非“零”挡，用万用表电阻挡检测电源插头。分别关上箱门和打开箱门，测试插头上火线（L）与零线（N）间的电阻，再测火线（L）或零线（N）与接地线（E）间的电阻，然后根据表5-2来判断电冰箱各有关电器件正常与否，对可能有故障的部件需做进一步的检测。 （5）通过测试电冰箱工作时的电流大小来判断电冰箱是否正常工作，其工作电流与铭牌上标称的额定电流应基本相同。因此，当电冰箱压缩电动机、压缩机或制冷系统出现故障时，其工作电流就会增大或减小。所以，可用检测电冰箱工作电流的办法，来判断电冰箱制冷系统的故障。引起电冰箱工作电流过大的故障主要有制冷系统发生堵塞，制冷剂过量，润滑油不足或润滑油泵系统故障，压缩机抱轴或卡缸，压缩机电动机转子之间的间隔配合不当，以及压缩电动机绕组绝缘强度降低或绕组匝间短路。引起电冰箱工作电流较小的故障主要有制冷剂不足或泄漏，压缩机气阀密封不严，活塞与汽缸间隔过大，高低压腔串通，以及汽缸垫损坏等。 （6）可用万用表检测温控器的工作情况。检测时温控器旋钮或滑键在旋转或拨动过程中应导通，这说明其工作正常，否则表明温控器损坏。用万用表检测除霜加热丝电阻值应在300Ω左右，也可用万用表检测除霜定时器工作是否正常。除霜定时器是由时钟电动机和一组触点组成的，检测时可用万用表R×100挡或R×1k挡测量其电动机的绕组阻值，其阻值一般应为1～10kΩ。在测量转换开关时，当旋钮在制冷位置时应导通，在除霜位置时应断开

5.3.2 电冰箱使用不当的原因及处理方法

电冰箱使用不当的原因及处理方法如表5-2所示。

表 5-2　电冰箱使用不当的原因及处理方法

现　　象	产 生 原 因	排 除 方 法
通电后电冰箱压缩机不运转	电源插头接触不良	选用三孔眼的插座
	熔丝熔断	更换合适的熔丝，若还熔断，应查找原因
	电源电压偏低	电源电压应在 220V ± 10% 的范围内
	温度控制器置于“停点”位置	调整温度控制器旋钮位置
	使用中无意按下了化霜按钮	待化霜结束后自动恢复运行
压缩机长时间运行，但箱内温度却不下降	箱体背面或侧面散热用的冷凝器离墙太近，散热不好	调整冷凝器与墙体之间的距离，使其在 20cm 以上
	冷凝器周围有热源或被太阳光直接照射	远离热源，不要使冷凝器被阳光直射
	蒸发器表面霜层超过 6mm，使其热交换能力变差	及时化霜，将蒸发器上的霜层控制在 4mm 以下
	开门次数过多，每次时间过长，造成热负荷过大	减少开门次数，尽量缩短每次开门的时间
	箱内储存的物品过多或一次放入量过多	适当控制储存量，一般应控制在储藏容积的 80% 为宜，且应分批放入
	冷凝器表面灰尘积存太多	及时清理冷凝器表面
	放入的食物温度过高	待食品温度降至室温后再放入电冰箱中
电冰箱内温度已很低，但压缩机仍不停机	温度控制器调节的停机点定得太低	适当调整停机点温度，一般以“正常”位置为宜
	温度控制器的感温管与蒸发器脱离	将温度控制器的感温管卡紧在蒸发器上
	温度控制器接触点粘连	更换温度控制器
压缩机运行时有较大的噪声	箱体与管道或管道间相互碰撞，产生噪声	移开箱体与管道间的接触部分，也可以在碰撞处垫上泡沫塑料
	压缩机固定不好，产生振动	调整压缩机的固定螺钉
	接水盘随机器运行而振动	在接水盘下垫软物，减少振动

5.4　项目基本知识

5.4.1　电冰箱制冷系统常见的故障及排除方法

电冰箱制冷系统常见的故障及排除方法如表 5-3 所示。

表 5-3　电冰箱制冷系统常见的故障及排除方法

故 障 现 象	故 障 原 因	排 除 方 法
电冰箱内不冷或不够冷	压缩机“轧煞”或“卡缸”	开壳修理或更换新压缩机
	制冷系统内加注的制冷剂过量，造成压力过高，负荷过重	放掉一部分制冷剂
	压缩机磨损或润滑不好	检修或加润滑油
	系统中有泄漏，蒸发器全部或局部不结霜，吸气管不冷或不够冷或毛细管冰堵	充注制冷剂。用热水敷裹寻找漏点并加以修复，毛细管冰堵可以更换毛细管，也可以在蒸发器入口处充氮气排除故障
	压缩机本身效能降低	检查压缩机的吸、排气阀是否破裂或密封性不严，修理或更换相应的部件
	制冷剂加注过量，电动机的电流也比平常大	放出多余制冷剂
	系统内积存太多空气，压缩机顶部和冷凝器盘管表面温度均比正常值高	排出系统内的空气

续表

故障现象	故障原因	排除方法
蒸发器结霜不全	制冷剂部分泄漏	寻找漏点，经补漏后重新添加制冷剂
	轻微脏堵	清洗制冷系统
	制冷剂过量	放掉一部分制冷剂
蒸发器不结霜	制冷剂严重泄漏	寻找制冷系统的泄漏点，进行补焊后，重新加注制冷剂
	压缩机高、低压阀片损坏	开壳修理或者更换压缩机
	压缩机高压缓冲断裂	开壳修理，更换新的高压缓冲管
	制冷系统发生脏堵	清除系统内的污垢
	压缩机效率太低	更换压缩机
压缩机运转不停或运转时间较长，压缩机过热	制冷剂不足，弄清是由于泄漏还是毛细管堵塞所造成的	如属泄漏，查明漏点，彻底修复，然后加足制冷剂。如是毛细管堵塞造成，应对系统进行抽真空或更换毛细管
	有轻微的漏气	蒸发器有局部结霜，要修理制冷系统
	压缩机工作时间过长	检修制冷系统和压缩机
	压缩机润滑不良	添加冷冻机油
	压缩机工作压力过高或系统内混入空气	检查高低压力，若过高就要放掉少量冷冻剂或排出空气
电动机启动运行一段时间后又停转	电动机工作压力过高	放出少量制冷剂或排出空气
	毛细管发生冰堵或脏堵	清除制冷系统水分，拆下毛细管清污
	冷冻油润滑不良	更换冷冻油
压缩机工作时间长，而蒸发器表面无结霜，只有水珠凝结	毛细管过长，低压过低	调整毛细管的长度
	毛细管过短，低压过高	调整毛细管的长度
	管路漏气	修理制冷系统
	压缩机阀门破裂或碎物堵塞	剖开压缩机的外壳，换配阀门
外壳凝露滴水	或结冰过量，加注制冷剂使回气管部位滴水	减少制冷剂量
压缩机运转时噪声大	压缩机高压缓冲管断开 压缩机内安装机心的弹簧脱落或断裂	开壳维修或更换新的压缩机

5.4.2　电气控制系统故障原因和排除方法

电冰箱的电气控制系统故障原因和排除方法如表5-4所示。

表5-4　电冰箱的电气控制系统故障原因和排除方法

故障现象	故障原因	排除方法
电冰箱内不冷或不够冷	温度控制继电器调整不当或感温管位置不当	顺时针旋转温度控制继电器的旋转钮，观察是否降温。如果温度不下降，首先检查温度控制继电器是否失效，然后再看感温管位置是否不当，并加以处理

续表

故障现象	故障原因	排除方法
触摸电冰箱感到手麻	电冰箱未接地线或接地线脱落	按规定接好地线
	电气系统部件受潮，使绝缘性能下降，压缩机接线或接线端子周围有油污、灰尘，使绝缘性能下降	逐项检查，严重的应更换部件。清除油污、灰尘并擦干接线或接线端子
箱内的温度过低	温度控制器调节不当，箱内温度已经过低，而且压缩机仍在运转。温度控制器的感温管放置位置不当，感温管感知温度与蒸发器的温度不一致，虽然箱内的温度很低，但压缩机仍然在运转	将温度控制器的旋钮逆时针方向转动，提高控制的温度，或用螺丝刀调整螺丝顺时针旋转，缩小温度控制范围，使截止温度升高。将温度控制器的感温管位置做适当调整，并加以紧固
	冷藏室风门控制调置低点	调整旋钮位置
	风门控制器损坏	修理控制器
	加热器损坏	更换加热器
接通电源后，压缩机没有响声	电路无电源，熔丝烧断，电源插头接触不良	检修电路排除故障，更换熔丝和插紧电源插头
	继电器失灵，热保护接点没有复位，热阻丝烧断	检修继电器，调整接点位置，更换热阻丝
	温度控制器失灵，动、静接点烧毁不能闭合，机械部分失灵，动、静接点不能闭合；感温包内的制冷剂泄漏	更换温控器或检修烧毁的接点，调整接点位置，给感温包充加感温剂
	电动机故障，电动机引出线与机壳内接线柱脱落，压缩机接线柱上有绝缘物或接线盒没有插紧	打开机壳检查电动机，接好电动机引线，清除压缩机接线柱上的绝缘物，插紧接线盒
	启动器故障	更换或修理、调整启动继电器接点
	电动机绕组短路、烧坏或内部断路	更换电动机或重绕电动机绕组
压缩机不能开动，只听见“嗡嗡”声	电源电压过低	测量电压，恢复到额定电压
	启动继电器未闭合或接触不良	调整继电器的额定值
	电动机启动绕组断路	拆除、重绕启动绕组
	电容器断路或短路	检修或更换
	有漏电造成电压降过大	找出漏电原因，加以消除
	过载保护继电器断路	拆除或更换
冰箱运转时，压缩机过热	电动机绕组短路	拆除重绕
	电动机绕组接地	将电动机拆开修理或重绕绕组
电动机启动运行后，过载保护继电器周期性跳开	电压太低	调整电压
	过热保护装置中的双金属片失灵，使热保护接点频繁动作	调整双金属片或更换过热保护装置
	电动机绕组短路或接地	检查绕组阻值或接地电阻
	温控器调节温度太高	重新调节温控器
电动机启动运行一段时间后又停转	电动机绕组短路或接地	将电动机拆开修理或重绕
	电动机工作压力过高	放出少量制冷剂或排出空气

续表

故障现象	故障原因	排除方法
压缩机运转不停或运转时间较长	温控器失灵	检修或更换
	感温管没有被压紧在蒸发器壁上	把温控器的感温管与蒸发器贴紧
	温控器调节的温度太低	重新调整温控器到合适的位置旋钮
制冷效果差，结冰慢	温控器动作不良	更换温控器
	压缩机运转时风扇电动机不转	检查风扇电动机有无绕组断线、轴烧坏、结冰固化，还要检查门开关机构的动作，若不好要更换
冰箱能制冷，箱内照明灯不亮或不灭	不亮可能是接触不良、回路断线或灯泡损坏	用万用表查出断路处，加以修复以及更换灯泡
	不灭可能是灯开关损坏或灯开关位置不当	调换门开关或调整灯开关位置
接通电源，熔丝熔断	压缩机插头接线柱、电动机短路或接地	用汽油去污垢，再用干布擦干净，或重绕电动机
	启动电容器损坏	换用新的
	启动继电器连接点粘连或接触不好	将连接点粘连处分开，用细砂纸打光，将连接铜片压一压
	电路中有接地或短路处	用万用表查出，进行修复
箱体漏电	温控器、照明灯、门开关等受潮而引起漏电	进行干燥防潮处理
	继电器接线螺钉碰到机壳短路而漏电	检查、调整接线螺钉
	电动机绕组绝缘层损坏，短路而漏电	打开机壳重绕电动机绕组
	机壳接线柱与机壳相碰而漏电	检查、修理机壳接线柱

5.5　项目学习评价

1. 思考练习题

（1）一台间冷式电冰箱通电时不启动，试分析其故障原因及可能发生故障的部位。

（2）有两台查明原因的待修复的电冰箱，一台经补冷凝器试压合格后需加灌制冷剂，但抽真空机出现故障不能使用；另一台电冰箱已拆压缩机吸、排气管准备做分段试压，用户要求将前一台电冰箱立即修复。你如何办到？说明具体方法。

（3）试分析电冰箱冰堵故障和脏堵故障在现象上的区别及相应的排除方法。

（4）列举一种电冰箱常见的故障，分析主要故障原因，说明该如何排除。

（5）一台带自动化霜的电冰箱，使用中发现冷冻室结霜过多。试说明产生此故障的具体部位及排除方法。

（6）门封条损坏变形对电冰箱正常工作有无影响？为什么？如何排除？

2. 自我评价、小组互评及教师评价

评价方面	项目评价内容	分值	自我评价	小组评价	教师评价	得　分
理论知识	① 检查故障的基本方法有哪些	5				
	② 蒸发器不结霜的原因有哪些	10				
	③ 电冰箱内不冷或不够冷的原因有哪些	10				
	④ 触摸电冰箱感到手麻的原因有哪些	10				
实操技能	① 接通电源，熔丝熔断的原因有哪些	5				
	② 冰箱能制冷，箱内照明灯不亮或不灭的原因有哪些	5				
	③ 电动机启动运行一段时间后又停转的原因有哪些	10				
实操技能	④ 冰箱运转时，压缩机过热的原因有哪些	10				
	⑤ 压缩机不能开动，只听见“嗡嗡”声的原因有哪些	5				
	⑥ 接通电源后，压缩机没有响声的原因有哪些	10				
	⑦ 压缩机工作时间长，而蒸发器表面无结霜，只有水珠凝结的原因有哪些	10				
安全文明生产和职业素质培养	① 安全用电，规范操作	5				
	② 文明操作，不迟到、不早退，操作工位卫生良好，按时、按要求完成实训任务	5				

3. 小组学习活动评价表

班级：________　小组编号：________　成绩：______

评价项目	评价内容及评价分值			自评	互评	教师点评
分工合作	优秀（12～15分）	良好（9～11分）	继续努力（9分以下）			
	小组成员分工明确，任务分配合理，有小组分工职责明细表	小组成员分工较明确，任务分配较合理，有小组分工职责明细表	小组成员分工不明确，任务分配不合理，无小组分工职责明细表			
资料查询环保意识安全操作	优秀（12～15分）	良好（9～11分）	继续努力（9分以下）			
	能主动借助网络或图书资料，合理选择归并信息，正确使用；有环保意识，注意查找制冷技术维修的技能，操作过程安全规范	能从网络获取信息，比较合理地选择信息、使用信息；能够安全规范操作，但不注意环保操作	能从网络或其他渠道获取信息，但信息选择不正确，信息使用不恰当；安全、环保操作不到位			
实操技能	优秀（16～20分）	良好（12～15分）	继续努力（12分以下）			
	会使用制冷加工工具，熟练掌握管道的加工；熟练掌握制冷系统维修技术；熟练掌握电气控制系统维修技术；能应用前几个项目中基本技能进行制冷部件的清洗、检漏、试压等基本操作	会使用制冷加工工具，熟练掌握管道的加工；熟练掌握制冷系统维修技术；熟练掌握电气控制系统维修技术	会使用制冷加工工具，熟练掌握制冷系统维修技术；能应用前几个项目中基本技能进行制冷部件的清洗、检漏、试压等基本操作			

续表

评价项目	评价内容及评价分值			自评	互评	教师点评
方案制定过程管理	优秀（16～20 分）	良好（12～15 分）	继续努力（12 分以下）			
	热烈讨论、求同存异，制定规范、合理的实施方案；注重过程管理，人人有事干、事事有落实，学习效率高、收获大	制定了规范、合理的实施方案，但过程管理松散，学习收获不均衡	实施规范制定不严谨，过程管理松散			
成果展示	优秀（24～30 分）	良好（18～23 分）	继续努力（18 分以下）			
	圆满完成项目任务，熟练利用信息技术（电子教室网络、互联网、大屏幕等）进行成果展示	较好地完成项目任务，能较熟练利用信息技术（电子教室网络、互联网、大屏幕等）进行成果展示	尚未彻底完成项目任务，成果展示停留在书面和口头表达，不能熟练利用信息技术（电子教室网络、互联网、大屏幕等）进行成果展示			
总分						

5.6 项目小结

（1）电冰箱是由一个完整的制冷系统、电气控制系统和箱体 3 部分组成的。其故障检查方法大同小异，归纳起来 4 个字：看、听、摸、测。最后，根据看、听、摸、测获得的第一手信息，进行综合分析，选择适当方法去排除或修复。

（2）电冰箱制冷系统常见的故障及排除方法。

（3）电冰箱的电气控制系统故障原因和排除方法。

（4）电冰箱使用不当的原因及处理方法。

项目六

空调器制冷循环、空气循环与电气控制系统

空调器是我们工作和生活中不可缺少的空气调节电器之一，所以空调器维修知识的重要性是不言而喻的。如何学习好空调器的维修技术是本项目讨论的重点。

6.1 项目学习目标

项目教学目标		教学方式	学时
技能目标	① 掌握空调器制冷系统零部件的识别、检测方法。 ② 掌握空调器电气部件的识别、检测方法。 ③ 掌握空调器空气循环系统零部件的识别、检测及维修方法	学生实际操作，教师重点指导	10
知识目标	① 了解空调器的整机构成。 ② 掌握空调器制冷系统、电气控制系统和空气循环系统的基本结构和工作原理	教师讲授重点：基本原理、零部件的识别、检测及基本维修方法	8
情感目标	① 掌握空调器制冷 3 大系统，激发学习兴趣。 ② 通过实践操作，培养认真观察、勤于思考、规范操作和安全文明生产的职业习惯。 ③ 培养学生主动参与、团队合作的意识，养成“做中学”的习惯	做中学、分组实操、相互协作	课余时间

6.2 项目任务分析

熟练掌握空调器制冷系统、电气控制系统和空气循环系统的基本结构与工作原理，能识别空调器系统的各个部件，能运用检修仪表正确地参考检测结果判断故障发生部位，最终排除故障。要想快速、准确地排除空调器的故障，必须具备以下技能和知识：

（1）会判断和处理空调器制冷系统的故障。

（2）会判断和处理空调器空气循环系统的故障。

（3）会判断和处理空调器电气系统的故障。

（4）了解四通换向阀的作用，能拆换四通换向阀。

6.3　项目基本技能

6.3.1　空调器制冷系统认识

1. 分体式空调器的制冷循环系统

家用空调器主要由制冷系统、空气循环系统和电气控制系统3大部分组合而成，这3部分组装于一个箱体（整体式）或两个箱体（分体式）内。它们互相配合，共同完成处理环境空气的任务。分体式空调器的室内机组由室内换热器、室内机主控板、室内风扇及风机等组成；室外机组由室外换热器、压缩机、节流装置等组成。室内机组和室外机组用配管连接好后，便构成制冷（制热）循环系统，如图6-1所示。

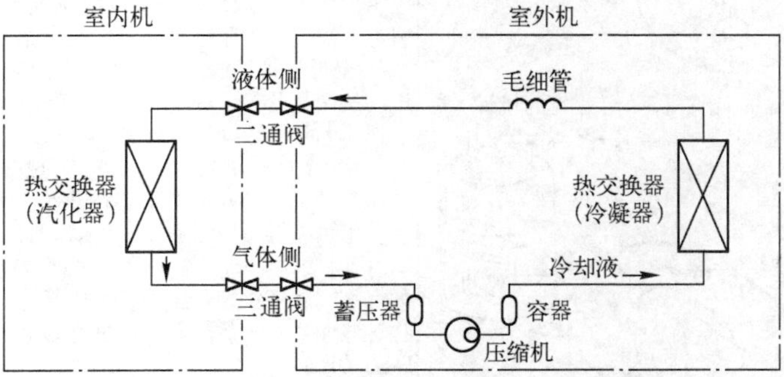

图6-1　分体式空调器的制冷循环系统

2. 空调器制冷部件的识别

空调器的制冷系统主要由压缩机、节流装置（毛细管、膨胀阀）、室内换热器、室外换热器4大主件和一些制冷辅助器件组成，并且由铜管（配管连接管）把这些零部件连接起来，形成一个密闭的制冷系统，4大主件和制冷辅助器件相配合，才能够顺利、方便地实现制冷、制热。空调器的制冷系统各主要零部件的结构特点和好坏的判断如表6-1所示。

表6-1　制冷系统主要零部件的结构特点和好坏的判断

零部件	实　物　图	好坏的判断
压缩机	 (a) 压缩机	压缩机的种类较多，型号各异，家用空调器都采用全封闭式压缩机。这种压缩机出现故障后，由于配件难以买到，即使电动机烧坏，重新绕线圈其质量也难以保证，一般都更换压缩机。因此，我们只需要准确判断压缩机的好坏，而不必要过多了解其内部结构。全封闭式压缩机根据以下几种方法判断其好坏：

续表

零部件	实 物 图	好坏的判断
压缩机	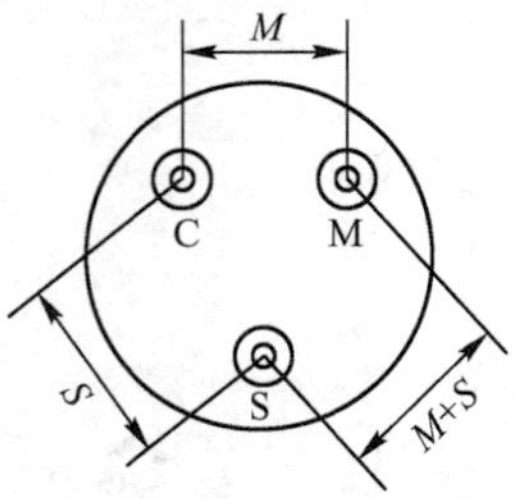 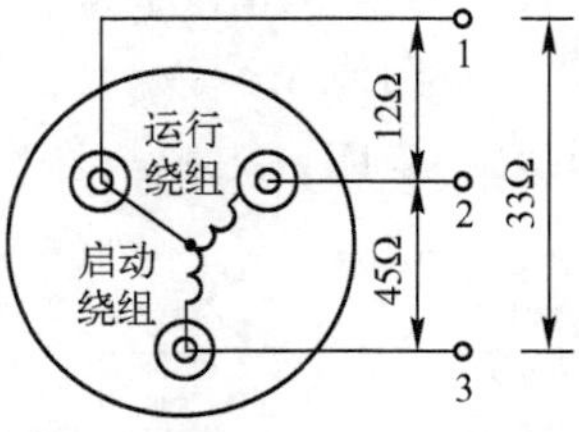 （b）单相电压缩机 3 个接线端的判断 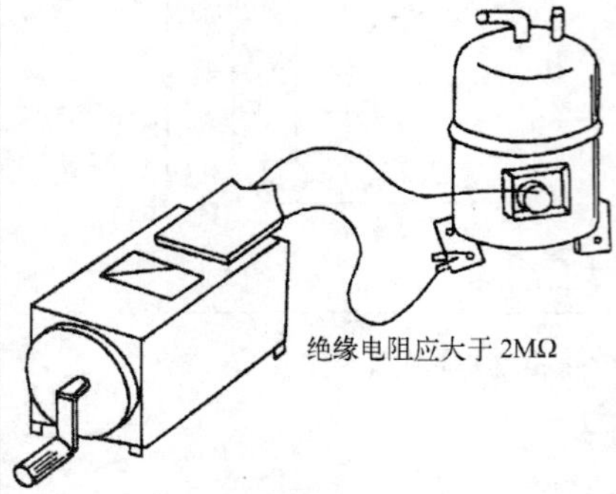 （c）压缩机绝缘性能的测量 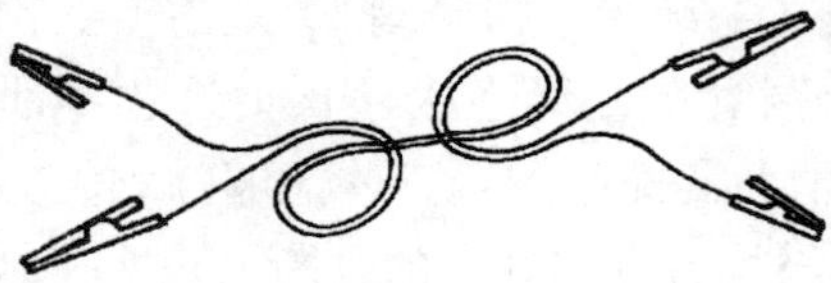 （d）自制的电源线 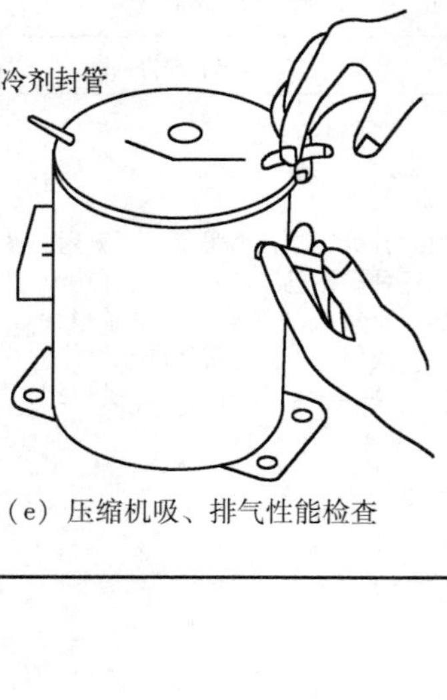 （e）压缩机吸、排气性能检查	1. 压缩机 3 个接线端的判断：用万用表的 R×1 挡测量压缩机任意两个接线端的电阻，其中阻值最大的两个接线端为启动端和运行端，剩下的接线端为公共端 C，然后测量公共端 C 和另外两个接线端之间的阻值，阻值较大的接线端为启动端 S，阻值较小的接线端为运行端 M。 2. 测量压缩机绕组阻值：三相压缩机及变频压缩机 3 个接线端子之间的电阻值是相同的，即 $R_{UN}=R_{VN}=R_{WN}$。而单相压缩机各个端子间电阻值的关系如图（b）所示，$R_{SC}+R_{MC}=R_{SM}$，$R_{SM}>R_{SC}>R_{MC}$。无论是三相压缩机还是单相压缩机，其 3 个接线端之间的阻值在几欧姆到几十欧姆之间，如果测量发现任意两个接线端之间的阻值有开路或短路现象，或阻值异常，则可判定压缩机电动机已经烧毁，需要更换压缩机。 3. 压缩机绝缘性能的测量（如图（c）所示）：将兆欧表两根测量线接于压缩机的任意一个接线端和外壳之间，用 500V 兆欧表测量时，其绝缘电阻值应不低于 2MΩ，若测量的绝缘电阻值低于 2MΩ，则表示压缩机的电动机绕组与铁芯之间有漏电，需要更换压缩机。 4. 全封闭式压缩机的启动：全封闭式压缩机是由压缩机和电动机两部分组成的。若电动机绕组的阻值正常，可按以下方法对压缩机的启动进行检查。 （1）要进行压缩机的启动，可将压缩机从电冰箱或空调器的制冷系统中断开或者取下后进行。因为制冷系统出现严重堵塞，也可以导致压缩机无法启动。 （2）要在启动压缩机前，注意检查启动继电器和热保护器的好坏。对于空调器压缩机，还要检查运行电容器的好坏。确认这些元器件无故障后，再进行通电试验，看压缩机是否能正常启动运转。 （3）在压缩机的启动中，有时会因为控制系统的故障而影响压缩机的正常启动。这时，为了防止控制系统对压缩机启动的影响，我们可以自制一副一头焊有夹子而另一头接有电源插头的电源线，如图（d）所示。为了既适用于电冰箱的检修，又适用于空调器的检修，这副电源线可采用较粗的导线。 启动压缩机时，去掉接在压缩机的启动继电器和热保护器上的引线，用自制的电源线的两个夹子分别夹在原引线的接点上，将电源线的电源插头插入电源插座，看压缩机能否正常启动运转，并监测电流。此时，压缩机应能正常启动和运转，且启动电流和工作电流亦应符合指标。 （4）压缩机通电后若无法启动，且电流值接近或等于该压缩机的堵转电流值，则该压缩机的机械部分被卡死，应及时断电。若压缩机通电后虽然能启动运转，但电流值超过该压缩机的空载运转电流值较多，则该压缩机的故障部位仍在机械部分。只有在压缩机通电后既能正常运转，且电流值与该压缩机的空载电流值相符时，才说明该压缩机的运转部分正常。若压缩机能正常启动运转，但仍然不制冷或制冷效果差，应检查压缩机吸、排气性能（如图（e）所示）。压缩机吸、排气性能的检查方法是：先焊开压缩机上的吸、排气管，然后接通电源，让压缩机启动运转。再用手指使劲堵住压缩机的排气口，若手指堵不住压缩机的排气口，则说明压缩机的排气性能良好。放开排气口后，用手指轻轻堵住压缩机的吸气口，若手指很快就有被内吸的感觉，而且此时压缩机运转噪声降低，则说明压缩机的吸、排气性能正常，若不是上述结果，则应判定该压缩机的吸、排气性能不良。导致压缩机吸、排气性能不良的主要原因有压缩机内排气导管断裂，高压密封垫被击穿，阀口结炭及阀片破裂等

续表

零部件	实　物　图	好坏的判断
节流装置	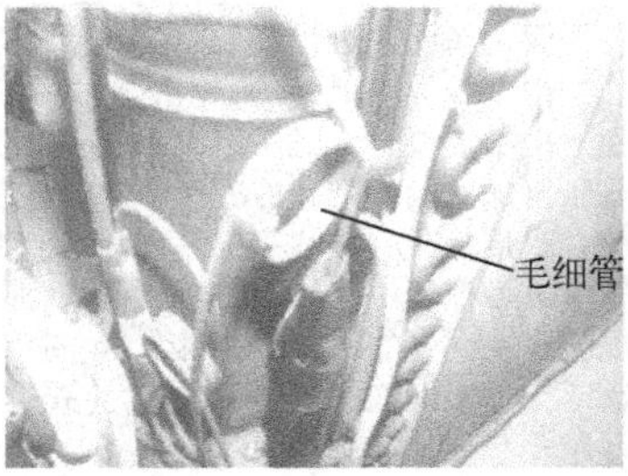 （f）毛细管 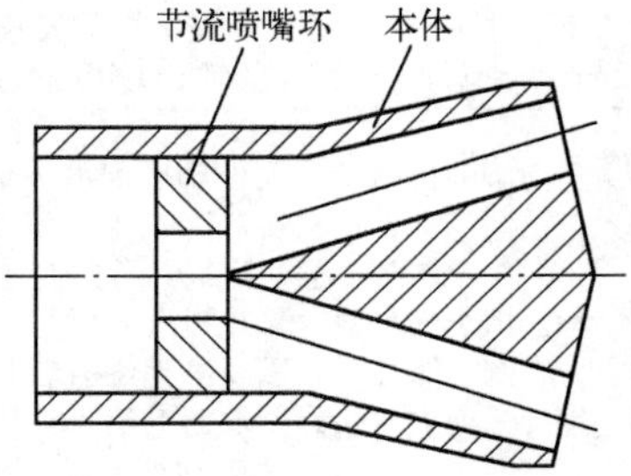 （g）分配器的结构	家用空调器的节流装置一般采用细长的毛细管（如图（f）所示）。变频空调器采用电子膨胀阀，其作用是把从冷凝器出来的高压、高温液态制冷剂降压、降温后，再供给蒸发器，从而使蒸发器获得所需要的蒸发温度和蒸发压力。 1. 毛细管：空调器上用的毛细管与电冰箱上用的基本相同。毛细管结构简单，运行可靠，压缩机停机后，高、低压区的压力通过毛细管很快就达到平衡，因此，压缩机可使用转矩小的电动机轻载启动。但是，毛细管调节制冷剂流量的能力很弱，几乎不能根据房间空调器负荷的变化调节制冷剂的流量，从而有效地调节制冷系统的制冷量。 2. 电子膨胀阀：变频压缩机的特点是制冷或制热能力会在较大的范围内变化，所以都采用电子膨胀阀控制制冷剂流量，使变频压缩机的优点得到充分发挥。 变频空调器采用电子膨胀阀，它的室外机微处理器根据室内、外管温感温器、温度传感器等多处温度传感器收集的信息，来控制阀门的开启度，随时改变制冷剂流量，压缩机的转速与电子膨胀阀的开启度相对应，使压缩机制冷剂的输送量与电子膨胀阀的供液量相适应，蒸发器的能力得到最大限度的发挥，从而实现对制冷系统制冷剂流量的最佳控制，并有自动化霜功能。 3. 分配器：空调器在采用膨胀阀进行节流时，大多使制冷剂分成多路进入蒸发器中，而要将膨胀阀出来的制冷剂均匀地分配到各条通路内，如果简单地进行集管分配是达不到分配要求的，必须使用分配器。 分配器的结构如图（g）所示，它由一个分配本体和一个可装拆的节流喷嘴环组成。节流喷嘴环的出口有一圆锥体，各条流路的液体沿圆锥体分开流出，圆锥的底部有许多均匀分布的孔，用于连接蒸发管。制冷剂由入口经节流喷嘴环而进入分配体，再经圆锥体分别进入各分路孔，然后进入蒸发器各分路蒸发管中
室外换热器	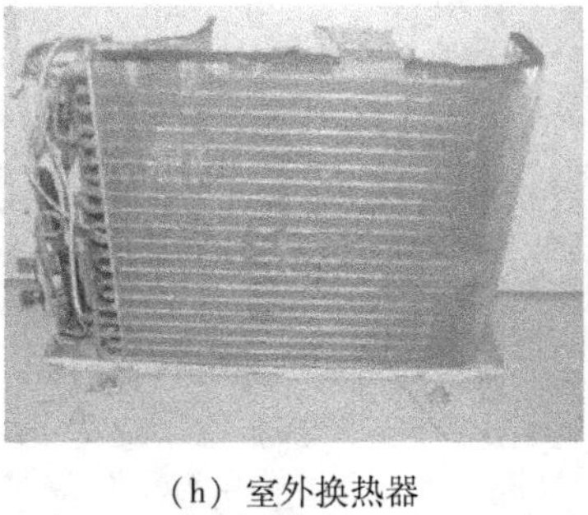 （h）室外换热器	家用空调器的室外换热器（如图（h）所示）主要是风冷翅片式，以空气为冷却介质的室外换热器，制冷剂在室外换热器中流动，强对流风经过室外换热器表面时，与周围环境进行热交换。由于空气的导热系数小，影响了室外换热器的传热效果。通常在室外换热器上外加翅片，增加空气与冷凝器的接触面积，提高冷凝器的传热效果。在使用过程中，由于室外换热器采用轴流风扇散热，风从后面吸入，从前面吹出，所以使用一段时间后翅片会积尘，造成散热差，影响制冷效果，严重时会造成压缩机保护
室内换热器	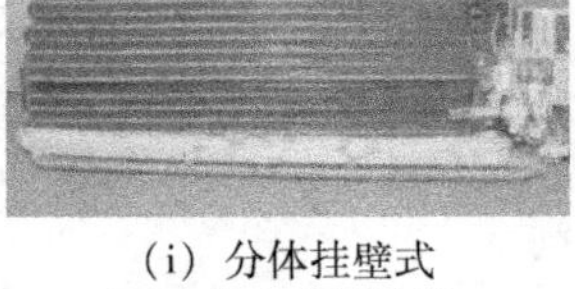 （i）分体挂壁式 空调器室内换热器	家用空调器的室内换热器（如图（i）所示）也是风冷翅片式，制冷剂在室内换热器中流动，强对流风经过室内换热器表面时，与室内空气进行热交换。室内换热器采用贯流风扇或离心风扇散热

3. 空调器的制冷系统各辅助器件的认知

空调器的制冷系统各辅助器件的结构特点和好坏的判断如表 6–2 所示。

表 6–2　空调器制冷系统辅助器件的结构特点及好坏的判断

零部件	实　物　图	好坏的判断
干燥过滤器	 实物图 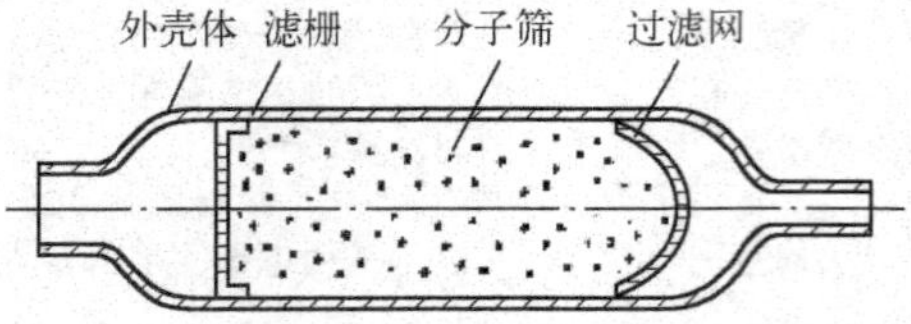 （a）干燥过滤器的结构	干燥过滤器内干燥剂和过滤网（如图（a）所示），其作用是吸收制冷系统的水分，滤除制冷系统的污物。由于空调器制冷剂系统中含有微量的空气和水分，再加上制冷剂和冷冻油中含有的少量水分，若其总含水量超过系统的极限含水量，当制冷剂通过毛细管（或膨胀阀）节流降压时，制冷剂中含有的水分就可能在毛细管的出口（或膨胀阀的阀芯处）冻结成小冰块，堵塞毛细管（或膨胀阀的阀芯通道），使空调器制冷系统不能正常工作。另外，空调器制冷系统中还可能含有一些脏物和其他杂质，若不把它们除掉，也可能堵塞毛细管（或膨胀阀的阀芯处）。所以，空调器一般都要安装干燥过滤器。 干燥过滤器的常见故障是干燥剂失效和过滤网堵塞。当制冷系统堵塞时，一般都要更换干燥过滤器
单向阀	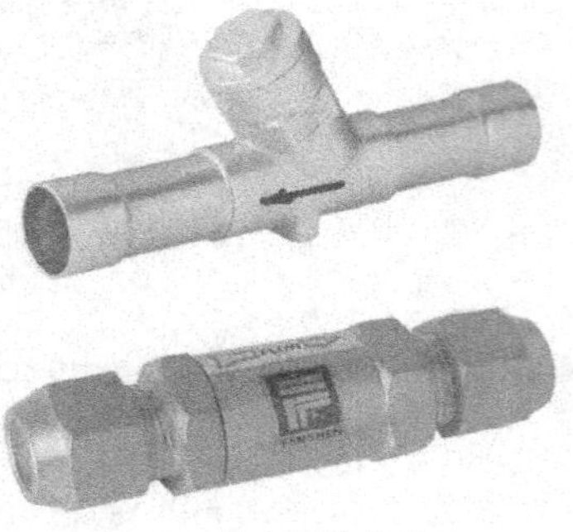 （b）单向阀的外形	单向阀的作用是只允许制冷剂沿一个方向流动，不允许反向流动，在需要制冷剂单向流动的流程中，可用单向阀限制制冷剂的流向。单向阀的外形如图（b）所示。由于热泵型空调器制冷循环与制热循环差别较大，在制热循环时，需要的毛细管较长，因此将节流毛细管分为主毛细管和辅助毛细管，让辅助毛细管和一只单向阀并联后与主毛细管串联。在制冷时，单向阀打开，制冷剂通过单向阀经主毛细管节流。在制热时，单向阀关闭，制冷剂通过主毛细管和辅助毛细管两者节流。此外，为了防止停机时制冷剂由冷凝器回流进入压缩机，从而引起液击，分体式单冷型空调器多在靠近压缩机的排气管上安装单向阀
截止阀	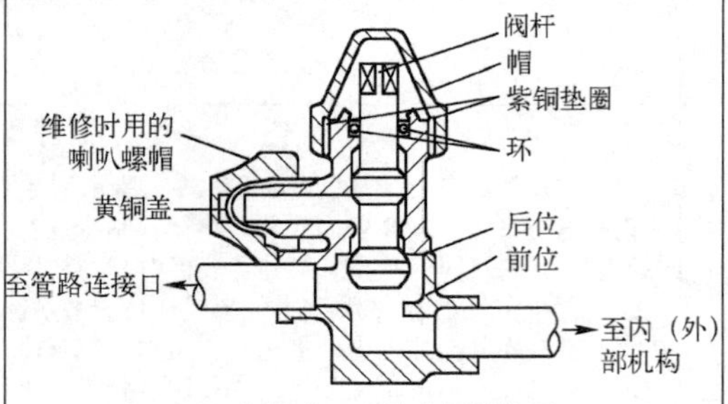 （c）直角型三通截止阀结构图 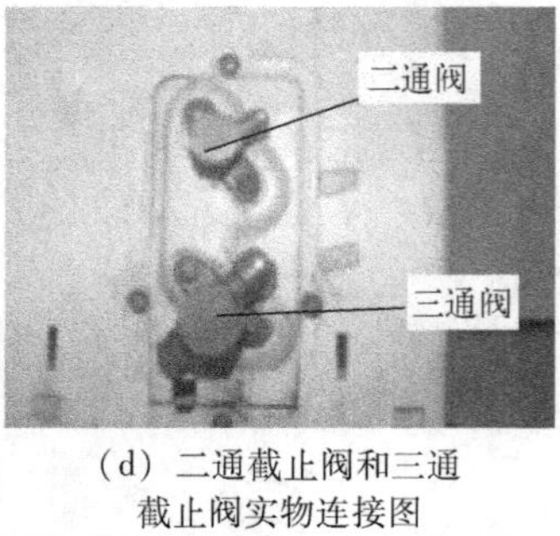 （d）二通截止阀和三通截止阀实物连接图	为了安装和维修方便，分体式空调器在其室外机组的气管和液管的连接口上各装一只截止阀，这是一种管路关闭阀，结构形式较多。从配接管路看，有三通式（带旁通孔）和两通式（不带旁通孔）。通常，气阀多用三通式，而液阀既可用两通阀，也可用三通阀。三通截止阀上的旁通孔便于测试制冷系统和充注制冷剂。 直角型三通截止阀如图（c）所示，阀杆有前位、中位和后位 3 种工作位置。阀杆处在前位时，阀芯向下关足，管路关闭，而旁通孔打开；阀杆处在中位时，管路与旁通孔都导通（三通）；阀杆处在后位（背锁位置）时，阀芯向上升足，管路导通，而旁通孔关闭。其中，前位是机组出厂时的位置，后位是制冷循环时的正常工作位置，中位是抽真空、充灌制冷剂的位置。二通截止阀和三通截止阀实物连接图如图（d）所示

续表

零部件	实　物　图	好坏的判断
电磁四通换向阀	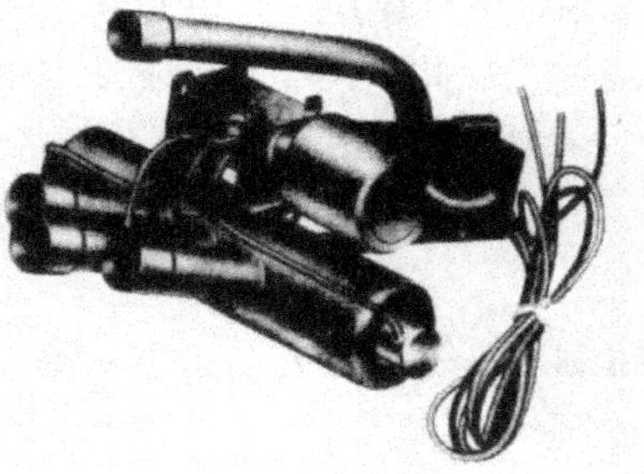 （e）电磁四通换向阀外形图	电磁四通换向阀是热泵型空调器的关键部件，它由电磁阀和四通阀组成，主体是四通阀，它的外形如图（e）所示。它的作用是：在热泵空调器制冷系统中，切换高低压制冷剂在管道中的流向，使空调器既能制热又能制冷
气液分离器	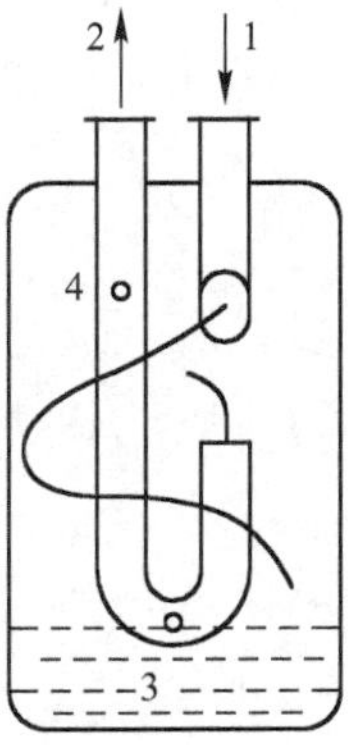 （f）气液分离器的结构  （g）旋转压缩机	为了防止液态制冷剂进入压缩机，引起液击，制冷量比较大的空调器均在蒸发器和压缩机之间安装气液分离器。普通气液分离器的结构如图（f）所示。从蒸发器出来的制冷剂进入气液分离器后，制冷剂中的液态成分因本身自重而落到筒底，只有气态制冷剂才能由吸入管吸入压缩机。气液分离器筒底的液态制冷剂待吸热汽化后，亦可吸入压缩机。这种气液分离器常用于热泵型空调器中，接在压缩机的回气管路上，以防止制冷运行与制热运行切换时，把原冷凝器中的液态制冷剂带入压缩机。 旋转压缩机的气液分离器与压缩机组装在一起（如图（g）所示），其结构很简单，即在一个封闭的筒形壳体中有一根从蒸发器来的进气管及一根通到压缩机吸入口的出气管，两管互不相连，筒形壳体内还设有过滤网。这种气液分离器还兼有过滤和消声两种功能
旁通电磁阀	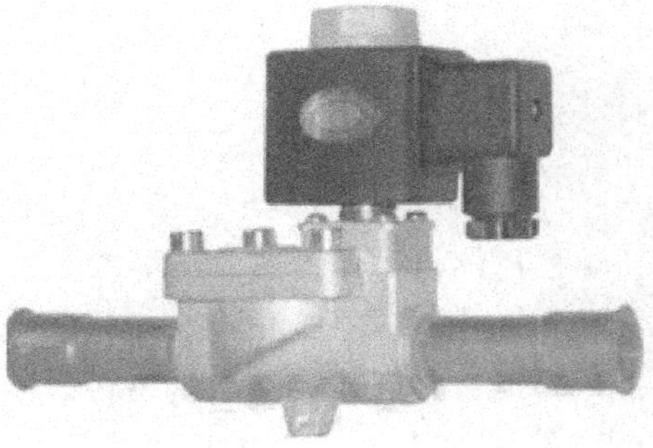 （h）旁通电磁阀	旁通电磁阀的外形如图（h）所示。旁通电磁阀开启时，制冷剂从水平管流进，由竖直管流出。旁通电磁阀可以为压缩机减载运行或启动、单独除湿等提供制冷剂的旁通路径

6.3.2　空调器制冷系统维修

空调器制冷系统的故障主要有：制冷剂泄漏、制冷系统堵塞、压缩机故障、电磁四通换向阀故障，主要表现为不制冷（制热）、制冷（制热）效果差。空调器制冷系统出现故障要进行以下操作。

1. 测量制冷系统压力

空调器制冷系统管路分为高压侧和低压侧两部分，测量制冷系统运行时的压力大小，就能了解制冷剂在管路中的汽化、液化情况，由此判断制冷系统故障。测量制冷系统压力时主要测量制冷系统的低压压力，低压压力的大小与制冷剂的蒸发温度有直接关系，低压压力的大小同时也受环境温度的影响，一般空调器制冷系统的低压压力控制在0.4～0.5MPa。如果空调器工作在制冷状态时测得的低压压力过高或过低，均为不正常现象，应综合分析判断，找出故障原因。

2. 试压、检漏

制冷剂泄漏是空调器最常见的故障，当测得制冷系统的压力低于正常值时，必须对制冷系统试压、检漏。方法是：先开启氮气瓶和减压阀（压力为1.0～1.2MPa），开启修理三通阀，氮气则进入系统内。也可以用压缩机对制冷系统加入干空气或补充适量制冷剂，然后用肥皂水找漏，对于分体式空调器，应重点检查接头处。如果找不到漏点，应保压检漏。因三通阀上接有压力表，所以保压检漏只需关闭三通阀，24h后，以表压不明显下降为正常。

3. 抽真空

找出漏点补漏后要对制冷系统抽真空。方法是：将气阀修理口通过三通阀、压力表与真空泵连接，然后开启真空泵，同时打开气阀和液阀，即可对系统进行抽真空。此时低压单侧抽真空应运转压缩机。

4. 充注制冷剂

抽真空后（也可做真空试漏），将三通修理阀顺时针关闭，然后拆去真空泵的连接管，连接上R22制冷剂瓶，先开制冷剂瓶顶出管内空气再将修理阀口拧紧，逆时针开启修理阀，制冷剂R22即可充入到系统内。最好采用低压压力控制法充注，空调器正常制冷运行时低压压力控制在0.4～0.5MPa。

5. 更换压缩机的注意事项

压缩机是制冷系统的核心部件，而且较贵，全封闭式压缩机出现故障一般都更换压缩机，更换压缩机前必须要确定是压缩机故障，更换压缩机时要注意以下要求：

（1）规格应相同或接近。最好是相同型号、相同规格的压缩机。如果没有相同型号、相同规格的压缩机，其主要性能规格也应相同或接近，主要性能包括名义制冷量、电动机的电源和容量（电压、功率、电源相数、电源频率等）、电容器的电容量等。

（2）压缩机的隔热保温棉和电加热器。在采用旋转式压缩机的空调器中，通常压缩机外壳用隔热保温棉保温，有人以为它会影响压缩机散热，在更换压缩机时将隔热保温棉去掉不用，这种做法是错误的。实际上，隔热保温棉基本不会影响压缩机散热，同时又能避免凝露对压缩机外壳的锈蚀。热泵型空调器在冬季制热时底部配有小功率的电加热器，当空调器停止对电加热器通电加热后（或未配电加热器的机型），隔热保温棉还能延长压缩机内的保温时间，防止压缩机内冷冻油黏度变大，有利于运动部件润滑，防止压缩机因启动困难而烧毁。

（3）更换后压缩机的效率不能低于原机。

（4）更换压缩机后制冷剂不能改变。

（5）更换新压缩机的外形尺寸、地脚尺寸应相同，以确保原压缩机的位置能放置新压缩机。

6. 更换电磁四通换向阀的注意事项

电磁四通换向阀也是空调器制冷系统中常出现故障的部件，更换电磁四通换向阀时，如果操作不当，会引起新的电磁四通换向阀毁坏，因此更换电磁四通换向阀时要注意以下操作事项：

（1）电磁四通换向阀在焊接前必须取下先导阀线圈，以免焊接过程烧毁线圈，如图 6-2 所示。

（2）在焊下四通阀前，必须用湿布将四通阀包住，如图 6-3 所示，并将四通阀组件整体焊下。焊接时先焊单根高压管，然后焊下其他 3 根的中间一根低压管，再焊下左右两根管子。焊接时间要短，速度要快。

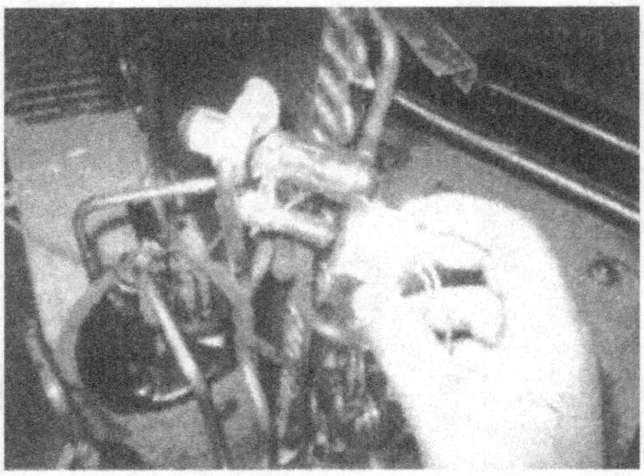

图 6-2　取下先导阀线圈

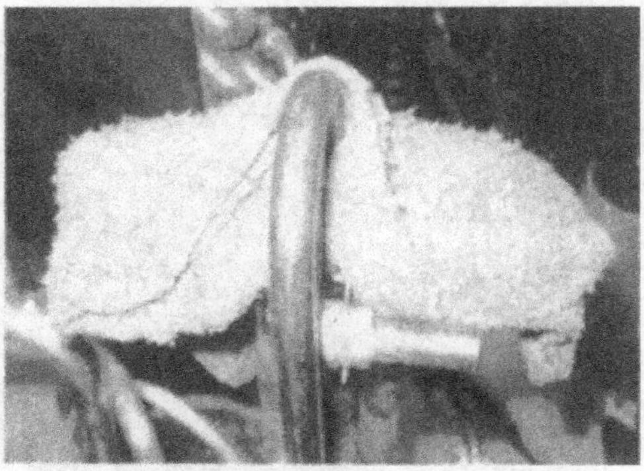

图 6-3　用湿布将四通阀包住

（3）在焊接四通阀冷却时，应注意避免冷却不当，造成内部进水。

（4）焊接时在可能的情况下应充氮气保护，减少氧化的发生。

（5）换上新的电磁四通换向阀时，应先取下先导阀线圈，4 根铜管接口摆正位置，保持原来的方向和角度，四通阀必须处于水平状态。

（6）焊接之前应用湿布将四通阀包住，保证火焰不会将阀体内的橡胶和尼龙密封件烤变形，造成新的四通阀损坏。

6.3.3 空调器电气系统维修

目前的家用空调器大多采用微处理器控制，微处理器控制的空调器具有节能、舒适、噪声低、操作方便、可靠性强等特点，微处理器的控制部分主要由传感器、微处理器（CPU）、放大器、继电器组成，其最大优点就是操作方便，手持遥控器就可以对空调器的各项功能进行操作。下面以微处理器控制的空调器为例，分析空调器电气系统维修。

1. 空调器电气系统部件的识别及检测

空调器的电气控制系统由电动机、室内机主控板、各种传感器、遥控接收器、遥控器、电容器、过载保护器、面板控制、显示电路、熔断器和导线等组成，用以控制、调节空调器的运行状态，保护空调器的安全运行。空调器电气系统部件的识别及检测如表 6-3 所示。

表 6-3　空调器电气系统部件的识别及检测

电动机	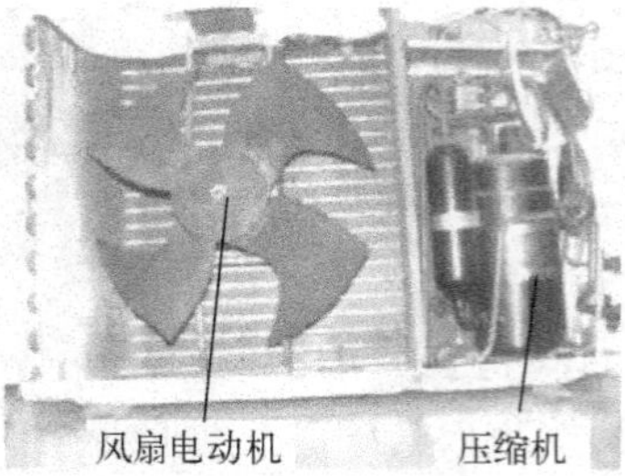 （a）分体式空调风扇电动机和压缩机	空调器中的压缩机、风扇等器件（如图（a）所示）用电动机驱动，小型家用窗式和分体式空调器都用单相异步电动机，容量较大的柜式空调器多用三相异步电动机，摇风装置和电子膨胀阀多用微型同步电动机或步进电动机。家用空调器压缩机电动机和风扇电动机多采用电容运行式。电动机从启动到正常运转的全过程中，副绕组电路中始终都串接一只电容。这样电动机运行性能好，效率和功率因数都较高，工作可靠，但启动转矩小，空载电流大。若瞬时断电再启动时，间隔时间太短，可能会过载，因而必须有过流保护装置。变频空调器的压缩机电动机和风扇电动机采用变频电动机，能根据空调房间热负荷的大小，平滑地调节电动机转速，从而调节制冷（或制热）量的大小。电动机的常见故障有绕组断路、绕组短路和绕组接地
室内机主控板	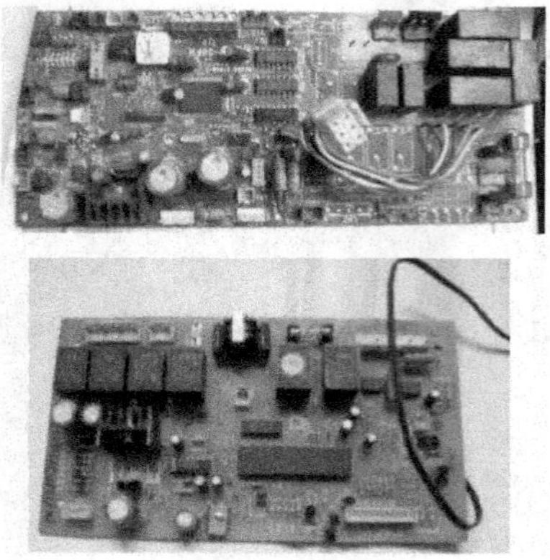 （b）室内机主控板	普通空调器的室内机主控板（如图（b）所示）主要由微处理器（CPU）、放大器、继电器组成，其基本工作原理是由微处理器（CPU）对各种输入信号进行综合分析运算，然后输出控制信号，经放大器放大，控制继电器的吸合或断开，从而控制空调器的各项动能或控制保护电路工作。室内机主控板主要通过测量各零部件的电流、电压及电阻判断其性能好坏
各种传感器	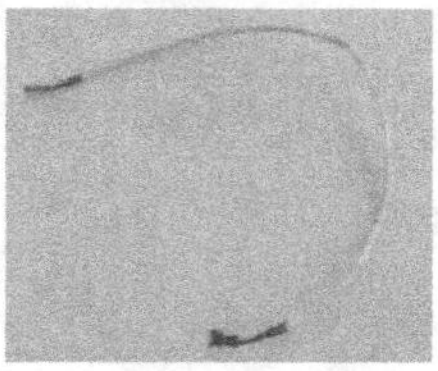 （c）室外机管温感温器 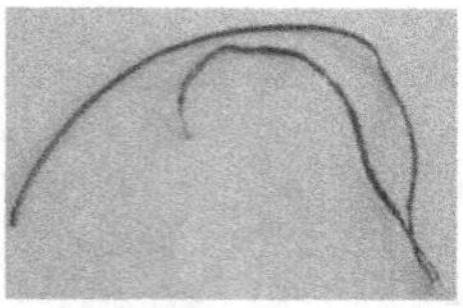 （d）室内机温度传感器和管温感温器	空调器的传感器主要有温度传感器和管温感温器，大都是负温度系数的热敏电阻，其阻值随温度在几千欧到几十千欧之间变化。室外机管温感温器如图（c）所示，室内机温度传感器和管温感温器如图（d）所示
遥控接收器	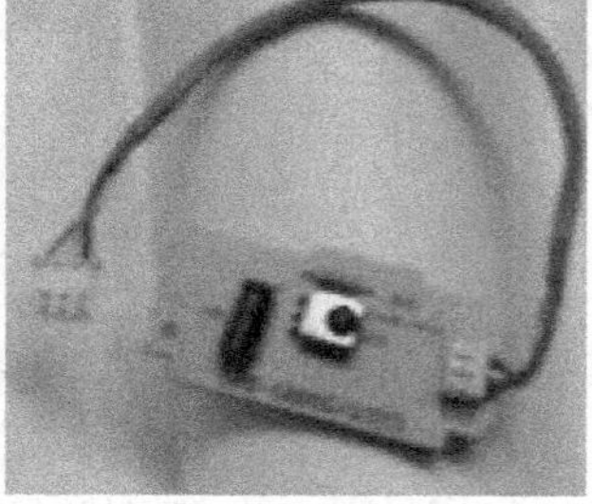	遥控接收器的作用是接收遥控信号，并将接收信号处理后送至微处理器（CPU）。遥控接收器出现故障时不能接收遥控信号

续表

遥控器	 （e）空调遥控器	空调遥控器也是红外线信号发射器，其主要功能键有：开关运行键、模式选择键（制冷、制热、送风、除湿）、温度调节键、自动扫风开关键、风速调节键、定时键。遥控器 CPU 输出的信号经放大后，推动红外线发射二极管，从而将遥控器所设置的信号发射出去。其常见故障是按键失灵、晶振损坏。格力空调遥控器如图（e）所示
电容器	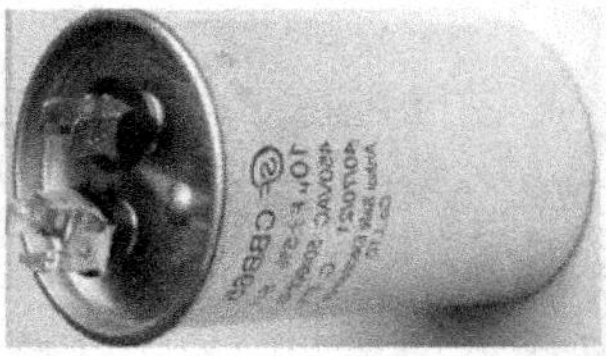 （f）电容器	常见故障是无容量（如图（f）所示），造成压缩机无法启动。可以用万用表判断其好坏。无容量、容量变小、短路都会造成压缩机无法正常工作
过载保护器	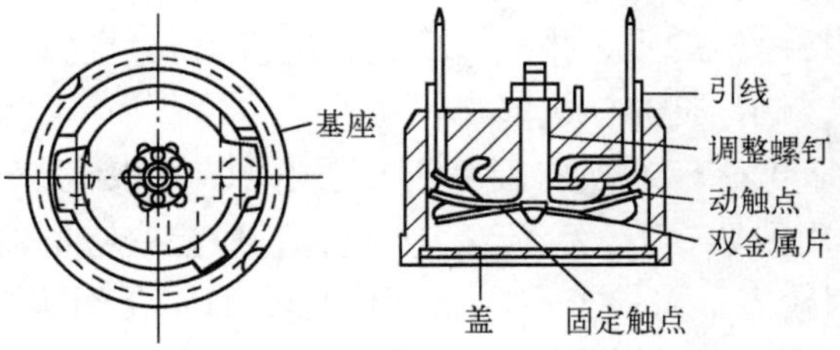 （g）过载保护器结构	过载保护器基本相同（其结构如图（g）所示），也是采用双金属片碟形过载保护器，过载保护器紧贴压缩机的外壳，串联在压缩机的主电路中，起到过电流、过温升双重保护压缩机的作用
面板控制	 （h）格力柜机的面板控制	采用遥控器控制，但同时也设置有面板控制（格力柜机的面板控制如图（h）所示）。分体挂壁式空调器的面板控制比较简单，大多只有一个应急开关键，分体柜式空调器的面板控制和遥控器上的功能键基本相同
显示电路	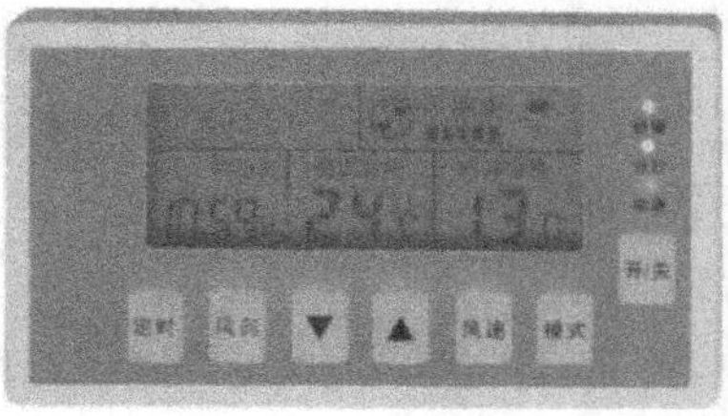	显示电路采用液晶显示，有的采用发光二极管显示
熔断器		空调器的主要元器件

2. 空调器控制电路的检修

目前的家用空调器大多采用遥控控制，空调器的电气控制系统有强电线路控制和弱电线路控制两大部分，强电线路控制主要是交流 220V 或 380V 供电电路，弱电线路控制板主要是由微电脑控制系统组成的低压控制主板。空调器控制主要通过弱电线路控制板上的微电脑（CPU）对各种输入信号进行综合分析和运算，输出控制信号，经过放大器放大，然后控制继电器，接通执行元件（压缩机、风扇电动机、电磁四通换向阀、电加热器等）的电源，使执行元件正常工作。空调器的电气系统是控制保护空调器制冷系统和空气循环系统的装置，除了电气系统本身故障外，有相当一部分故障发生在制冷系统和空气循环系统中，但它的症状会在电气系统上反映出来，因此，在分析电气控制系统故障时，不可避免要涉及制冷系统和空气循环系统的故障问题。分体式空调器电气控制系统的控制原理基本相同，下面以格力 KFR－25GW/35GW 空调器控制电路原理为例分析空调器控制电路的检修。××KFR－25GW/35GW 空调器控制电路原理图如图 6-4 所示。

1）强电线路控制的常见故障及检修方法

强电线路控制电路主要是交流 220V 或 380V 供电电路，其特点是控制线路比较简单，查找故障相对容易些，其方法主要是利用万用表测量交流 220V 或 380V 供电。

（1）压缩机不启动。检查继电器 J207 能否吸合，过载保护器 OLP2 是否保护。若继电器 J207 能吸合，而过载保护器 OLP2 能保护，则故障原因是压缩机损坏或制冷系统故障。断开压缩机的吸、排气口，让压缩机空载，若仍然是继电器 J207 能吸合，而过载保护器 OLP2 能保护，则判断是压缩机损坏。若断开压缩机的吸、排气口，让压缩机空载，这时压缩机能正常工作，则故障原因是制冷系统堵塞或制冷剂充注过多。

（2）能制冷但不能制热。首先检查电磁四通换向阀是否接通电源，若接通交流 220V 电源，则故障原因可能是电磁四通换向阀损坏。若无交流 220V 电源，应检查继电器 J204 是否能吸合。继电器 J204 不能吸合的原因较多：先检查室内温度传感器 TR1 是否失效。将传感器的感温头浸在凉水中，测其电阻值，如果阻值逐渐下降，则说明传感器性能良好。再检查 IC3 的 34 脚是否输出控制信号及 IC3 的 34 脚至 J204 之间的电路。J204 损坏也会造成电磁四通换向阀无交流 220V 电源。

（3）冬天制热效果差，无化霜功能。检查室外温度传感器 TR2 是否失效。室外温度传感器 TR2 是一个负温度系数的热敏电阻，当温度在 $-15\sim35$℃变化时，其阻值在 $4\sim40$kΩ 变化。室外温度传感器 TR2 失效会造成空调器室外机无化霜功能，冬天制热效果差。

（4）制热一会儿，自动停机，过一段时间后能重新开机，但仍重复上述故障。当外电压过低或加入制冷剂过量时，压缩机工作电流会超过额定值，引起热保护动作。当室内机风机堵转时，风机会发热，其热保护 OLP1 动作，切断主控板电源。

（5）风扇电动机不转，其他能正常控制。查运行电容是否击穿，查接插件 SP102 接触是否良好，检查风机绕组是否开路，风叶是否被卡住。

2）弱电线路控制的常见故障及检修方法

（1）电路能启动。接通电源，按遥控器开关键或空调器的应急键，蜂鸣器无声，风机均无反应，发光二极管不发光，先查电源，特别是 IC3 的 5V 电源，然后再查晶振和复位电路。检查微电脑控制系统的基本方法是：首先测 IC1 和 IC2 输出电压是否正常，测量 IC3 的 2 脚复位电压是否正常。再检查晶振是否正常工作，IC3 的 5 脚和 6 脚外接 4MHz 晶振可采用替换法检查其好坏。

（2）连烧熔丝。采取逐一拔去有关接插件的方法分段检查。产生故障的原因有：压敏电

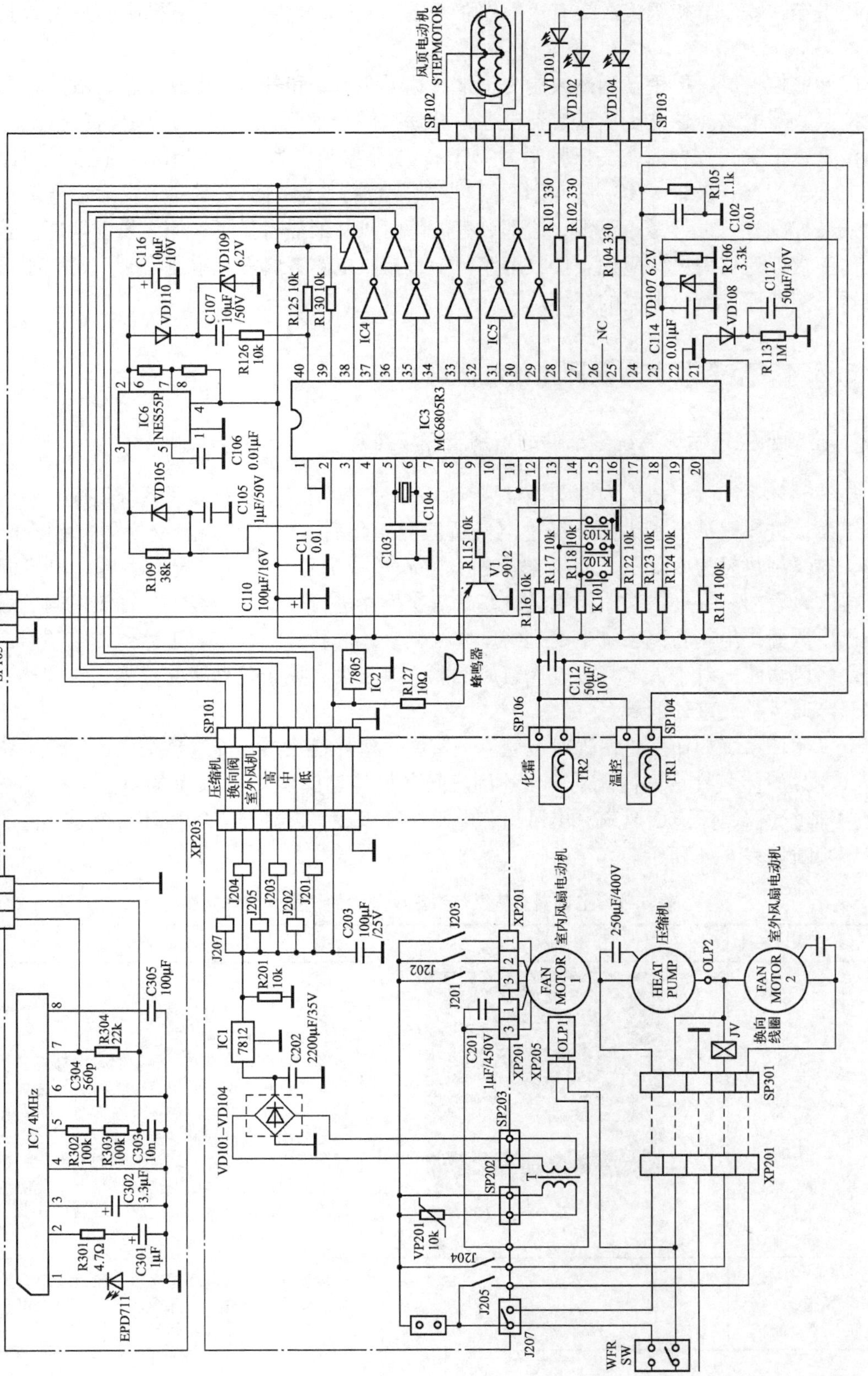

图 6-4　××KFR-25GW/35GW 空调器控制电路原理图

阻过压击穿，变压器初级或次级有匝间短路，电容C202短路，室内风机匝间短路或其电容损坏。

(3) 遥控失灵，但手动制热或制冷正常。这说明IC3和各执行电路正常，故障在遥控器或遥控接收器电路。首先更换遥控器电池，若遥控器仍然无发射信号，应检查遥控器电路。查晶振是否正常（正常时主晶振频率为4MHz，子晶振频率为32.768kHz）。查复位电路是否正常，重点检查三极管V203是否损坏，这些故障都将使液晶不显示，无发射信号输出。查驱动或红外发光二极管是否正常，这部分有故障时虽然液晶有显示，但无发射功能。若遥控器工作正常但遥控失灵，应检查接收电路，检查接收电路各脚静态电压是否正常，也可更换接收器，判断遥控接收电路的好坏。

6.3.4 空调器空气循环系统的维修

1. 空调器空气循环系统零部件的识别及好坏判断

空气循环系统主要由室内空气循环系统、室外空气循环系统和新风系统组成。室内空气由机组面板进风栅被吸入机内，经过空气过滤器净化后，进入室内热交换器（制冷时为蒸发器，热泵制热时为冷凝器）进行热交换，经冷却或加热后吸入电扇，最后由出风栅的出风口再吹入室内。室外强对流空气经过室外热交换器进行热交换后经室外轴流风扇，最后从室外机出风栅排出。新风系统主要是给室内补充室外的新鲜空气。对于分体式空调器，有的带有换新风功能，对于大多数没有换新风功能，对于没有换新风功能的分体式空调器，我们要常开窗通风补充室外的新鲜空气。

空气循环系统的作用是使强对流风流经室内、室外换热器，促进热交换，促使空调器的制冷（制热）空气在房间内流动，以达到房间各处均匀降温（升温）的目的。空气循环系统由空气过滤器、风道、风扇、出风栅和电动机等组成。空调器空气循环系统零部件的识别及好坏判断如表6-4所示。

表6-4 空调器空气循环系统零部件的识别及好坏判断

空气循环系统零部件	实 物 图	作用及好坏判断
空气过滤器	 (a) 空气过滤器	空气过滤器（如图(a)所示）是由各种纤维材料制成的细密滤尘网，室内空气首先通过空气过滤网，可滤除空气中的尘埃，再进入室外热交换器进行热交换。而功能完善的空气过滤器能滤除0.01 μm的烟尘，并有灭除细菌、吸附有害气体等功能。灭菌和高效除尘通常采用高压电场；吸附有害气体通常用活性材料或分子筛等吸附剂。如果灰尘太多堵塞空气过滤器，会使空气循环不畅，影响空调器的制冷（制热）效果
风道		风道就是空气循环的通道，风道堵塞会使空调器的制冷（制热）效果急剧下降，堵塞严重时会使空调器不制冷（制热）

续表

空气循环系统零部件	实　物　图	作用及好坏判断
风扇	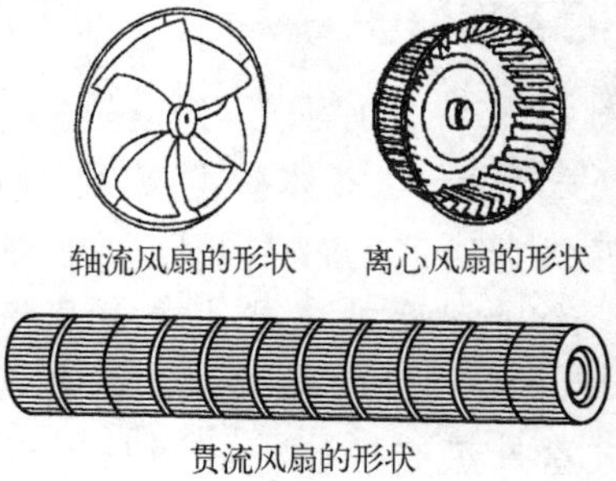（b）空调器中的风扇	窗式、分体式家用空调器均采用风冷式换热器，它通过强对流风与换热器进行热交换。空调器中的风扇（如图（b）所示）主要有离心风扇、贯流风扇和轴流风扇。窗式空调器和立柜式空调器的室内换热器主要采用离心风扇，分体壁挂式空调器的室内换热器主要采用贯流风扇，而空调器的室外换热器均采用轴流风扇进行吹风换热。风扇变形及扇叶破损都会影响空调器的换热效果
导风叶片	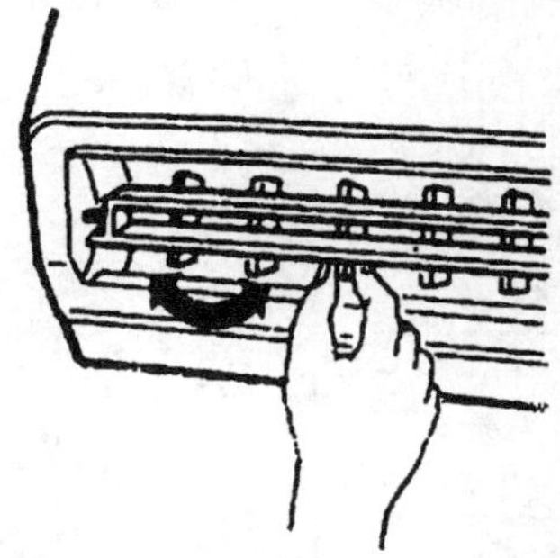（c）分体挂壁式空调器的导风叶片	导风叶片根据导风方向分为左、右导风叶片和上、下导风叶片（如图（c）所示），根据运转方式分为手动导风叶片和自动导风叶片，分体挂壁式空调器手动导风叶片在内，是垂直导风叶片；自动导风叶片在外，是水平导风叶片。分体柜式空调器手动导风叶片在外，是水平导风叶片；自动导风叶片在内，是垂直导风叶片。微型同步电动机带动自动导风叶片来回摆动，可实现定向送风或连续扫射送风

2. 空调器空气循环系统的检修

空调器空气循环系统的故障有：无风，风量下降，运转时噪声大。这些故障会间接造成空调器不制冷（制热）、制冷（制热）效果差、空调器工作时噪声大。

（1）无风。空调器采用强对流风使换热器与外界进行热交换，如果空调器室内机组或室外机组无风，会造成换热器无法与外界进行正常的热交换，造成压缩机过载保护停机，从而间接造成空调器不制冷（制热）。空调器无强对流风时应检查风机是否接通电源，风机启动电容器有无电容量，风机是否损坏或被卡住。

（2）风量下降。风量下降会使换热器不能与外界进行正常的热交换，造成压缩机频繁启动，影响空调器的制冷（制热）效果。造成风量下降的故障原因主要有：启动电容器的电容量下降，需要更换电容器；风机叶轮打滑，需拧紧叶轮的紧固螺钉；过滤网、换热器结尘太多，需清洗过滤网、换热器。

（3）空调器工作时噪声大。故障原因主要有：叶轮与风圈或导风叶片摩擦，会发出金属碰撞声；轴承严重磨损，运转时轴承跳动而发出的噪声。

6.4　项目基本知识

空调器制冷系统与电冰箱的工作原理基本相同，下面以分体式空调器为例，分析空调器制冷系统的工作原理。

6.4.1 分体式空调器制冷系统的工作原理

分体式空调器制冷系统的工作原理图如图6-5所示，可知分体式空调器的室内机组和室外机组之间通过接头和气体截止阀（三通阀）、液体截止阀（二通阀）用制冷管道连接形成密闭制冷系统。压缩机将来自室内热交换器的低温低压气态制冷剂吸入，在压缩机内部压缩形成高温高压的气态制冷剂，经排气管排至室外热交换器。高温高压的气态制冷剂在室外热交换器（冷凝器）中冷却，由气态逐渐冷凝成液态，同时轴流风扇使强对流风流经室外热交换器，使制冷剂通过室外热交换器很好地与外界进行热交换。经室外热交换器冷凝后的高温高压液态制冷剂经毛细管减压节流送入室内热交换器（蒸发器）。进入室内热交换器，液态制冷剂沸腾汽化吸收室内热量，同时室内风扇使强对流风流经室内热交换器，使制冷剂通过室内热交换器很好地与室内空气进行热交换，降低空调房间的温度。

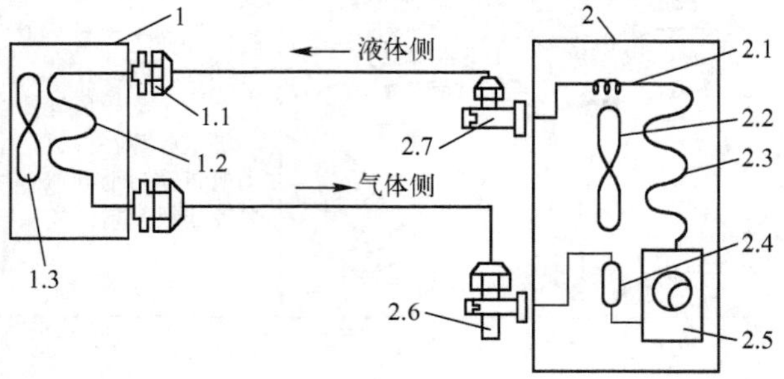

1—室内机组；2—室外机组；1.1—连接螺母；1.2—蒸发器；1.3—室内风扇；2.1—毛细管；
2.2—室外风扇；2.3—冷凝器；2.4—储液筒；2.5—压缩机；2.6—三通阀；2.7—二通阀

图6-5　分体式空调器制冷系统的工作原理图

1. 电磁四通换向阀的工作状态

（1）电磁线圈处于断电状态时。如图6-6（a）所示，先导滑阀②在压缩弹簧③的驱动下右移，高压气体进入毛细管①后进入活塞腔⑤；另一方面，活塞腔④的气体排出，由于活塞两端存在压差，活塞及主滑阀⑥右移，使1、2接管相通，4、3接管相通，于是形成制冷循环，如图6-7（a）所示。

（2）电磁线圈处于通电状态时。如图6-6（b）所示，先导滑阀②在电磁线圈产生的磁力作用下克服压缩弹簧③的张力而左移，高压气体进入毛细管①后进入活塞腔④；另一方面，活塞腔⑤的气体排出，由于活塞两端存在压差，活塞及主滑阀⑥左移，使2、3接管相通，4、1接管相通，于是形成制热循环，如图6-7（b）所示。

2. 分体式空调器制冷系统的工作原理

热泵型空调器是在原有制冷系统上加了一个电磁四通换向阀，实现一机两用。热泵型空调器的制冷原理与上述分体式空调器制冷系统的工作原理完全相同。热泵制热原理是利用制

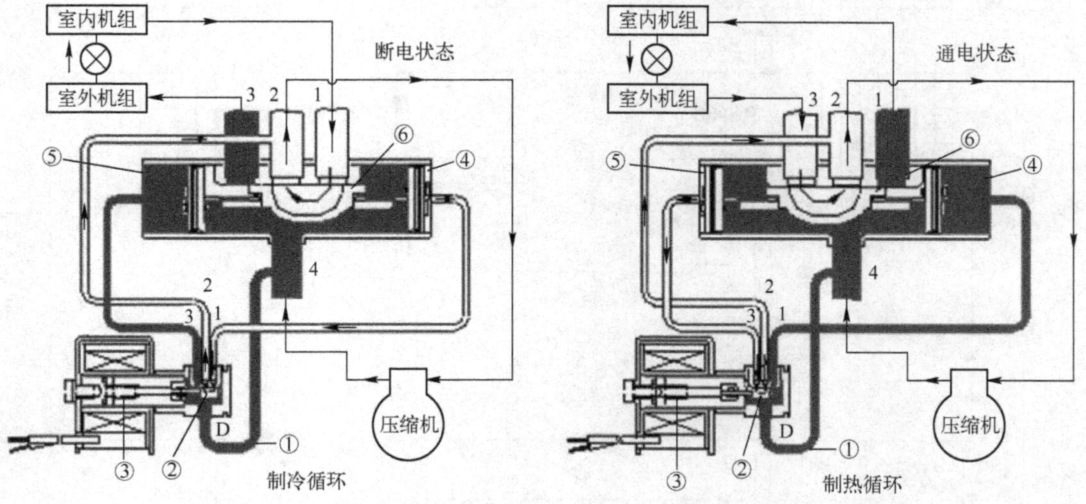

（a）电磁四通换向阀制冷时的状态　（b）电磁四通换向阀制热时的状态

图6-6　分体式空调器制冷系统的工作状态

冷系统的压缩冷凝热来加热室内空气的。空调器在制冷工作时，低温低压的制冷剂液体在室内换热器蒸发吸热，而高温高压的制冷剂在室外换热器内冷凝放热。热泵制热是通过电磁四通换向阀换向，将制冷系统的吸、排气管的位置对换，原来制冷工作时做蒸发器的室内换热器变成了制热时的冷凝器，制冷时做冷凝器的室外换热器变成制热时的蒸发器，这样使制冷系统在室外吸热，向室内放热，实现制热的目的。

6.4.2　空调器的空气循环系统的工作原理

空调器的空气循环系统由室内空气循环系统、室外空气循环系统和新风系统3部分组成。

1. 室内空气循环

分体挂壁式空调器的室内机组如图6-8所示，贯流风机装在室内机组，构成室内空气循环系统，室内空气经进风栅通过空气过滤网去尘后，吸向贯流风扇，经室内换热器热交换后，再由贯流风扇将冷气由风道送往室内。分体挂壁式空调器使用的贯流风扇噪声低，转速慢，一般为500～600r/min。往室内送气的出风栅可以手动或自动调节出风方向。制冷时调至向上倾斜，制热时调至向下倾斜，以利于空气冷沉、热升的自然对流。

2. 室外空气循环

分体挂壁式空调器的室外机组如图6-9所示，轴流风扇装在室外机组，构成室外空气循环系统。室外空气从空调器后面和侧面的室外换热器散热片缝隙吸入，携带室外换热器的热量，经轴流风扇、出风口吹向室外，轴流风扇的结构像生活中的排风扇。空气轴向流动，噪声小，风量大。

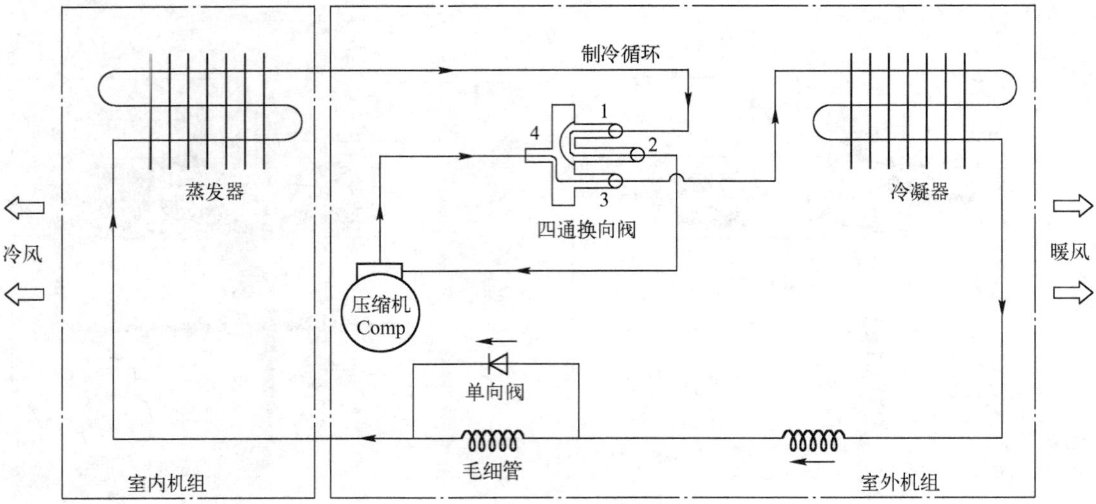

（a）制冷系统循环

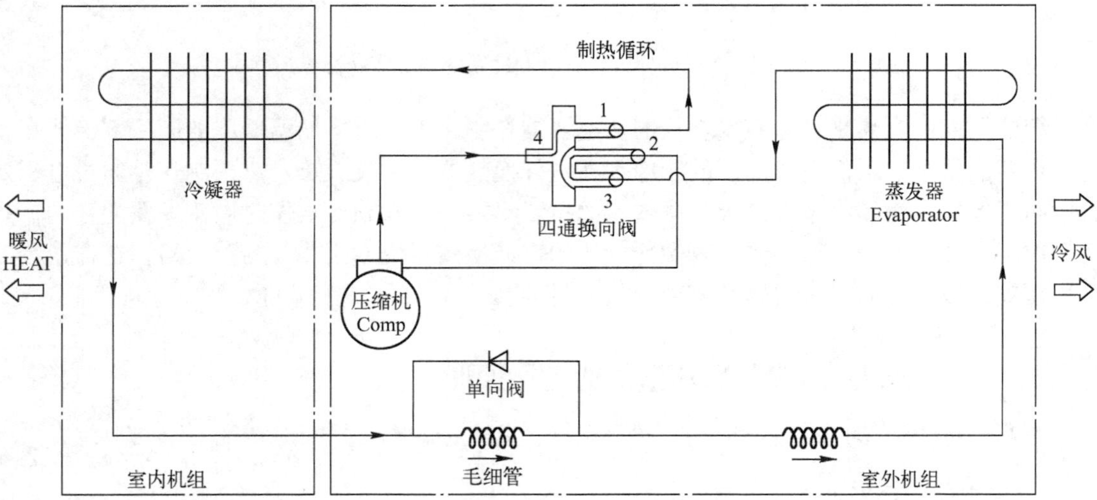

（b）制热系统循环

图 6-7　分体式空调器制冷、制热循环系统

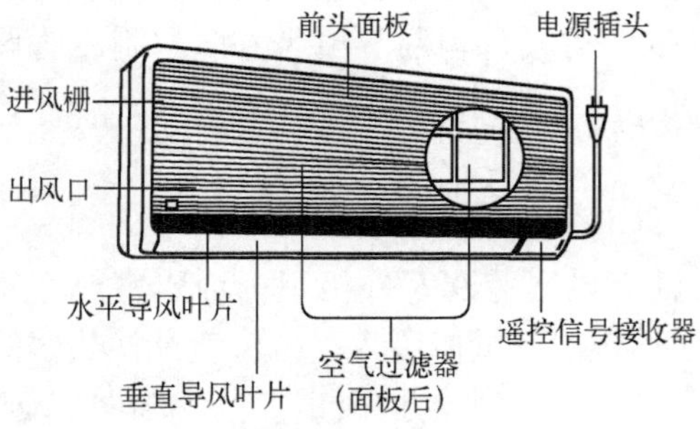

图 6-8　分体挂壁式空调器的室内机组

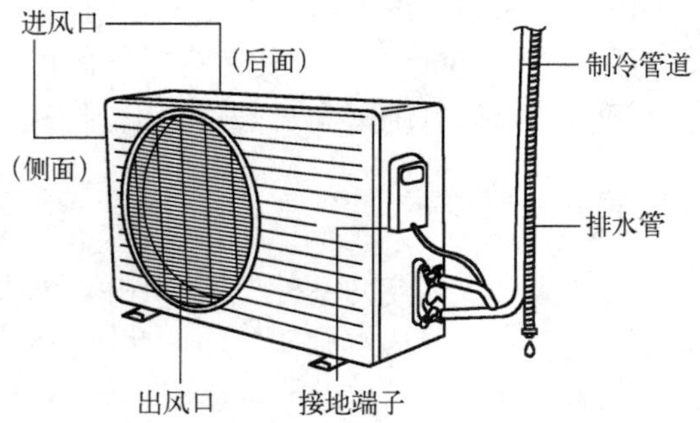

图 6-9　分体挂壁式空调器的室外机组

6.4.3 空调器电气控制系统的工作原理

目前空调器的电气控制系统主要由遥控器、面板控制、主控板、电容器、过载保护器、温度传感器、管温感温器、风扇电动机、压缩机、导线等组成。普通空调器电气控制系统的工作原理都基本相同，下面以海尔2匹分体柜式空调器实际接线图6-10为例，分析空调器

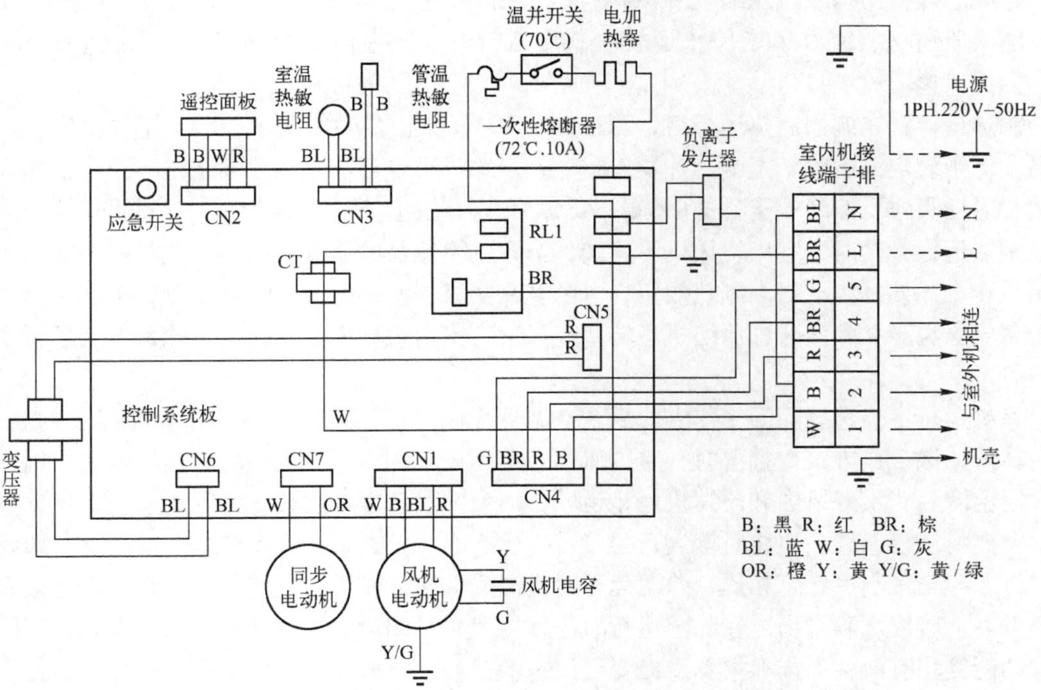

（a）室内机接线图

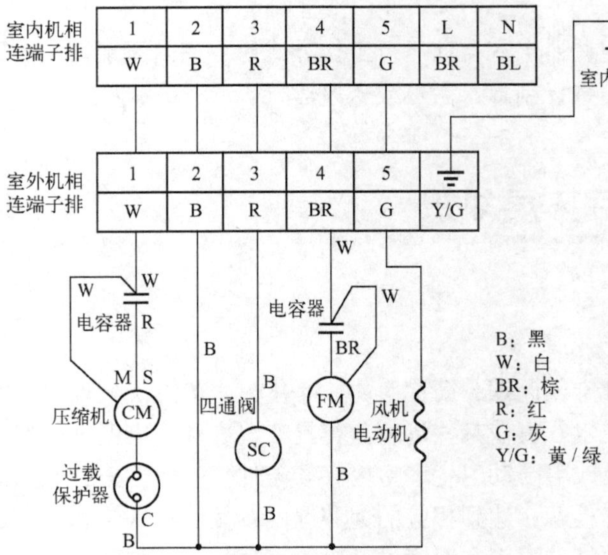

（b）室外机接线图

图6-10　海尔2匹分体柜式空调器实际接线图

电气控制系统的工作原理。

交流220V由室内机接线端子排的L端和N端接入室内机，制冷运行。制冷运行的温度范围设定为18～30℃，当室内温度高于设定温度时，电脑芯片发出指令，压缩机和风机继电器吸合，接线端子排的12端和42端接通220V交流电，于是压缩机、室外风扇运转，空调器的制冷系统和空气循环系统正常工作，室内温度开始降低。当室内温度低于设定温度时，电脑芯片发出指令，压缩机和风机继电器断开，接线端子排的12端和42端断开220V交流电，压缩机、室外风扇停止运转。制冷运行时，室内风扇始终运转，可任意选择高、中、低挡风速。

制热运行：空调器制热运行后，可在14～30℃范围内以1℃为单位设定室内温度。当室内温度低于设定温度时，电脑芯片发出指令，压缩机继电器、室外风扇继电器及电磁四通换向阀继电器吸合，接线端子排的12端、42端和32端接通220V交流电，空调器开始制热运行。制热运行开始时，室内机风机不运转，当室内换热器的温度升高到一定值时，室内风机开始运转。此外，为了提高制热效率，电脑芯片会根据室外管温感温器检测，来判断空调器是否需要除霜。在除霜时，压缩机运转室外风扇，室内风扇停止工作，待除霜结束后再恢复工作。

除湿运行：当选择除湿工作方式后，空调器先制冷使室内温度达到遥控器指定的温度，然后转入抽湿工作方式。抽湿时，室内风扇、室外风扇和压缩机先同时运转，当室内温度降至设定温度后，室外风扇和压缩机停止运转，而室内风扇继续运转30s后才停止。风扇停转后，室温将慢慢回升，但相对湿度已经变小了。5min后再同时开启室内、外机组，如此循环进行。与正常制冷状态相比，除湿运行时室温降低速度较慢，但空气中的水分却能较多地在蒸发器上凝成水滴排出。在除湿运行时，室内风扇自动设定为低速挡，而且睡眠、温度设定等功能键均有效，如果遥控器发出变换风速的信号，空调器可接收信号，但并不执行。

送风运行：送风运行时，可任意选择室内风扇自动、高、中、低挡风速，但室外机组不工作。

自动运行：空调器进入自动运行工作方式后，室内风扇按自动风速运转，芯片根据接收到的外界信息自动选择制冷、制热或送风运行。

6.5 项目拓展知识

1. 空气调节

空气调节又称空气调理，简称空调，是用人为的方法处理室内空气的温度、湿度、洁净度和气流速度的技术。可使某些场所获得具有温度和一定湿度的空气，以满足使用者及生产过程的要求，以及改善劳动卫生和室内气候条件。一般比较合理的流程是：先使外界空气与控制温度的水充分接触，达到相应的饱和湿度，然后将这饱和空气加热使其达到所需要的温度。当某些原始空气的温度和湿度过低时，可预先进行加热或直接通入蒸汽，以保证与水接触时能变为饱和空气。

2. 制冷量

电冰箱或空调器进行制冷运行时，单位时间内从密闭空间或区域移走的热量叫做制冷量。

制冷量的单位是瓦（W，1W = 1J/s）或千瓦（kW）。

空调器铭牌上所标的制冷量称名义制冷量，它是在规定的标准工况下所测得的制冷量。不同国家所规定的空调标准工况不一样。

3. 能效比

能效比是在额定工况和规定条件下，空调进行制冷运行时实际制冷量与实际输入功率之比。这是一个综合性指标，反映了单位输入功率在空调运行过程中转换成的制冷量。空调能效比越大，在制冷量相等时节省的电能就越多。

6.6　项目学习评价

1. 思考练习题

（1）空调器主要由哪几部分构成？
（2）空调器的制冷系统主要由哪些元器件构成？
（3）如何判断单相压缩机的 3 个接线端？
（4）如何判断压缩机吸、排气性能？试比较毛细管与膨胀阀的性能。
（5）普通空调器和变频空调器的节流装置各采用什么器件？其特点是什么？
（6）如何解决热泵型空调器制冷循环与制热循环工况差别较大的问题？
（7）空调器的截止阀安装在什么位置？其作用是什么？
（8）充灌制冷剂时空调器三通截止阀处在什么位置？
（9）电磁四通换向阀由哪几部分构成？其作用是什么？
（10）为什么在空调器的制冷系统上安装气液分离器？
（11）空调器制冷系统的常见故障主要有哪些？
（12）空调器制冷运行时的低压压力是多少？
（13）更换压缩机的主要事项有哪些？
（14）如何更换电磁四通换向阀？
（15）微处理器的控制主要由哪几部分构成？其优点是什么？
（16）单相空调器的压缩机一般采用什么启动方式？
（17）空调器中的温度传感器有几种？分别起什么作用？
（18）目前空调器的电气控制系统主要由哪几部分组成？
（19）简述分体式空调器制冷系统的工作原理。

2. 自我评价、小组互评及教师评价

评价方面	项目评价内容	分/值	自我评价	小组评价	教师评价	得　分
理论知识	① 空调器制冷系统零部件的工作原理	10				
	② 空调器的控制系统部件及电子元器件的工作原理	10				
	③ 空调器制冷系统的工作原理	5				
	④ 空调器空气循环的工作原理	5				
实操技能	① 空调器制冷系统部件的识别与检测	5				
	② 空调器的控制系统部件及电子元器件的识别与检测	10				
	③ 空调器制冷系统的维修方法	10				
	④ 空调器控制系统维修方法	10				
	⑤ 空调遥控器常见故障的判断与排除	5				
	⑥ 空调器压缩机的常见故障判断与排除	15				
	⑦ 如何更换电磁四通换向阀	10				
安全文明生产和职业素质培养	① 安全用电，规范操作	2.5				
	② 文明操作，不迟到、不早退，操作工位卫生良好，按时、按要求完成实训任务	2.5				

3. 小组学习活动评价表

班级：________________　小组编号：______________　成绩：______

评价项目	评价内容及评价分值			自评	互评	教师点评
分工合作	优秀（12 ~ 15 分）	良好（9 ~ 11 分）	继续努力（9 分以下）			
	小组成员分工明确，任务分配合理，有小组分工职责明细表	小组成员分工较明确，任务分配较合理，有小组分工职责明细表	小组成员分工不明确，任务分配不合理，无小组分工职责明细表			
资料查询环保意识安全操作	优秀（12 ~ 15 分）	良好（9 ~ 11 分）	继续努力（9 分以下）			
	能主动借助网络或图书资料，合理选择归并信息，正确使用；有环保意识，注意制冷剂的回收，操作过程安全规范	能从网络获取信息，比较合理地选择信息、使用信息；能够安全规范操作，但不注意环保操作	能从网络或其他渠道获取信息，但信息选择不正确，信息使用不恰当；安全、环保操作不到位			
实操技能	优秀（16 ~ 20 分）	良好（12 ~ 15 分）	继续努力（12 分以下）			
	压缩机工作电压、工作电流测试准确；正确判断电容器的好坏；能正确判断压缩机绕组好坏；会进行检漏；正确充注制冷剂，正确判断制冷剂充注量	会测量压缩机工作电压、工作电流；会判断电容器的好坏、压缩机绕组好坏；会进行检漏，但不能判断制冷剂充注量	测量压缩机工作电压、工作电流不规范；不能判断电容器的好坏；会测量压缩机绕组好坏；不能正确进行检漏、充注制冷剂、判断制冷剂充注量			

续表

评价项目	评价内容及评价分值			自评	互评	教师点评
方案制定过程管理	优秀（16～20分）	良好（12～15分）	继续努力（12分以下）			
	热烈讨论、求同存异，制定规范、合理的实施方案；注重过程管理，人人有事干、事事有落实，学习效率高、收获大	制定了规范、合理的实施方案，但过程管理松散，学习收获不均衡	实施规范制定不严谨，过程管理松散			
成果展示	优秀（24～30分）	良好（18～23分）	继续努力（18分以下）			
	圆满完成项目任务，熟练利用信息技术（电子教室网络、互联网、大屏幕等）进行成果展示	较好地完成项目任务，能较熟练利用信息技术（电子教室网络、互联网、大屏幕等）进行成果展示	尚未彻底完成项目任务，成果展示停留在书面和口头表达，不能熟练利用信息技术（电子教室网络、互联网、大屏幕等）进行成果展示			
总分						

6.7　项目小结

（1）家用空调器主要由制冷系统、空气循环系统和电气控制系统3大部分组合而成，这3部分组装于一个箱体（整体式）或两个箱体（分体式）内。

（2）空调器的制冷系统主要由压缩机、节流装置（毛细管、膨胀阀）、室内换热器、室外换热器4大主件和一些制冷辅助器件组成，并且由铜管（配管连接管）把这些零部件连接起来，形成一个密闭的制冷系统，

（3）空调器的制冷系统各辅助器件的认知。

（4）电磁四通换向阀也是空调器制冷系统常出现故障的部件，应能正确更换电磁四通换向阀。

（5）空调器的电气控制系统由电动机、室内机主控板、各种传感器、遥控接收器、遥控器、电容器、过载保护器、面板控制、显示电路、熔断器和导线等组成，用以控制、调节空调器的运行状态，保护空调器的安全运行。

（6）目前的家用空调器大多采用遥控控制，空调器的电气控制系统有强电线路控制和弱电线路控制两大部分，强电线路控制主要是交流220V或380V供电电路，弱电线路控制板主要是由微电脑控制系统组成的低压控制主板。

（7）空气循环系统主要由室内空气循环系统、室外空气循环系统和新风系统组成。室内空气由机组面板进风栅被吸入机内，经过空气过滤器净化后，进入室内热交换器（制冷时为蒸发器，热泵制热时为冷凝器）进行热交换，经冷却或加热后吸入电扇，最后由出风栅的出风口再吹入室内。室外强对流空气经过室外热交换器进行热交换后经室外轴流风扇，最后从室外机出风栅排出。新风系统主要是给室内补充室外的新鲜空气。对于分体式空调器，有的带有换新风功能，大多数没有换新风功能，对于没有换新风功能的分体式空调器，我们要常开窗通风，补充室外的新鲜空气。

项目七

空调器故障检查及维修技术

快速检查和排除空调器的故障是学习者迫切需要掌握的知识和技能，是我们学习空调器知识的最终落脚点。每当看到维修人员手到病除，快速准确地排除空调器故障时，都会令我们羡慕不已，对他们高超的技艺感到敬佩，感叹自己何时才能成为空调器维修的高手。其实，只要你掌握了前面所讲的空调器工作原理和结构，认真学习本项目介绍的空调器维修方法和检修思路，在实践中假以时日，你很快也会成为一名维修高手。

7.1 项目学习目标

项目学习目标		教学方式	学时
技能目标	① 熟悉空调器常用维修工具、设备的使用方法。 ② 掌握空调器故障的维修方法和常见故障的检修思路。 ③ 会排除空调器制冷系统和电气系统的常见故障。 ④ 能分清并处理空调器的假性故障	视频演示，实训室分组练习	4
知识目标	① 会试读空调器控制电路的电路原理图。 ② 能根据故障现象分析产生故障的主要原因，制订相应的检修计划	多媒体教学、提问、讨论法	4
情感目标	① 感受排除空调器故障的成就感，激发学习兴趣。 ② 通过实践操作，培养认真观察、勤于思考、规范操作和安全文明生产的职业习惯。 ③ 培养学生主动参与、团队合作的意识，养成“做中学”的习惯	做中学、分组实操、相互协作	课余时间

7.2 项目任务分析

熟练排除空调器故障是学习者根据故障现象，利用空调器的理论知识，分析故障产生的原因，制定合理的检修思路，运用正确的检修设备，参考检测结果判断故障发生部位，最终排除故障的过程。要想快速、准确地排除空调器的故障，必须具备以下技能和知识：

（1）区别空调器的假性故障，正确排除，不走弯路。

（2）会判断和处理空调器制冷系统的故障。

（3）会判断和处理空调器空气循环系统的故障。

（4）会判断和处理空调器电气系统的故障。

（5）能识读空调器遥控器、电脑控制板、控制面板的电路原理图。

7.3　项目基本技能

7.3.1　空调器假性故障检修实训

空调器在许多情况下出现不能工作或工作不正常的情况，并不一定是空调器本身部件和电路出了故障，而是使用者操作不当或空调器外部电路出了故障，甚至出现对空调器正常工作现象的误判，通常把这种非空调器本身器件、电路或安装造成的故障称为假性故障。

1. 空调器常见的假性故障

空调器常见的假性故障如表 7-1 所示。

表 7-1　空调器常见的假性故障速查表

“故障”现象	“故障”分析
通电后空调器不工作，指示灯不亮 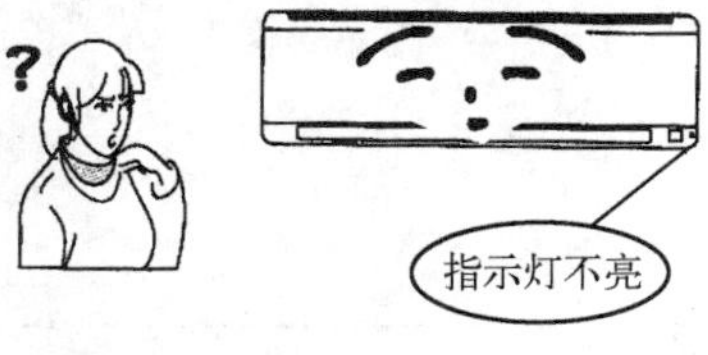	外接电源开路，空调器实际未接通电源，包括：电网停电，熔断器断路，空气开关跳闸，电源插头脱落和导线开路
电源指示灯亮，不能启动 	（1）空调器设定温度不当，制冷时设定温度≥室温，制热时设定温度≤室温。 （2）供电线路线径过细，接头处或开关内部接触不良，导致启动过程电压降低过多，无法启动。 （3）对应使用三相电源的空调器，三相电源相序错误
空调器停机后马上启动，风机运转但压缩机不启动 	为了保护空调器，空调器停机后不能马上启动，需延时 3min 才能启动
空调器制冷效果差 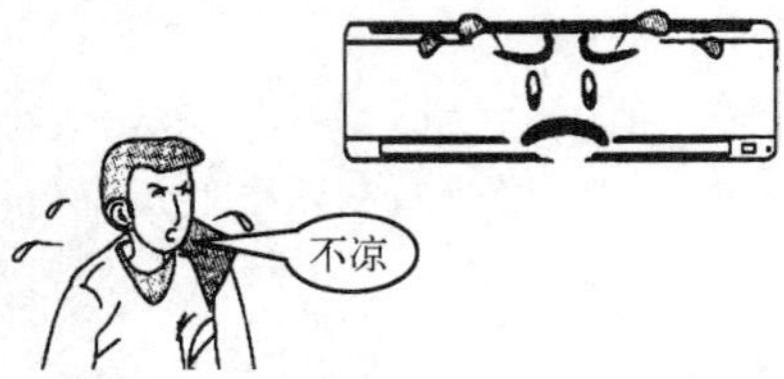	（1）如果出风量小，制冷效果差，多为室内机过滤网积尘过多堵塞所致。严重时，蒸发器结霜，低压回气管与截止阀处结霜。 （2）出风量正常，制冷效果差，检查室外机组冷凝器翅片是否积尘过多堵塞。 （3）室内有其他热源或门窗关闭不严。 （4）工作模式或温度设定不正确。 （5）风速一直设为“低速”挡

续表

“故障”现象	“故障”分析
遥控器不能控制 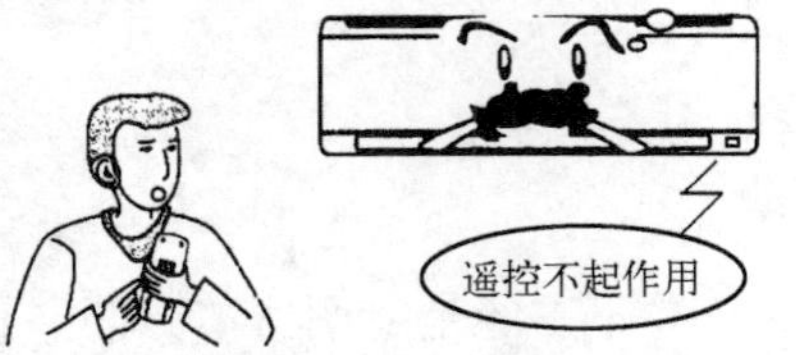 	（1）遥控器内电池电压不足。 （2）遥控器显示不清或显示全部符合时需更换电池。 （3）空调器受非正常干扰或频繁转换功能时，遥控器偶尔不能控制。此时只需拔下电源插头，重新插上即可恢复正常操作
运行或停机后，有轻微的“叭叭”爆裂声  	温度变化造成塑料部件产生热胀冷缩的声音
出风口冒出白色雾状气体  	在室内温度和湿度较高时，室内空气被迅速冷却造成的，运行一段时间即会消失
压缩机运行过程或停机后有流水声 	在压缩机运行或刚停止运行时，有时会发出“哗哗”、“嘶嘶”或“咕嘟咕嘟”的声音，这是制冷剂流动时发出的声音
室内机吹出异味 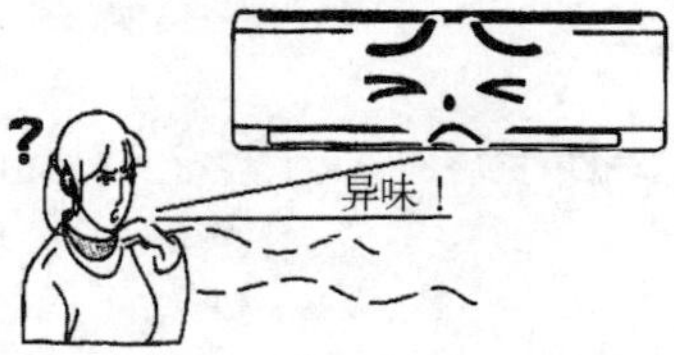 	（1）空气过滤网过脏。 （2）室内机吸收房间、家具、衣物等气味，运行时散发出来
制热运行刚开始，室内机不送风 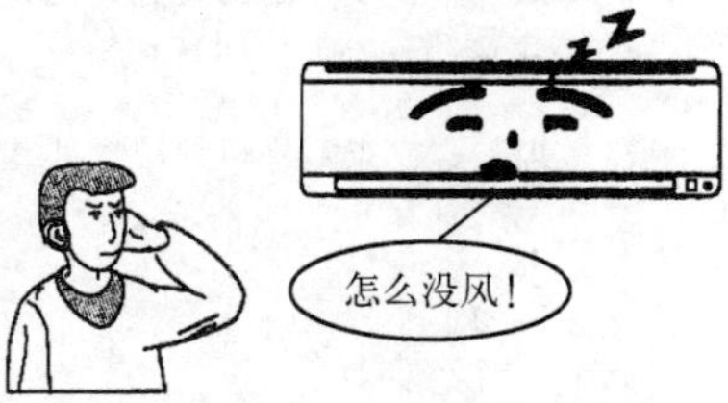 	这是空调器制热时设置的防冷风功能，在室内热交换器表面温度未达到设定温度时，室内风机不转（约2min）

续表

“故障”现象	“故障”分析
制热时室内、外风机间歇停转  	这是空调器制热过程进行的正常除霜，当室外温度低、湿度高时，室外热交换器会结霜，降低空调器的制热能力，这时就启动自动除霜功能，室内、外风机停转 4 ~ 10min，除霜时室外机有水流出或冒出蒸汽
室内机出风口凝露 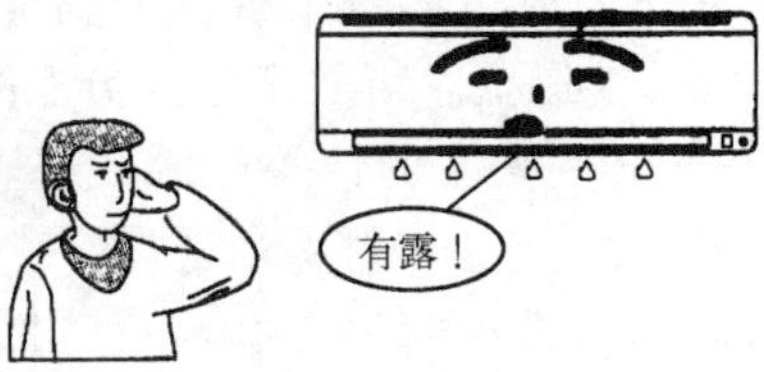 	这是空调器长时间在高湿度下“制冷”运行造成的，空气中的水蒸气会凝结在导风叶片上而滴水。此时将垂直导风叶片摆到最大出风位置，风速选择“高风”，凝露现象即会改善

2. 空调器常见假性故障的检修方法

空调器假性故障主要可分为供电电源故障和使用操作故障，判断假性故障通常采取观察法和测量法。

1）观察空调器的运行状况

当空调器制冷（制热）效果差或出现不正常的现象时，可通过观察空调器热交换器是否过脏，空气过滤网是否脏堵，房间密闭是否良好，周围是否有干扰源等，进行分析判断。

空调器能正常制冷、制热，但工作过程出现一些自己感到不正常的现象。这时可查阅空调器使用说明书，判断故障的真伪。

空调器能启动运行，但制冷效果差。首先要判断室内机出风量的大小，如风量小，先检查过滤网是否过脏；如过滤网正常，再检查室外机热交换器翅片是否脏堵，如果脏堵，在制冷状态下测量低压侧压力，会高于正常值。

2）测量空调器的运行参数

（1）测量空调器的空载电源电压和启动过程的电源电压。如果空载电压为零或低于正常电压的 ±10%，为外接电源故障；如果空载电压正常，而启动过程电压下降过多，应为电源线路连接点接触不良或线径过细等原因造成的线路负载能力差。

空调器无电源指示，启动空调器或插拔电源插头，均无“嘀”的上电声音。重点检查外部供电电源，多为电源开路造成。用万用表测量供电电源的电压是否为 220V ±10%，三相电源的线电压和相电压是否均正常。

空调器室内机有风吹出，但不能制冷、制热，操作按键正常。这种故障多为电源线路负载能力差，可用万用表测量空调器的空载电源电压和启动过程的电源电压，进行判断。

（2）测量制冷系统低压侧压力。检修空调器假性故障时，可将制冷状态下低压侧的压力与正常值进行比较，低压侧压力如表 7-2 所示，如果压力明显高于正常值，应重点检查室外热交换器是否过脏。

表 7-2　空调器制冷系统低压侧压力

制　冷　剂	环境温度（℃）	低压侧压力（MPa）
R22	30	0.45～0.50
	35	0.48～0.52
	40	0.58

3. 空调器假性故障检修实例

【实例 1】 一台新装空调器试机，室内风机运转正常但不制冷

故障分析：给一家理发店安装一台挂壁式空调器，试机，室内风机运转正常但不制冷，顾客强烈要求换机。更换后，仍然如此，顾客以质量问题为由要求退机。售后工作人员上门检查进行鉴定，在开机启动瞬间，发现室内照明灯泡暗了一下又变亮了，怀疑电源线路不正常。

故障检修：用万用表电压挡测量空调器供电电源电压，未启动时有 210V 的电压，启动瞬间电压下降为 158V，很快又恢复为 210V。由此判定为空调器供电线路负载能力差，经检查为用户供电线路中间一处接点部位接触不良，重新处理后，试机，工作正常。客户深为自己的行为歉疚，并对工作人员表示谢意。

【实例 2】 一台分体挂壁式空调器，使用两年后制冷效果差

故障分析：该空调为松下挂壁式空调，两年来从未维修过，时值夏天，试机，风量正常，出风口温度稍微偏高，制冷效果不够理想。经检查，室外机在阳台防盗网下面，机子正上方放置一排花盆，仅能看到空调截止阀，截止阀接头处无油迹，造成制冷效果差的原因主要有：电源电压低，制冷剂不足，热交换器脏堵。

故障检修：让空调器工作在制冷状态，用万用表测量空调器电源电压正常，测量室外机低压截止阀处压力为 0.7MPa，明显偏高。初步判断室外冷凝器翅片脏堵，征得用户同意，搬离花盆，仔细观察，室外冷凝器翅片已被灰尘和纤维堵死。打开室外机外壳，彻底清理冷凝器翅片堵塞物，试机压力恢复为 0.56MPa，制冷效果理想。

【实例 3】 一台挂壁式空调器，制热时频繁停机

故障分析：该空调安装在一家服装店内，据用户反映，该机制冷正常，但制热时频繁停机。开机，显示正常，制热效果良好，造成该故障的原因主要有：电源不正常，传感器故障。检测电源正常，检查传感器时发现在空调器室内机上方装有两个射灯，打开射灯开关，射灯发出的强光正好照在传感器附近，使传感器接收的温度快速升高，高于设定温度后空调器停机。

故障检修：经用户同意，调整射灯照射方向后，试机，制热正常。

7.3.2　制冷系统常见故障及检修方法

1. 制冷系统故障的分析

制冷系统产生故障的类型主要有：泄漏、堵塞、制冷部件（四通换向阀、压缩机等）故障。制冷（制热）效果差、不制冷（制热）的现象是制冷故障中最常见的故障，也是维修人员最“头痛”的故障。但是在实际工作中，即便是同一类故障现象，故障发生的部位

（部件）、故障特点及原因和检修方法也不尽相同，如表7–3所示。

表7–3　制冷系统常见故障现象发生的部位、特点及原因和检修方法

故障部位	故障特点及原因	检修方法
（1）室外机液阀连接处泄漏产生的制冷（制热）效果差，不能进行制冷（制热） 	①制冷剂部分泄漏时，表现为制冷（制热）效果差，泄漏部位有油污，长时间工作，有时会出现室内机蒸发器进口部位结冰、结霜。严重泄漏时，不制冷（制热），制冷状态室外机液阀连接处结霜，如左图所示。对于安装有压力开关的空调器，会造成压缩机无法启动或启动后马上停机，测量低压侧压力低于正常值。 ②制冷剂全部泄漏，表现为空调器完全不制冷（制热），测量低压侧压力为负压。 ③室内、外机组连接管路泄漏，多为截止阀与配管的喇叭口连接处，长时间泄漏该处通常有油污。其次为室内机组与配管的喇叭口连接处，如有泄漏，打开该处保温套，内表面应有渗油。 ④压缩机高低压连接管泄漏，该部分管路长期工作在振动状态，容易出现裂纹	①观察制冷管路接头及制冷部件有无油污，截止阀有无结霜，判断制冷系统是否泄漏。 ②擦净油污，在制冷系统冲入制冷剂或氮气，用肥皂水查找泄漏点。 ③管路或制冷部件泄漏，可排空制冷剂后进行焊接，或更换管路与部件；配管喇叭口处泄漏，先检查是否拧紧，如已拧紧，则喇叭口损坏，需重新加工。 ④维修好泄漏点，如系统内有空气进入，需抽真空后重新充注制冷剂；如无空气进入，可直接补加制冷剂。 ⑤对维修好的部位重新检漏
（2）管路堵塞产生的制冷（制热）效果差，不能进行制冷（制热）故障	①主要发生在毛细管或过滤器处，如果该部分有明显温差、结霜或结露，说明该部分出现了半堵。管路半堵时制冷效果差，压缩机运转电流大，系统排气压力高、吸气压力低。 ②如果毛细管或过滤器与环境温度相当，说明系统全堵。管路全堵时不制冷（制热），制冷系统高压侧压力偏低，低压侧压力为负压，压缩机工作电流偏小。 ③热交换器翅片脏堵，散热困难，制冷（制热）效果差。 ④配管在安装过程出现严重压瘪、堵塞，制冷效果差，有时会出现低压截止阀处结霜	①先检查热交换器翅片是否脏堵，如有，进行清洗。 ②检查管路在折弯处有无压瘪，如有，进行整形处理或更换管路。 ③制冷效果差，补加制冷剂，但低压压力一直偏低，说明系统堵塞。 ④打开室外机壳，检查毛细管或过滤器，如果该部分有明显温差、结霜或结露，说明该部分出现了半堵。 ⑤更换过滤器，用高压氮气对毛细管吹脏。 ⑥保压检漏正常后，抽真空、充注制冷剂
（3）压缩机故障产生制冷（制热）效果差，不能进行制冷	①压缩机能运行但排气能力差，空调器制冷（制热）效果差，制冷状态系统排气压力偏低，吸气压力偏高。 ②压缩机绕组阻值正常但不能运行，为抱轴、卡缸等机械故障，此时空调器不制冷（制热）。 ③压缩机绕组烧坏称为电气故障	①压缩机不运转，可先测量压缩机供电电压，如无，为控制电路故障；如有，为压缩机故障。 ②测量压缩机绕组阻值，如不正常，更换压缩机。 ③如正常，测量运行电容。 ④如电容也正常，排空制冷剂后，压缩机仍不启动，应为抱轴、卡缸故障，需更换压缩机
（4）四通换向阀故障产生制冷（制热）效果差，不能进行制冷、制热转换	①四通换向阀高低压串气，空调器制冷（制热）效果差，制冷状态系统排气压力偏低，吸气压力偏高。 ②四通换向阀不能进行换向，空调器制冷、制热无法转换	①测量四通换向阀线圈供电电压，如无，为控制电路故障；如有220V电压，为四通阀故障。 ②测量换向阀线圈电阻，如开路，可单独更换线圈。 ③反复给四通阀线圈通电或在制热状态敲击四通换向阀阀体，有时会排除故障；如仍不能排除，需更换四通阀阀体

2. 制冷系统故障检修的常用方法

制冷系统故障检修的常用方法有：一看、二听、三摸、四测，如表7-4所示。

表7-4　制冷系统故障检修的常用方法

项目	内　容
一看	通过看往往可以快速找到故障点或分析出故障原因，是最便捷的检修方法。 （1）室外机截止阀处及其他制冷部件表面有无油迹，有油迹的地方多为泄漏部位。 （2）室外机截止阀处有无结霜，如液阀结霜，表明制冷系统严重缺氟。如气阀结霜，可能为：①室内机过滤网堵塞或室内风机转速过低；②低压连接管有压瘪现象；③制冷剂充注量偏多。 （3）毛细管与过滤器是否结霜。如结霜，为堵塞。 （4）室内外热交换器是否过脏。如过脏，应先清洗再检测。 （5）蒸发器右侧局部结霜（结冰），制冷剂不足
二听	（1）空调器工作过程中有无压缩机运行的“嗡嗡”声，注意区别室外风机工作的声音。 （2）四通换向阀换向时气流声是否正常。当听到电磁阀线圈通电后“嗒”的一声换向声，并有“嚓”的气流声，说明换向正常；如果听不到“嗒”的换向声，或只有换向声，而无气流声，均说明换向阀有故障
三摸	（1）配管的温度是否正常。制冷时用手摸两根配管，应都有凉手的感觉。 （2）四通换向阀4根管子温度是否正常。正常时应该两根管子热，两根管子凉，两者有明显温差。 （3）单向阀两端是否有温差。如有，说明单向阀漏气
四测	（1）用检修阀测量空调器低压侧压力，判断制冷剂充注量是否合适，制冷系统工作是否正常。夏季制冷时，低压侧压力通常为0.4～0.6MPa。 （2）用温度计测量空调器进出风口温度，判断空调器制冷、制热是否正常。制冷时进出口温差应为8～10℃；制热时进出口温差应大于15℃。 （3）测量空调器的运行电流和工作电压，判断压缩机工作是否正常，制冷系统是否堵塞。正常时压缩机运行电流为额定值或在小于额定值的1/4范围内

3. 制冷系统故障检修实例

【实例1】 一台KFR－120LW分体落地式空调器制冷效果差

故障分析：首先检查过滤网及室外热交换器正常，通电试机，工作在制冷状态，室外机发出较大的杂音，马上停机，检查室外机风机没有碰擦，各部件连接正常无松动，再次通电，依然如此，用手感觉出风口温度偏高，制冷效果差，用检修阀测量室外机低压侧压力为0.78MPa，偏高。询问用户未曾补加过制冷剂，初步判断为四通换向阀漏气。

故障检修：打开室外机组外壳，通电后，仔细倾听为四通换向阀发出的声音，让空调器反复进行制冷制热转换，故障未有改观。让空调器工作在制热状态，反复敲击四通换向阀，故障依旧。停机后回收制冷剂，取下四通阀线圈，焊下四通换向阀；然后换上一只同型号的四通换向阀，取下线圈，用湿毛巾包裹阀体，依次焊接4个连接管路，最后复原，重新抽真空，充注制冷剂，恢复正常。

【实例2】 一台分体挂壁式空调器使用一年后，制冷效果差

故障分析：现场检查发现室外机液阀连接处有明显的油迹，初步判断该处有泄漏。

故障检修：用干净布将油污擦除，再用肥皂水检漏，发现纳子连接处每1～2min出一个气泡，即判定为泄漏。先用扳手紧固纳子，发现纳子表面有一细裂纹。回收制冷剂，拆下接头，割除喇叭口，更换纳子，重新制作喇叭口，安装后重新检漏，确认不漏后，排出管路内空气，重新补加制冷剂，恢复正常。

【实例3】一台 KFR－51LW 分体落地式空调器上午工作正常，下午开机不制冷

故障分析：现场通电试机，压缩机及控制电路工作正常，检查配管各连接处无油迹。用检修阀测量空调器低压侧压力为负压，该故障产生的原因主要为泄漏或堵塞。根据空调器上午工作正常，下午完全不制冷的现象，判断制冷剂泄漏的可能性比较大。

故障检修：室外机工作环境恶劣，振动较大，容易出现管路泄漏。打开室外机外壳，检查压缩机高压排气管，沿管路用手触摸，发现排气管下侧有较多油污，仔细观察有一裂纹。更换高压排气管，重新抽真空，充注制冷剂，工作正常。

7.3.3　空气循环系统常见故障及检修方法

1. 故障分析

空气循环系统常见故障分析如表 7-5 所示。

表 7-5　空气循环系统常见故障分析

故障现象	故障原因	检修方法
风机不转	（1）风机电动机绕组烧坏； （2）风机轴承或电动机转子卡死； （3）风机电动机运行电容失效； （4）风机驱动电路故障； （5）风叶紧固螺钉松脱	（1）测量风机两端电压是否正常。如正常，为风机故障；如不正常，为控制电路故障。 （2）断电后，用手拨动扇叶是否转动灵活。如不能转动，为风机轴承卡死。 （3）如转动灵活，用万用表测量风机绕组阻值是否正常。如阻值不正常，为电动机故障，需更换电动机。 （4）电机阻值正常时，用万用表测量运行电容。如容量下降或失效，均需更换。 （5）驱动电路有故障时，可以检修或更换控制板
风量小	（1）电源电压低； （2）风机电动机运行电容容量下降； （3）过滤网或热交换器脏堵； （4）风机电动机绕组局部短路； （5）三相电动机的电源相序错误，风机反转	（1）检查风机供电电压是否过低。如过低，检查线路接触点有无接触不良。停机后，用手拨动扇叶转动是否灵活，有无碰擦。 （2）检查风机运行电容容量是否下降。 （3）检查空气过滤网是否脏堵，若是，清洗过滤网。 （4）测量风机电动机绕组有无匝间短路。 （5）如果是三相电动机，调整电源相序
噪声大	（1）风机轴承磨损； （2）风叶破损，平衡性差； （3）风叶与电动机轴固定螺钉松动	（1）检查风机振动是否较大。如是，则为风叶破损，平衡性差。 （2）对于贯流式风机，更换风机轴承。 （3）检查风叶与电动机轴固定螺钉是否松动
导风叶片不动	（1）导风电动机绕组烧坏； （2）导风电动机内部齿轮损坏； （3）电动机驱动电路开路； （4）导风叶片传动部件脱位；	（1）检查步进电动机供电电压是否正常。如正常，更换步进电动机。 （2）如无，检查驱动电路。 （3）对于挂壁式空调，取下导风叶片，通电后如步进电动机转动，为电动机内部齿轮损坏，需更换电动机；如不转动，测量电动机绕组阻值，各端子间均应导通有阻值。 （4）对于柜式空调，先检查导风叶片传动部件是否脱位、损坏

2. 空气循环系统故障检修的常用方法

空气循环系统故障检修的常用方法有：一看、二听、三摸、四测，具体内容如表 7-6 所示。

表 7-6　空气循环系统故障检修常用方法

项目	内　容
一看	当出风口风量小时，要观察过滤网和热交换器是否被灰尘堵塞；风机不能运转时，观察风机运行电容有无鼓包现象；导风叶片不动时，观察传动部件有无脱位
二听	当需判断是室内风机还是其他部位噪声时，可将空调器设置为“通风”模式，此时仅室内风机工作，如听到噪声，则故障为室内风机；如无噪声，说明故障发生在压缩机、室外风机、连接管道等制冷系统
三摸	当风机转速低或不转时，首先要在停机状态用手拨动风叶看是否转动灵活，如转动不灵活，为轴承缺油、风叶碰擦等故障；如转不动，为轴承卡死、异物阻挡等机械故障；用手触摸风机，若抖动厉害，多由风叶平衡性差或电动机轴承磨损等引起；用手触摸风机外壳温度，手感剧烈发烫，但不应滴水发出响声，如向机壳滴水发出响声很快蒸发，说明风机已过载或出现故障
四测	当风机转速低时，排除机械故障后，先测量电源电压是否偏低，再测量运行电容容量是否下降，最后测量电动机绕组阻值是否正常；当风机不转时，排除机械故障后，先测量电源电压是否正常，再测量运行电容容量是否失效，最后测量电动机温度保护器、绕组是否开路；如果仅是温度保护器损坏，绕组正常，可更换温度保护器或直接短路应急维修

3. 空气循环系统故障检修实例

【实例 1】 一台 KFR－25GW 分体空调器遥控开机，室内风机不转，但室外压缩机和风机运转正常，过一段时间空调器自动保护

故障分析：根据故障现象“开机，室内风机不转，但室外压缩机和风机运转正常，过一段时间空调器自动保护”，说明电源已经加至室内风机，自动保护应为风机电流过大造成的温度保护器动作，切断整机控制电路。室内风机不转主要有机械故障和电气故障两方面，首先要排除机械故障，再排除电气故障。

故障检修：断电，用手拨动室内机贯流风扇转动灵活，说明机械部分正常。接着测量风机绕组阻值正常，取下控制板找到室内风机运行电容放电后，用万用表测量电容失效。更换同型号电容，试机工作正常。

【实例 2】 一台奥克斯 KFR－32GW/ED 空调器插上电源室内风机就转，调节风速挡，风速无变化

故障分析：插上电源室内风机就转，说明风机正常，故障应在控制电路，该空调室内风机控制电路如图 7-1 所示。由原理图可知控制风机运转的主要部件是双向可控硅 BCR、光电耦合器 IC1 及单片机，易损部件应为双向可控硅。

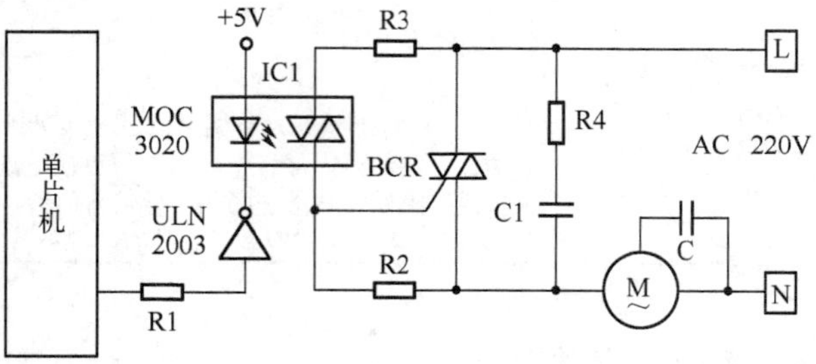

图 7-1　室内风机控制电路

故障检修：断电后，取下室内机控制板，用万用表电阻挡测量双向可控硅的 T1、T2 之间的阻值非常小，说明其已击穿，更换同型号双向可控硅后，插上电源风机不转，按动遥控

器风速选择键，风速变化明显，故障排除。

【实例3】一台 KFR－25GW 分体空调器制冷时室内机发出“咯嗒咯嗒”的噪声

故障分析：首先寻找噪声源，将空调器设置到“送风”状态，仍然有噪声，调节风速，噪声节奏随风速大小而改变，说明噪声与室内风机有关。

故障检修：断电后，用手拨动贯流风机转动灵活，无噪声，取下贯流风叶，风扇电动机转动无噪声。贯流风叶轴承磨损，造成风叶抖动发出噪声的可能性较大。更换贯流风叶轴承，噪声排除。

7.3.4　电气系统常见故障及检修方法

空调器电气控制系统通常分为弱电控制系统和强电控制系统。弱电控制系统使用的电源通常为直流5V和12V，以微处理器为核心，用于处理遥控信号和键控信号、温度和压力等控制和保护信号，控制压缩机、风机、四通换向阀等的工作。强电控制系统使用的电源为交流220V或380V，用于控制和驱动压缩机、风机、四通换向阀、电加热器等负载。

1. 弱电控制线路的常见故障及检修方法

弱电控制线路的常见故障及检修方法如表7-7所示。

表7-7　弱电控制线路的常见故障及检修方法

故障现象	故 障 原 因	检 修 方 法
遥控器不起作用	（1）遥控器故障； （2）遥控接收器故障； （3）主控板故障	（1）打开室内机面板，按压“自动”键或“制冷”键，如空调器能正常运转，说明主控板正常，故障在遥控发生器或接收器。 （2）判断是遥控发生器还是接收器的故障。 ① 用万用表串入遥控器的电池连接处，测量静态电流应为0，按下按键电流应跳变为15～25mA，说明遥控器基本正常。 ② 将收音机调至中波455～650kHz，将遥控器对准收音机天线，按动按键，收音机应发出短促的“嗒”声，说明遥控器基本正常，但不能保证红外发生电路正常；如无，则说明遥控器有故障。 ③ 用同规格正常遥控器测试，如能接收，说明红外接收器正常，故障在遥控发射器；若不能接收，说明故障发生在红外接收器。 （3）检修遥控器。 ① 遥控器不显示、不能发射信号，故障原因主要为：晶振损坏（主晶振和副晶振任何一个损坏，都会出现这种故障现象）；微处理器及外围元件损坏；电池电压低于2.4V。最常见的原因为晶振损坏。 晶振的判断可用万用表测量晶振引脚电压，用频率计测量晶振的频率或用示波器测量晶振引脚的波形。测量主晶振时，必须在按压按键时才能测量，副晶振可以直接测量。 ② 个别按键失效。故障原因主要为：按键导电橡胶电阻过大（正常为40～150Ω）或印制电路板电极不清洁。可用无水酒精清洗印制电路板的电极与导电橡胶、粘贴铝箔等方法排除。 ③ 遥控器显示正常，但不能发射遥控信号。故障原因主要为：红外发射管及驱动电路损坏。红外发射管可用万用表的R×1k挡测量其正、反向电阻，正常时正向电阻为20～30kΩ，反向电阻为∞。 用万用表测量红外发光管两端的电压，在按动按键时，应有0.1～0.2V的微小变化，如无，则为驱动电路故障；或在红外发光管两端并联一只普通发光二极管，按动按键时，如有可见光发出，故障发生在红外发光二极管，如无，故障发生在驱动电路。 （4）检修红外接收器。当判断红外接收器故障时，要先测量红外接收器供电电压是否有5V，如有，更换红外接收头，即可排除故障

续表

故障现象	故障原因	检修方法
接通电源，无上电提示音，空调器面板无电源指示，整机不工作	（1）主控板直流稳压电路开路； （2）主控板晶振损坏	（1）用万用表测量空调器电源输入端有无220V或380V电压，如无，检修供电电源。 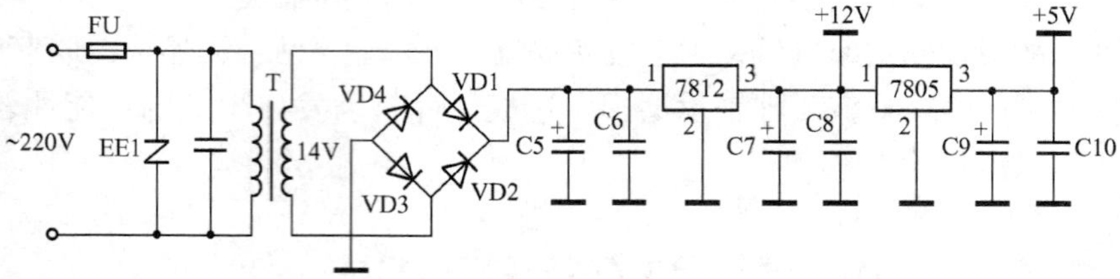 （2）测量主控板上有无+5V直流电压，可参考上图所示。如无，检查三端稳压块7805的1端有无+12V供电。若有，则是7805损坏；若没有，测量三端稳压块7812的1端有无+14~16V直流电压输入，若有，故障在三端稳压块7812；若无，检查桥式整流滤波电路和滤波电容。若整流电路和电容正常，继续往前查交流电路。 测量变压器初级是否有220V交流电压输入，次级是否有14V交流电压输出。 若次级没有交流电压输出，说明变压器损坏。若次级输出正常，应检查初级回路串联的熔断器是否熔断，如熔断器的熔丝从中间断开，玻璃管壁透明，可直接更换同型号熔断器。如果熔断器熔丝完全熔断、蒸发，管壁有金属蒸发物，说明电路中有严重短路，此时需进一步检测并联在变压器初级绕组的压敏电阻及高频旁路电容是否击穿，排除短路故障后再更换熔断器。 （3）如5V直流电源正常，测量晶振两端的直流电压或晶振的振荡频率，判断晶振好坏
电源显示正常但整机不工作	（1）室内外通信电路故障； （2）三相电源相序错误； （3）压力继电器开路； （4）主控板损坏； （5）温度传感器损坏	（1）查看故障代码，根据故障代码检修电路。 （2）无故障代码或不清楚故障代码时： ①可尝试短接压力继电器，短接后如空调器能运行，测量低压侧压力，如压力低于正常值，应补加制冷剂；如压力正常，为压力继电器开路。 ② 使用三相电源的空调器，调整电源相序，如故障消失，为电源相序错误。 ③ 检查温度传感器接插件是否接触良好，测量温度传感器阻值是否正常。 （3）检查室内外通信电路、信号线及接插件是否正常。 （4）检查主控板晶振及复位电路是否正常

2. 强电控制线路的常见故障及检修方法

强电控制线路的常见故障及检修方法如表7-8所示。

表7-8　强电控制线路的常见故障及检修方法

故障现象	故障原因	检修方法
室内外风机工作正常，但压缩机不启动	（1）交流接触器损坏； （2）启动电容容量下降； （3）压缩机过载保护继电器开路； （4）控制电路故障； （5）压缩机绕组损坏； （6）压缩机抱轴、卡缸	（1）首先测量压缩机供电电压是否正常，如电压过低或缺相，应先排除电源故障。 （2）如压缩机无供电电压，检查交流接触器或继电器是否正常，测量接触器或继电器线圈电压，如有，为接触器或继电器故障；如无，为控制电路故障。 （3）如压缩机有供电电压：① 用万用表R×1挡测量过载保护继电器是否正常；② 用万用表R×1挡测量压缩机绕组阻值是否正常；③ 测量压缩机运行电容是否正常。 （4）如经上述步骤检查正常后，可放掉系统中制冷剂，如仍不能启动，多为压缩机抱轴、卡缸

续表

故障现象	故障原因	检修方法
压缩机工作一段时间突然停机	（1）热保护器动作； （2）压力继电器动作； （3）交流接触器损坏； （4）室内风机温度保护器动作； （5）电源线路负载能力差	（1）用万用表测量压缩机工作电压，如停机时电压大幅下降，为电源负载能力差。需检查线路接头处理是否良好，线径是否过细。 （2）用钳形表检测压缩机工作电流，如停机时电流过大，为过电流保护停机，应进一步检查冷凝器散热是否良好，管路是否有堵塞等。 （3）如电流正常：① 检查过载保护继电器是否正常，如断开，为保护继电器性能变差；② 检查压力继电器是否正常，如断开，表明制冷剂不足；③ 检查交流接触器线圈、触点是否完好。 （4）如空调器整机停止工作，重点检查室内风机温度保护器是否动作
四通换向阀不能换向，导致空调器能制冷但不能制热	（1）四通换向阀线圈开路； （2）控制电路故障	（1）将空调器调整为“制热”模式，测量四通换向阀线圈供电端有无交流220V电压，如有，断电后用万用表R×100挡测量线圈阻值，如为∞，则线圈损坏，更换同型号线圈即可修复。 （2）如线圈两端无交流220V电压，需检查控制电路，重点检查驱动继电器、继电器线圈驱动电路是否损坏

7.4　项目基本知识

7.4.1　空调器故障的一般检查方法

空调器的故障按发生的特点不同，可以分为两类：一类为假性故障（机器外部故障和人为故障），另一类为设备故障。设备故障又可分为制冷系统故障和电气系统故障。在检修空调器的故障时要先排除假性故障，再排除设备故障；先排除制冷系统故障，再排除电气系统故障。检修电气系统故障时要先电源后负载，先室内后室外，先简单后复杂。

维修空调器的故障必须要熟悉空调器的结构、工作原理、电气线路连接。对空调器进行故障分析和检查时，通常采用的方法是：看、听、闻、摸、测，如表7-9所示。

表7-9　空调器故障的检测方法

项目	内　容
看	主要观察制冷系统管路有无损伤，制冷部件及连接部位有无油污，热交换器有无脏堵，截止阀有无结霜，熔断器是否熔断，室内外连线是否接错、脱落，接触器是否吸合等
听	空调器工作过程有无异常声音，噪声是否过大，四通换向阀换向声音是否正常，有无继电器吸合的声音
闻	闻变压器、风机等部件是否有烧焦味，如有，说明该部件绕组可能烧坏
摸	用手触摸压缩机、风机外壳是否过热，制冷系统管路温度是否正常，热交换器表面温度是否合适
测	用温度计测量空调器进出风口温度，判断制冷（制热）效果的好坏。 用检修阀测量空调器低压侧压力，判断制冷系统是否泄漏、堵塞，制冷剂充注量是否合适。 用万用表测量电源电压，判断电源是否正常；测量压缩机、风机、变压器、继电器等电气部件的阻值，判断性能好坏。 用钳形表测量空调器的工作电流，判断压缩机等部件工作是否正常。 用兆欧表测量空调器绝缘电阻，寻找漏电部位

1. 判断制冷系统和电气系统故障

（1）电源不显示，无上电提示音，不接收遥控信号为电气故障；压缩机和风机工作正常，不制冷或制冷效果差，为制冷系统故障。

（2）空调器不运转，对于室外机组安装有压力继电器的空调器，可通过测量制冷系统平衡压力来区分，如系统压力在 0.15MPa 以上，说明故障发生在电气部分；如平衡压力过低，说明故障发生在制冷系统。

（3）压缩机不正常停机，测量空调器制冷（制热）状态下的压缩机工作电流，如运行电流正常，故障主要发生在制冷系统；如运行电流过大或过小，故障发生在电气系统。

2. 判断保护元件与主控板故障

（1）替换法。用好的主控板换下怀疑有故障的主控板，故障消失，则主控板有毛病；如故障依旧，则故障发生在保护元件。

（2）排除法。测量压力继电器、热敏电阻、过载保护继电器等保护部件，如正常，则故障发生在主控板。

（3）利用空调器的“自动”键或“制冷”键等应急开关来区分故障点。如按动应急开关，空调器能工作，说明主控板正常，故障发生在遥控发生器或接收器；如按动应急开关，空调器不能工作，说明故障发生在主控板。

（4）观察故障代码或保护指示灯，根据提示信息，确定故障部位。

（5）测量主控板上直流 12V 和 5V 电压，如正常，而空调器无电源显示也不接收遥控信号，多为主控板故障。

7.4.2 识读空调器电路图

1. 遥控器电路

空调器的遥控器电路主要由液晶显示电路、红外信号发生电路、键盘控制电路、振荡电路、复位电路和电源电路组成。遥控电路组成框图如图 7-2 所示，当按下按键时，对应该按键的控制信号输入微处理器 CPU 内，经内部处理后输出代表指令信息的高频脉冲串，经三极管 V 放大，推动红外发光二极管发出红外光。

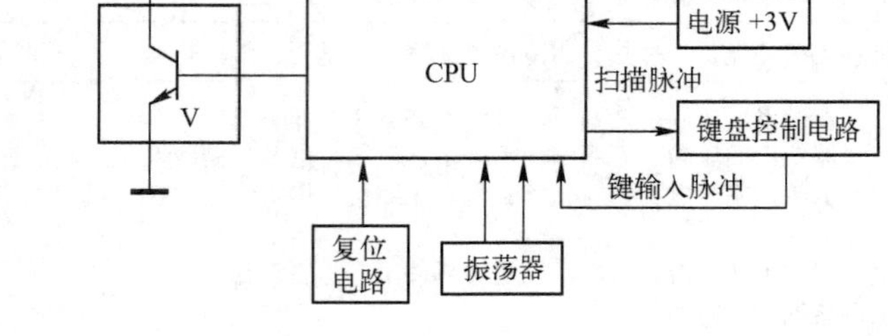

图 7-2　遥控电路组成框图

海信 KFR－28GW/BP 空调器遥控器的电路原理图如图 7－3 所示，主要由 CPU（WZF98001）、红外发射管 LED1 和 LED2、驱动三极管 V1 和 V2、4MHz 和 32.768kHz 晶体振荡器、键盘矩阵等组成。

1）信号发射电路

信号发射电路由红外发光二极管 LED1 和 LED2、三极管 V1 和 V2 构成的驱动电路组成，如图 7-4 所示。微处理器 18 脚输出的代表指令信息的高频脉冲，经三极管 V1 激励，V2 放大，驱动发光二极管 LED1 和 LED2 发射红外光。静态时，CPU 的 18 脚为高电位（2.8V 左右），三极管 V1 截止，*B* 点为地电位（0V），三极管 V2 截止，二极管不发光。当按压按键时，三极管 V1、V2 导通，用万用表测量 *A* 点、*B* 点，指针应有摆动。发光二极管性能不良，发射距离短或不能发射信号，是该部分电路的常见故障。

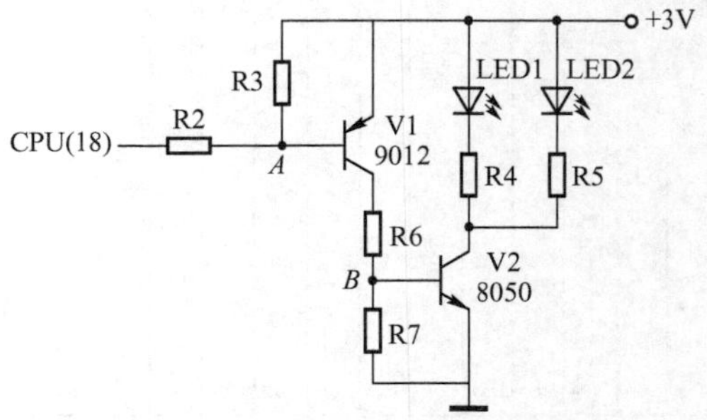

图 7-4　信号发射电路

2）振荡电路

该遥控器采用双时钟脉冲振荡电路，主晶振 ZD1、电容 C8、C9 和微处理器的 30、31 脚组成 4MHz 的时钟振荡器，经分频后产生 38kHz 的载频脉冲。子晶振 ZD2、电容 C4、C5 和微处理器的 19、20 脚组成 32kHz（准确为 32.768kHz）的振荡器，主要供时钟电路和液晶显示电路用。主晶振和子晶振中的任何一个发生故障，都会造成遥控器无液晶显示，不能发射遥控信号，按键不起作用。

3）复位电路

复位电路由电阻 R9、二极管 VD2 和电容 C6 组成，如图 7-5 所示。电容容量的大小决定复位时间长短，通常为 0.1～0.47μF，为低电平复位。按键 SW 为人工强制复位，按下 SW，电容 C6 快速放电，断开后，电源经 R9 对 C6 充电，重新进行复位。复位电路故障现象主要为遥控器死机、显示混乱或不显示。复位电容漏电是该电路的常见故障。

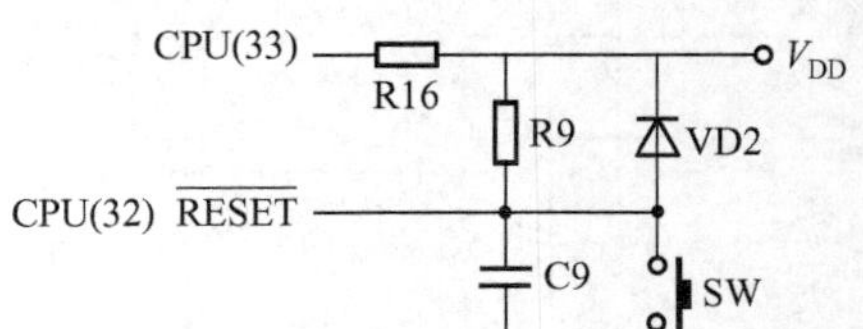

图 7-5　复位电路

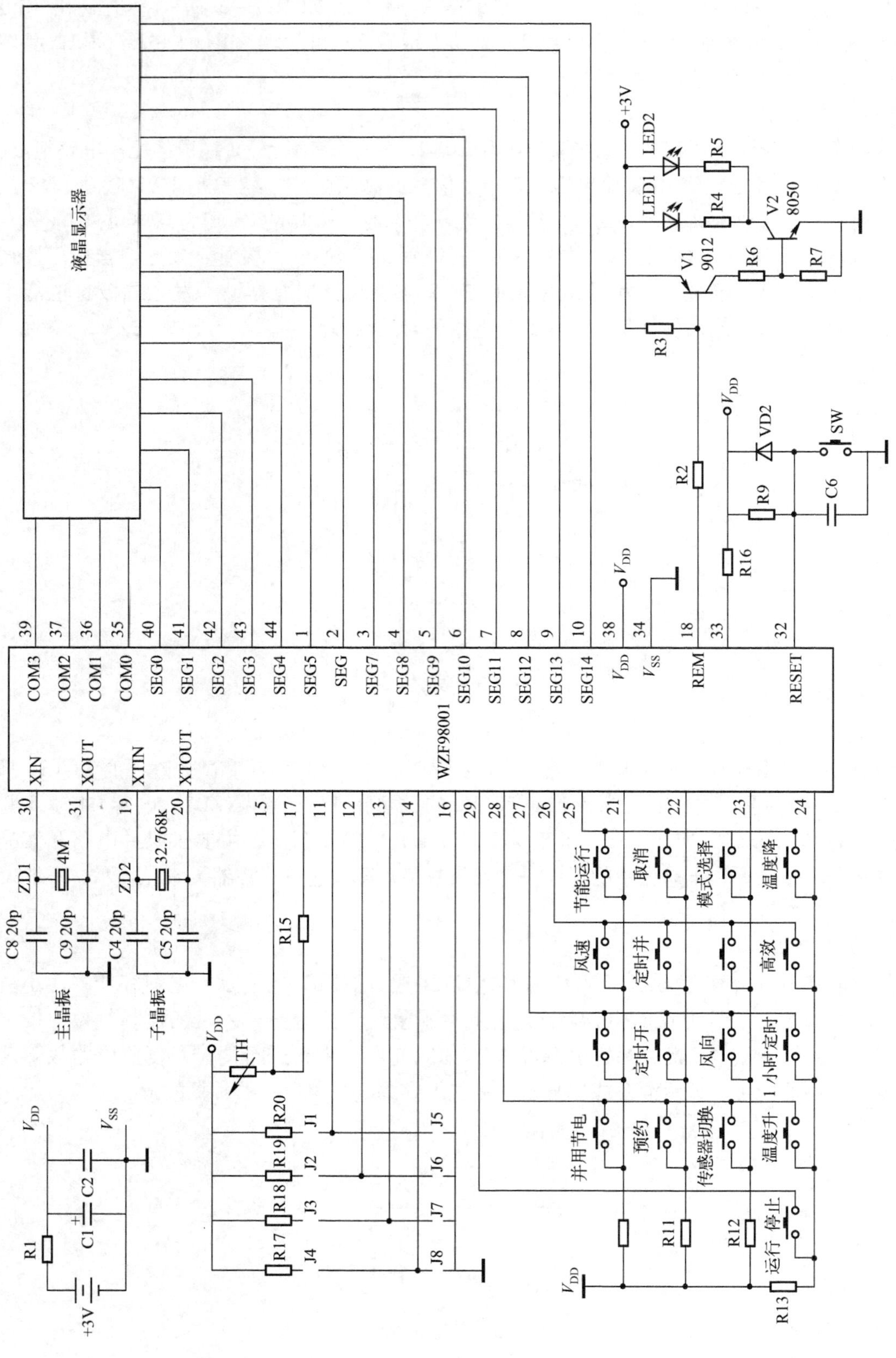

图 7-3　海信 KFR-28GW/BP空调器遥控器的电路原理图

4）温控电路

该遥控器具有随身感功能，即按压传感器切换按键，可以利用遥控器上的温度传感器检测室内温度并自动控制空调器的运行。遥控器内的测温电路由负温度系数热敏电阻 TH 和电阻 R15 构成。

当遥控器测温电路损坏时可按压传感器切换按键，切换至利用空调器室内机自带温度传感器控制空调器运行。

5）键盘控制电路

键盘控制电路由微处理器的 21 ~24 脚和 25 ~29 脚组成的 4 ×5 键矩阵构成，微处理器的 21 ~24 脚是扫描脉冲发生器的 4 个输出端，25 ~29 脚是按键信号编码器的输入端。当按下某按键时，相应的扫描脉冲通过按键输入到微处理器的信号编码器，读出对应的数字编码指令，经调制后输出至驱动三极管。该电路常见的故障是按键不灵敏、按键失效。按键不灵敏可用纯酒精擦洗电路板；按键失效可强制人工复位，如不能排除，再检查印制板上相应铜箔有无开路。

6）液晶显示电路

液晶显示电路由主芯片、导电橡胶、液晶显示板组成，导电橡胶与主芯片或液晶显示板接触不良时会造成液晶屏笔画显示不全。

7）电源电路

电源电路由两节干电池和滤波电容构成，电池电压要达到 2.4 ~3.2V，当低于 2.4V 时，显示不清晰，发射距离近，应更换新电池。

8）机型选择

微处理器 11、12、13、14 脚外围的短接插子，通过不同的组合，可以使该遥控电路应用于不同的机型。

2. 控制面板

空调器的控制面板用于显示空调器的工作状态及故障代码，输入键控指令或接收遥控指令。以美的 RF7.5WB 空调控制面板的开关显示电路为例，如图 7-6 所示。该电路由微处理器 UPD75304、直流电源、复位电路、振荡电路、信号电路、显示电路、键盘控制电路等组成。

1）直流电源

直流电源 12V 经三端稳压块 7806 稳压和电容 C9、C10 滤波输出稳定的 6V 直流电压，经隔离二极管 V5 后变为 5V 直流电，供给微处理器等电路。

2）复位电路

该机型采用分立元件构成的上掉电复位电路，由稳压二极管 V10、三极管 V13 和 V14、电阻 R5、电容 C1 等元件构成。刚通电时，6V 电压高于稳压管的稳压值，通过电阻 R150、R152 使三极管 V14 导通，V13 截止，+5V 经 R153、R5 对电容 C1 充电，实现低电平复位。当电源电压过低或断电时，稳压管 V10 截止，三极管 V14 截止，V13 导通，电容 C1 经 R5 和三极管 V13 放电，使单片机重新复位。

3）振荡电路

主晶振 ZD1 与电容 C3、C4 给微处理器提供 4.19MHz 的基准时钟信号；子晶振 ZD2 和

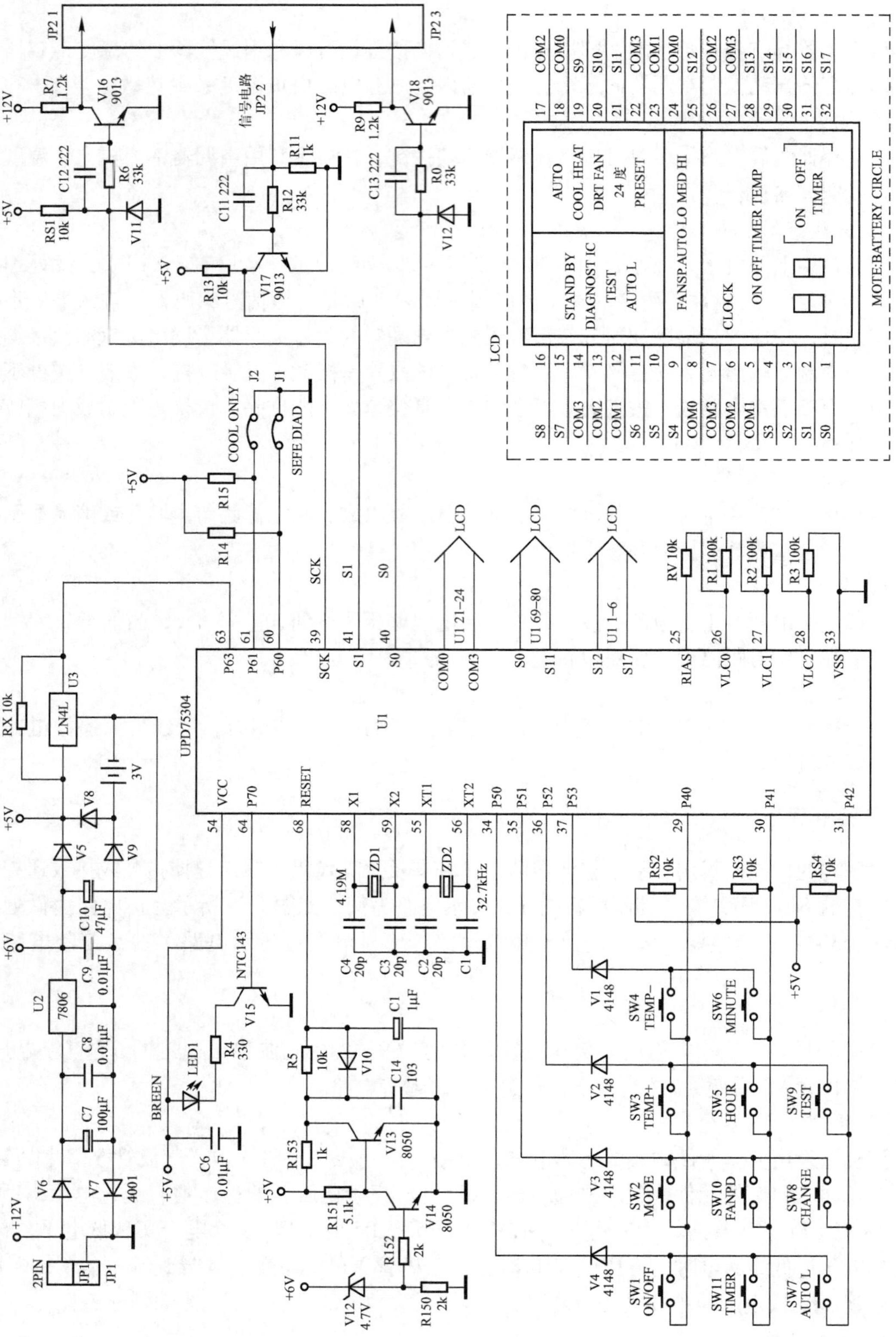

图 7–6 美的 RF7.5WB 柜式空调室内开关显示电路原理图

电容器 C1、C2 为微处理器提供 32.7kHz 的振荡信号，供液晶显示电路用。

4）信号电路

信号电路用于控制面板与室内主控板之间进行信号传递，由微处理器的 39～40 脚和三极管 V16、V17、V18 构成的隔离电路组成，与室内主控板间通过导线传输。39、40 脚经隔离电路向室内主控板送入信号，室内信号经三极管 V17 送给开关显示电路。

5）显示电路

显示方式为液晶显示，显示内容直观，信息量大，液晶显示器由微处理器直接驱动，微处理器 25～28 脚外接电阻 RV、R1～R3，用于调整液晶显示的亮度。

6）键盘控制电路

键盘控制电路由微处理器的 34～37 脚和 29～31 脚组成的 3×4 键矩阵构成，按键通常使用微动开关，长时间使用触点氧化，易产生个别按键不灵敏或失效。

3. 室内机电脑控制电路

空调器的室内机电脑控制电路是整个控制电路的核心，它不仅接收各种指令和测量信号，还输出各种控制信号，通常由电源、微处理器、功率驱动、温度控制、通信电路、功能及状态显示等单元组成。美的 KFR－36GW/Y 热泵分体型空调器具有制冷、制热、除湿、送风、自动 5 种工作方式，它的电脑控制电路原理图如图 7-7 所示，各部分的组成和工作原理如下。

1）电源电路

如图 7-8 所示，熔断器 FU 与压敏电阻 ZMR 组成过压保护电路，当电网出现异常高压时，压敏电阻呈低阻状态，相当于短路，导致熔断器断开，切断电源。变压器降压后的 +14V次级交流电压，经 VD16～VD19 桥式整流，C16 滤波，由三端集成稳压器 7812 稳压，输出 +12V 直流电压，作为继电器、蜂鸣器、步进电动机的电源；控制电路的 +5V 电源取自另一三端集成稳压器 7805。

2）过零检测电路

参见图 7-8，过零检测电路由 VD14、VD15、C11、VT3 等构成，变压器 T 次级输出的 14V 交流电压经 VD14、VD15 整流，产生脉动直流电，由 C11、R27 加至三极管 VT3 的基极，反向放大后从集电极输出，送入 CPU 的 34 脚，为微电脑提供电源同步信号。

3）压缩机过流保护电路

本空调器设置了压缩机电流检测电路，对压缩机进行保护，如图 7-9 所示。电流互感器 CT 取出压缩机电动机中通入的电流信号，经二极管 VD1 半波整流，R7、R8、R9 转换为电压信号，输入 75P036 的 26 脚。当压缩机电动机电流过大时，26 脚电位升高至某一值，75P036 判断压缩机工作异常，并切断压缩机的电源。

4）传感器电路

如图 7-10 所示，室内温度由负温度系数的热敏电阻 RT1 进行检测，随着温度的变化，热敏电阻 RT1 阻值变化，使主芯片 75P036 的 25 脚电位发生变化；主芯片 75P036 将根据 25 脚的电位高低控制压缩机的开停。

RT2 是设置在室外侧热交换器上的除霜传感器，也是负温度系数热敏电阻。冬季制热时，室外侧热交换器温度降低，RT2 阻值增大，主芯片 75P036 的 24 脚电位下降；当降至设

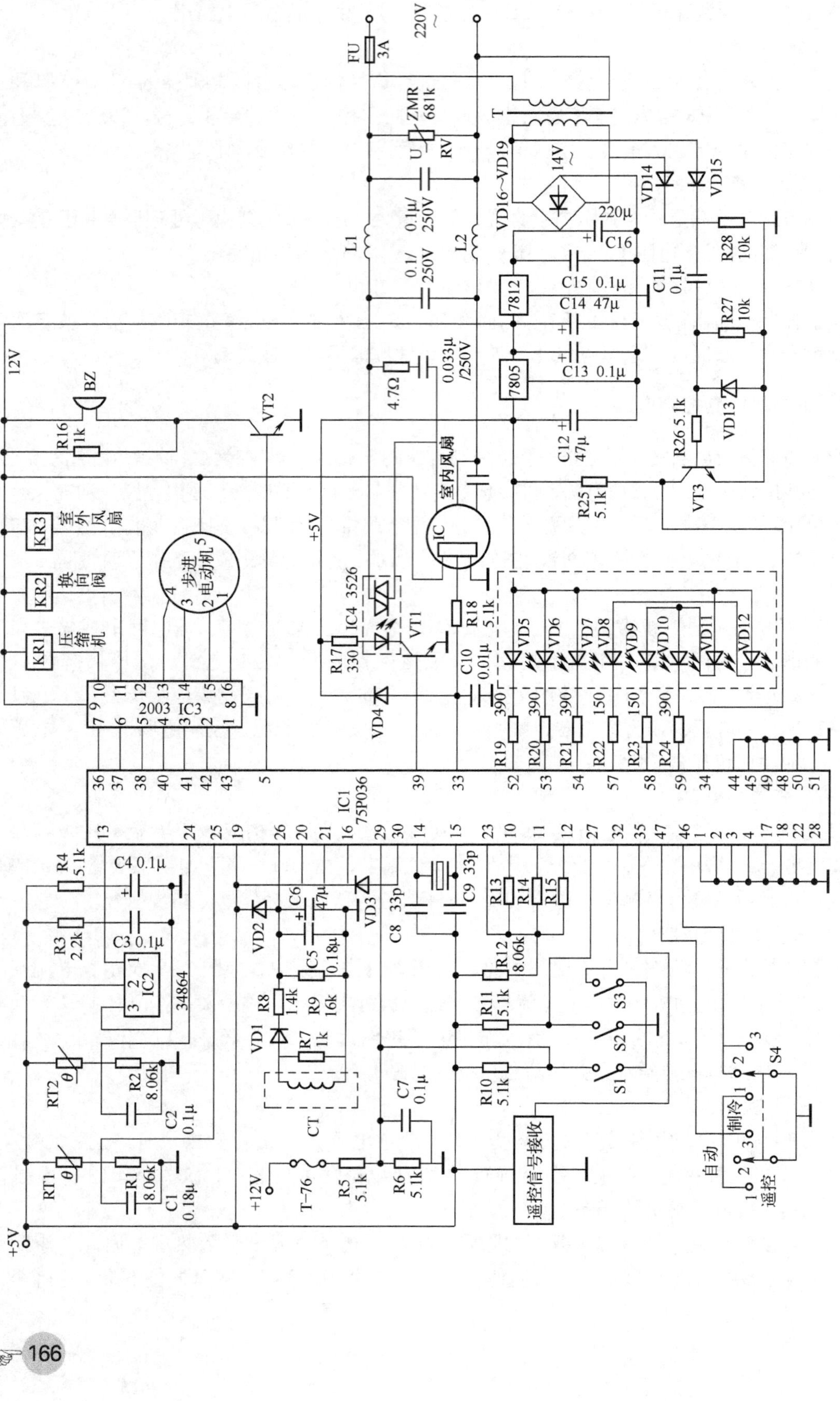

图7-7 美的KFR-36GW/Y分体壁挂式空调器控制电路

定的电压值时，主芯片75P036发出除霜信号，主芯片75P036的37脚电位转为低电平，继电器KR2释放，切断电磁四通换向阀的供电，开始除霜；同时38、39脚也为低电平，室内、外风机停转。除霜结束后，室外侧热交换器温度升高，RT2阻值降低，主芯片75P036的24脚电位升高；37、38、39脚恢复高电平，电磁四通换向阀通电，继续制热。

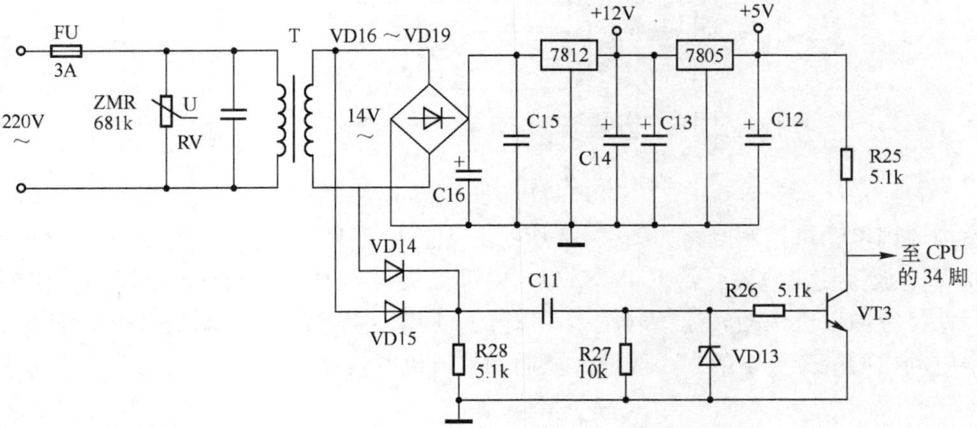

图7-8　电源电路

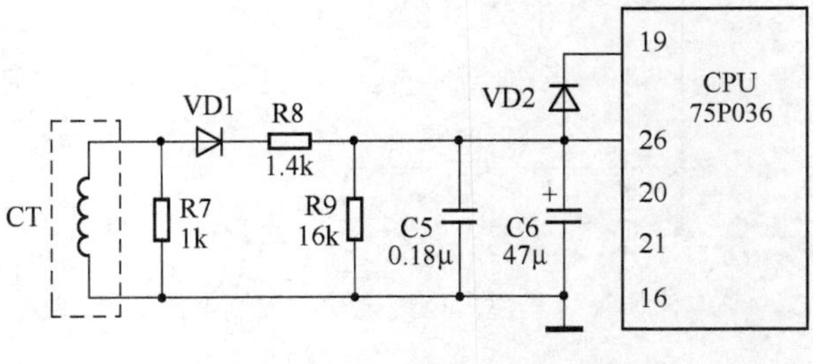

图7-9　压缩机过流保护电路

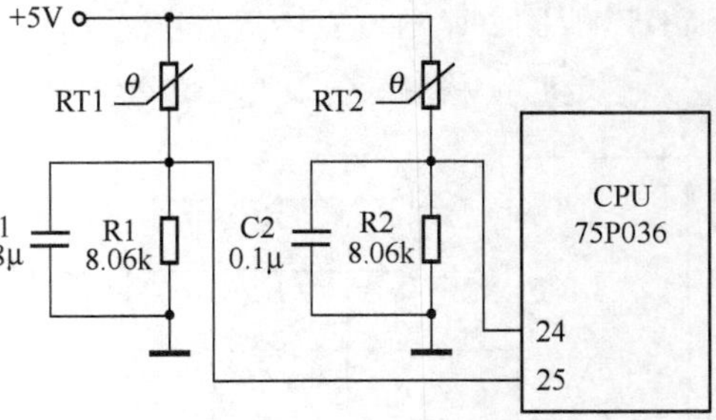

图7-10　传感器电路

5）功率驱动电路

如图7-11所示，压缩机、室外风机、电磁四通换向阀、步进电动机的驱动由芯片ULN2003及继电器KR1～KR3担任。芯片ULN2003的9、13、14、15、16脚控制步进电动机；10脚通过控制继电器KR1的线圈去控制压缩机；11脚通过控制继电器KR2的线圈去控制电磁四通换向阀；12脚通过控制继电器KR3的线圈去控制室外风机。

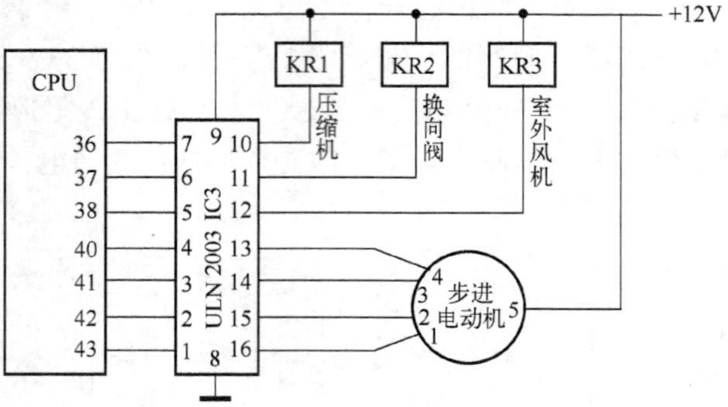

图 7-11　功率驱动电路

室内风扇电动机控制电路如图 7-12 所示，主芯片 75P036 的 39 脚输出的脉冲电平，经三极管 VT1 放大使光电耦合器 IC4（3526）内部二极管导通，控制室内风扇电动机的转速。霍尔元件将室内风机中的转速信号输入 CPU 的 33 脚，CPU 的 39 脚输出不同的脉冲，使加到风扇电动机两端交流电的大小改变，从而调整风机的转速。

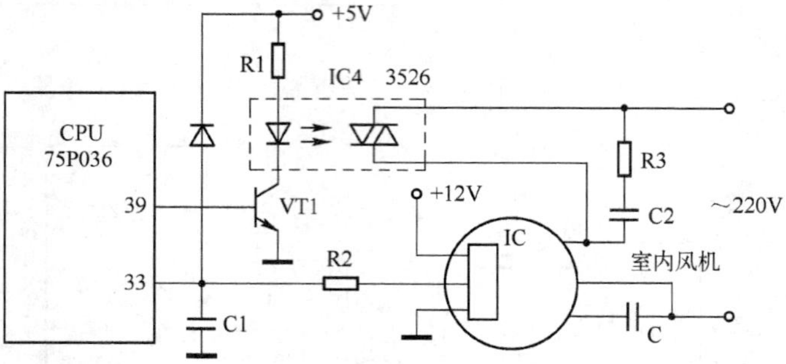

图 7-12　室内风扇电动机控制电路

6）状态显示电路

如图 7-13 所示，空调器中处于工作状态的有 CPU 的 52、53、54、57、58、59 脚，输出控制信号使发光二极管 VD5 ~ VD12 显示。其中工作指示由黄色发光二极管担任，空调器工作时它亮，遥控关机后它灭；定时指示由绿色发光二极管担任，定时过程中它亮；除霜指示

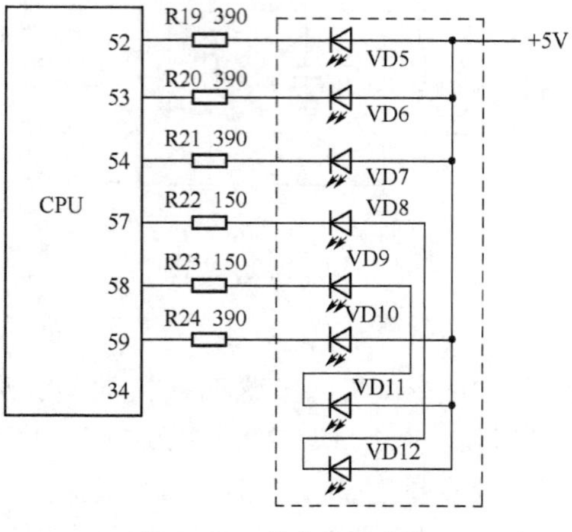

图 7-13　状态显示电路

由红色发光二极管担任，除霜期间它亮；自动运行由绿色发光二极管担任，空调器在自动模式下运行时它亮。

7）其他电路

时钟信号和蜂鸣器驱动电路如图 7-14 所示。

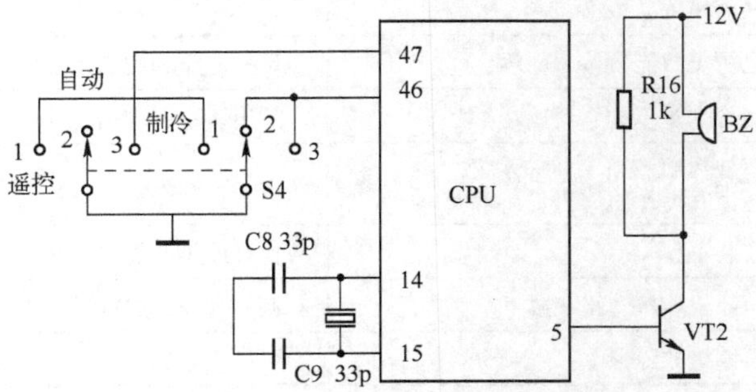

图 7-14　时钟信号和蜂鸣器驱动电路

① CPU 的 14、15 脚为时钟输入端，外接晶振，提供了 CPU 正常工作所需的时钟信号。晶振的谐振频率为 4. 19MHz。

② 蜂鸣器 BZ 为响应输入信号而设置。每当 CPU 接收到遥控器输入的有效指令时，便会在 5 脚输出一个信号，经三极管 VT2 放大后，驱动蜂鸣器发出提示音。

7. 4. 3　分体式空调器常见故障与排除方法

1. 压缩机常见故障及排除方法速查表

分体式空调器压缩机常见故障及排除方法如表 7-10 所示。

表 7-10　压缩机常见故障及排除方法

故障现象	故障原因	排除方法
压缩机不启动	电源缺相、负载能力差	调整线路
	运行电容坏	更换同规格电容
	压缩机绕组损坏	更换压缩机
	压缩机抱轴、卡缸	测量压缩机绕组阻值正常，排除制冷剂后仍不能启动，可判断为抱轴、卡缸。可用手锤敲击振动压缩机，使轴或活塞松动；如不行，可增大启动电容或升高电源电压强行启动；仍不行需更换压缩机
漏电	绕组绝缘损坏	用兆欧表测量接线端子与外壳间阻值，如小于 2MΩ 或用万用表测量阻值较小，需更换压缩机
	压缩机连线绝缘破坏	处理漏电部位
压缩机启动不久就停机	散热能力差	如压缩机外围有保温装置，可去掉顶部保温层。
	绕组匝间短路	更换压缩机
	工作电压不正常	调整线路
	制冷系统堵塞	维修制冷系统
	热交换器脏堵	清洗热交换器
	制冷系统内混有空气	抽真空，重新充注制冷剂
	过载保护继电器参数变化	更换过载保护继电器

续表

故障现象	故障原因	排除方法
排气能力差	排气阀击穿、漏气，活塞、汽缸磨损	更换压缩机
冷态启动正常，达到一定温度无法启动	缺少冷冻油	先补加冷冻油，如不能排除，更换压缩机
	油路堵塞	
开停频繁	电源负载能力差	调整电路和增加稳压电源
	制冷剂过多	放出多余制冷剂
	室外风机损坏，冷凝器散热差，高压压力升高，压缩机负荷增大	维修室外风机
工作噪声大	安装不良	检查地脚是否牢固
	压缩机连接管路相碰	调整管路，加减震橡胶
	压缩机故障	更换压缩机

2. 分体式空调器制冷系统常见故障及排除方法

分体式空调器制冷系统常见故障及排除方法如表 7-11 所示。

表 7-11　空调器制冷系统常见故障及排除方法

故障现象	故障原因	排除方法
空调器运行正常但不制冷（制热）	制冷剂严重泄漏	排除泄漏故障，补加制冷剂；工作过程系统内为负压时，需抽真空后再补加制冷剂
	制冷系统管路堵塞	找出堵塞点，排除堵塞故障
	室外风机不转	参考电气故障检修
空调器运转但制冷效果差	制冷剂泄漏、不足	补加制冷剂
	空气过滤网堵塞	清洗过滤网
	室外机组冷凝器脏堵	清洗冷凝器翅片
	制冷系统管路微塞	堵塞部位有温差、结露或结霜现象，排除堵塞故障
	四通换向阀高低压串气	更换四通换向阀
	系统内含有空气	排除制冷剂，重新抽真空，补加制冷剂
	压缩机效率低	更换压缩机
	制冷剂充注过多	排出多余制冷剂
蒸发器表面结冰	空调过滤网严重堵塞	清洗过滤网
	室内风机停转	检修风机及控制电路
低压截止阀结霜	空调过滤网严重堵塞	清洗过滤网
	制冷剂充注量过多	排出多余制冷剂
	低压配管有压瘪处	对配管压瘪处整形或更换配管
	室内风机风量小	检修风机
	室温过低	当室温低于21℃，进行制冷运行时，蒸发器表面会结冰
高压截止阀结霜	制冷剂严重不足	补加制冷剂
	截止阀未完全打开	将截止阀阀门全部打开

3. 分体式空调器电气控制系统常见故障及排除方法

分体式空调器电气控制系统常见故障及排除方法如表7-12所示。

表7-12　电气控制系统常见故障及排除方法

故障现象	故障原因	排除方法
通电无反映	外接电源不通	维修外接电源
	机内熔丝熔断	观察熔断管，如管壁透明，熔断点在两侧，可直接更换；如管壁破裂或内附金属蒸发物，说明机内有严重短路，需进一步检查出短路部位
	电源变压器烧坏	更换电源变压器
	无直流5V、12V电压	重点检查5V、12V三端稳压集成块
通电烧熔断器	电源变压器绕组短路	更换同型号电源变压器
	电气线路间短路	检查线路，处理短路部位，更换熔断管
	直流5V、12V电路有元件击穿	查找击穿部件，进行更换
	电脑控制板短路	查找控制板上短路元器件，进行更换
空调器启动后烧熔断器	压缩机绕组短路或漏电	检查压缩机绕组阻值及绝缘电阻，确认后更换压缩机
	风扇电动机绕组短路或漏电	更换风扇电动机
	配线及接线端子部位短路	处理短路部位或更换配线及接线端子
	室外机组内线路老化短路	室外机工作环境恶劣，线路绝缘易损坏，严重时更换老化线路
有电源指示，但不工作	遥控故障	壁挂式空调使用应急开关，如能工作，为遥控发射器或接收器故障，进一步检查遥控发射器的工作电流，来判断是否正常；如发射器正常，则更换接收头
	通信电路故障	检查通信电路，排除故障
	制冷剂泄漏或压力开关故障	检查压力开关是否导通，正常低压压力开关应导通
	控制板故障	柜式空调控制板按键失效，可改用遥控器试机，如正常，多为按键故障
	温度设置不正常	制冷时，将温度设置最低；制热时，将温度设为最高，再试机，如正常，为温度设置不合适
压缩机和室外风机工作正常，但室内风机不转	室内风机机械卡死	断电状态，用手拨动扇叶，如不能转动，为风机机械卡死，可拧松扇叶与电动机轴的紧固螺钉，进一步判断是电动机故障还是扇叶轴承故障
	运行电容失效	更换同型号运行电容，不可随意更改电容容量
	室内风机绕组损坏	更换风扇电动机
	风机控制电路故障	检查维修控制电路，主要是控制继电器或可控硅等元器件
室内风机、压缩机运转正常，但室外风机不转	室外风机绕组烧坏	更换电动机
	风机运行电容失效	更换同型号电容
	扇叶损坏	更换扇叶
	风机内部温度保护器损坏	打开电动机外壳，更换温度保护器或将其短路
	控制电路故障	检查维修控制电路
室内机组正常，但压缩机和风机不工作	通信电路故障	检修通信电路
	室内外机组连接配线断路	检查连接配线，寻找断路点进行维修
	室外机组驱动电路故障	根据实际电路组成，进行分析维修

续表

故 障 现 象	故 障 原 因	排 除 方 法
空调器导风叶片不能动作	导风叶片机械卡死	排除机械卡死
	导风叶片传动部件脱位	多见柜式空调，因人为强制拨动所致，可重新安装复位
	导风电动机损坏，导风电动机有内部传动齿轮损坏及绕组损坏两种现象，用手强制拨动叶片，容易导致齿轮损坏	柜式空调导风电动机多使用交流 220V 的同步电动机，挂壁式空调多使用 5V、12V 步进电动机，如损坏直接更换导风电动机
	驱动电路故障	挂壁式空调多使用反向驱动集成块 2003 等驱动，柜式空调多使用继电器驱动，集成块或继电器损坏可更换
空调器漏电	导线绝缘破损	更换导线
	地线与相线接线错误	检查线路，修复
	压缩机、风机漏电	更换漏电部件
能制冷但不能制热	四通换向阀线圈开路	更换四通换向阀线圈
	四通换向阀阀芯卡死	如线圈阻值正常，两端有 220V 电压但不能换向，说明阀芯卡死，需整体更换四通换向阀
	四通换向阀控制电路故障	设置为制热模式，测量四通换向阀线圈两端电压，如无，为控制电路故障，可根据实际电路组成进行维修
运转声音异常	交流接触器触点不平、衔铁卡住	触点不平可用细砂纸打磨或更换交流接触器
	风机扇叶与机壳相碰	调整机壳与扇叶位置
	风机扇叶断裂	更换扇叶
	压缩机液击	液击时会出现压缩机“敲缸”的异常声音，可通过排放制冷剂排除
空调器不响应按键操作	按键开关损坏	更换按键开关
	开关板损坏	更换开关板
	按键开关被锁定	按说明书操作，解除按键锁定
	开关板与室内主控板通信故障	检修通信故障
	室内主控板损坏	更换主控板
遥控失效，但按应急开关能工作	遥控器电池电压低	更换电池
	红外发光管失效	更换红外发光管
	遥控器按键失灵	清洗按键
	遥控器电路板故障	维修或更换遥控器
	遥控接收头故障	按原型号更换遥控接收头，型号不同时注意引脚排列

4．分体式空调器安装后出现故障及排除方法

分体式空调器安装后出现故障及排除方法如表 7-13 所示。

表 7-13 分体式空调器安装后出现故障及排除方法

故 障 现 象	故 障 原 因	排 除 方 法
室内机漏水	室内机安装倾斜	调整安装板位置，重新安装，使室内机组保持水平
	穿墙孔偏高或未做到内高外低	调整安装板位置，重新安装，重新开穿墙孔
	制冷剂配管的连接处及排水管未做有效隔热处理，引起结露	对配管连接处及排水管重新做隔热处理，保温套不可包扎过紧，以免降低保温效果
	排水管破损、堵塞或连接不良	更换破损排水管，排除堵塞，接头处用防水胶带包扎

续表

故障现象	故障原因	排除方法
空调器不工作	电源电压过低、缺相、相序错误	检查供电线路，修复故障
	电源接头多，连接处氧化、接触不良，地线与零线反接	修复线路
	室内外机组配线连接错误	根据空调器上所附电气接线图，按照配线颜色或套管编码正确连接
	加长配线时连接不当	加长配线时，线路两端线号要对应，如火线对火线，零线对零线；加长线路线径不能小于原配线，接头处要接触良好、绝缘可靠
频繁停机	空气开关容量小	更换合适的空气开关
	线路老化，负载能力差	维修线路
	配线连接不牢	重新连接线路
制冷（制热）效果差	房间热负荷过大，空调器型号选择不当，制冷（制热）量小	重新按房间面积、朝向、楼层、人员数量等计算制冷（制热）量，选择合适空调器
	制冷剂泄漏	检查配管连接处是否未拧紧，重新紧固，如喇叭口损坏，要重新加工；配管安装过程折裂，更换配管
	排空操作时，制冷剂排放过量	补加制冷剂
	排空不净，系统内含有空气	测量低压侧压力，压力表指针来回摆动，说明系统内含有空气。排放制冷剂，重新抽真空，补加制冷剂
	截止阀未完全打开	彻底打开截止阀
	室外机周围有遮挡物	排除周围遮挡物或重新安装在其他位置
噪声大	机组固定不牢，螺钉松动	加装防松垫片，紧固各处螺栓
	安装面强度不够或不能吸收震动	更换安装位置，加装减震垫
	安装位置不当，发生共振	更换安装位置
	空调器故障	更换空调器

7.5　项目学习评价

1. 思考题

（1）空调器制冷系统的故障检修方法有哪些？
（2）如何判断空调器的假性故障？
（3）如何判断空调器制冷系统和电气系统的故障？
（4）如何检修压缩机启动不久就停机的故障？
（5）如何判断制冷系统泄漏的故障？

2. 技能训练

任务 1　空调器电气控制系统故障检修

（1）准备要求（按组准备）。

① 分体式空调器　　1 台

② 钳形表　1 块

③ 指针万用表　1 块

④ 压缩机运行电容　好、坏各 1 只

⑤ 组合工具　1 套

(2) 故障设置。设置故障内容为压缩机运行电容失效。

(3) 实操要求。

① 按照如图 7-15 所示的空调器的维修操作程序实操。

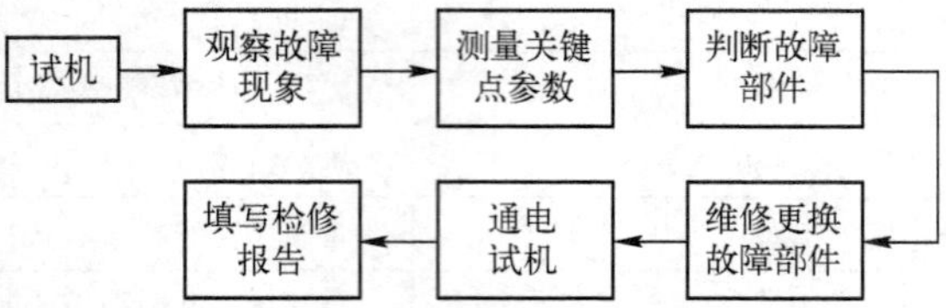

图 7-15　空调器的维修操作程序

② 掌握空调器电气故障的维修方法。

③ 会使用测量仪器、仪表测量压缩机工作电压、电流、绕组阻值等参数。

④ 能利用万用表判断电容器好坏。

任务 2　空调器制冷系统检修

(1) 准备要求（按组准备）。

① 分体空调器　1 台

② 检修阀 、转换接头　1 套

③ 制冷剂 R22　适量

④ 维修工具（活络扳手、内六角扳手、旋具）　1 套

⑤ 钳形表　1 块

⑥ 温度计　1 只

⑦ 检漏设备（肥皂水、海绵等）　1 套

(2) 故障设置。设置故障内容为高压截止阀喇叭口处泄漏。

(3) 实操要求。

① 掌握空调器制冷系统的维修方法。

② 会用肥皂水检漏，判断泄漏点，排除泄漏故障。

③ 会根据低压侧压力、压缩机工作电流判断制冷剂充注量。

④ 正确测量进出风口温差。

3. 自我评价、小组互评及教师评价

评价方面	项目评价内容	分值	自我评价	小组评价	教师评价	得分
项目知识内容	① 了解空调器假性故障的类型	5				
	② 掌握空调器制冷系统的故障检修方法	10				
	③ 掌握空调器电气系统的故障检修方法	10				
	④ 掌握空调器空气循环系统的故障检修方法	5				

续表

评价方面	项目评价内容	分值	自我评价	小组评价	教师评价	得分
项目技能内容	① 会正确判断和排除空调器的假性故障	10				
	② 能排除空调器制冷系统的常见故障	20				
	③ 能排除空调器电气系统的常见故障	20				
	④ 能排除空调器空气循环系统的常见故障	10				
安全文明生产和职业素质培养	① 安全用电，规范操作	5				
	② 文明操作，不迟到、不早退，操作工位卫生良好，按时、按要求完成实训任务	5				

4. 小组学习活动评价表

班级：__________ 小组编号：__________ 成绩：________

评价项目	评价内容及评价分值			自评	互评	教师点评
分工合作	优秀（12 ~15 分）	良好（9 ~11 分）	继续努力（9 分以下）			
	小组成员分工明确，任务分配合理，有小组分工职责明细表	小组成员分工较明确，任务分配较合理，有小组分工职责明细表	小组成员分工不明确，任务分配不合理，无小组分工职责明细表			
资料查询环保意识安全操作	优秀（12 ~15 分）	良好（9 ~11 分）	继续努力（9 分以下）			
	能主动借助网络或图书资料，合理选择归并信息，正确使用；有环保意识，注意制冷剂的回收，操作过程安全规范	能从网络获取信息，比较合理地选择信息、使用信息；能够安全规范操作，但不注意环保操作	能从网络或其他渠道获取信息，但信息选择不正确，信息使用不恰当；安全、环保操作不到位			
实操技能	优秀（16 ~20 分）	良好（12 ~15 分）	继续努力（12 分以下）			
	压缩机工作电压、工作电流测试准确；正确判断电容器的好坏；能正确判断压缩机绕组好坏；会进行检漏；正确充注制冷剂，正确判断制冷剂充注量	会测量压缩机工作电压、工作电流；会判断电容器的好坏、压缩机绕组好坏；会进行检漏、充注制冷剂，但不能判断制冷剂充注量	测量压缩机工作电压、工作电流不规范；不能判断电容器的好坏；会测量压缩机绕组好坏；不能正确进行检漏、充注制冷剂、判断制冷剂充注量			
方案制定过程管理	优秀（16 ~20 分）	良好（12 ~15 分）	继续努力（12 分以下）			
	热烈讨论、求同存异，制定规范、合理的实施方案；注重过程管理，人人有事干、事事有落实，学习效率高、收获大	制定了规范、合理的实施方案，但过程管理松散，学习收获不均衡	实施规范制定不严谨，过程管理松散			
成果展示	优秀（24 ~30 分）	良好（18 ~23 分）	继续努力（18 分以下）			
	圆满完成项目任务，熟练利用信息技术（电子教室网络、互联网、大屏幕等）进行成果展示	较好地完成项目任务，能较熟练利用信息技术（电子教室网络、互联网、大屏幕等）进行成果展示	尚未彻底完成项目任务，成果展示停留在书面和口头表达，不能熟练利用信息技术（电子教室网络、互联网、大屏幕等）进行成果展示			
总分						

7.6 项目小结

（1）非空调器本身器件、电路或安装造成的故障通常称为假性故障。

（2）空调器假性故障主要可分为供电电源故障和使用操作故障，判断假性故障通常采取观察法和测量法。

（3）制冷系统产生故障的类型主要有：泄漏、堵塞、制冷部件（四通换向阀、压缩机等）故障。

（4）制冷系统泄漏时，泄漏部位有油污，长时间工作，有时会出现室内机蒸发器进口部位结冰、结霜。严重泄漏时，制冷状态室外机液阀连接处结霜，对于安装有压力开关的空调器，会造成压缩机无法启动或启动后马上停机。

（5）制冷系统故障检修的常用方法有：一看、二听、三摸、四测。

（6）空调器正常时压缩机运行电流为额定值或在小于额定值的1/4范围内。

（7）空气循环系统常见的故障现象有：风机不转、分量小、噪声大、导风叶片不动。

（8）空气循环系统故障常用的检修方法有：看、摸、测、听。

（9）遥控器不起作用时，打开室内机面板，按压“自动”键或“制冷”键，如空调器能正常运转，说明主控板正常，故障在遥控发生器或接收器。

（10）用万用表串入遥控器供电电路，测量静态电流应为0，按下按键电流应跳变为15～25mA，说明遥控器基本正常。

（11）电源显示正常但整机不工作的故障原因有：室内外通信电路故障，三相电源相序错误，压力继电器开路，主控板损坏，温度传感器损坏。

（12）检修空调器的故障时要先排除假性故障，再排除设备故障；先排除制冷系统故障，再排除电气系统故障。检修电气系统故障时要先电源后负载，先室内后室外，先简单后复杂。

（13）空调器的遥控器电路主要由液晶显示电路、红外信号发生电路、键盘控制电路、振荡电路、复位电路和电源电路组成。

（14）空调器的控制面板用于显示空调器的工作状态及故障代码、输入键控指令或接收遥控指令。

（15）空调器的室内机电脑控制电路通常由电源、微处理器、功率驱动、温度控制、通信电路、功能及状态显示等单元组成，它不仅接收各种指令和测量信号，还输出各种控制信号。

项目八

分体式空调器的安装与移机

空调业内都有“三分质量、七分安装”之说，空调出厂时，室内机组、室外机组、连接管道（线）分开包装，运送到用户家时，还只是个半成品，只有在现场进行安装、连接与调试后，才能形成一个完整的运行系统。因此，空调安装、连接与调试的好坏，将直接影响到用户的人身财产、环境安全和使用效果，并成为保障空调正常工作运行的重要环节。如果空调安装质量不合格，会给消费者带来很多隐患。

8.1 项目学习目标

学习目标		学习方式	学时
技能目标	① 掌握分体式空调器的安装步骤和方法。 ② 掌握分体式空调器的移机步骤和方法	学生实际操作，教师重点指导	8
知识目标	① 了解空调器的分类、型号及命名方法。 ② 了解空调器的基本工作原理。 ③ 掌握空调器拆装过程中排空气、制冷剂回收、制冷剂充注等基本操作方法	教师讲授重点：拆装过程中的基本操作方法	4

8.2 项目任务分析

分体式空调器是最常见的一种家用空调器，与整体式空调器的安装相比，分体式空调器需要现场连接制冷管道、排空气、开启阀门等一些专业性工作，工艺要求高，技术要求多，劳动强度大。

通过分体式空调器安装和移机中常用的工具的介绍和使用，使我们能正确掌握空调器安装和移机的基本技能。

8.3 项目基本技能

8.3.1 分体式空调器安装和移机的常用工具

分体式空调器安装和移机的常用工具如表 8-1 所示。

表 8-1　分体式空调器安装和移机的常用工具

工具名称	实物图	用途
冲击钻	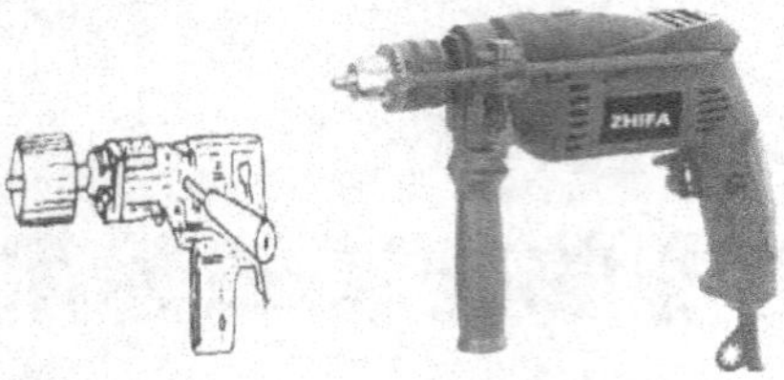	冲击钻主要用来打墙孔，固定安装室外机支架
内六角扳手	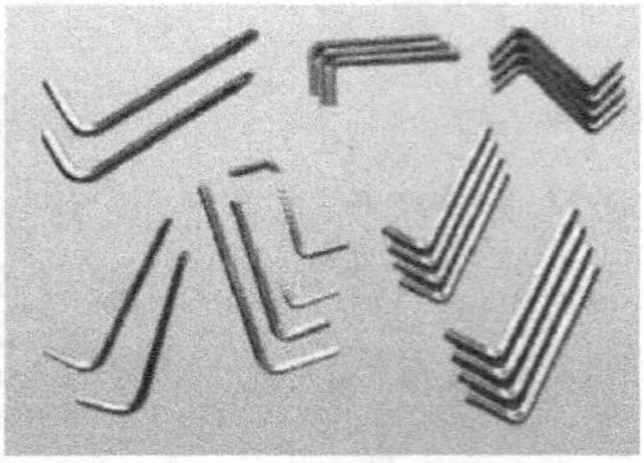	内六角扳手主要用来打开或关闭分体式空调器的制冷系统
活动扳手 开口扳手	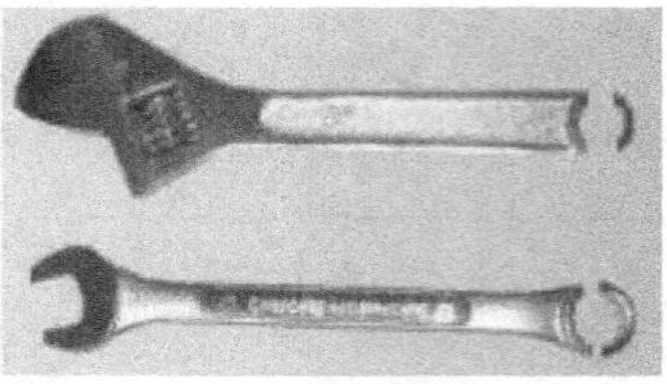	活动扳手和开口扳手主要用来连接分体式空调器的配管
力矩扳手	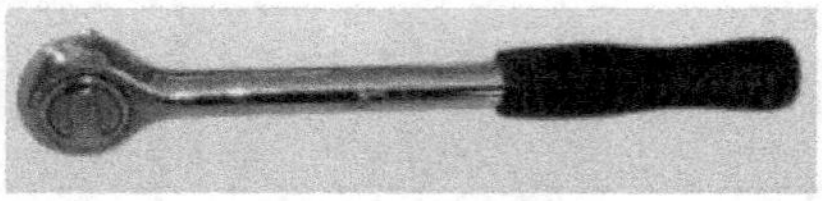	紧固较大螺母
螺丝刀	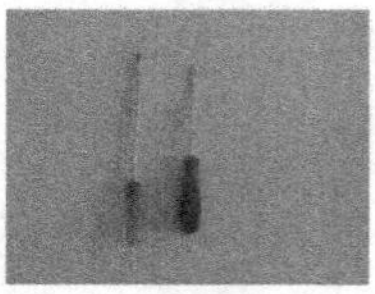	螺丝刀主要用来连接分体式空调器的配线
安全带	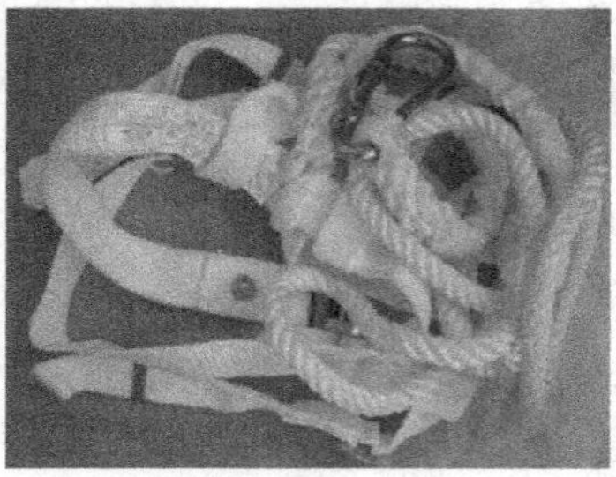	安全带主要用来保障安装人员的安全
锤子	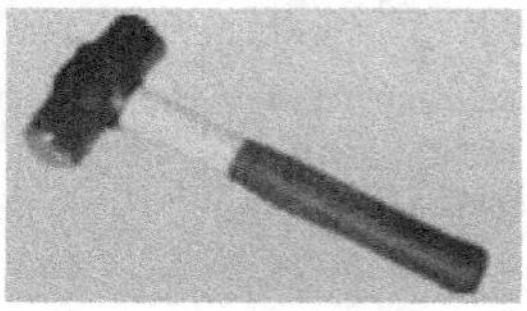	锤子主要用于安装分体式空调器的室内机挂板和室外机支架

续表

工具名称	实物图	用　途
绳子		绳子主要用于吊装分体式空调器室外机组
扩管工具		施工现场常用的铜管加工工具
冲击钻钻头	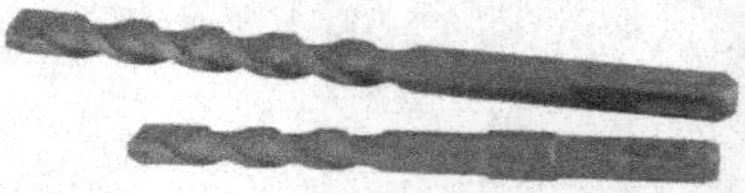	这种钻头主要用于在水泥墙、砖墙上打孔，品种规格多样

8.3.2　分体式空调器的安装

分体式空调器是最常见的一种家用空调器，与整体式空调器的安装相比，分体式空调器需要现场进行连接制冷管道、排空气、开启阀门等一些专业性工作，工艺要求高，技术要点多，劳动强度大。

空调器在安装之前应对安装位置进行选择，其中包括室内机和室外机。

1. 室内机安装位置的选择原则

① 在安装位置附近应没有任何热源。

② 选择能使室内空气保持良好循环，室内冷暖风都能送到的地方。

③ 选择可承受室内机重量且不增加运转噪声和振动的地方。

④ 选择安装配管和配线方便的地方。

⑤ 选择远离易燃物品、避开油烟的地方。

⑥ 对于分体挂壁式空调器室内机安装位置与天花板、地板、墙壁及其他障碍物之间的距离应要求：左右两侧不小于12cm，上侧不小于15cm，下侧不小于200cm，如图8-1所示。柜式空调器安装时应在它的周围留出足够的维修和保养空间，前面至少保留0.5m，以便于空气过滤网和风扇的清扫、维护及线路板的维修和检测。柜式空调器的排水管位置较低，为了保证冷凝水排放畅通，更要注意排水管的走向。

2. 室外机安装位置的选择原则

① 附近不能有阻碍室外机进风、出风的障碍物。

② 安装位置应能承受室外机重量并结实，以免产生振动和噪声，并能保证安装人员和室外机的安全。

③ 选择室外机产生的噪声和气流影响不到邻居的地方。

④ 尽量选择避雨和不被阳光直射的地方，如不可避免，应搭雨篷保护，但要注意室外机须通风顺畅。

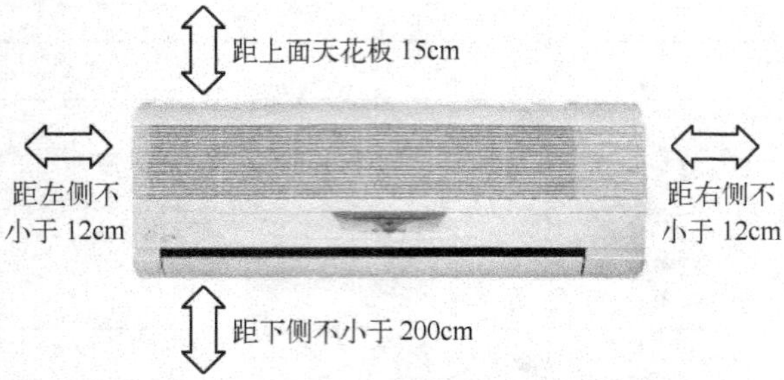

图 8-1　分体挂壁式空调器室内机安装位置要求

⑤ 避开易燃、易爆、腐蚀性气体泄漏的地方。

3. 电气规范检查

（1）电源。我国家用空调器的电源电压为 220V 或 380V，电源频率为 50Hz，其电压波动范围是 ±10%，如不符应采取措施修正。

（2）电源线路保护装置。线路上应配有漏电保护的空气开关，地线要可靠接地。

（3）电源线路容量。目前空调器的功率较大，工作电流较大，电源线要采用专用动力线，不能使用照明线。若有多台空调器并联运行，要配截面积足够大的电源线，防止电源线过热烧毁。同时还要注意主要电路上三相负载的平衡问题。

8.3.3　分体式空调器的安装步骤及方法

分体式空调器安装可分为安装前的准备工作、室内机安装和室外机安装 3 大部分，具体的操作步骤如表 8-2 所示。

表 8-2　分体式空调器安装

安装次序	示意图和实物图	安装步骤和方法说明
第一步：分体式空调器安装前的准备工作		
1. 安装位置的选择		在安装空调器之前应了解施工场地，确定安装位置进行，其中包括室内机和室外机。具体要求如下： （1）根据原机的配管长度确定室内机组和室外机组的距离（分体挂壁式空调器的配管长度一般为 5m）。 （2）尽量将空调器的室外机组放置在太阳的背阴面。 （3）尽量使室外机组的位置低于室内机组位置，如果室外机组高于室内机组 5m 以上，需要做回油管即 U 形管（如左图所示），便于冷冻油回收到压缩机，防止水沿配管流入室内。 （4）室内机组和室外机组周围必须留出一定的空间，便于安装与维修，保证室内换热器和室外换热器气流畅通

续表

安装次序	示意图和实物图	安装步骤和方法说明
2. 挂机装机版的挂墙板固定操作		挂机装机版的挂墙板固定操作：选择好安装位置后，首先根据装机原则（尺寸要求）将第一块板固定，然后将第二块板与水平仪按照图中要求，用水平仪找出水平，并用水泥钉固定好
3. 另一种挂机装机版的挂墙板固定操作	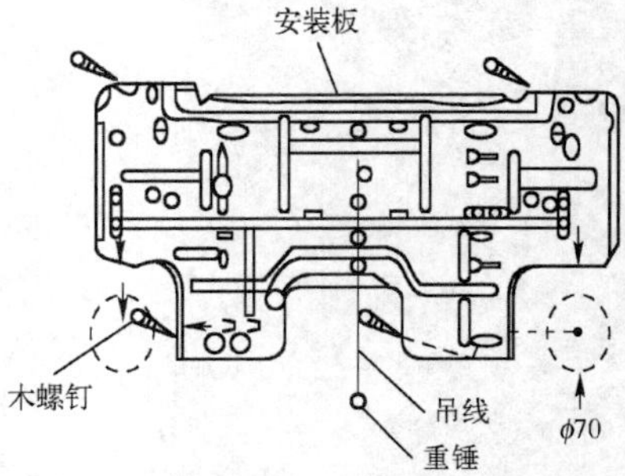 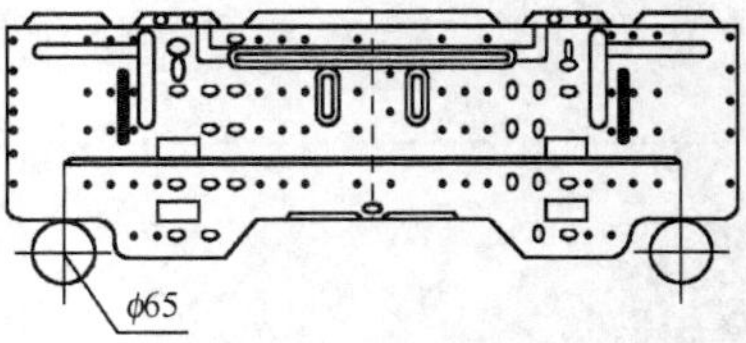 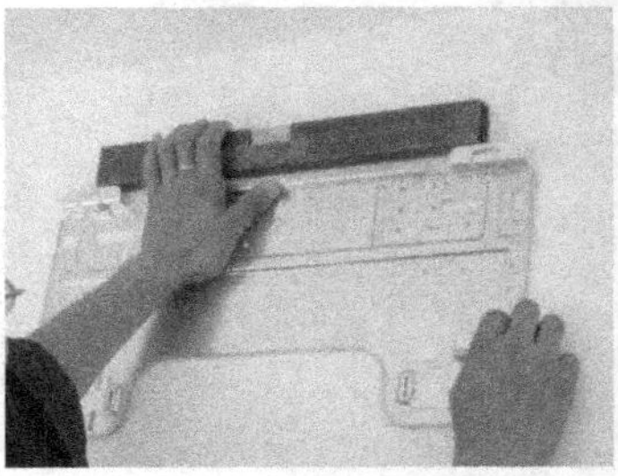	室内机组安装位置的基本要求与前一种安装相同。 室内机组安装步骤： 室内机挂墙板的定位（如左图所示）。 （1）选择安装墙面，挂板安装的墙面应平整、结实，尽量避开水泥梁。 （2）确保挂墙板水平或排水端稍微放低 （3）固定挂墙板。挂墙板定位后用 $\phi6$ 钻头的冲击钻打好固定孔后插入塑料胀管，用自攻螺钉将挂墙板固定在墙上，固定孔不得少于4个（如左图所示）。连接管出管走向有左出、右出、后出、下出4个位置（如左图所示）。无论哪一种走向都要确保过墙孔低于空调器的排水口
	第二步：室内机安装	
1. 室内准备工作（1）	 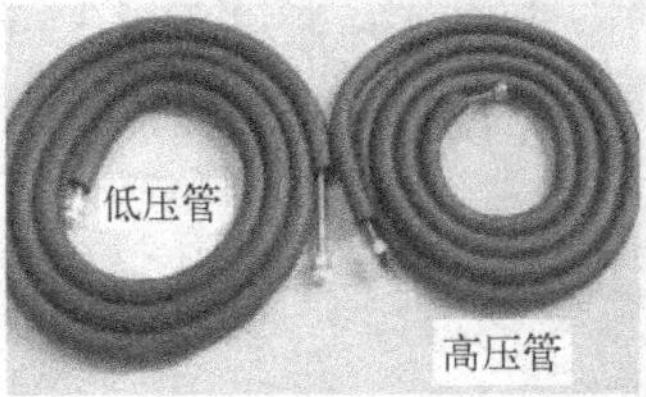 	根据室内机和室外机的距离，完成铜管下料、套上螺母、铜管胀喇叭口和套上隔热材料，如左图所示

续表

安装次序	示意图和实物图	安装步骤和方法说明
2. 室内准备工作（2）	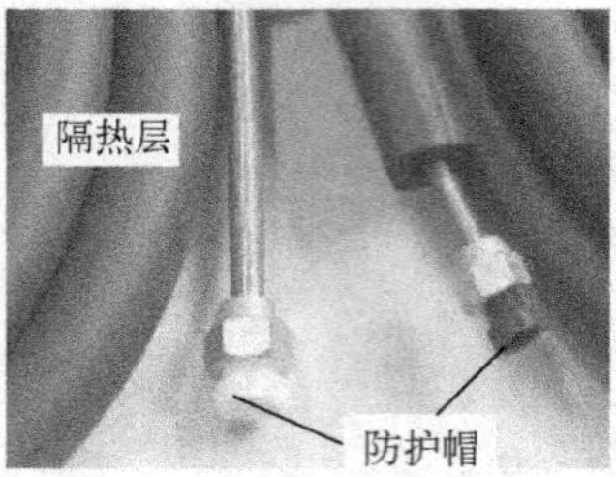	为了防止湿气、渣滓进入铜管中，在铜管两头的铜螺母紧固防护帽，如左图所示。
3. 室内准备工作（3）配管连接头部分需用附件的隔热保温管包扎	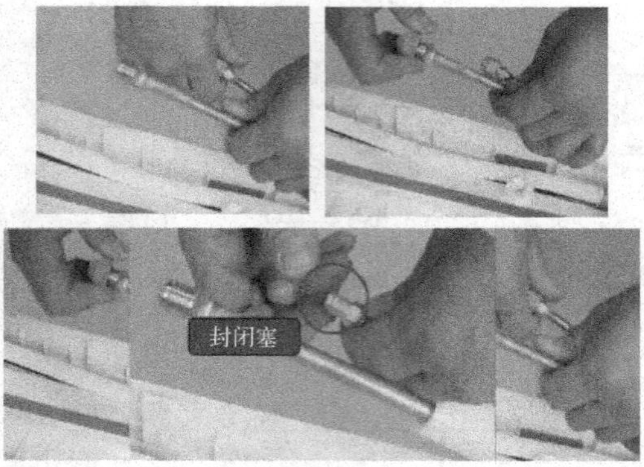	配管连接头部分需用附件的隔热保温管包扎。连接头在安装时容易拧不紧或拧过头引起泄漏，所以要密封紧固。经检漏后，才能把连接部分的全部空隙用隔热保温套管和胶带包扎好
4. 室内准备工作（4）	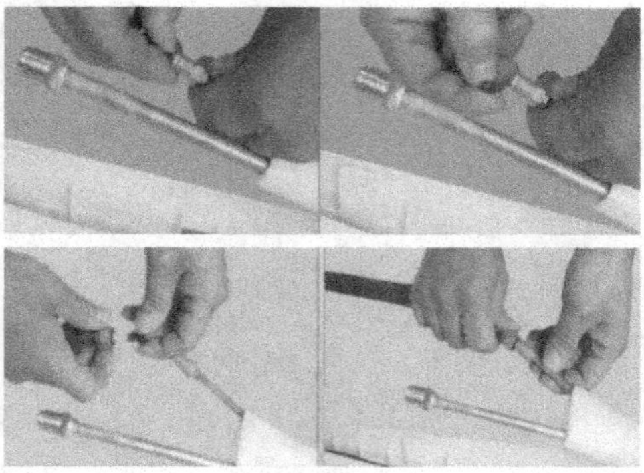	室内外机与管路连接。 （1）在安装室内外连接管路时，不要使外界的灰尘、杂物、空气和水分进入制冷系统而影响空调器制冷系统的正常工作，所以在未连接时不能拆开连接管密封盖。 （2）安装时将连接管盘管拉直，不能弯折压扁，否则会减少流量或破损泄漏。 （3）检查连接管喇叭口是否完好，否则需重扩喇叭口。喇叭口应内表光滑，边缘平直，侧面长度相等。 （4）将室内机连接管道接头处的螺帽取下，锥头加冷冻油，对准连接管喇叭口中心，先用手拧紧锥形螺母，后用扳手拧紧。注意扳手不能将螺母边角损坏，或因用力不足拧不紧而引起泄漏，也不能用力过大损坏喇叭口而泄漏
5. 室内准备工作（5）	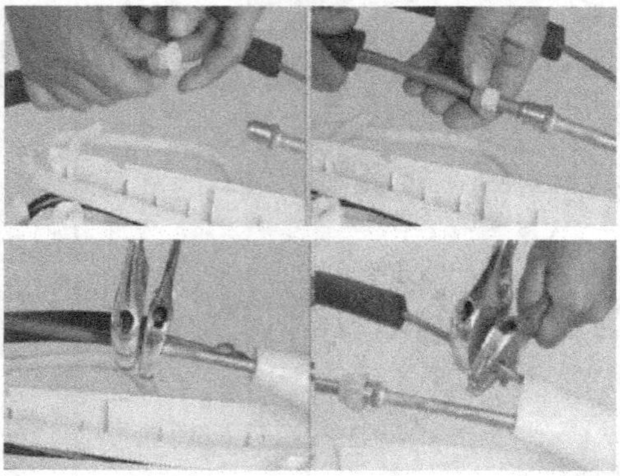	

续表

安装次序	示意图和实物图	安装步骤和方法说明
6. 室内准备工作（6）	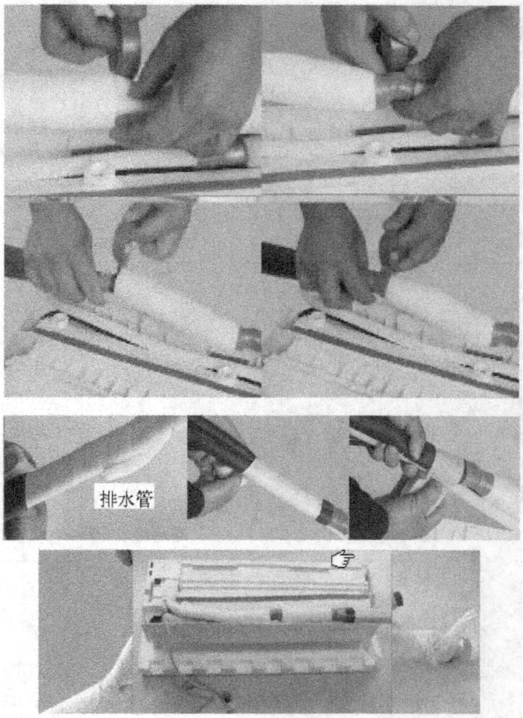	安装前先将已套上隔热管的配管用胶带将信号线、电源连接线、排水软管包紧，按配线在上、排水软管在下的方式包扎，然后顺着室内机后盖槽整形。如果变换方向，一定要用手在弯曲管道处压紧，以免管道摆动、弯管压扁或连接管与蒸发器焊口压扁裂漏
7. 排水管的安装	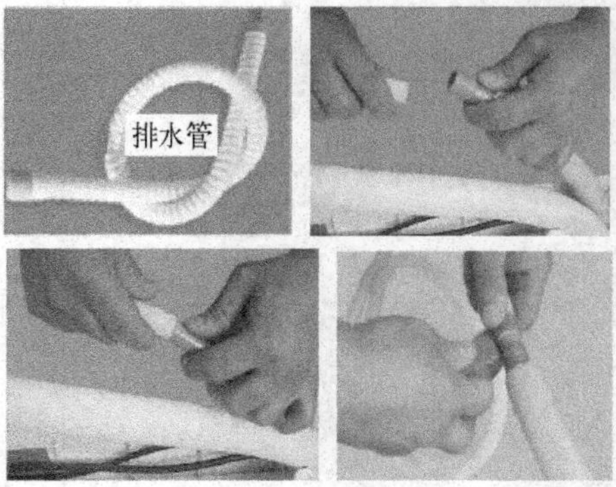	将配管口盖封好，顺着管孔穿出室外，将室内机安装在挂墙板的挂钩上，固定后向前拉主机的下部，看是否安装好。安装时，排水软管的任何部位都应低于室内机的排水口，以确保冷凝水流动顺畅
8. 盖板出线孔的处理	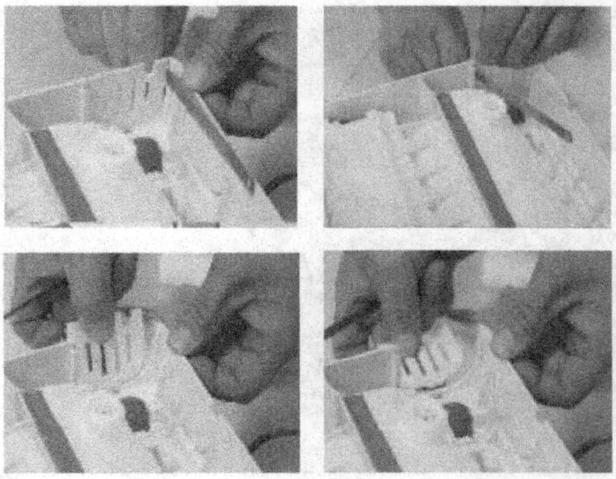	按照穿墙孔的位置，将室内机盖板用锯条锯开后，用手掰掉即可，如左图所示

续表

安装次序	示意图和实物图	安装步骤和方法说明
9. 穿墙孔的要求	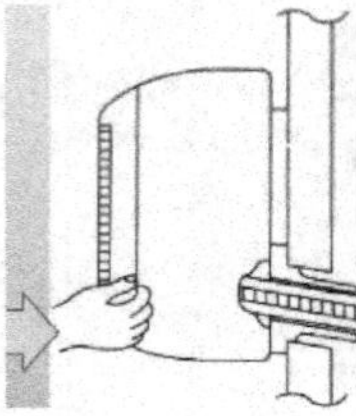 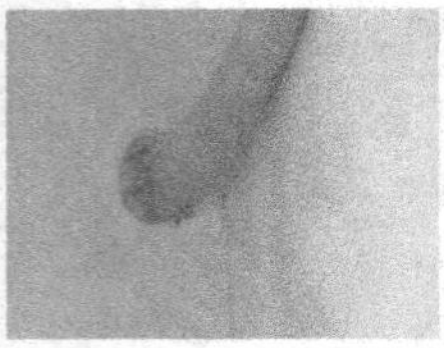	蒸发器连接管道及排水管的安装。室内机管道引出墙外的出口，应该是内高外低向外倾斜。 堵墙洞要求，外观应呈小半圆形，松紧适度，无缝隙，过紧会将水管压瘪，造成内机漏水（墙洞的材料一般用油泥、石膏粉、发泡剂、水泥）。
10. 室内准备工作（7）	 	电源连接线、排水软管包紧，按配线在上、排水软管在下的方式包扎，然后顺着室内机后盖槽整形
11. 安装室内机	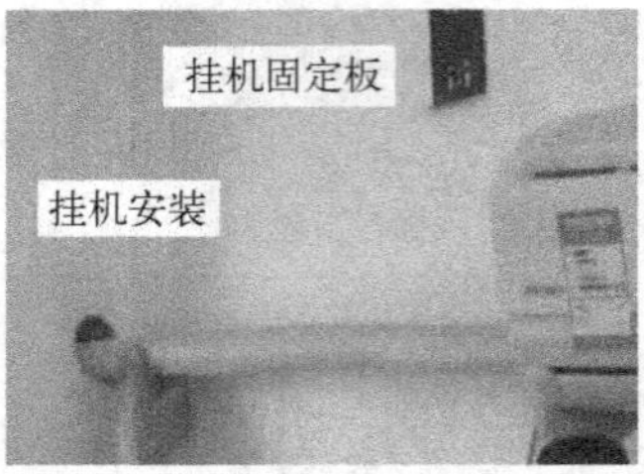	安装室内机操作步骤： （1）两人将挂机和包扎好的管子从墙上穿出去。 （2）将挂机挂在固定板上，并且用手左右推动一下看看是否挂牢
12. 挂机		室内机安装。挂墙板固定后，双手抓住室内机两侧，将室内机向上提起，压住挂板后向下拉，当听到“喀哒”声响时表明室内机已挂入挂板的钩中，左右移动和向下拉一下，检查安装是否牢靠（如左图所示）。 最后检查挂机安装质量
第三步：室外机安装		
1. 室外作业增强安全意识	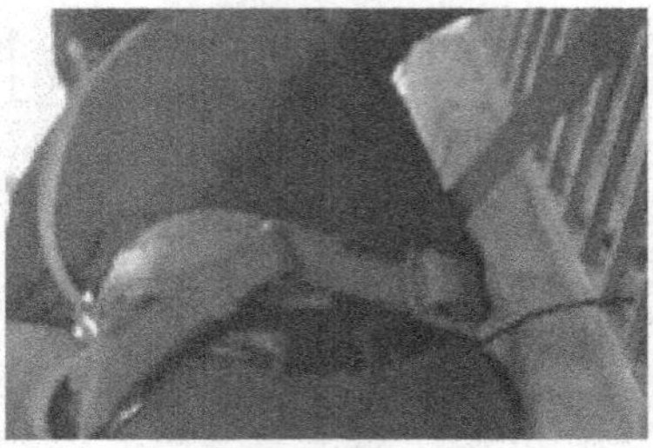	选择合适的安装位置后，安装人员进行户外作业必须扎好安全带。 室外机安装的基本要求：确保室外机进、出风顺畅，尽量选择避雨和不被阳光直射的位置安装，如不可避免，应建议用户安装雨搭保护，安装在室外机产生的噪声和气流不影响邻居的位置

续表

安装次序	示意图和实物图	安装步骤和方法说明
2. 空调器的室外机安装	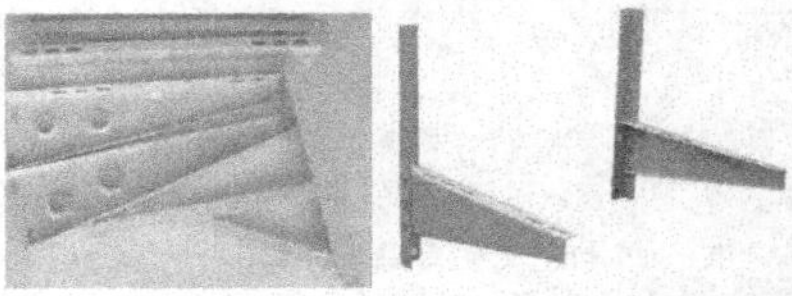 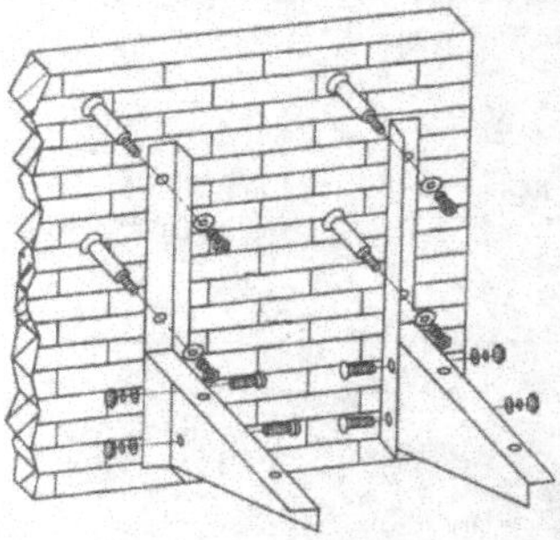 以挂墙式为例分析室外机的安装步骤： （1）用冲击钻（钻头直径 10mm）在墙上钻 100mm 深的孔。 （2）将室外机用直径为 10mm 的螺钉固定在支架上，并加防松垫，固定后室外机应保持水平	以挂墙式为例分析室外机的安装要求： （1）安装面为建筑物的墙壁或屋顶时，其固定支架的膨胀螺栓必须打在实心砖或混凝土内；如果安装面为木质、空心砖，表面有一层较厚的装饰材料，其强度明显不足，应另采取相应加固措施，必须将螺栓打穿，内外固定。 （2）室外机震动大时，应垫上抗震的橡胶垫。 （3）安装铁支架要留有安装及维修人员脚、手活动的空间，以便安全操作维修。 （4）固定安装支架的膨胀螺栓至少要用 $\phi10\times100$mm（规格）4 个，4 500W 以上的空调器应不少于 8 个膨胀螺栓。 （5）安装支架要进行除锈和涂防锈漆两遍处理
3. 室外机的安装固定	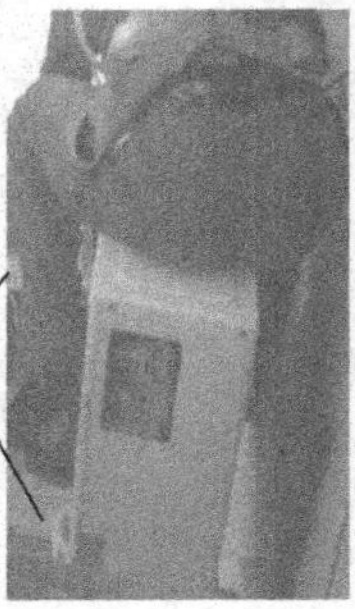 	将室外机安放在支架上，并且一定要将紧固螺钉拧紧
4. 排出空气的操作	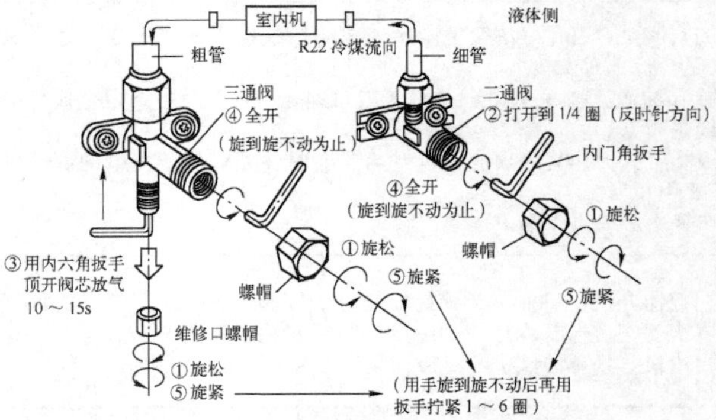 排除室内机和管路中的空气，操作示意图： 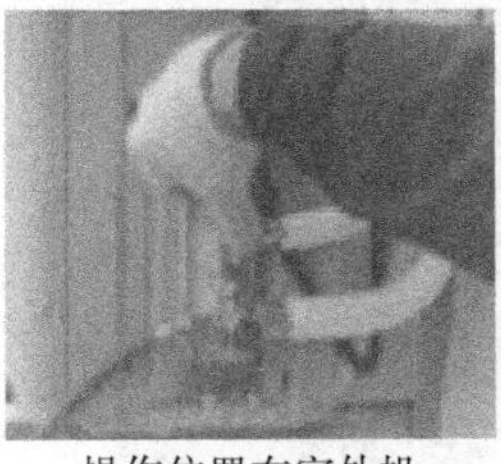 操作位置在室外机	排空气是空调器安装的重要内容。连接管及蒸发器内存留大量空气，空气中含有水分、杂质，对制冷系统将造成压力增高，电流增大，噪声，耗电增加，脏堵、冰堵，制冷（制热）量下降甚至不制冷（制热）的不良后果。排空气的操作步骤如下： ① 将二通阀和三通阀所有的铜螺母旋开；②插入内六角扳手；③打开二通阀阀门，逆时针旋开1/4 圈；④ 将三通阀用内六角扳手旋开阀芯放气 10～15s（机柜 20～30s）后停止排空气；⑤将二通阀、三通阀阀芯全打开到上死点；⑥将各个阀门加冷冻油后关闭，将所有阀帽拧紧，具体如左图所示

续表

安装次序	示意图和实物图	安装步骤和方法说明
5. 检漏检查	注意： 制冷剂泄漏检查：当确认系统连接完整后才能检漏。一般用肥皂水检漏，把肥皂水分别涂在可能泄漏点处（室内外机连接管的4个接口和二通阀、三通阀的阀芯及工艺接口处），如果有气泡冒出，证明有泄漏，要进行重装或修理。如果用肥皂水无法检出漏点，可用电子检漏仪检漏。 （1）肥皂水检漏：分体式空调器开阀10～15s（柜机20～30s）关闭阀门，系统内各部分很快充满了大于空气压力0.8MPa的气态制冷剂，用其静压压力进行检漏，在泄漏可疑点涂上肥皂水，如有气泡形成，则有泄漏。 现场判断方法，通常观察3min无气泡出现，即可认为合格。 （2）检查无泄漏后，再开启液管阀芯90°（细管），将系统中的空气挤压到气管（粗管），松开气管连接螺母，排放系统中空气（根据不同机型排放时间控制在10～20s），紧固气管连接螺母，彻底开启高、低压阀芯，完成空气排放	
6. 室内机与室外机线路的连接		安装人员应按照电气接线图，分清端子序号及配线颜色，将端子正确接入端子排。连接时配线插入端子排的长度以7mm左右为宜，使用连接环进行连接时注意必须完整接入，紧固时应加垫专用垫圈，并使用原机所配螺钉紧固，确保连接牢固
7. 电气盖板	 	将室外机的接线盖板盖好，并且将螺钉紧固好。
8. 电气安装检查	（1）空调器的安装是否有良好的接地。接地线与接线端子或接地终端是否紧固连接、妥善锁紧或焊接为一体，是否保证有效接地。建筑物无接地线时，安装人员是否暂缓安装，或与用户协商采取正确、有效的接地措施后才安装。接地端子或接地触点与触及空调器金属外壳之间电阻是否小于等于4Ω，接地线是否专用。 （2）用数字或指针式万用表等仪器，对空调器金属外壳等可能漏电的部分进行检查，其对地绝缘电阻应不小于2MΩ。 （3）用测电笔通电检验有无漏电现象	
9. 试机	接通电源，用遥控器开机，将空调器设置在“制冷”状态下运行，空调器正常工作时，室内、室外机都不应有异常噪声，空调器制冷运行20～30min后室内温度有明显降低，室外出水管有冷凝水流出。一拖二要两台内机分别单独试机	

8.3.4 分体式空调器移机

空调器装好不能轻易移动，尤其对于分体式空调器来说，因为要涉及墙壁钻孔、制冷剂回收、管道拆卸等一系列问题，困难更大些。但是，遇到住房搬迁或房屋整修改建等情况，空调器必须移机时，只要操作正确，是能够很好地完成分体式空调器移机任务的。

分体式空调器移机的步骤和方法如表8-3所示。

表 8-3　分体式空调器移机的步骤和方法

步　骤	实　物　图	方　法
回收制冷剂	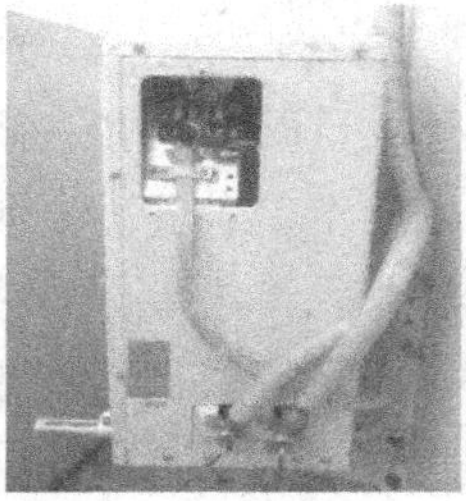	空调器回收制冷剂的方法： （1）接通电源，把空调器设置到制冷状态（对于热泵型空调器，也可以断开电磁四通阀的电源）。 （2）顺时针旋转液管截止阀的阀芯，使液管截止阀处于关闭状态，25～30 s 后关闭气管截止阀。 （3）切断电源（如左图所示）
拆卸机组	—	（1）切断空调器的交流电源，拆除室内、外机组的电源线和信号线。 （2）拆下配管，在拆室内机与配管的接头时要用两把扳手，先用一把扳手固定在室内机组接头螺钉上，再用另一把扳手旋开配管上的固定螺母。配管拆下后可用塑料袋把管口扎紧密封，以防灰尘和潮气进入管内。 （3）拆下室内机和室外机。 （4）拆掉室外机支架和室内机挂墙板
重新安装	—	安装步骤和方法如表 8-2 所示，拆下后的空调器重新安装和安装新机的步骤和方法相同。不过，铜管上的喇叭口在安装和拆卸过程中可能有变形或损伤，有的经压接后管壁变薄，甚至产生裂缝，安装前应仔细检查，如发现损坏或变形的地方，必须重新扩喇叭口
补充制冷剂	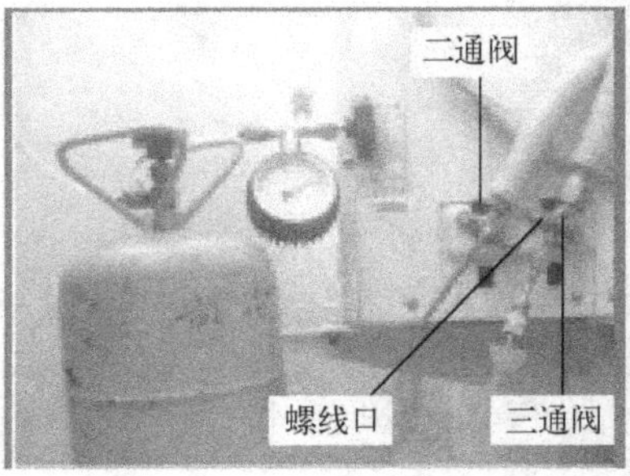 分体式 空调器补充制冷剂方法	空调器在拆装过程中要回收制冷剂和排空气，这样有可能造成制冷剂部分流失，重新安装好后，必须检查系统内的制冷剂是否流失。若有流失，要及时向系统内补充制冷剂。补充制冷剂和充注制冷剂一样，多采用低压压力控制法充注。方法是：把制冷剂钢瓶竖放，拧下室外机气管三通截止阀维修口上的螺帽，用充氟管把带有压力表的三通阀和维修口、钢瓶出口连接起来（如左图所示），开启钢瓶阀门，用流出的制冷剂排除充氟管内的空气，然后启动空调器在制冷状态，打开三通阀，这时制冷剂经三通截止阀维修口进入制冷系统，三通阀上的压力表显示空调器的低压压力，空调器工作在制冷状态时低压压力应控制在 0.4～0.5MPa。环境温度低时，低压压力控制得低些，环境温度高时，低压压力控制得高些。若超出这个范围，说明制冷剂有流失或充注过多，这都会影响制冷、制热效果

8.4　项目基本知识

1. 空调器的分类

依据不同的分类标准，空调器有很多种分类方式。

1）按功能不同分类

按功能不同，家用空调器主要可分为冷风型、热泵型、电热型、热泵辅助电热型。冷风型的代号为L，在型号表示中通常省略不写，它只能用于夏季室内降温，同时兼有一定的除湿功能。有的空调器还具有单独降湿功能，可在不降低室温的情况下，排出空气中的水分，降低室内的相对湿度。热泵型的代号为R，夏季制冷运行时可向室内吹送冷风，而冬天制热运行时可向室内吹送暖风。其制冷运行的情况与单冷型空调器完全相同，制热运行时，通过电磁四通换向阀改变制冷剂的流向，使室内侧换热器作为冷凝器而向室内供热。电热型的代号为D，其制冷运行的情况与单冷型空调器完全相同，而制热运行情况则视空调器的类别而异。电热型空调制热运行时压缩机停转，电加热器通电制热。由于电加热器与风扇电动机设有连锁开关，当电加热器通电制热时风机同时运行，给室内吹送暖风。热泵辅助电热型的代号为Rd，热泵辅助电热型空调器是在热泵型空调器的基础上，加设了辅助电加热器，这样才能弥补寒冷季节温度过低时热泵制热量的不足。

2）按结构形式和安装方式不同分类

按结构形式和安装方式不同可分为整体式和分体式

整体式的代号为C，整体式空调器是将所有零部件都安装在一个箱体内，它通常安装在房间的窗户处或在房间墙壁上开设专用的洞口安装，故又称窗式空调器。

分体式的代号为F，它将空调器分成室内机组和室外机组，然后用管道和电线将这两部分连起来。压缩机、室外换热器、轴流风扇及电动机等通常安装于室外机组，因而分体式空调器的噪声比较小，室外机组的代号为W。分体式空调器按室内机组安装方式不同，又可分为壁挂式（代号为G）、柜式（代号为L）、吊顶式（代号为D）和嵌入式（代号为K），而分体式空调器的室外机组多为通用型。

2. 家用空调器型号表示方法

1）国产空调器型号

国产空调器型号的表示方法一般如图8-2所示。

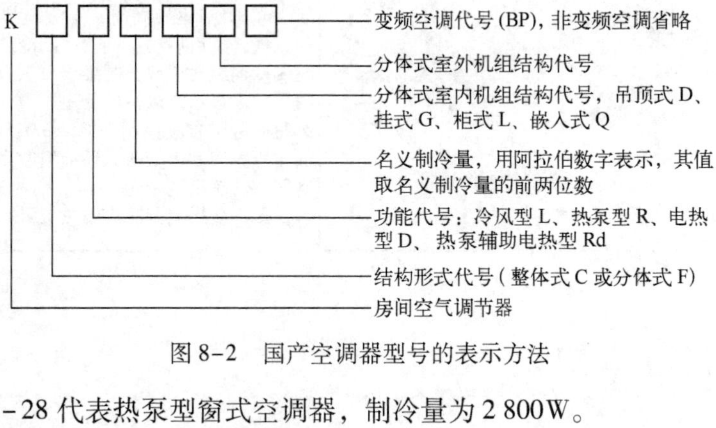

图8-2　国产空调器型号的表示方法

例如，KCR－28代表热泵型窗式空调器，制冷量为2 800W。

KFRd－50LW/BP表示分体热泵辅助电热型柜式变频空调器，制冷量为5 000W。

2）部分进口空调器型号

部分进口空调器型号如表8-4所示。

表 8-4　部分进口空调器型号

厂　家	结构形式	型号示例	厂　家	结构形式	型号示例
日本三菱公司 MITSUBISHI	窗式	MWH－13AS	日本东芝公司 TOSHIBA	窗式	RAC－45BH
	壁挂分体式 （室内机组）	MSH－13AS PK－3		壁挂分体式	RAS－F252LV/LA
	吊顶分体式 （室内机组）	PC－2F	日本松下公司 NATIONAL	窗式	CW－100P CW－72Y
	嵌入分体式 （室内机组）	PL－2AG		壁挂分体式	内：CS－70 外：CU－70
	落地分体式 （室内机组）	MGL－180	日本大金公司 DAIKIN	窗式	W18M，W20MV
	立柜式	PS－3E		壁挂分体式 （室内机组）	FT22L FIY22L
日本 日立公司 HITACHI	窗式　单冷	RA－5105BDL	日本三洋公司 SANYO	窗式	SA12B，SA104B
	窗式　冷暖	RA－2100CH		壁挂分体式	内：SAP－282HV 外：SAP－C282HV
	壁挂分体式 （单冷，一拖二）	RAS－5102CZ/CZV	日本夏普公司	壁挂分体式	内：AH－902S 外：AV－902
	壁挂分体式 （单冷，模糊控制）	RAS－5018C/CV	美国开利公司 CARRIER	窗式	51DKA，51QC
	壁挂分体式 （冷暖，变频）	RAS－129CNH/C N－HV	美国约克公司 YORK	窗式	RC17X48D RC21X48D
	窗口分体式	RAS－309K/3093K	美国飞捷公司 FRIEDRICH	窗式	SP07AD50 SS13AD50
美国北极公司 FRIGIDAIRE	窗式	A1320－5 A1720－5	瑞典丽都公司 ELECTROLUX	窗式	ESG12S ESG17S

8.5　项目拓展知识

空调器的种类较多，但是工作原理基本相同，下面以热泵型空调器为例，分析空调器的工作原理。分体式热泵型空调器制冷（制热）循环系统如图 8-3 所示。分体式空调器电气控制框图如图 8-4 所示。

家用空调器主要由制冷系统、空气循环系统和电气控制系统 3 大部分组合而成，这 3 部分组装于一个箱体（整体式）或两个箱体（分体式）内。它们互相配合，共同完成处理环境空气的任务。分体式热泵型空调器在原有制冷系统上加了一个电磁四通换向阀，实现一机两用（如图 8-3 所示）。当室内机组用配线连接后，便构成分体式空调器电气控制电路，其框图如图 8-4 所示。空调器接通电源、设定为制冷状态时，压缩机开始工作，从室内换热器吸入低温低压的制冷剂蒸汽，经压缩机压缩变成高温高压的制冷剂气体，排入室外换热器中，通过风冷系统冷凝为液体，经节流装置降压节流后，进入室内换热器蒸发吸热，通过

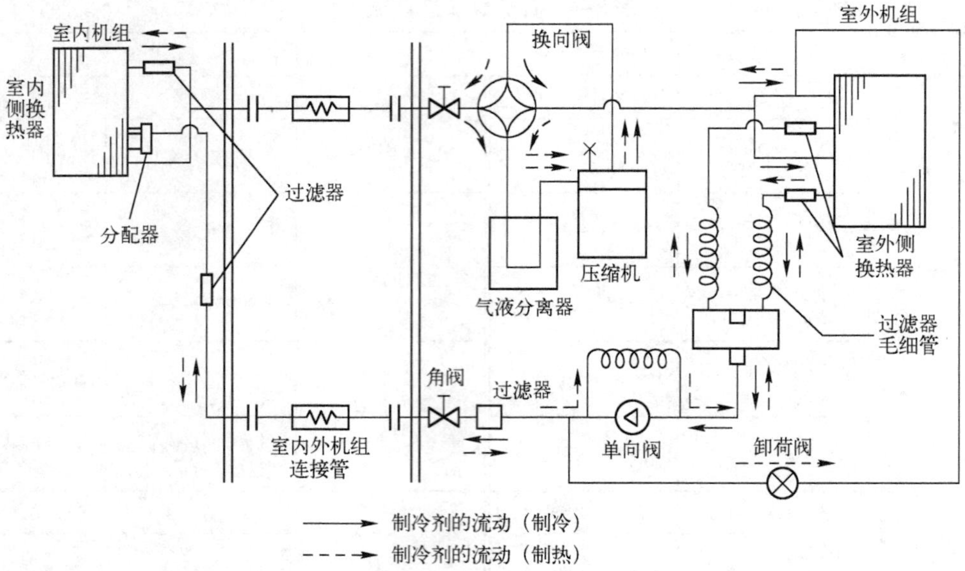

图 8-3　分体式热泵型空调器制冷（制热）循环系统

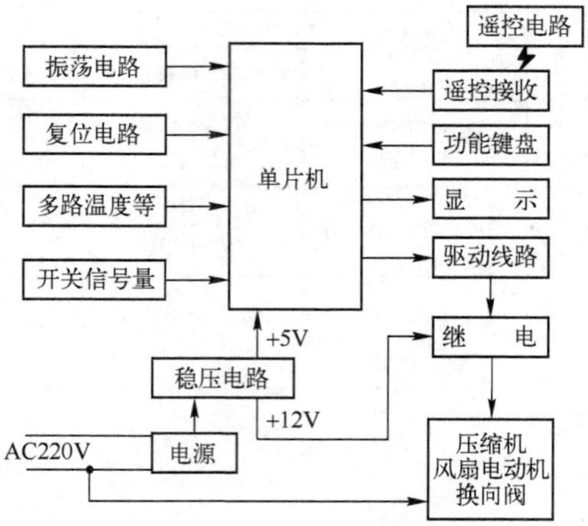

图 8-4　分体式空调器电气控制框图

室内空气循环系统吸收室内热量，再通过吸气管进入压缩机，完成一个制冷循环。如此周而复始，从而达到制冷的目的。当空调器接通电源、设定为制热状态时，压缩机和电磁四通换向阀都通电开始工作，压缩机从室外换热器吸入低温低压的制冷剂蒸汽，经压缩机压缩变成高温高压的制冷剂气体，排入室内换热器中，通过风冷系统冷凝为液体，经节流装置降压节流后，进入室外换热器蒸发吸热，通过室外空气循环系统吸收周围环境的热量，再通过吸气管进入压缩机，完成一个制热循环，如此周而复始，从而达到制热的目的。热泵制热原理是利用制冷系统的压缩冷凝热来加热室内空气。热泵制热是通过电磁四通换向阀换向，将制冷系统的吸、排气管的位置对换，原来制冷工作时做蒸发器的室内换热器变成了制热时的冷凝器，制冷时做冷凝器的室外换热器变成制热时的蒸发器，这样使制冷系统在室外吸热，向室内放热，实现制热的目的。热泵型空调器制冷循环时的制冷剂流向如图 8-3 中实线所示，制热循环时的制冷剂流向如图 8-3 中虚线所示。

8.6 项目学习评价

1. 思考练习题

(1) 分体式空调器室内机安装位置的选择原则是什么？
(2) 分体式空调器室外机安装位置的选择原则是什么？
(3) 空调器安装时，对电源线和地线有哪些要求？
(4) 简述分体式空调器的安装步骤。
(5) 安装分体式空调器时怎样打过墙孔？
(6) 安装分体挂壁式空调器时，怎样安装室内机挂墙板？
(7) 分体式空调器室外机安装的注意事项是什么？
(8) 如何安装分体式空调器室内、室外机之间的配管？
(9) 分体式空调器安装时如何排空气？
(10) 如何回收分体式空调器内的制冷剂？
(11) 简述分体式空调器的移机过程。
(12) 按功能分，空调器可分为那哪类？
(13) 下列空调器型号的含义是什么？
① KCD－28
② KFRd－50LW/BP
③ KFR－26GW
④ FR－60L

2. 自我评价、小组互评及教师评价

评价方面	项目评价内容	分　值	自我评价	小组评价	教师评价	得　分
理论知识	① 空调器的分类	5				
	② 空调器型号命名方法	5				
	③ 空调器的工作原理	5				
实操技能	① 分体式空调器室内、室外机安装位置的选择	5				
	② 分体式空调器的安装步骤及方法	20				
	③ 安装分体式空调器如何排空气	5				
	④ 回收分体式空调器内的制冷剂	10				
	⑤ 连接分体式空调器室内、室外机之间的配管	10				
	⑥ 分体式空调器的移机过程	15				
	⑦ 空调器安装操作工艺	10				
安全文明生产和职业素质培养	① 安全用电，规范操作	5				
	② 文明操作，不迟到、不早退，操作工位卫生良好，按时、按要求完成实训任务	5				

3. 小组学习活动评价表

班级：__________ 小组编号：__________ 成绩：__________

评价项目	评价内容及评价分值			自评	互评	教师点评
分工合作	优秀（12～15分）	良好（9～11分）	继续努力（9分以下）			
	小组成员分工明确，任务分配合理，有小组分工职责明细表	小组成员分工较明确，任务分配较合理，有小组分工职责明细表	小组成员分工不明确，任务分配不合理，无小组分工职责明细表			
资料查询 环保意识 安全操作	优秀（12～15分）	良好（9～11分）	继续努力（9分以下）			
	能主动借助网络或图书资料，合理选择归并信息，正确使用；有环保意识，注意查找电冰箱、空调器选购、使用和保养常识，操作过程安全规范	能从网络获取信息，比较合理地选择信息、使用信息；能够安全规范操作，但不注意环保操作	能从网络或其他渠道获取信息，但信息选择不正确，信息使用不恰当；安全、环保操作不到位			
实操技能	优秀（16～20分）	良好（12～15分）	继续努力（12分以下）			
	根据空调器安装的常用工具的使用，能够掌握空调器的安装；能够正确选择空调器安装位置；能够正确拆除空调器；能够正确排出空调器中的空气，同时能完成接线任务	根据空调器安装的常用工具的使用，能够掌握空调器的安装；能够正确选择空调器安装位置；能够正确拆除空调器	根据空调器安装的常用工具的使用，能够掌握空调器的安装；能够正确选择空调器安装位置			
方案制定 过程管理	优秀（16～20分）	良好（12～15分）	继续努力（12分以下）			
	热烈讨论、求同存异，制定规范、合理的实施方案；注重过程管理，人人有事干、事事有落实，学习效率高、收获大	制定了规范、合理的实施方案，但过程管理松散，学习收获不均衡	实施规范制定不严谨，过程管理松散			
成果展示	优秀（24～30分）	良好（18～23分）	继续努力（18分以下）			
	圆满完成项目任务，熟练利用信息技术（电子教室网络、互联网、大屏幕等）进行成果展示	较好地完成项目任务，能较熟练利用信息技术（电子教室网络、互联网、大屏幕等）进行成果展示	尚未彻底完成项目任务，成果展示停留在书面和口头表达，不能熟练利用信息技术（电子教室网络、互联网、大屏幕等）进行成果展示			
总分						

8.7 项目小结

分体式空调器安装和移机是一门既有理论，又有实践技能的课程。要掌握这门技能，需要了解室内机安装位置的选择原则和室外机安装位置的选择原则。

1. 室内机安装位置的选择原则

① 在安装位置附近应没有任何热源。

② 选择能使室内空气保持良好循环，室内冷暖风都能送到的地方。

③ 选择可承受室内机重量且不增加运转噪声和振动的地方。

④ 选择安装配管和配线方便的地方。

⑤ 选择远离易燃物品、避开油烟的地方。

⑥ 对于分体挂壁式空调器室内机安装位置与天花板、地板、墙壁及其他障碍物之间的距离应要求：左右两侧不小于12cm，上侧不小于15cm，下侧不小于200cm，如图8-1所示。柜式空调器安装时应在它的周围留出足够的维修和保养空间，前面至少保留0.5m，以便于空气过滤网和风扇的清扫、维护及线路板的维修和检测。柜式空调器的排水管位置较低，为了保证冷凝水排放畅通，更要注意排水管的走向。

2. 室外机安装位置的选择原则

① 附近不能有阻碍室外机进风、出风的障碍物。

② 安装位置应能承受室外机重量并结实，以免产生振动和噪声，并能保证安装人员和室外机的安全。

③ 选择室外机产生的噪声和气流影响不到邻居的地方。

④ 尽量选择避雨和不被阳光直射的地方，如不可避免，应搭雨篷保护，但要注意室外须机通风顺畅。

⑤ 避开易燃、易爆、腐蚀性气体泄漏的地方。

目前空调器的功率较大，工作电流较大，电源线要采用专用动力线，不能使用照明线。若有多台空调器并联运行，要配截面积足够大的电源线，防止电源线过热烧毁。同时还要注意主要电路上三相负载的平衡问题。

项目九

变频空调器技术

走进家电卖场看到琳琅满目的空调器样机，几乎都是变频空调器。导购员耐心细致的介绍，让我们对变频空调器产生了浓厚的兴趣，今后再买空调器可都是变频空调器了。变频空调器有哪些好处呢？它与普通的定频空调器有哪些不同呢？出了故障好修吗？我满心好奇，真想马上把变频空调器的知识学得明明白白、扎扎实实。

9.1 项目学习目标

项目学习目标		教学方式	学　时
技能目标	① 熟悉变频空调器的选购、使用和安装方法。 ② 掌握变频空调器故障的维修方法和常见故障的检修思路。 ③ 会排除变频空调器制冷系统和电气系统的常见故障	视频演示，实训室分组练习	4
知识目标	① 了解变频空调器的工作原理。 ② 熟悉变频空调器制冷系统的结构特点。 ③ 会分析变频空调器的控制电路原理图	多媒体教学、提问、讨论法	8
情感目标	① 感受排除变频空调器故障的成就感，激发学习兴趣。 ② 通过实践操作，培养认真观察、勤于思考、规范操作和安全文明生产的职业习惯。 ③ 培养学生主动参与、团队合作的意识，养成“做中学”的习惯	做中学、分组实操、相互协作	课余时间

9.2 项目任务分析

变频空调器的控温原理与普通空调器不同，电气控制电路复杂，制冷系统维修方法与普通空调器也不尽相同，我们必须掌握以下知识和技能：

（1）熟悉变频器的工作原理。

（2）掌握变频空调器的检修方法。

（3）会判断和处理变频空调器常见故障。

（4）能识读变频空调器室内、外电脑控制板的电路原理图。

9.3 项目基本技能

9.3.1 变频空调器的认知

1. 交流变频空调器

采用交流变频方式的空调器，压缩机由三相交流感应式异步电动机驱动。三相交流异步电动机的转速 $n=\frac{60f}{p}$，与电源的频率 f 成正比，因此改变电源的频率就可以改变电动机的转速。交流变频空调器室外机内装有一个变频器，用来改变压缩机的供电电源频率，控制其转速，达到调节制冷量的目的。交流变频空调器工作原理框图如图 9-1 所示，电路原理图如图 9-2 所示。

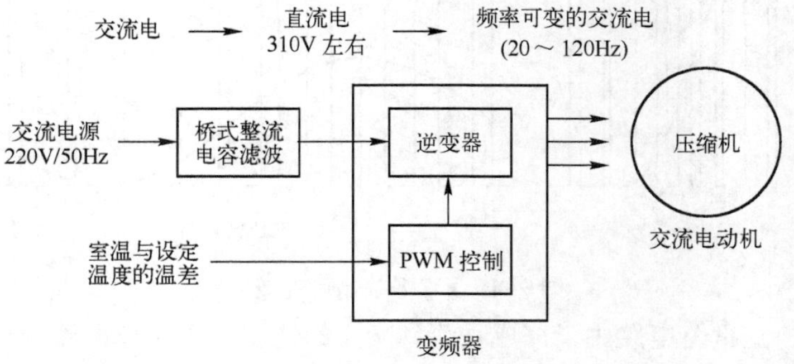

图 9-1　交流变频空调器工作原理框图

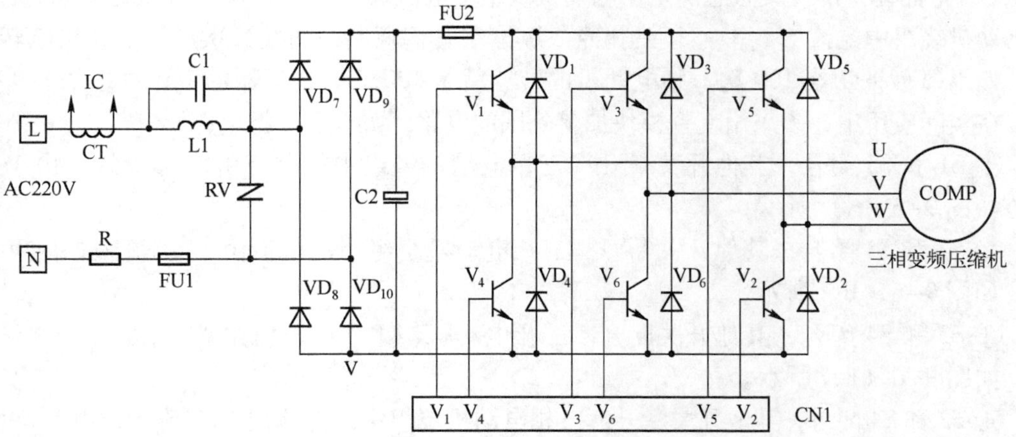

图 9-2　交流变频空调器的电路原理图

它把 220V、50Hz 工频交流电经桥式整流、电容滤波，转换为 310V 直流电源，并把它送到逆变器（大功率晶体管开关组合，又称功率模块）作为其工作电压；根据室温和设定温度的温差，通过微处理器运算，产生一个控制信号（PWM 脉冲信号），送入逆变器；逆变器将直流电转变为频率可调的三相交流电（合成波形近似正弦波），驱动变频压缩机运转，使压缩机电动机的转速随电源频率的变化做相应的变化，从而调节制冷（热）量。

电动机铁芯中的磁通 Φ 与 U_1/f 成正比（U_1 为压缩机定子电压），如果磁通 Φ 过大，电动机铁芯将饱和，导致电动机中流过很大的励磁电流，增加电动机的铁损和铜损，严重时会使电动机过热而损坏电动机；磁通 Φ 减小，则铁芯得不到充分利用，使输出转矩下降。因此，我们通常使磁通 Φ 保持恒定，使之接近饱和值，即保持 U_1/f 恒定。改变频率的同时，电动机定子电压 U_1 必须随之改变，这种调节转速的方法称为 VVVF（Varible Voltage Varible Frequency），简称 V/F 变频控制。变频空调压缩机的 V—f 曲线如图 9-3 所示，V—f 曲线由变频压缩机的性能决定。VVVF 控制后的波形如图 9-4 所示。

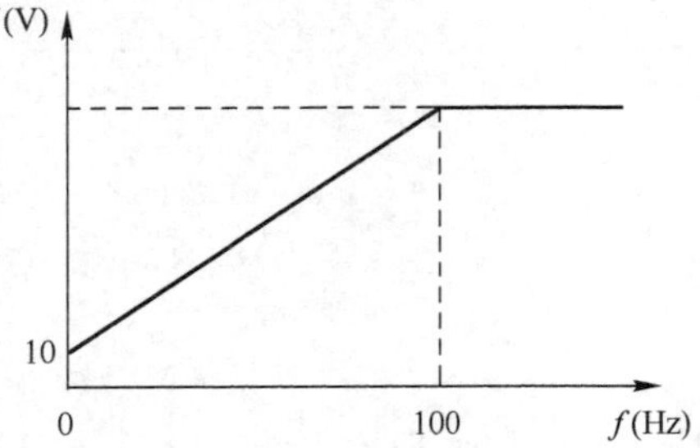

图 9-3 变频空调压缩机的 V—f 曲线

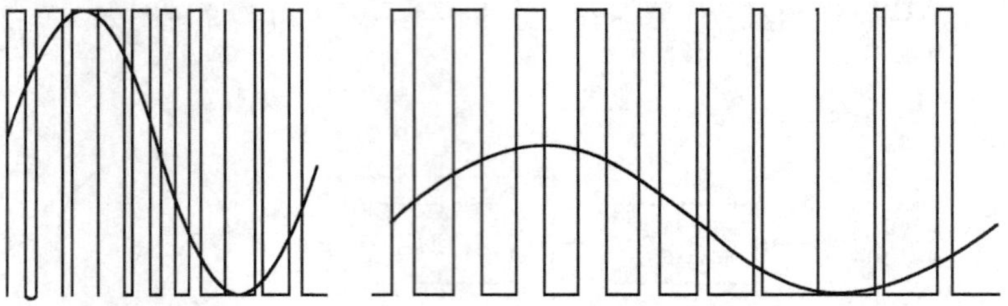

（a）电压高，频率高　　（b）电压低，频率低

图 9-4 VVVF 控制后的波形

（1）逆变器：这部分电路用于完成直流到交流的逆变。变频空调器的逆变器通常采用 6 个绝缘栅极晶体管构成上下桥式驱动电路，又称功率模块，它的外形和电路原理如图 9-5 所示。6 个晶体管的开关状态决定了电动机绕组中电流的方向，而开关动作的快慢决定了通入电动机绕组中电流的频率。开关脉冲依次控制它们通断，切换一次后，电动机就转动一周；如果每秒钟切换 100 次，则电动机的转速就是 100r/s。逆变器的工作过程如图 9-6 所示，在实际应用中，多采用变频模块加上外围的电路（如开关电源电路）。

① S1 和 S5 闭合，其他开关断开。三相电动机绕组中的电流由 U 端流入，由 V 端流出，如图 9-6（a）所示。

② S3 和 S5 闭合，其他开关断开。三相电动机绕组中的电流由 W 端流入，由 V 端流出，如图 9-6（b）所示。

③ S3 和 S4 闭合，其他开关断开。三相电动机绕组中的电流由 W 端流入，由 U 端流出，如图 9-6（c）所示。

④ S2 和 S4 闭合，其他开关断开。三相电动机绕组中的电流由 V 端流入，由 U 端流出，如图 9-6（d）所示。

⑤ S2 和 S6 闭合，其他开关断开。三相电动机绕组中的电流由 V 端流入，由 W 端流出，如图 9-6（e）所示。

⑥ S1 和 S6 闭合，其他开关断开。三相电动机绕组中的电流由 U 端流入，由 W 端流出，如图 9-6（f）所示。

（a）功率模块外形图

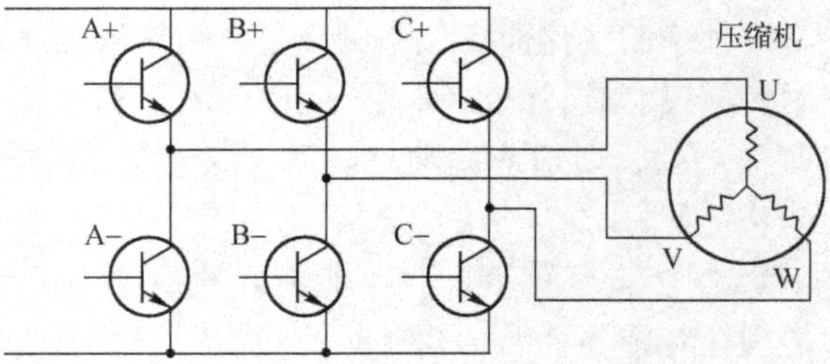

（b）功率模块电路原理图

图 9-5　逆变器外形和电路原理图

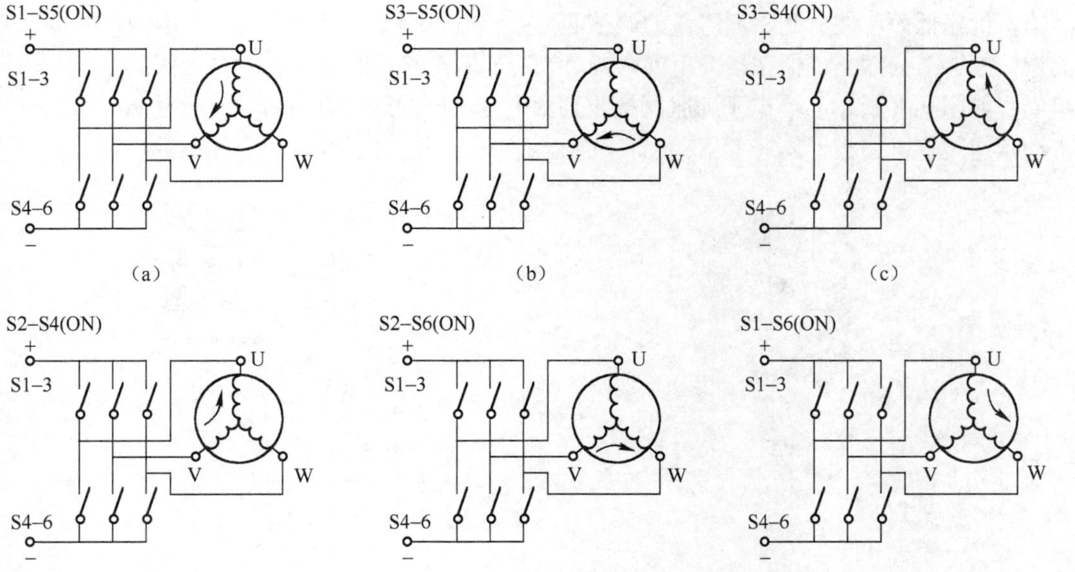

图 9-6　逆变器工作过程

（2）PWM 控制：又称电压频率比例调制方式。在调节频率的同时，不改变脉冲电压幅度的大小，而是改变脉冲的占空比，因为电压的平均值与脉冲的占空比成正比，因此可以实现变频、变压的效果，如图 9-7 所示。这种方法称为 PWM（Pule Width Modulation）调制，PWM 调制可以直接在逆变器中完成电压与频率的同时变化，控制电路比较简单。

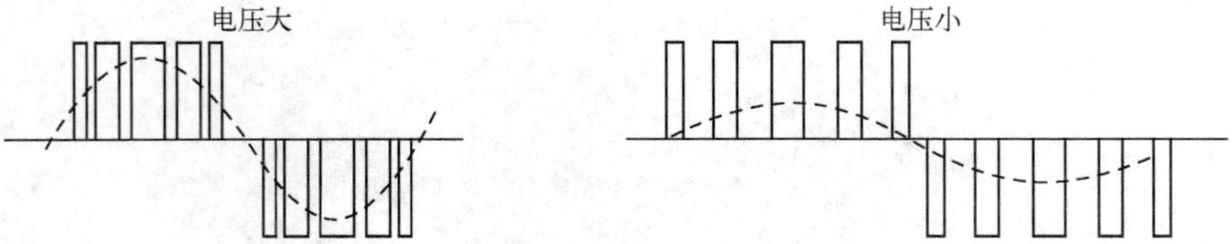

图 9-7　PWM 方式的正弦波形

（3）交流变频压缩机：交流变频空调器的压缩机电动机采用三相感应式交流电动机，压缩机电动机转速随供电电源频率的变化而变化，制冷量或制热量也随之变化，使之与房间相适应。变频压缩机多采用涡旋式和旋转式压缩机。变频压缩机和传统空调器的压缩机结构不同，其内部构造有许多改进之处，以适应高速运转和低速运转两种状态。变频压缩机的优点有：

① 变频压缩机的制冷或制热量变化范围大，能更好地适应房间空调负荷的变化，可以实现快速制冷、制热。特别在冬季环境温度较低时，变频压缩机高速运转，可以保持较好的制热效果，制热量可达传统空调器的 3 ~4 倍。

② 变频压缩机通过改变压缩机的转速调节制冷或制热量，保持制冷空间温度的稳定，比传统压缩机开关运转方式节约电能。

（4）电子膨胀阀：变频空调制冷系统的节流方式有毛细管和电子膨胀阀两种。毛细管结构简单，价格低廉，但对制冷剂流量的调整能力差。电子膨胀阀可以在较大范围内控制制冷剂的流量，能够与变频空调器在较大范围内调节制冷、制热量相匹配。它主要由阀体、阀针、线圈组成，如图 9-8 所示。当电子膨胀阀接收到微电脑发出的脉冲电压时，就驱动脉冲步进电动机带动减速装置，使锥形阀芯上下移动，改变膨胀阀的开启度，调节制冷剂流量。

（a）电子膨胀阀外形图

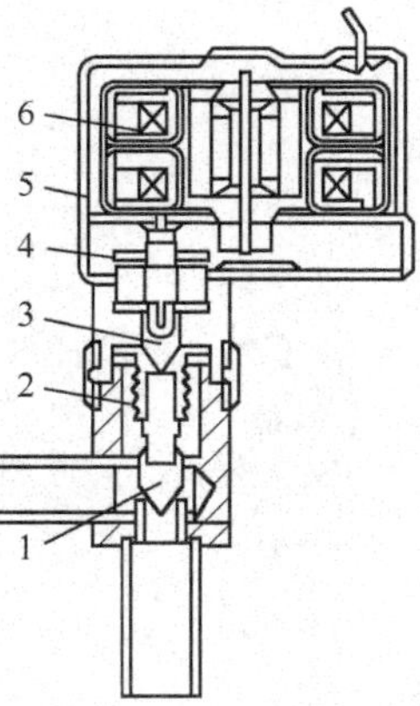

（b）电子膨胀阀结构图

1—阀芯；2—波纹管；3—传动器；4—齿轮；5—外壳；6—脉冲电动机

图 9-8　电子膨胀阀

在蒸发器的入口安装有温度传感器，可检测出蒸发器内制冷剂的温度。微电脑根据温度设定值与室温的差值，进行比例和积分运算，以控制膨胀阀的开启度，直接改变蒸发器中制冷剂的流量，从而使制冷（制热）量发生变化。压缩机的转速与膨胀阀的开启度相对应，使蒸发器的能力得到最大的发挥，从而实现高效率的对制冷系统的最佳控制。

电子膨胀阀使用注意事项：

① 安装位置为电动机的正上方，与本体轴心垂直（±15°）。

② 阀门的入口必须安装过滤器，防止异物进入阀体。

③ 焊接时阀体不能超过 120°，用水冷却时，阀体内部不能进水。

④ 线圈部不能有水珠，防止寿命降低或线圈烧毁。

⑤ 阀体掉下或受到猛烈冲击时，请注意检查外表、电流及流量特征，确认合格后才能使用。

（5）温度传感器。

① 室内环境温度传感器：用于检测室内环境温度，实现制冷与制热控制，根据室温与设定温度进行比较后，通过单片机控制压缩机的运行频率和电子膨胀阀的开启度。

② 室内管温传感器：用于检测室内蒸发器温度，控制室内外风机速度与开停。作用：A 制冷模式下防止蒸发器结霜；B 制热模式下防止室内蒸发器温度过高。

③ 室外环境温度传感器：用来检测室外环境温度，控制室外风机转速，供室外微电脑决定能否开机或除霜。

④ 室外管温传感器：用于检测室外冷凝器温度，作用：A 制冷模式下防止室外冷凝器温度过高，控制电子膨胀阀开启度及压缩机运行频率（管温超过 60℃时关停压缩机）；B 制热模式下判断是否进入和退出化霜。

⑤ 室外压缩机排气传感器：用于检查排气管口温度，作用：A 防止排气温度过高而引起压缩机线圈的损坏；B 参与电子膨胀阀开度计算，如果感温包从排气管上脱落，系统将无法正常运行。

2. 直流变频空调器

把采用无刷直流电动机作为压缩机电动机的空调器称为“直流变频空调器”。直流变频空调器关键在于采用了无刷直流电动机作为压缩机电动机，这种电动机的定子为四极三相结构，转子为四极磁化的永久磁铁。当施加在电动机上的电压增高时，转速加快；电压降低时，转速下降。直流变频压缩机结构如图 9-9 所示，其工作原理框图如图 9-10 所示，电路原理图如图 9-11 所示。

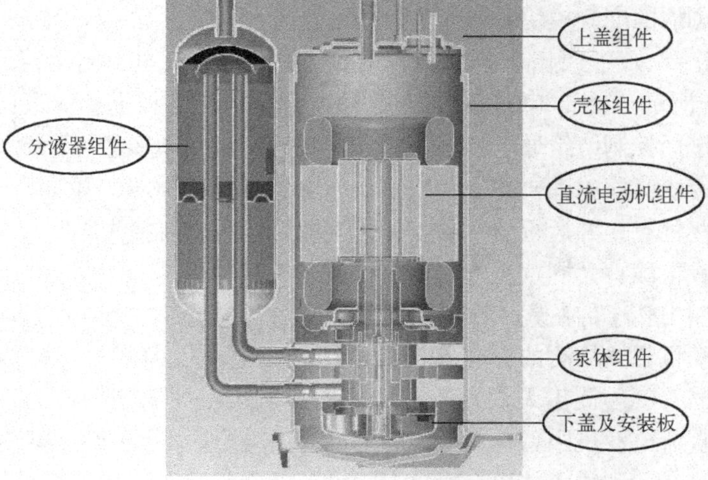

图 9-9　直流变频压缩机结构

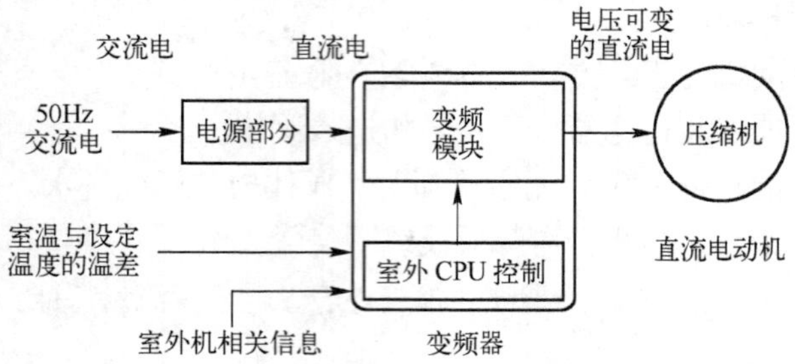

图 9-10　直流变频工作原理框图

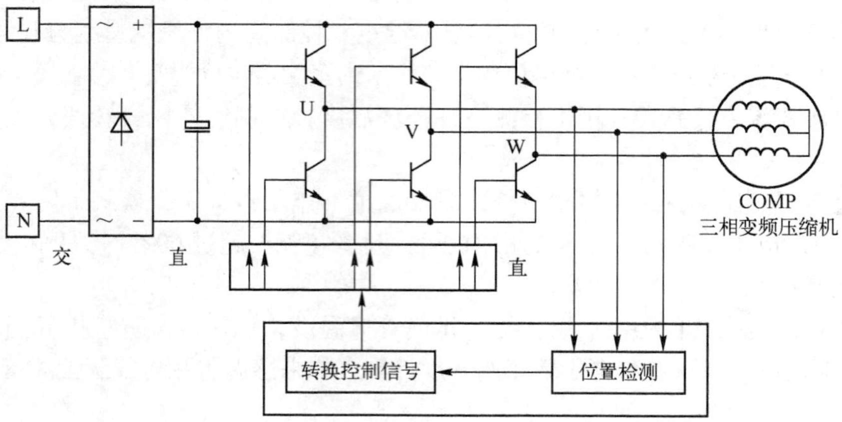

图 9-11　直流变频电路原理图

直流变频压缩机与交流变频压缩机的区别是：交流变频压缩机无转速反馈信号，直流变频压缩机有三相转速反馈信号，交流变频压缩机通过调节电源频率来调速，直流变频压缩机通过调节电源电压来调速，交流与直流变频模块控制信号输入方式不同。

（1）无刷直流电动机：无刷直流电动机的定子结构与三相交流异步电动机的定子完全相同，一般采用星形连接，转子用永久磁铁制成。电子绕组加的不是三相交流电，而是通过变频模块轮流给它们加直流电。

直流变频空调器的变频模块每次导通两个三极管（A+、A-不能同时导通，B+、B-不能同时导通，C+、C-不能同时导通），两相线圈通以直流电，驱动转子运转，各绕组通电电压如图 9-12 所示。另一相线圈不通电，但有感应电压，根据感应电压的大小可以判断出转子的位置，进而控制绕组通电顺序。直流变频比交流变频多了位置检测电路。无刷直流电动机既克服了传统直流电动机的一些缺陷，如电磁干扰、噪声、寿命短，又具有交流电动机所不具有的一些优点，如运行效率高，调速性能好，无涡流损失等。

（2）转子位置检测：无刷直流电动机定子绕组流过的不是三相交流电，不能直接产生旋转磁场，必须检测出转子的位置，顺序切换绕组流过的电流，才能产生旋转磁场，使转子转动。无刷直流电动机位置检测的方法有两种：①利用电动机内部的位置传感器（通常为霍尔元件）提供信号；②检测出无刷直流电动机的相电压，利用相电压的采样信号进行运算后得出。在无刷直流电动机中总有两相线圈通电，一相不通电，通常以不通电的一相作为转子位置检测信号，捕捉到感应电压，通过专门设计的电子回路转换，控制定子绕组的供电。

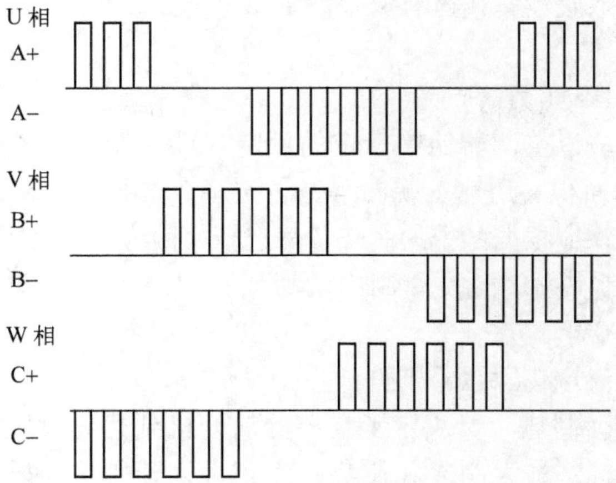

图 9-12　各绕组工作电压波形

由于第二种方法省掉了位置传感器，所以直流变频压缩机通常采用第二种方法进行电动机换向。

(3) 全直流风扇电动机：全直流变频空调器室内、外风扇电动机（以美的全直流变频空调器为例）使用的都是直流电动机，它们的接线图如图 9-13 所示。

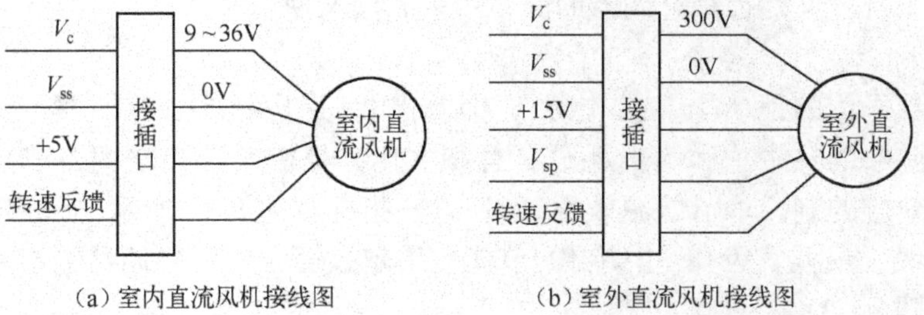

图 9-13　全直流风扇电动机接线图

① 室内直流风机：通过改变电压大小的方式来控制风机转速，V_c 的电压范围为 9～36V，电压越高，风机转速越高；电压越低，风机转速越低。+5V 为风机内电路控制板的工作电压。

② 室外直流风机：室外直流风机工作原理与直流压缩机基本相同；V_c 为高压直流供电部分提供 300V 直流电源，供风机绕组工作使用。+15V 电压为风机内电路板的工作电源电压。V_{sp}为风机转速控制信号，室外主控板发出的室外风机风速控制信号为 +5V 的脉冲数字信号，经过 D/A 转换电路，转换成最大电压为 +15V 的模拟信号，即 V_{sp}，控制电动机内电路板以产生 PWM 电压波形。转速反馈信号幅值为 +15V，因主控板芯片工作电压为 +5V，因此需在电源板上将其转换成 +5V 的信号后，才能供给主控芯片以检测室外风机转速。

3. 变频空调器的选购

1）选择空调器的型号

要根据空调器的使用功能选择空调器的型号，如果房间有专门的取暖设备，可以选择单冷型空调器；如果没有取暖设备或虽有取暖设备但有老人、小孩，对天气变化比较敏感，可以选择冷暖型空调器。

2）选择空调器的制冷（制热）量

变频空调器的大小应以空调器铭牌标定的额定制冷（制热）量为依据来确定，空调器的制冷量要根据房间的面积、用途、朝向等进行选择，选择额定制冷量要与所需耗冷量接近。选择冷暖空调器时，应根据冬季的制热量来选择，因为冬季室内外温差比夏季大，每平方米大约需要210W的制热量，比夏季制冷量高1.3～1.5倍，冬季较寒冷地区所需制热量更大，每平方米约需290W。

3）关注最大和最小制冷（制热）量

空调器的最大制冷（制热）量决定了空调器从开机到达到设定温度的时间，是决定空调器性能的一个重要指标。最大制冷（制热）量越大，开机达到设定温度所需要的时间就越短，也就意味着空调器创造舒适环境的能力越强。但该指标不能作为选择变频空调器大小的依据，否则，变频空调器会满负荷高速运转，不但会缩短空调器的使用寿命，而且费电，更谈不上舒适性。

变频空调器的最小制冷（制热）量也是衡量变频空调器性能的重要参数。变频空调器的最小制冷（制热）量越小，越能够精确地维持室内温度，达到精确控温的效果，使用起来更加舒适；同时能够保证变频空调器不会频繁地启停压缩机，既避免了开关机的噪声和对其他电器造成干扰，又能提高空调器的静音效果和延长使用寿命。

4）关注能效比

变频空调器采用的是“季节能效比”，即SEER，是指制冷季节期间，空调器进行制冷运行时从室内除去的热量总和与消耗电量总和之比，是衡量变频空调器节能水平的重要依据。能效等级对应的制冷季节能源效率（SEER）指标如表9-1所示，SEER值越大，级别越高（最高1级、最低5级），空调器的节能效果越显著。变频空调器的能效比计算方法与普通空调器不同。

表9-1　能效等级对应的制冷季节能源效率（SEER）指标

类　型	额定制冷量 CC（W）	能效等级				
		5	4	3	2	1
分体式	CC≤4 500	3.0	3.4	3.9	4.5	5.2
	4 500＜CC≤7 100	2.9	3.2	3.6	4.1	4.7
	7 100＜CC≤14 000	2.8	3.0	3.3	3.7	4.2

4. 变频空调器的安装

变频空调器的安装方法与普通空调器有许多相似之处，对于使用R410A制冷剂的变频空调器，安装时需注意以下几点：使用专用工具，排出配管内空气，加工喇叭口及连接配管。

（1）使用专用工具。安装使用R410A制冷剂的变频空调器需使用如表9-2所示的专用工具。

（2）排出配管内空气。安装家用变频空调器时，必须采用抽真空的方法来排出系统内的空气，具体操作要求如下：

表 9-2　安装变频空调器使用的专用工具

序　号	专用工具	用　途	要　求	可否用于 R22 的空调器
1	扩管器	加工喇叭口	扩管时比使用 R22 多出 0.5mm，在喇叭口面上不能涂冷冻机油	可以
2	检修阀	抽真空、充注制冷剂	高压表 -0.1～5.3MPa，低压表 0.1～3.8MPa，比检修 R22 空调器使用的压力高。连接软管接头尺寸为 1/2 英寸，与普通检修阀不同	不可以
3	真空泵	真空泵	要装备单向阀，防止泵内润滑油倒流	可以
4	连接软管	抽真空、充注制冷剂	耐压耐油性要好，接头尺寸与普通连接管不同	不可以
5	冷媒罐	充注制冷剂	瓶身为粉红色	不可以
6	HFC 电子检漏仪	检测制冷剂泄漏	新冷媒专用检漏仪检测氢元素，普通检漏仪检测氯元素	不可以

① 使用专用的真空泵，或者带有单向阀的真空泵，使用前先检查油位是否正常。

② 将检修阀充注软管有顶针的一端连接至低压阀的充注口，另一根充注软管接头与真空泵连接，关闭高低压阀手轮。

③ 打开检修阀 Lo（低压）手轮，开动真空泵抽真空，此时如果压力表指针很快地指向真空，需检查截止阀的顶针是否顶开，如图 9-14 所示。

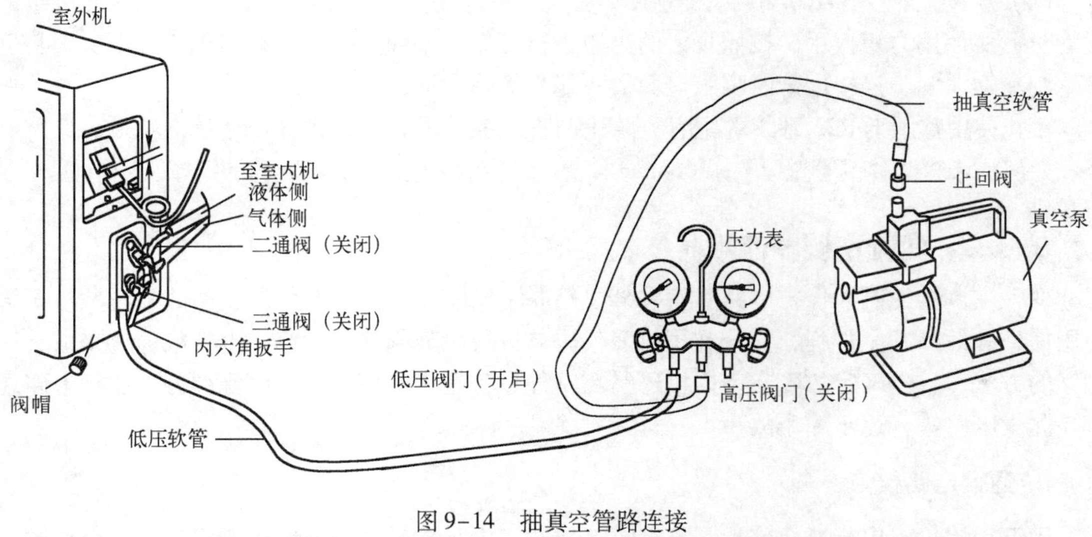

图 9-14　抽真空管路连接

④ 一般一匹空调抽真空约 15min，二匹空调抽真空约 20min，三匹空调抽真空约 30min，确认压力表指针是否指在 -1.0×10^5Pa（-76cmHg）处，抽真空完成后，关紧检修阀 Lo（低压）手轮，停下真空泵。

⑤ 抽真空完成后需要保压一段时间，以检查系统是否泄漏。一般两匹以上空调保压 5min，两匹以下空调保压 3min，保压期间检查压力回弹不能超过 0.005MPa。

⑥ 检查真空后，稍微打开液阀排出制冷剂，以平衡系统压力，防止拆管时空气进入，

当压力大于0后，拆下软管，然后完全打开高低压阀。

⑦ 拧紧高、低压阀阀帽以及充注口阀帽。

(3) 加工喇叭口。R410A使用的喇叭口加工尺寸与以前R22使用的尺寸不同，建议使用R410A规定的工具。如果使用以前的工具，参照表9-3、表9-4对铜管的误差进行修正以后，才可以使用。

① 喇叭口扩口尺寸D如表9-3所示。

② 喇叭口加工时，铜管突出量A如表9-4所示。

使用R22的扩管工具对R410A配管进行扩管时，使用比R22多0.5mm的尺寸进行扩管加工，如表9-4所示。

表9-3　喇叭口扩口尺寸D

铜管外径（mm）	$D^{0}_{-0.4}$	
	R410A用	R22用
6.35	9.1	9.0
9.52	13.2	13.0
12.7	16.6	16.2

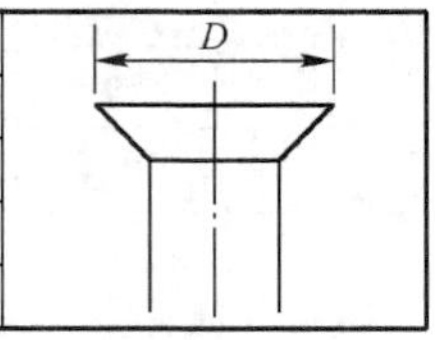

表9-4　加工喇叭口时铜管突出量A

铜管外径（mm）	使用R410A专用工具		使用原R22用工具	
	R410A	R22	R410A	R22
6.35	0~0.5	0~0.5	1.0~1.5	0.5~1.0
9.52	0~0.5	0~0.5	1.0~1.5	0.5~1.0
12.7	0~0.5	0~0.5	1.0~1.5	0.5~1.0

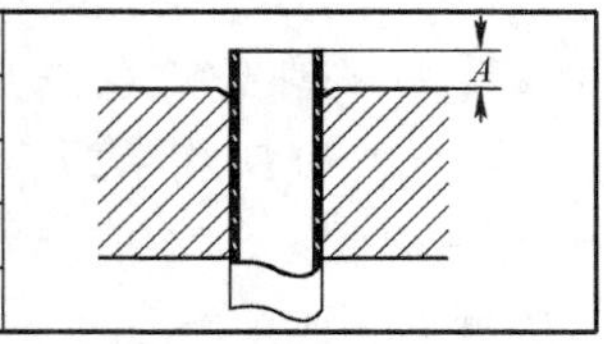

(4) 连接配管。R410A的压力比R22要高1.6倍左右。因此，连接室内、室外机组的配管时，要使用力矩扳手，按照规定的力矩进行可靠的紧固连接。一旦出现连接不良，将会发生制冷剂泄漏，连接配管时喇叭口面上不能涂冷冻机油。

禁止使用曾用于R22系统的配管；防止两种冷冻油混合，否则会产生沉淀物质，堵塞管路。如需加长管路，铜管壁厚要求0.8mm以上，不能使用壁厚为0.7mm的铜管及铜铝管。

9.3.2　变频空调器的检修

变频空调器控制和保护电路、室内外电路联系紧密，检修时要仔细观察故障现象，了解使用信息和故障发生过程，充分利用故障代码，进行故障判断和检修。电气故障要采取分区检修的方法，首先确定故障在室内机还是在室外机，是在通信电路、电源部分、驱动电路还是在测量电路等，逐步缩小故障点，进行排除。

1. 通信电路检修

用万用表检查串行通信信号，压缩机运转时，串行信号端子上应能测得变化的电压。

2. 室外机电源检修

首先检查直流310V的主电源电压是否正常，正常工作时，电源进线端交流电压应为200~240V，主电源电压应等于1.2~1.4倍的交流输入电压，即不小于250V，否则整流滤波电路有故障。应重点检查4个桥臂二极管有无击穿、断路现象，直流滤波大电容有无漏电及容量下降现象。其次检查室外机电脑板所需的5V、12V和15V直流电压是否正常，该电压由开关电源提供，当这几路电压都为零时，应重点检查电源开关管和熔断器。

3. 变频模块检测

变频模块上有 5 个单独的插头，分别为 P、N、U、V、W，P 与 N 分别接直流电源的正极和负极，U、V、W 分别接压缩机的三相绕组。当断开 5 个插头与外电路的连接时，测量 U、V、W 相互之间电阻应为无穷大，如果阻值很小，说明内部击穿了，P 与 U、V、W 相之间正、反向电阻应分别为 40kΩ 与无穷大，N 与 U、V、W 之间结果与之相反。当通电工作时，对于交流变频模块，它的 U、V、W 端两两之间应有 50 ~ 160V 的交流电压。

4. 软启动电路检修

当软启动电路的 PTC 开路时，整机不工作；当软启动电路的功率继电器损坏或驱动电路损坏时，室外机工作电流全部经过 PTC 元件，使之很快发热，阻值变得很大，室外机一开即停。

5. 变频压缩机检修

断电测量：用万用表 R ×1 挡测量压缩机 3 个接线端子之间的阻值，应分别相等。用兆欧表测量接线端子与压缩机外壳间的阻值，应不低于 2MΩ。

通电测量：用万用表测量压缩机线圈上的 3 个电压，如有且变化幅度相等，而压缩机不启动，故障在压缩机。

压缩机转速过高，降不下来，故障原因：设定温度与实际温度差值过大，室内环温热敏电阻故障，系统内部制冷剂不足，室外主控板抗干扰能力差，电网污染或死机。

压缩机转速过低，升不上去，故障原因：电压过低，设定温度与实际温度差值过小，室内环温热敏电阻故障，室外引脚温度过高，压缩机排气管热敏电阻故障，系统内部制冷剂不足，室外主控板抗干扰能力差，电网污染或死机。

6. 变频空调器制冷系统检修

检修变频空调器制冷系统时，需将调试开关设置为定频挡，然后按照定频空调器的检修方法进行加氟或维修。变频空调器制冷系统的检修也是通过将压力表测量系统的压力与正常状态下的压力值进行比较，通常 R22 制冷剂压力为 0. 5 ~ 0. 6MPa，R410A 制冷剂压力为 0. 8 ~ 1. 0MPa。也可用钳形表测量空调器运行电路与额定电路值进行比较，同时测量三相电流是否平衡，来判断故障。R410A 是一种近似共沸混合冷媒，必须使用液态方式充注。制冷系统常见故障为不制冷或制冷效果差。

1）压缩机运转但不制冷

测量系统平衡压力，如压力低则缺少制冷剂；如压力正常且压缩机运转不制冷，则故障在压缩机或电子膨胀阀。

检查电子膨胀阀：将空调器置于调试挡，然后开机，如压缩机转速正常，观察电子膨胀阀出口端是否结霜，如结霜说明电子膨胀阀开启度过小。故障原因：① 电子膨胀阀故障；② 电子膨胀阀驱动电路故障。如将空调器置于调试挡后，开机制冷正常，故障在室内外温度检测电路。

2）压缩机运转但制冷效果差

故障原因：① 制冷剂不足；② 制冷系统脏堵；③ 空调器设定温差过小；④ 电子膨胀阀故障；⑤ 压缩机运行频率低；⑥ 四通换向阀串气。

7. 新冷媒变频空调器制冷剂的充注

使用 R410A 制冷剂的变频空调器，充注制冷剂必须在额定制冷模式下以液态方式充注。

1）进入额定制冷模式

在额定制冷模式下，变频空调器压缩机转速固定，制冷系统可以得到相对稳定的压力。不同品牌变频空调器进入方式不同，可参考使用说明书或相关资料。

（1）美的空调器在制冷模式压缩机开启情况下的操作。

① 将遥控器设定温度调整为 17℃。

② 将遥控器风速设定为高风。

③ 在 10s 内连续按“强劲”键 6 次（或 6 次以上）。

④ 单音蜂鸣器长响 10s（对于音乐蜂鸣器则响开机铃声），进入额定制冷测试运转。

⑤ 在额定制冷模式下，压缩机的运转频率固定为额定测试频率，室内外风机风速固定为额定测试风速。

（2）格力空调器在制冷模式下的操作。遥控器设定温度为 18℃，3s 内连按 4 次“睡眠”键，显示 P1 后，设定成功，进入额定制冷模式。

2）确定充注的制冷剂（冷媒）类型

R410A 的冷媒罐颜色为粉红色，注意制冷剂的容器是否搭载了虹吸管，如果使用有虹吸管的冷媒罐，充注制冷剂时就不需要把容器倒置。否则，需将冷媒罐倒立过来，以液态形式充注。由于 R410A 制冷剂是一种近共沸混合溶液，使用气体方式添加时，制冷剂的组成成分会发生变化，导致空调器的性能发生变化。

3）R410A 制冷剂操作注意事项

① 由于 R410A 制冷剂的压力比较高，R410A 空调器使用的配管、工具等必须专用。

② 操作中如发生 R410A 制冷剂泄漏，请及时进行通风换气；如果冷媒泄漏在室内，一旦与电风扇、取暖炉、电炉等器具发出的电火花接触，将会形成有毒气体。

③ 制冷系统不能混入除 R410A 制冷剂以外的空气等。如果系统中混入空气等气体，在压缩机高压运行中系统可能发生爆炸（R410A 中的 R32 成分是可燃的，与空气中的氧气混在一起，遇到高温高压时会爆炸）。

④ R410A 制冷系统不能与其他的制冷剂、冷冻机油进行混合使用。

8. 新冷媒变频空调器制冷部件的更换

如果制冷系统要更换压缩机，必须采用 R410A 的压缩机，绝对不能采用 R22 的压缩机。同理，R22 系统不能使用 R410A 的压缩机。且更换时必须采用原型号的压缩机，不能用其他型号的压缩机进行替代。

R410A 制冷系统只能采用专用的截止阀、四通阀，绝对不能把 R22 系统用的装到 R410A 系统中。但 R410A 的四通阀、截止阀可以安装到 R22 系统中，R22 的充注口较小，R410A 的充注口较大，因此在给 R410A 系统抽真空或加注制冷剂时，要采用专门的连接软管。

9.4　项目基本知识

9.4.1　变频空调器与普通空调器的区别

普通空调器压缩机的转速是固定的，它通过控制压缩机的开、停（压缩机间歇运转）来维持室内温度的稳定。室温的变化较大，变频空调器通过改变压缩机的转速，控制压缩机的排气量，改变空调器制冷量的大小，使室内温度保持稳定。变频空调器刚开机时，室内急需降温（或升温），压缩机、风机高速运转，制冷（制热）量增大；达到设定温度后，压缩机、风机转入低速运转，制冷（制热）量减小，来维持室温的稳定。变频空调器与普通空调器的区别如表 9-5 所示。

表 9-5　变频空调器与普通空调器的区别

项　　目	普通空调器	变频空调器
适应负荷能力	夏季室外温度越高，制冷效果越差；冬季室外温度越低，制热效果越差	变频压缩机电动机的转速是与室内空调器负荷成比例变化的，当室内需要急速降（升）温，空调器负荷加大时，压缩机转速就加快，制冷（制热）量就按比例增加；当达到设定温度时，随即处于低速运转，维持室温基本不变
节流装置	普通空调器采用毛细管作为节流装置，不能自动调节制冷剂流量	变频压缩机采用电子膨胀阀作为节流装置，可以自动调整制冷剂的流量
对电网电压的适应能力	电源电压范围为 198～242V	电源电压范围为 142～270V
节能性	开停频繁，启动电流大，耗电多	与普通空调器相比，避免压缩机频繁开停，节能 30% 左右
控温精度	温度波动范围达 2℃	温度波动范围 1℃
环境温度要求	热泵辅助电热型空调器在室外干球温度为 2℃，湿球温度为 1℃，室内干球温度为 20℃ 时，其制热量一般为名义值的 60%～80%，在室外温度低于 -7℃ 时，不能正常工作	变频空调器在室外干球温度为 2℃，湿球温度为 1℃，室内干球温度为 20℃ 时，其制热量可达名义值的 95%，甚至可在 -15℃ 的低温环境温度下启动、制热
噪声	频繁开停，产生开关动作声、压缩机启停时的气流声和振动声	由于变频空调器运转平衡，振动减小，噪声也随之降低
低温制热效果	制热效果一般，化霜时需停机 5～10min	化霜时不停机，利用压缩机排气的热量先向室内供热，余下热量送到室外，将室外侧换热器翅片上的霜融化，-10℃ 时制热效果仍然很好
启动电流	启动电流是工作电流的 4～7 倍	启动电流小，约是普通空调器的 1/7

9.4.2　变频空调器控制电路分析

变频空调器的控制电路与定频空调器相比更复杂，室内机和室外机都有控制板，两块控制板之间通过电缆连接，从通信端口互相发出控制指令。下面以海信 KFR-3601GW/BP 空调器为例，分析控制电路的工作原理，它的整机控制原理框图如图 9-15 所示。

1. 室内机控制电路

室内机控制电路主要由电源电路、室内风机控制电路、过零检测电路、温度传感器电路、步进电动机控制电路、显示驱动电路和 CPU 等组成。室内机控制电路原理图如图 9-16 所示，电气接线图如图 9-17 所示。

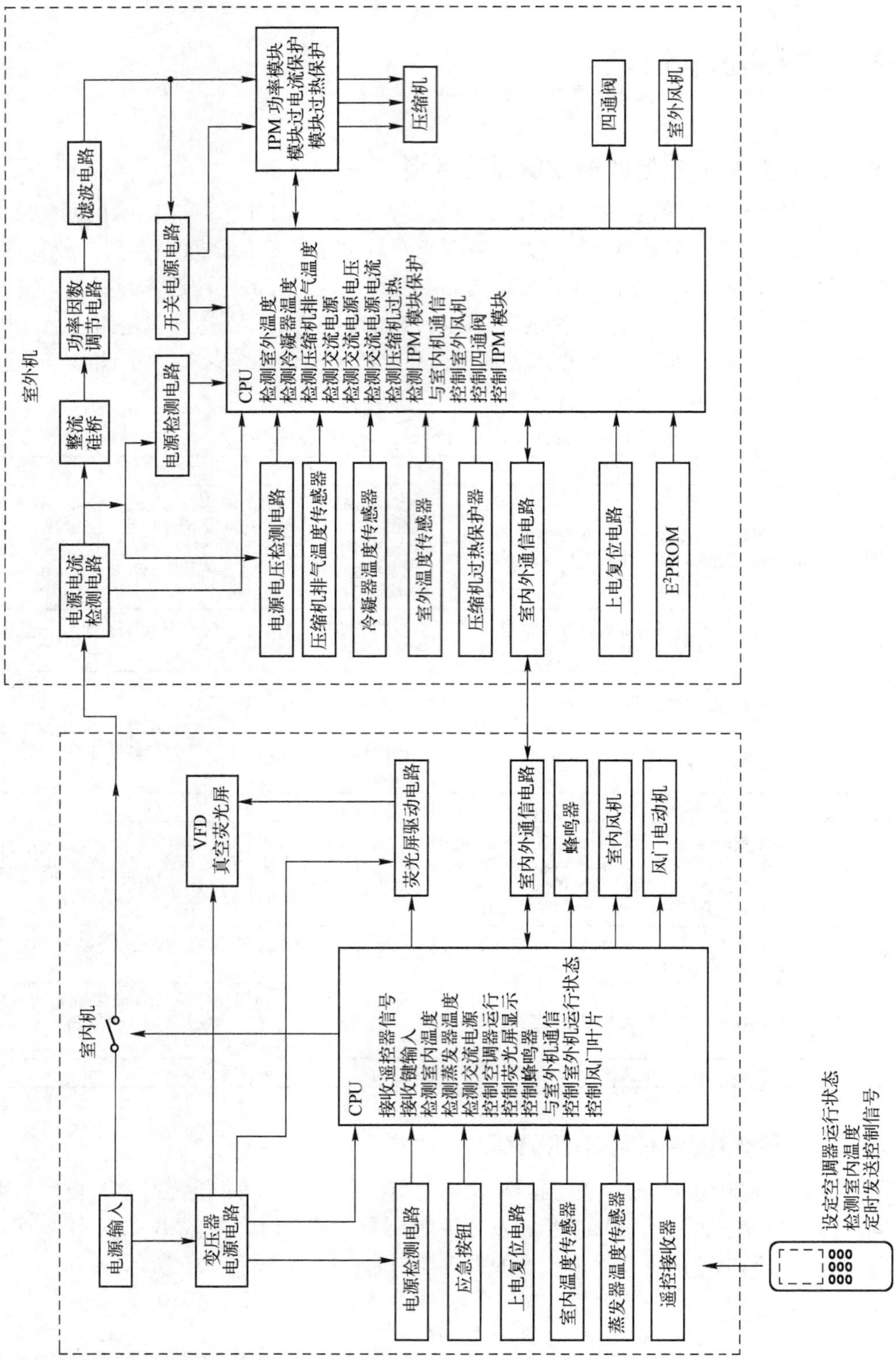

图 9-15 整机控制原理框图

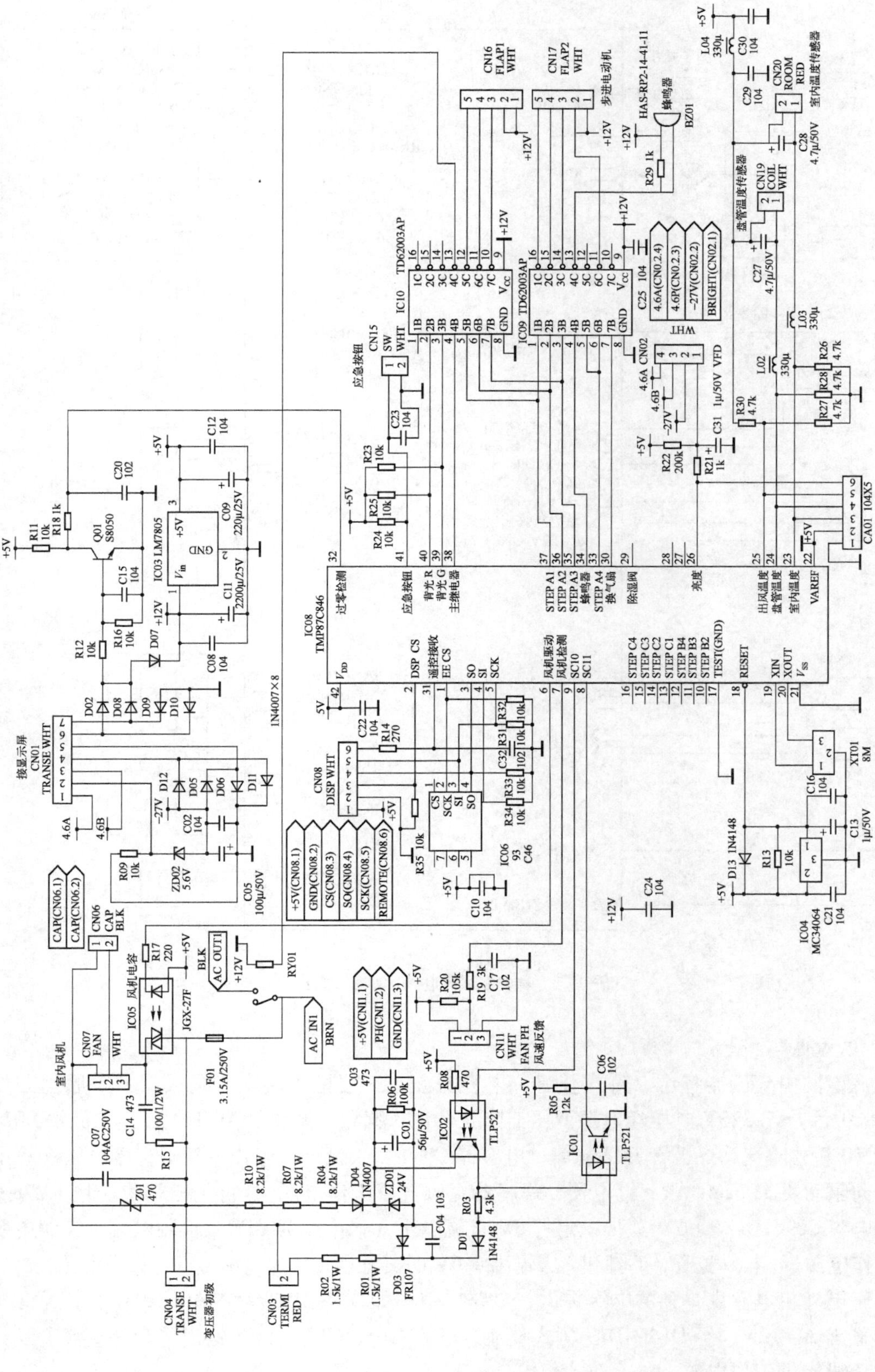

图 9-16　室内机控制电路原理图

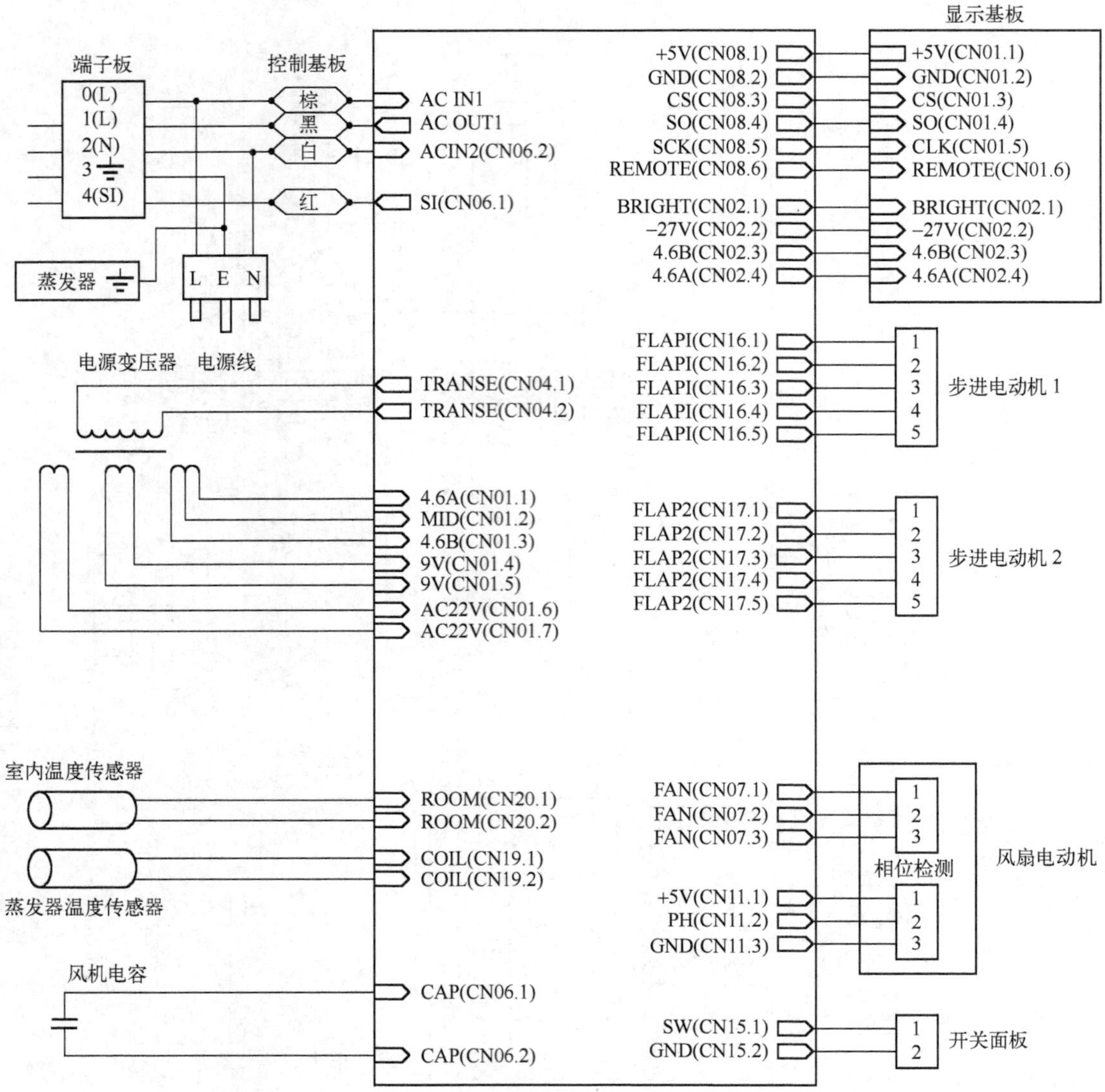

图 9-17　室内机控制电路电气接线图

1）电源电路

电源电路由变压器降压、桥式整流、电容滤波、三端稳压块稳压构成，电路原理图如图 9-18 所示。AC 220V 电压经电源变压器降压，从 6 脚和 7 脚输出 AC 12V，经二极管 D02、D08 ~ D10 桥式整流，二极管 D07 隔离，电容器 C08、C11 滤波，输出 +12V 直流电压（该电压为反向驱动块 TD62003AP、继电器、蜂鸣器提供直流工作电源）。再经三端稳压块 LM7805 稳压，电容 C09、C12 滤波，获得稳定的 5V 直流电压（该电压为 CPU、检测电路、控制电路提供工作电源）。电源变压器 1 脚和 2 脚输出 4.6V 的交流电压，为显示屏灯丝提供电源。

换气电动机电源由单独的电源提供，电路原理图如图 9-19 所示。AC 220V 电压经变压器降压输出 AC 12V，经 D14 ~ D17 桥式整流，电容 C19、C18 滤波，输出稳定的直流电，为换气电动机提供工作电源。

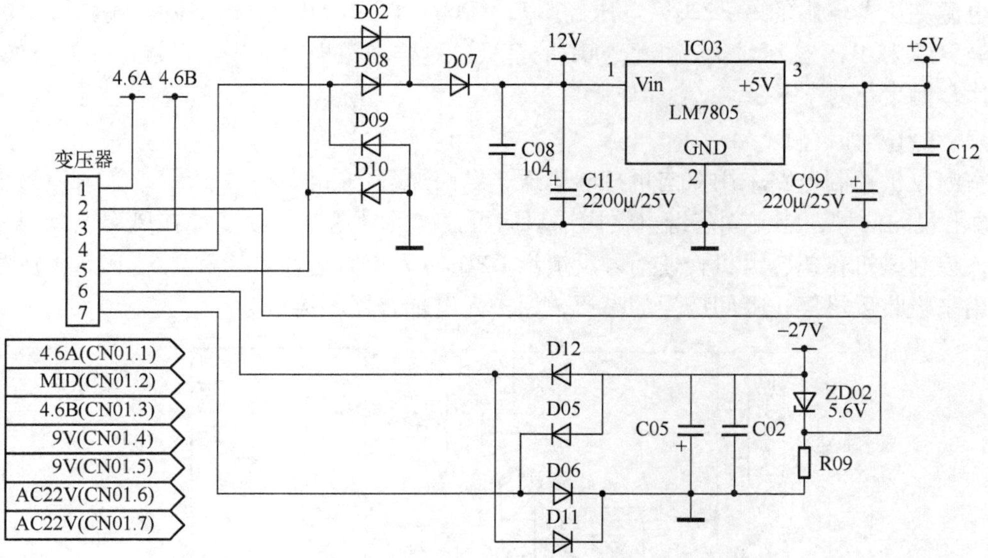

图 9-18　电源电路原理图

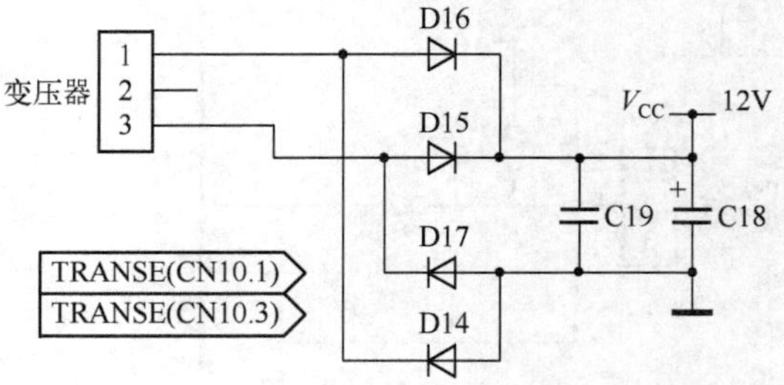

图 9-19　换气电动机电源电路原理图

2）过零检测电路

过零检测电路在控制系统中用于控制调节室内风机转速的双向可控硅触发器，检测电源电压的异常，电路原理图如图 9-20 所示。

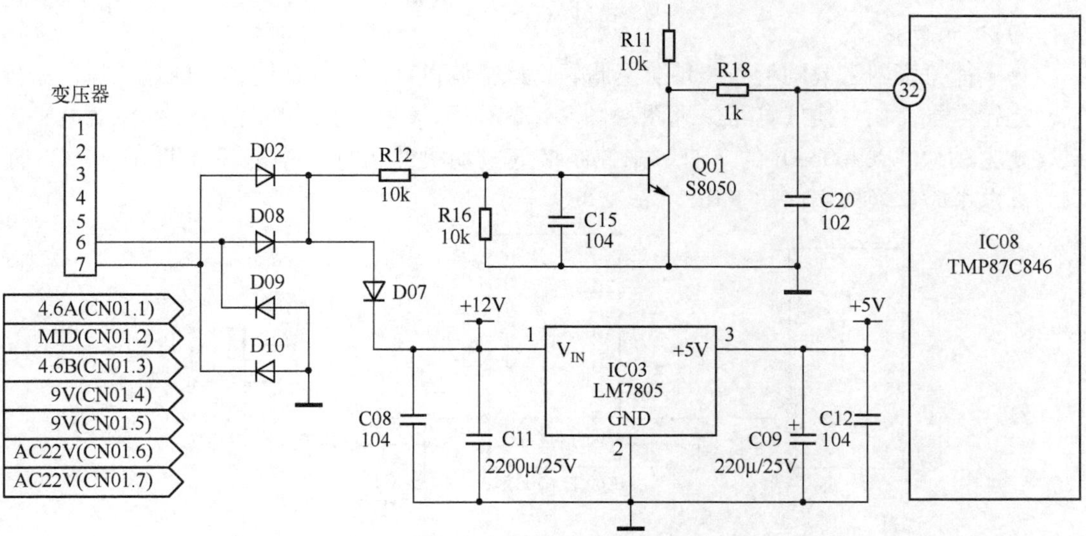

图 9-20　过零检测电路原理图

电源变压器输出的 AC 220V 电压经 D02、D08、D09、D10 桥式整流，输出脉动的直流电，经 R12 和 R16 分压供给三极管 Q01 的基极，这样在三极管的集电极输出一个方波信号，作为过零触发信号。

3）室内风机控制电路

室内风机控制电路采用双向可控硅调速，电路原理图如图 9-21 所示，室内控制板 CPU 6 脚输出驱动信号，控制固态继电器内部双向可控硅的导通角，改变加在风扇电动机两端的电压，控制风机转速，风机转速信号反馈给 CPU 的 7 脚。电容 C14 和电阻 R15 构成吸收电路，用来吸收风机停止瞬间产生的高压，保护光电耦合器不被击穿。

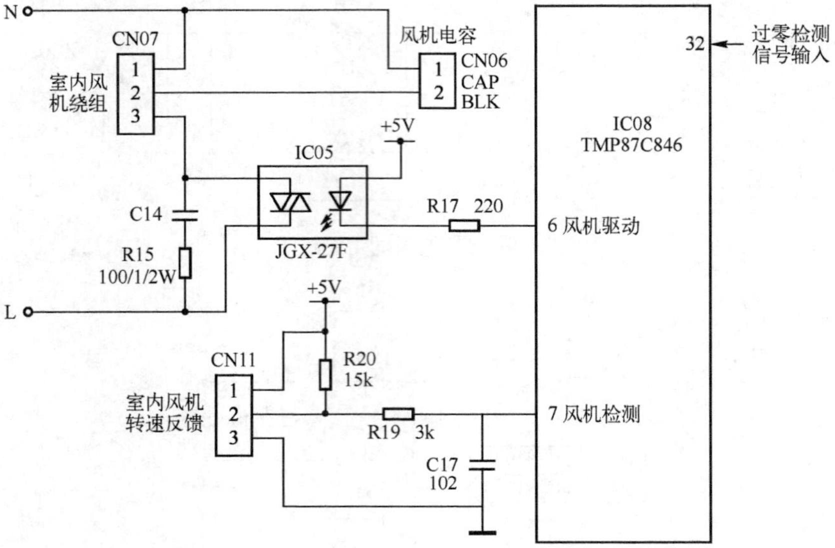

图 9-21　室内风机控制电路原理图

4）步进电动机控制电路

步进电动机控制电路由 CPU 的 33、35、36、37 脚，通过两块驱动芯片 TD62003AP 对步进电动机进行控制。

5）换气功能

为了保持室内空气的清新，预防空调病，该空调设计了换气功能，可通过风机向室外排气，进行空气交换，换气电路原理图如图 9-22 所示。CPU 的 30 脚输出一个高低电平，加至反向驱动块 TD62003AP 的 7 脚，来控制换气电动机的运行与停止。当 TD62003AP 的 10 脚为高电平时，换气扇停止工作。

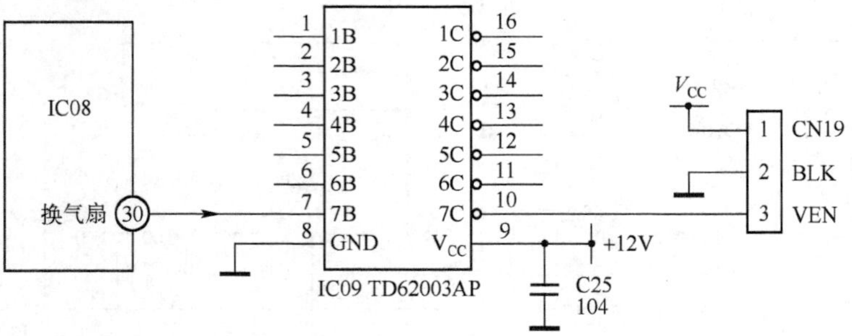

图 9-22　换气电路原理图

6）E^2PROM 电路、显示屏信号传输电路及遥控接收电路

E^2PROM 内部存储着风速、显示屏亮度、变频值和温度保护值等参数，如果 E^2PROM 有问题，将导致空调器运行紊乱或者不能开机，其电路原理图如图 9-23 所示。

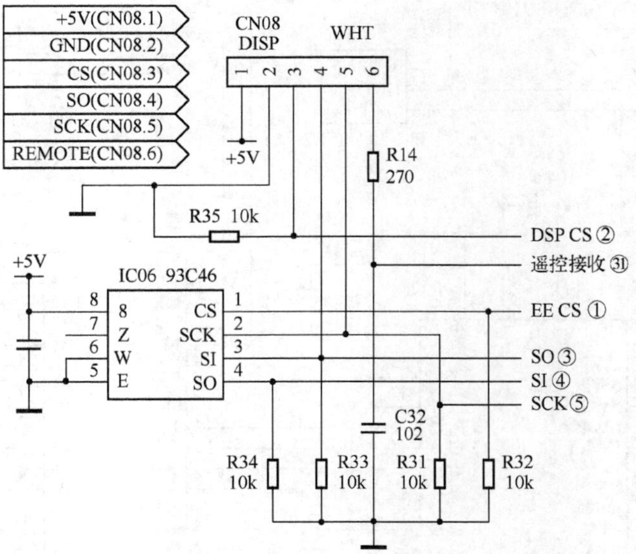

图 9-23　E^2PROM 电路、显示屏信号传输电路及遥控接收电路

E^2PROM 和显示屏数据传输共有两条数据线 SI 和 SO，另外一条为时钟线 SCK。E^2PROM 电路和显示屏分别通过 EE CS①和 DSP CS②选择信号。遥控器通过显示屏上的光敏接收头接收遥控信号，经 R14 输入 CPU 的 31 脚。

7）显示屏

显示屏采用 VFD 显示，用来显示空调器的运行状态，主要由荧光粉、栅极、灯丝及控制电路组成，其电路原理图如图 9-24 所示。

灯丝用于发射电子，轰击荧光粉使相应的字符和数字发光，在灯丝和荧光粉之间有一个栅极，用来控制电子的发射。当栅极磁场强度较小时，电子可以穿过栅极轰击荧光粉，使相应的字符和数字点亮；当磁场强度较大时，电子穿不过栅极不能轰击荧光粉，则相应的字符和数字不能点亮。

CN02 的 1 脚连接光敏管 U01，该脚电压随环境亮度的变化而变化，最终送入 CPU 的 26 脚，构成了显示屏亮度检测电路。芯片 U03 NW6372 专门用于译码驱动显示屏，当显示屏显示不全或不能显示时，需用万用表检测荧光屏各供电电压是否正常。

8）复位电路

该机室内控制电路采用上掉电复位电路，由掉电检测集成电路 MC34064 和外围元件构成，如图 9-25 所示。它可以实现低电平复位，以及电压异常或受到干扰时给 CPU 提供复位信号。

初次上电时，5V 直流电压通过电阻 R13 给电容 C13 充电，电容相当于短路，实现低电平复位；当电容 C13 充电结束时，正极为高电位，单片机复位结束。当直流电源 5V 电压低于 4. 5V 时，集成块 MC34064 的 1 脚输出低电平，单片机重新复位。

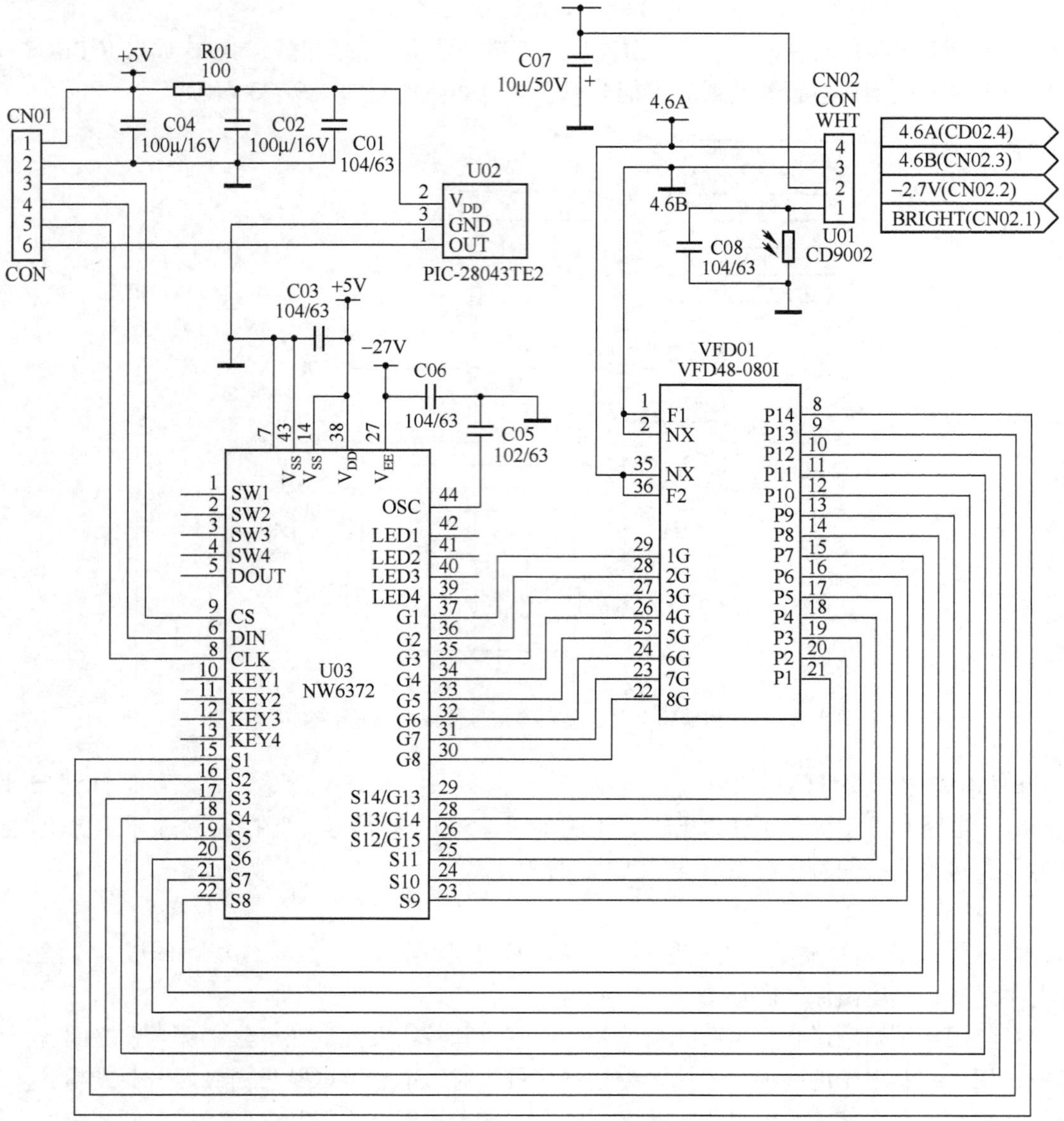

图 9-24　显示屏电路原理图

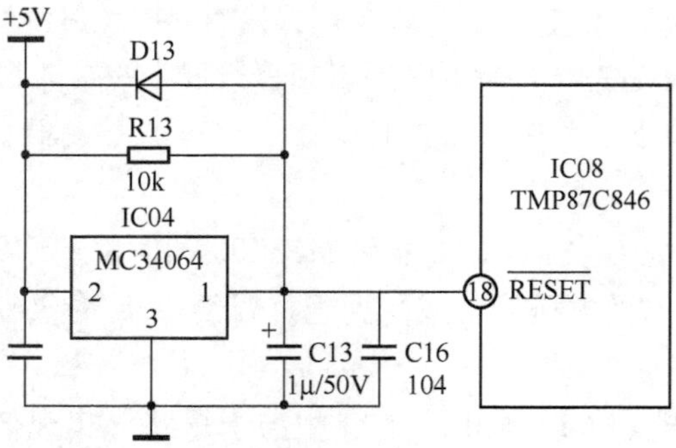

图 9-25　复位电路

室内机控制电路的其他电路与定频空调器类似。

2. 室外机控制电路

室外机控制电路由开关电源、通信电路、软启动电路、温度传感器电路、电流检测电路、电压检测电路、功率模块驱动电路和室外风机四通换向阀控制电路等组成。室外机控制电路原理图如图 9-26 所示，电气接线图如图 9-27 所示。

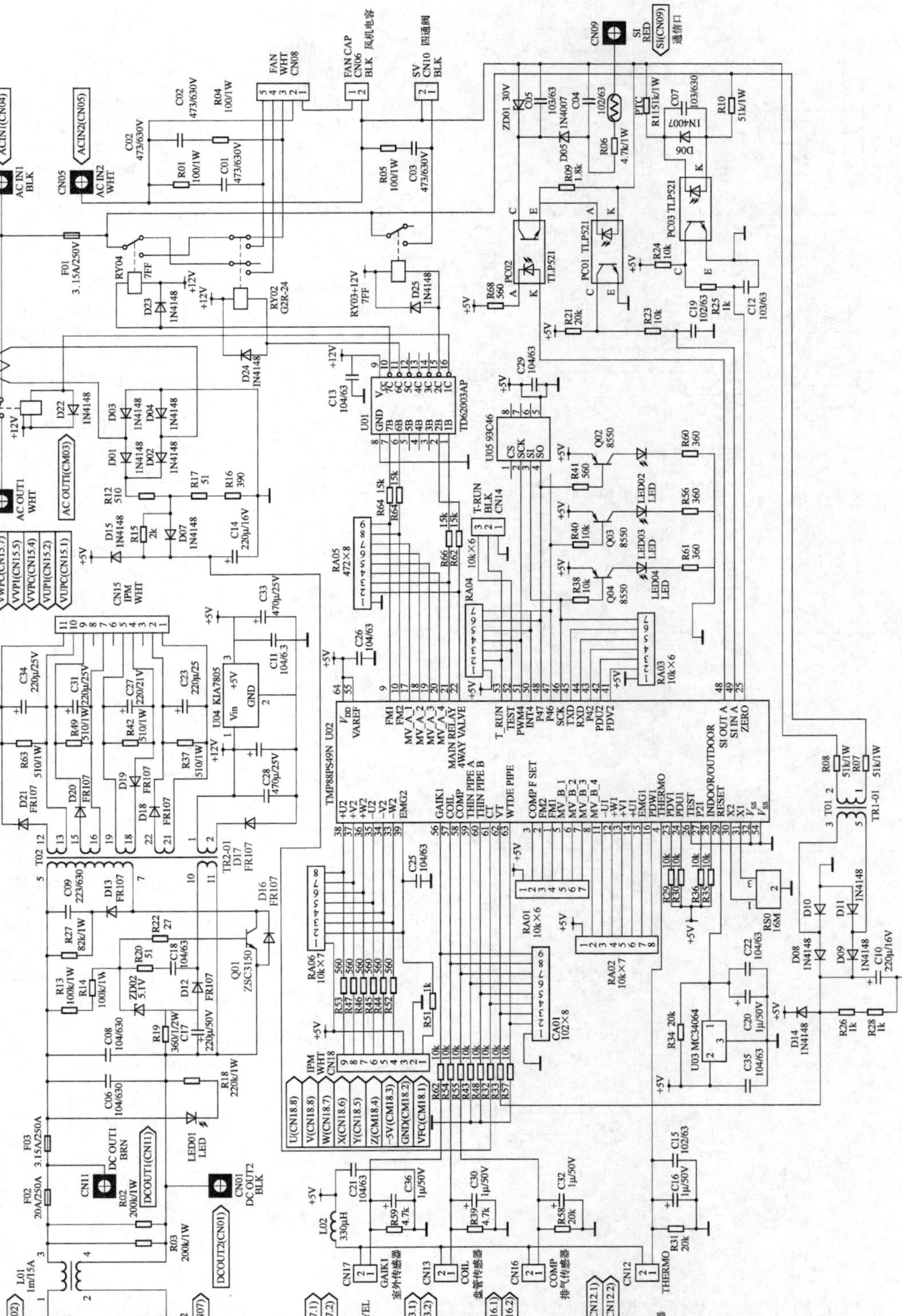

图 9-26　KFR-3602GN/BP 型室外机控制电路原理图

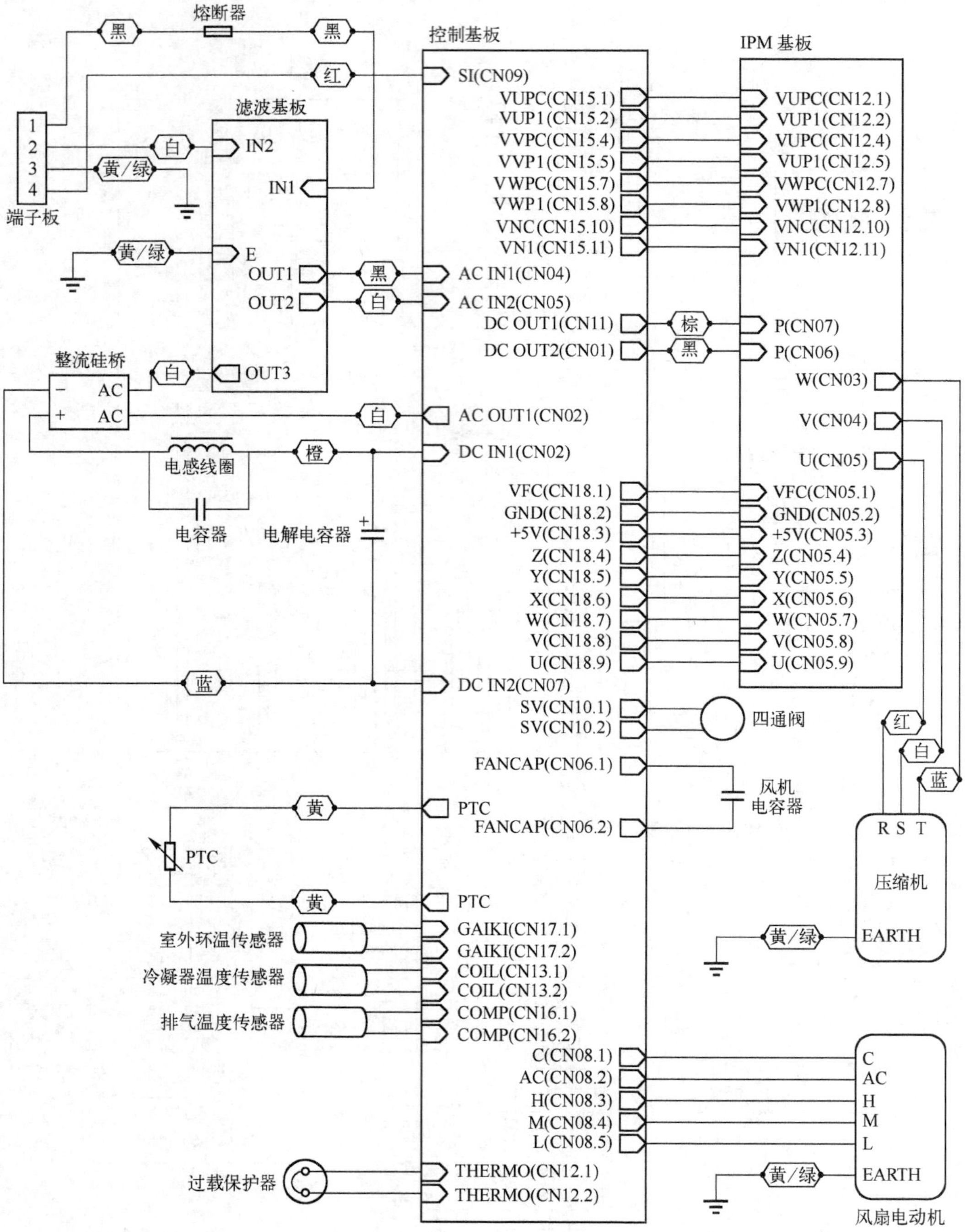

图 9-27　室外机控制电路电气接线图

1）开关电源

开关电源主要提供功率模块使用的 4 路 15V 直流电压，继电器和反向驱动块使用的 12V 直流电压，CPU 及其他电路使用的 5V 直流电压。

开关电源的电路原理图如图 9-28 所示，本电路为自激式开关电源，稳压方式采用脉宽

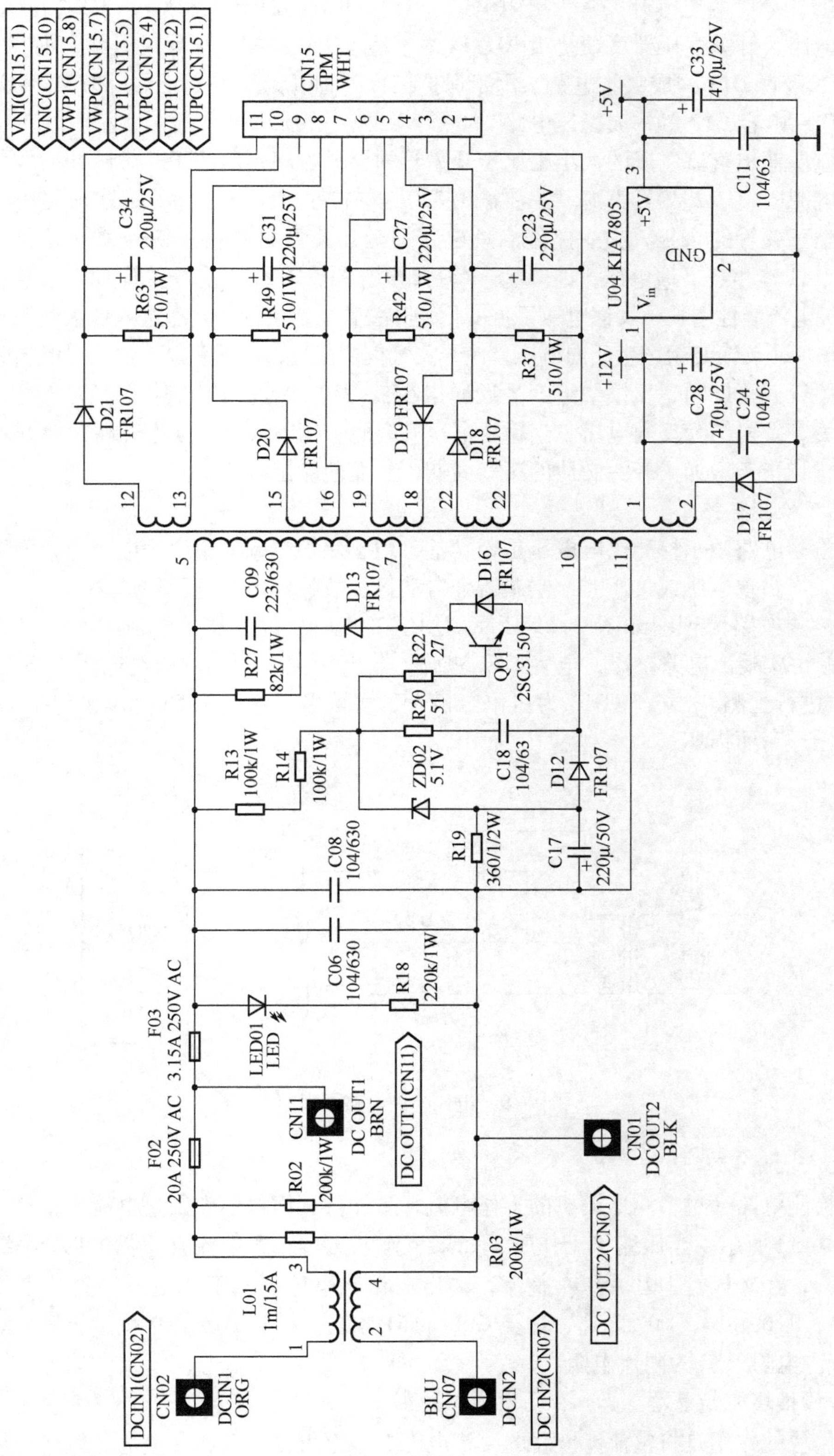

图 9-28　开关电源电路原理图

调制，三极管 Q01 为电源开关管，电阻 R13、R14、R22，稳压管 ZD02，R19 构成电源开关管的启动电路，开关变压器反馈绕组 10、11 及 C18、R20 等构成正反馈电路，电容 C09、电阻 R27 和二极管 D13 构成吸收电路，用于保护三极管 Q01。开关变压器反馈绕组 10、11 及二极管 D12、电容 C17 等构成稳压电路。

开关电源输出直流电压的大小正比于开关管的导通时间，反比于开关脉冲的振荡周期。

接通电源，AC 220V 经整流、滤波输出 310V 左右的直流电压，一路经开关变压器的初级绕组加至开关管的 C 极，另一路经启动电路加至开关管的 B 极，使开关管导通，同时反馈绕组 10、11 产生正反馈电压，经 C18、R20 加至开关管 B 极，使开关管 Q01 很快饱和，饱和后集电极电流线性增长，反馈电压不再变化，开关管很快由饱和状态进入放大状态，集电极电流不再增加，反馈绕组产生反向电压，使开关管很快截止，如此反复，进入自激振荡状态。

在开关管截止期间，反馈绕组产生反向电压使 D12 导通，给电容器 C17 充电，该电压相对于开关管发射结为反向电压。当输出电压升高时，C17 两端电压也升高，使开关管截止时间延长，相当于增加了开关脉冲的振荡周期，从而使输出电压下降。

2）电压检测电路

电压检测电路用于检测供电电压是否异常，用于保护空调器不致因电压异常而影响使用甚至烧坏。当出现过压或欠压时，空调器会自动显示故障代码并进行保护。

电压检测电路原理图如图 9-29 所示。AC 220V 电压经变压器降压，经二极管 D08 ~ D11 构成的桥式整流电路整流，电容 C10 滤波，输出一直流电压，通过电阻 R33 送入 CPU 的 62 脚，进行检测。二极管 D14 为钳位二极管，将该电压钳制为 5V，用于保护 CPU 不致因输入电压过高而损坏。

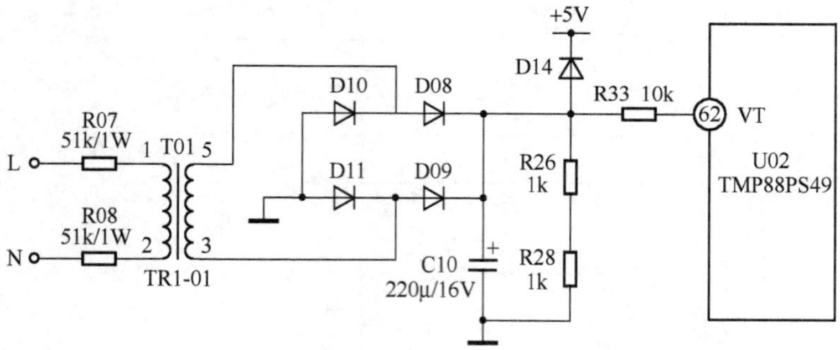

图 9-29　电压检测电路原理图

3）电流检测电路

电流检测电路通过检测压缩机的工作电流，来保护压缩机不致因过电流而损坏。电路原理图如图 9-30 所示。当压缩机工作时，如果工作电流过大，电流互感器 CT01 次级将感应出较高电压，经二极管 D01 ~ D04 整流，输出一正比于压缩机工作电流的直流电压，通过 R12、R17、R16 分压，D07 隔离，加至 CPU 的 61 脚。二极管 D15 为钳位二极管，将该电压钳制为 5V。电阻 R32 为限流电阻。

4）功率模块驱动电路

功率模块的作用是将整流滤波后的直流电变成频率可变的三相交流电，该机采用三菱公司的 30A 的 IPM 功率模块，有 6 个功率晶体管，根据微电脑芯片的指令，依次进行开关控

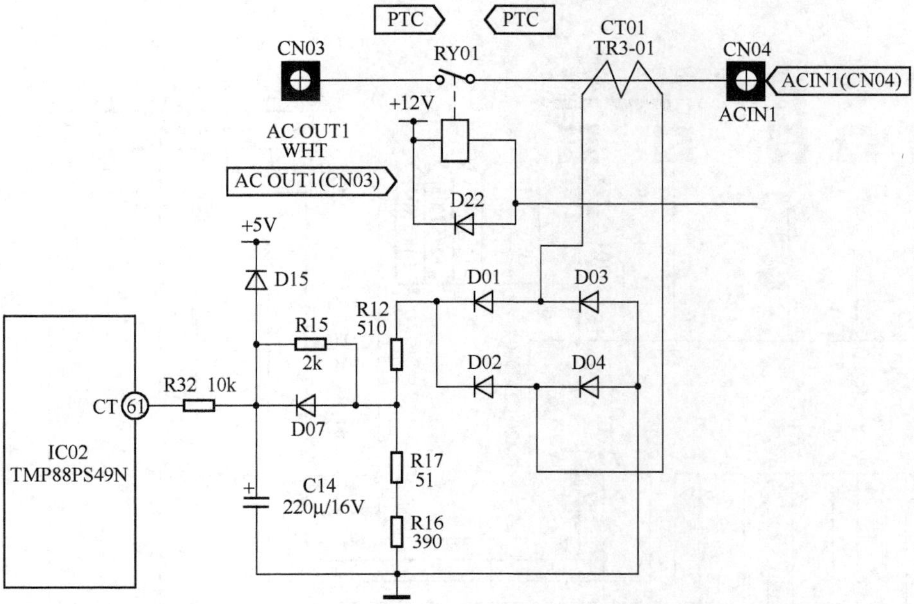

图 9-30　电流检测电路原理图

制，得到模拟三相交流电压。功率模块驱动电路原理图如图 9-31 所示。

该功率模块通过主控制板 CN01 提供控制信号，其中 CN01. 1 是功率模块反馈回来的故障信号，如功率模块出现过热、过流、短路等保护，功率模块 PM20 CTM060 的 15 脚就输出一个故障信号给主控板，进行报警。CN03、CN04、CN05、CN06、CN07、CN08、CN09 通过 6 个光耦进行隔离，分别控制 6 个大功率晶体管的通断，从 U、V、W 三个端子输出频率可变的三相交流电，驱动压缩机运转。正常时，U、V、W 三个端子输出交流电压为 60 ~ 150V，如无电压或三端电压不平衡，需测量功率模块输入电压是否正常。

5）室外风机、四通换向阀控制电路

该室外风机有高、中、低三速，四通换向阀用来控制制冷、制热转换，电路原理图如图 9-32 所示。

当制热时，室外机 CPU 的 22 脚输出高电平，经电阻 R67 加至反向驱动集成块 U01（TD62003AP）的 2 脚，15 脚输出低电平，继电器 RY03 吸合，四通阀通电动作，改变制冷剂流向，空调器制热。CPU 的 9 脚和 10 脚输出高低电平，经反向驱动集成块 U01，驱动继电器 RY02、RY04 动作，将 AC 220V 电压分别加至室外风机的 3 个调速抽头，进行高、中、低速控制。

6）通信电路

通信电路的工作方式为半双工串行通信，电路原理图如图 9-33 所示，左半部分为室内通信电路，右半部分为室外通信电路。

通信规则：室内机发送信号到室外机是在收到室外机状态信号处理完 50ms 之后进行的，通信以室内机为主，正常情况下室内机发送完信号之后等待接收，如 500ms 仍未接收到信号，则再发送当前的命令，如果 1min（直流变频为 1min，交流变频为 2min）内未收到室外机的应答（或应答错误），则出错报警；同时，室外机在未接收到室内机的信号时，则一直等待，不发送信号。

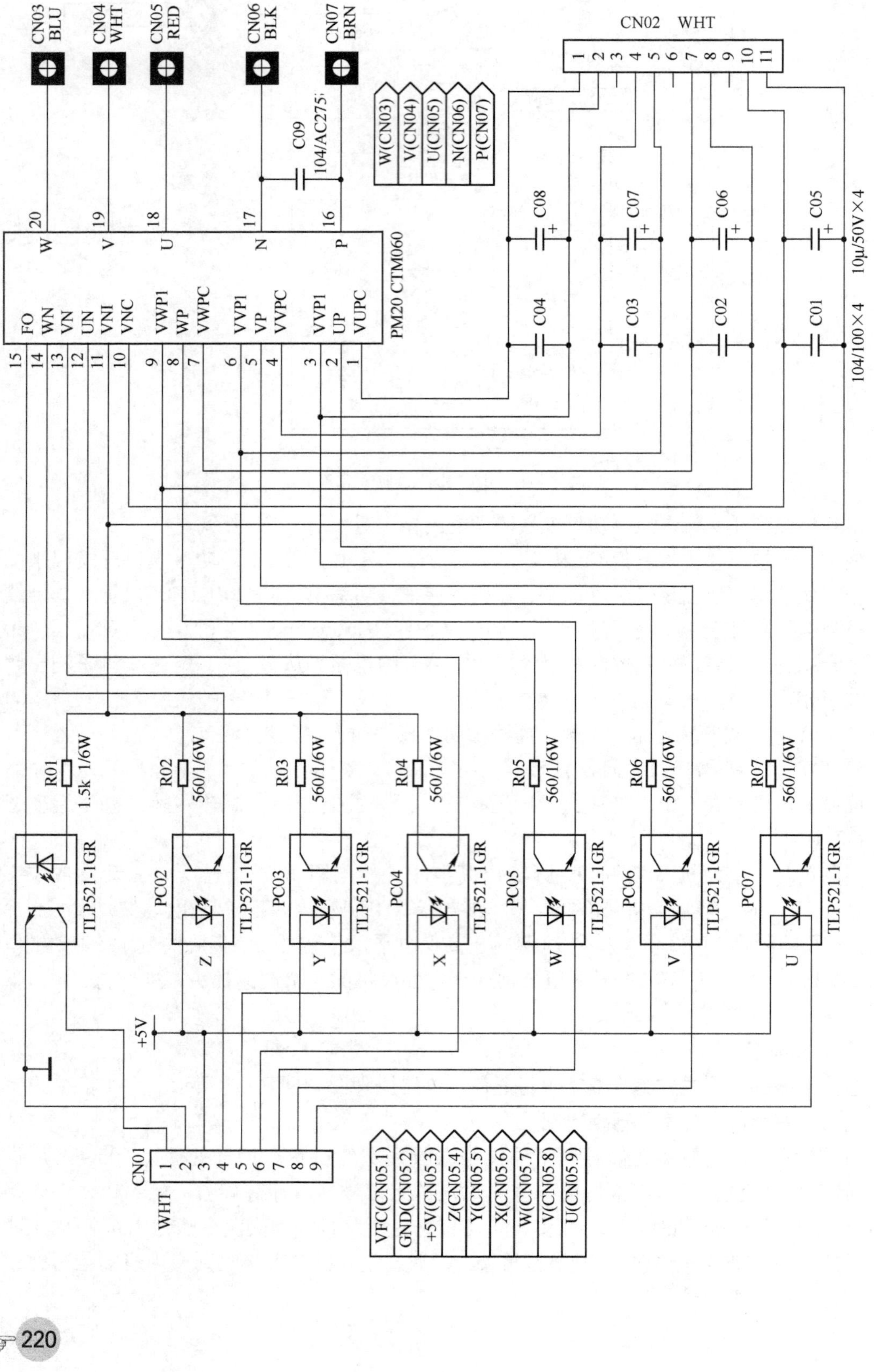

图 9–31　功率模块驱动电路原理图

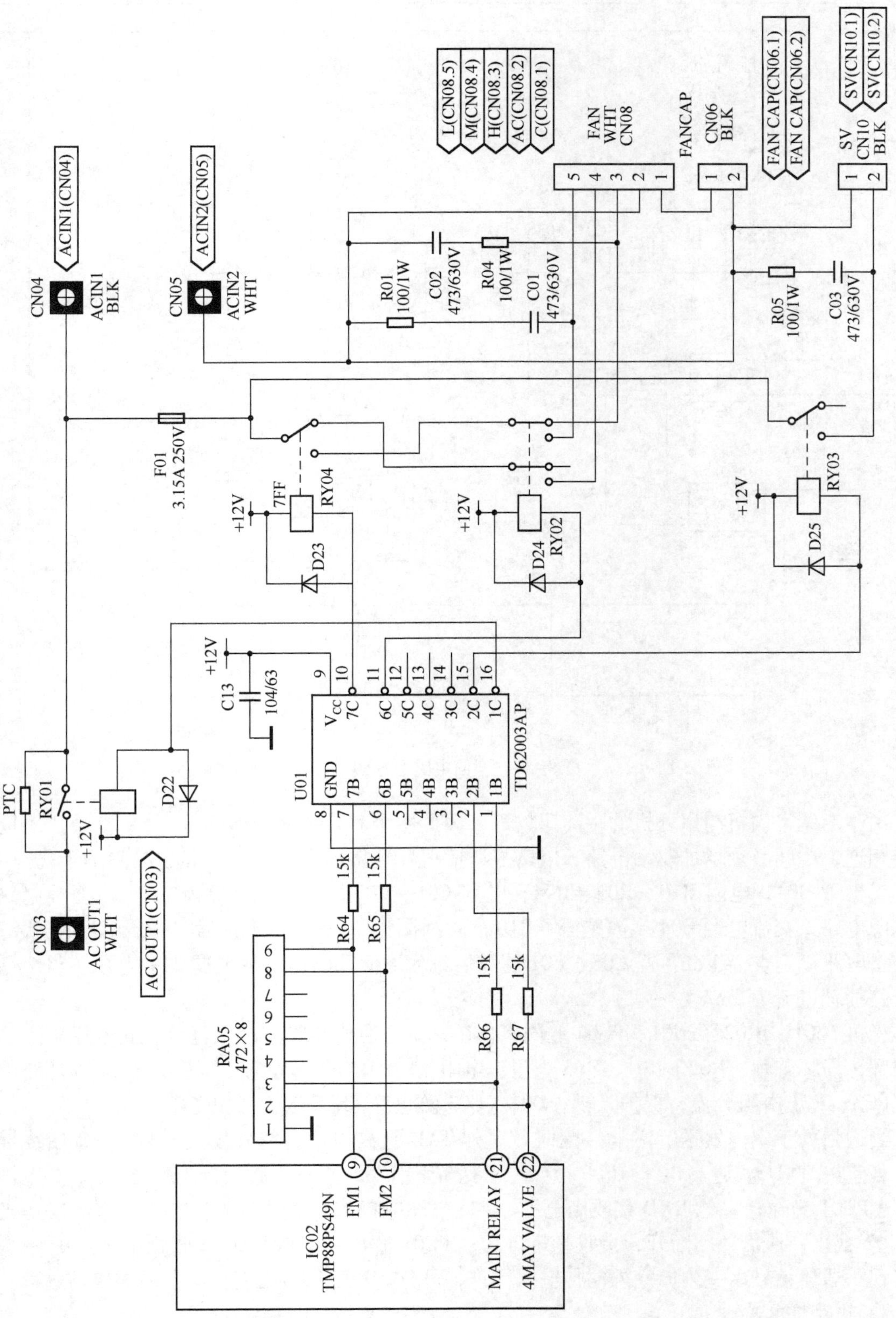

图 9-32　室外风机、四通换向阀控制电路原理图

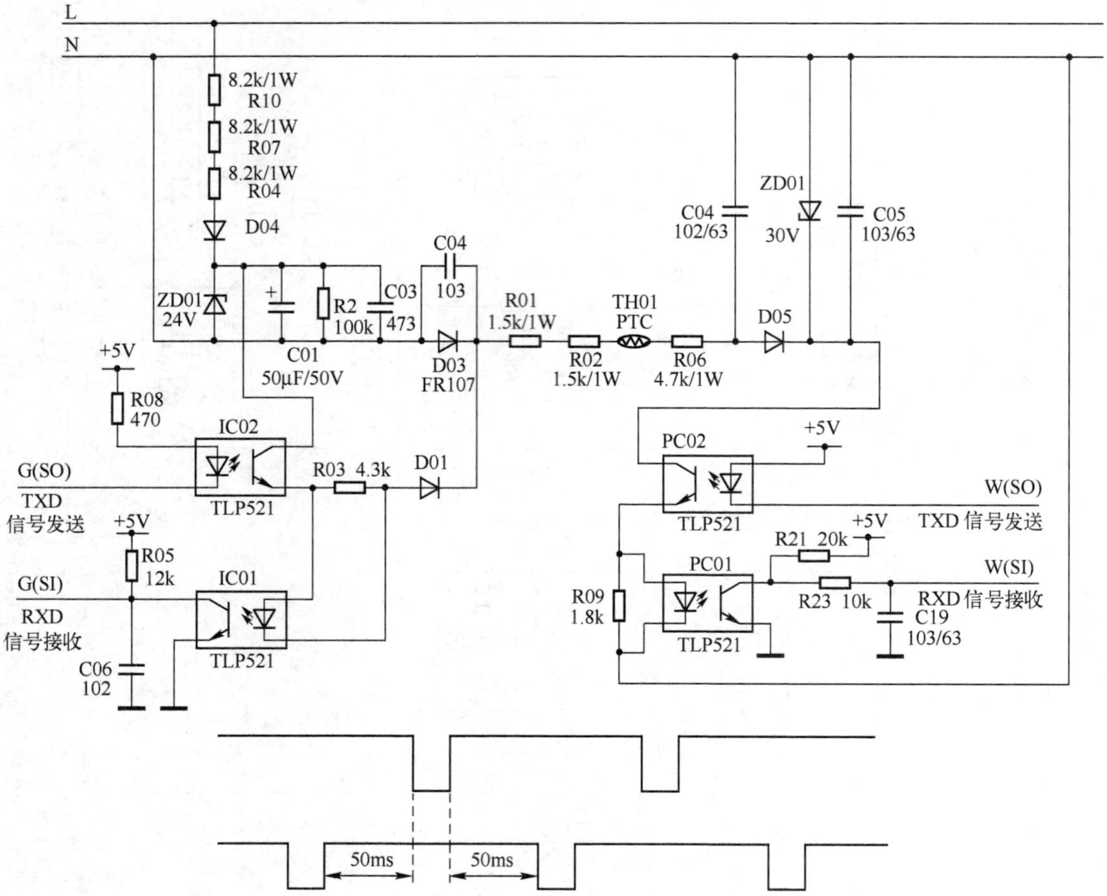

图 9-33 通信电路原理图

由于空调室内机与室外机的距离比较远，因此两个芯片之间的通信（+5V 信号）不能直接相连，中间必须增加驱动电路，以增强通信信号（增加到 +24V），抵抗外界的干扰。

二极管 D04，电阻 R10、R07、R04，电容 C01、C03，稳压二极管 ZD01 组成通信电路的电源电路，交流电经 D04 半波整流，R10、R07 限流，R06 电阻分流后，稳压二极管 ZD01 将输出电压稳定在 24V，再经 C03、C01 滤波后，为通信环路提供稳定的 24V 电压，整个通信环路的环电流为 3mA 左右。

光耦 IC01、IC02、PC01、PC02 起隔离作用，防止通信环路上的大电流、高电压串入芯片内部，损坏芯片；R02、R01、R03 为限流电阻，将稳定的 24V 电压转换为 3mA 的环路电流；R23、R21 电阻分流，保护光耦；D01、D03 防止 N、S 反接，保护光耦。

当通信处于室内发送、室外接收时，室外 TXD 置高电平，室外发送光耦 PC02 始终导通。若室内 TXD 发送高电平“1”，室内发送光耦 IC02 导通，通信环路闭合，接收光耦 IC01、PC01 导通，室外 RXD 接收高电平“1”；若室内 TXD 发送低电平“0”，室内发送光耦 IC02 截止，通信环路断开，接收光耦 IC01、PC01 截止，室外 RXD 接收低电平“0”，从而实现了通信信号由室内向室外的传输。同理，可分析通信信号由室外向室内的传输过程。

7）软开机电路

PTC、RY01 组成软开机电路（也称延时防瞬间大电流电路），以防止上电初期对电容的过大电流冲击，保护整流桥，避免插入电源插头时插头与插座间打火。正常温度下 PTC 的阻值为 30～50Ω，刚开机时，继电器 RY01 未吸合，PTC 起限流作用，减小开机瞬间对电网的冲击。如果室内外机通信正常，延时 3～5s，RY01 吸合，将 PTC 短路，使主电路直接与 220V 市电相通，保证空调器正常工作。

9.4.3　变频空调器的检修注意事项

① 变频空调器的运行频率是可变的，工作电流和系统压力也是可变的，因此检修时不能以随意测量的电流、压力数据来判断故障，而应当以强制定频运行状态下的测量结果为依据。

② 变频空调器对系统制冷剂充注量要求准确，不能过多也不能过少。因此最好采用定量设备充注制冷剂，如果没有定量充注设备，则应在强制定频制冷状态下充注。

③ 变频空调器断电后一段时间内，室外机主工作电源整流后的 310V 直流电压还存在于滤波电容上。检修时，正确的操作方法是首先将电容储存的电荷短路后放掉，既能防止触电，又能避免电容放电损坏其他部件。

④ 变频空调器室内外机组采用单线串行双向通信方式，当机组通信不良时，空调器室内机、室外机都不工作。这与检修普通空调器有较大差别，应特别注意。

⑤ 检修时，在利用故障代码进行故障判断的同时，也应考虑到故障代码的局限性，因为电脑芯片发出的故障代码不一定完全准确。

9.5　项目学习评价

1. 思考题

（1）变频空调器与普通空调器的主要区别有哪些？
（2）简述交流变频的工作原理。
（3）简述变频模块的检修方法。
（4）如何对变频空调器充注制冷剂？

2. 技能训练

任务 1　变频空调器变频模块、压缩机测量
（1）准备要求（按组准备）。

① 变频空调器	1 台
② 钳形表	1 块
③ 指针万用表	1 块
④ 兆欧表	1 块
⑤ 组合工具	1 套

（2）测量要求。
断电测量：
① IPM 功率模块主要接线端子的阻值。

② 变频压缩机 3 个接线端子的阻值。

③ 变频压缩机绕组的绝缘电阻。

通电测量：

① 用万用表测量 IPM 功率模块直流输入电压。

② 用万用表测量 IPM 功率模块的 3 个输出电压。

③ 用钳形表测量压缩机的工作电流。

任务 2　变频空调器制冷系统检修

(1) 准备要求（按组准备）。

① 变频空调器	1 台
② 检修阀 、转换接头	1 套
③ 制冷剂 R410A	适量
④ 维修工具（活络扳手、内六角扳手、旋具）	1 套
⑤ 钳形表	1 块
⑥ 温度计	1 只
⑦ 真空泵	1 台
⑧ 检漏设备（肥皂水、海绵等）	1 套

(2) 故障设置。

设置故障为低压连接管与室内机接头处泄漏。

(3) 实操要求。

① 掌握变频空调器制冷系统的维修方法。

② 会用肥皂水检漏，判断泄漏点，排除泄漏故障。

③ 会根据低压侧压力、压缩机工作电流判断制冷剂充注量。

④ 正确测量进出风口温差。

3. 自我评价、小组互评及教师评价

评价方面	项目评价内容	分 值	自我评价	小组评价	教师评价	得分
项目知识内容	① 熟悉交流变频器的工作原理	10				
	② 掌握直流与交流变频的区别	5				
	③ 了解变频空调器电气控制系统的工作原理	5				
	④ 掌握变频空调器的故障检修方法	10				
项目技能内容	① 熟悉变频空调器的常见维修方法	10				
	② 能分析和排除变频空调器室外控制电路的常见故障	20				
	③ 能排除变频空调器电气系统的常见故障	20				
	④ 能排除变频空调器制冷系统的常见故障	10				
安全文明生产和职业素质培养	① 安全用电，规范操作	5				
	② 文明操作，不迟到、不早退，操作工位卫生良好，按时、按要求完成实训任务	5				

4. 小组学习活动评价表

班级：______________ 小组编号：______________ 成绩：________

评价项目	评价内容及评价分值			自评	互评	教师点评
分工合作	优秀（12～15分）	良好（9～11分）	继续努力（9分以下）			
	小组成员分工明确，任务分配合理，有小组分工职责明细表	小组成员分工较明确，任务分配较合理，有小组分工职责明细表	小组成员分工不明确，任务分配不合理，无小组分工职责明细表			
资料查询 环保意识 安全操作	优秀（12～15分）	良好（9～11分）	继续努力（9分以下）			
	能主动借助网络或图书资料，合理选择归并信息，正确使用；有环保意识，注意制冷剂的回收，操作过程安全规范	能从网络获取信息，比较合理地选择信息、使用信息；能够安全规范操作，但不注意环保操作	能从网络或其他渠道获取信息，但信息选择不正确，信息使用不恰当；安全、环保操作不到位			
实操技能	优秀（16～20分）	良好（12～15分）	继续努力（12分以下）			
	压缩机工作电压、工作电流测试准确；正确判断变频模块的好坏；能正确判断压缩机绕组好坏；会进行检漏；正确充注制冷剂，正确判断制冷剂充注量	会测量压缩机工作电压、工作电流；会判断变频模块的好坏、压缩机绕组好坏；会进行检漏、充注制冷剂，但不能判断制冷剂充注量	测量压缩机工作电压、工作电流不规范；不能判断变频模块的好坏；会测量压缩机绕组好坏；不能正确进行检漏、充注制冷剂、判断制冷剂充注量			
方案制定 过程管理	优秀（16～20分）	良好（12～15分）	继续努力（12分以下）			
	热烈讨论、求同存异，制定规范、合理的实施方案；注重过程管理，人人有事干、事事有落实，学习效率高、收获大	制定了规范、合理的实施方案，但过程管理松散，学习收获不均衡	实施规范制定不严谨，过程管理松散			
成果展示	优秀（24～30分）	良好（18～23分）	继续努力（18分以下）			
	圆满完成项目任务，熟练利用信息技术（电子教室网络、互联网、大屏幕等）进行成果展示	较好地完成项目任务，能较熟练利用信息技术（电子教室网络、互联网、大屏幕等）进行成果展示	尚未彻底完成项目任务，成果展示停留在书面和口头表达，不能熟练利用信息技术（电子教室网络、互联网、大屏幕等）进行成果展示			
总分						

9.6 项目小结

（1）交流变频空调器的压缩机由三相交流感应式异步电动机驱动，它通过改变电源的频率来改变电动机的转速，达到调节制冷量的目的。

（2）交流变频是把220V、50Hz工频交流电经桥式整流、电容滤波，转换为310V直流电源，并把它送到逆变器（大功率晶体管开关组合），又称功率模块，作为其工作电压；由逆变器将直流电转变为频率可调的三相交流电（合成波形近似正弦波），驱动变频压缩机运转，使压缩机电动机的转速随电源频率的变化做相应的变化，从而调节制冷（制热）量。

（3）PWM控制又称电压频率比例调制方式。在调节频率的同时，不改变脉冲电压幅度的大小，而是改变脉冲的占空比，以实现变频、变压的效果。

（4）变频空调制冷系统的节流方式有毛细管和电子膨胀阀两种，电子膨胀阀可以在较大范围内控制制冷剂的流量，能够与变频空调器在较大范围内调节制冷、制热量相匹配。它主要由阀体、阀针和线圈组成。

（5）直流与交流变频的区别是：交流变频压缩机无转速反馈信号，直流变频压缩机有三相转速反馈信号，交流变频压缩机通过调节电源频率来调速，直流变频压缩机通过调节电源电压来调速，交流与直流变频模块控制信号输入方式不同。

（6）变频空调器电气故障要采取分区检修的方法，首先确定故障在室内机还是在室外机，是在通信电路、电源部分、驱动电路还是在测量电路等，逐步缩小故障点，进行排除。

（7）变频空调器制冷系统检修时，需将调试开关设置为定频挡，然后按照定频空调器的检修方法，进行加氟或维修。

（8）检修变频空调器电气故障时，要先将室外控制板上310V直流滤波电容储存的电荷短路后放掉，再检修其他电路。

项目十

电冰箱、空调器的使用与保养

随着生活质量的提高，电冰箱、空调器日渐普及，越来越多的人享受到了它们给生活、工作带来的舒适与方便。但是，由于许多人缺乏对其相关知识的了解，出现了很多不合理的使用方式，使得电冰箱、空调器不但正常功能不能充分发挥出来，而且还出现了耗电量大和寿命缩短等问题。所以掌握电冰箱、空调器使用和保养的基本知识是十分必要的。

10.1 项目学习目标

	学习目标	学习方式	学时
技能目标	① 熟悉电冰箱日常使用和保养维护的基本操作。 ② 能正确选用电冰箱。 ③ 能直观检查电冰箱，判断其好坏。 ④ 掌握空调器的设定温度等技能。 ⑤ 掌握分体式空调器清洗和保养技能	实物操作演示为主，辅助课件教学	2
知识目标	① 了解电冰箱日常使用、保养维护的基本方法。 ② 掌握通电检查电冰箱各项性能的方法。 ③ 掌握电冰箱节能机理。 ④ 掌握空调器的使用与保养知识	课件教学	2
情感目标	① 掌握电冰箱、空调器的选购、使用和保养知识，激发学习兴趣； ② 通过实践操作，培养认真观察、勤于思考、规范操作和安全文明生产的职业习惯。 ③ 培养学生主动参与、团队合作的意识，养成“做中学”的习惯	做中学、分组实操、相互协作	课余时间

10.2 项目任务分析

通过电冰箱、空调器的直观检查和使用与保养的知识介绍，我们能够正确选购电冰箱与空调器，能正确、合理地使用与保养电冰箱和空调器。

10.3 项目基本技能

10.3.1 电冰箱的检查

1. 电冰箱的直观检查

待电冰箱的形式和容量确定后，可按下列顺序进行直观检查：

① 箱体外观应表面平整，漆层明亮，无划痕和漆膜脱落。

② 各种电镀件应有光泽且无留痕、气泡、明显锁孔和变形等缺陷。铭牌和一切标志应齐全。

③ 冷凝器、压缩器安装牢固，不可有松动现象。高、低压铜管和压缩机顶部充满制冷剂的工艺铜管，不能与其他装置相接触。

④ 箱门闭合时应与箱体平行，无松动、倾斜现象。拉开箱门时，开启力大小适中；闭合箱门时，不能有反弹现象。

⑤ 门缝磁条平整，具有较强的磁吸力。在闭合时，箱门与箱体门框贴合紧密。

⑥ 箱内附件（接水盘、化霜水接水盒、可调节高低位置的搁架、果菜盒、蛋架、瓶栏杆和冰盒等）完好齐全，搁架出入灵活，放置牢固。

⑦ 箱内胆和门内胆表面光洁、无划痕。尤其要注意箱内胆口边与箱外壳口边接缝处是否有缝隙。若有划痕、裂口或缝隙，都表明质量不佳。

2. 电冰箱的通电性能检查

要了解电冰箱的通电性能，必须弄清电冰箱正常使用时有关的工作状态。

1）*启动性能的检查*

开、停机 3 次，每次 3min。各次启动应正常，无自动停机现象。

2）*制冷性能的检查*

将温度控制继电器旋钮置于中点，关门运行 30min 左右后，打开箱门观察蒸发器的结霜情况。如果上下左右四壁表面全部结霜，用手指沾水接触内壁时均有冻粘的感觉，则表明该电冰箱的制冷性能良好。

3）*制冷系统内残留空气量的检查*

若制冷系统内残留的空气过多，冷凝压力将升高，耗电量增大。判断残留空气是否过多的方法如下：开启 20min 左右后，用手摸冷凝器，若冷凝器上部较热，下部温热，则属于正常；如果上部很热，下部不热，则表明系统内残留空气过多。

4）*系统残留水分的检查*

将温度控制继电器旋钮置于强冷点，开机运行 2～3h 后，触摸冷凝器如无热的感觉，且蒸发器的霜层全部霜化，则是冰堵的表现。若不出现冰堵现象则为正常。

5）*温控性能的检查*

将温度控制继电器的旋钮置于中点位置，启动电冰箱 1～2h 后，若电冰箱能自动停机，并经过一段时间又能自动开机工作，则表明温度控制继电器性能良好。

6）制冷剂充灌量的检查

在电冰箱运行工作时，观察冰箱背后低压吸气管出口处的结霜情况。当周围环境温度在25～30℃时，应无挂霜现象。如果低压吸气管出现挂霜现象，则说明制冷剂充灌过量。

7）门封严密性的检查

关闭箱门后，门与箱门框间不应有缝隙。用厚0.08mm、宽50mm、长800mm的纸片夹在门与箱门框间各处，纸片应都不会滑落，若用手拉纸片感觉到阻力相同，则为严密性良好。

8）振动噪声的检查

在冰箱运行时，用手触摸电冰箱上部，无明显的振动感即为正常。

10.3.2　空调器的使用与保养

1. 空调器的使用

1）温度的设定

空调器设在26℃最好。首先，人体健康的舒适性除了取决于色彩、灯光、吹风感等因素外，还取决于温度和湿度。根据科学统计结果表明，一般温度在24～28℃之间时，人体感觉最舒适。其次，将空调设在26℃也有经济方面的效益。如果将目前的空调房间设定温度（24～26℃）提高到26～28℃，对个人、家庭空调用户来讲，一台1.5匹分体空调机如果温度设定提高1℃，每天运行5h能节省0.3度电。

2）空调器的定时清洗

定时清洗空调器既增效又节电。实际上，空调器的室内、外机组在正常运转时，会通过热交换器与空气进行制冷或加热的辐射交换，并送风。由于空调器使用环境的缘故，粉尘、毛絮、碎屑等会吸附、黏着在热交换器翅片表面、过滤器上和送风环节有关部件中（上），潮湿等环境会导致热交换器翅片氧化，并不断积累加厚。这导致空调器不断降低热交换器的传导效率，增大送风阻力和摩擦阻力，在增大工作负荷的同时，白白消耗了宝贵的电力资源，降低了产品使用效率。而对用户来说，又增加了运行费用。

2. 空调器的保养

使用空调器要注意经常保养和维护，这样才能保持良好的使用效果，并可以使空调器不发生故障或少发生故障，具体如表10-1所示。

表10-1　空调器的保养

项　　目	方法及注意事项
清洗空气过滤网	要经常清洗空气过滤网，一般应2～3个星期清洗一次。具体清洗方法如下： ① 拆下面板。 ② 抽出空气过滤网。 ③ 清洗空气过滤网。将空气过滤网放在自来水龙头下冲洗，由于过滤网是由塑料框和涤纶丝压制而成的，因此不可用40℃以上的热水清洗，以防收缩变形。清洗后更不可用火烘烤，可将过滤网的水甩干或自然晾干，插入面板，装好空调器

续表

项　　目	方法及注意事项
保护冷凝器与蒸发器的散热片	冷凝器与蒸发器的散热片是用0.12mm的铝片套入铜管后胀管而成的，不耐碰撞，若损坏了散热片，就会影响空调器的热交换效果，使制冷（制热）效率降低
保护好制冷系统	若损坏了制冷系统的部件或连接管路，就会使制冷剂泄漏，空调器就不能制冷
选择合适的熔丝	按说明书标明的额定电流来选择熔丝的规格，过大不起保险作用，过小则经常熔断
停、开操作时间	空调器手控停、开操作时间应在2min以上
环境温度	避免空调器长期在高温情况下运行。在气温总是高于30℃时，空调器就会长期高负荷甚至超负荷运行，这样很容易产生故障，至少会降低工作寿命
防止电气系统受潮	电气系统受潮后容易漏电。所以电气系统部位切忌进水，特别是伏天、梅雨季节，更要注意防潮
电源接触良好	要经常检查电源插头与插座的接触是否良好，应无松动或脱落
注意空调器的运行声音	当听到空调器在运行中有异常声音，如金属碰撞声、电动机“嗡嗡”声、外壳振动声等时，应立即关机查看原因，切不可盲目继续使用，以免出现更大的损坏
定期清洗维护保养	需要对空调器进行定期清洗维护保养，应每3年清洗维护保养一次

3. 单冷空调器的保养要点

① 定期清洁。空调器的过滤网一般两星期清洁一次，在多尘地区应更频繁。如空调器配有除臭、除尘过滤网，那么应按说明书提示定期清洗、更换。

② 电压稳定。如本地区电压长期不稳定（表现为日光灯启动困难，风扇转速变慢等），会影响到空调器的正常使用和寿命，用户最好能自配稳压器。

③ 空调器室内机附近不可有热源，否则既可能影响空调器性能，又会使室内机塑料件发生变形，在影响美观的同时也增大了噪声。

④ 空调器表面的除尘应在切断电源的情况下用干布抹，切不可用水冲洗。

4. 冷暖空调器的保养要点

① 制热时开机后，室外机启动，室内机不运行，这是正常的防止冷风吹出保护，当室内机蓄热完成后，室内机就开始运行。

② 天气较冷时，空调器制热一阵后，会出现室内机停转几分钟，这是正常的化霜运行，因为室外机运行中换热器表面会结霜，从而影响了进一步的换热效果，所以必须进行除霜。

③ 风速和导风板有时不按遥控器指令进行动作，这是因为空调器微电脑内储有相当一部分的固定运行模式，以便在特定情况下使空调器能运行在最佳状态。

5. 停用期保养要点

空调器停用期保养也很重要，这时的保养主要应注意以下几点：

① 长期停用之前，应开通风挡，把室内机内的水分吹干。

② 拔掉电源的插头，取出遥控器内的电池。

③ 有条件的话，用罩子把室内、外机罩起来，以保持室内、外换热器的清洁。在使用

季节到来之前，要对空调器进行检查。首先拿掉盖在室内、外机上的罩子，把室内、外的进风口、出风口上的障碍物移走，再装上遥控器电池，接通空调器电源，开机后观察空调器运行是否正常。

10.4　项目基本知识

10.4.1　电冰箱的选购

电冰箱是现代家庭必备的家用电器，人们在购买时总希望能买到一台外观大方、容积适宜、附件齐备耐用、使用方便、性能良好且运行安全可靠、耗电量低、保修期长、修理服务周到的产品。

1. 电冰箱形式的确定

目前市场上供应的电冰箱可以使用多种能源，如电能、颜料热能和太阳能等，它是利用化学原理来制冷的。由于没有机械传动部分，因此使用中无噪声、无振动，适合于无电源或电能紧张的边远山区、林牧区等环境中，特别适用于环境要求十分安静的场所。

在城市及有交流电源的地方，最好选用封闭压缩式电冰箱。这是因为封闭压缩式电冰箱比吸收式电冰箱在使用中可节省一半以上的耗电量（在同一电源、同样工作时间中），且具有制冷量大、箱内降温快等优点。

2. 电冰箱容量的选择

家用电冰箱的容量通常为 50 ~ 200L。确定电冰箱内部有效容积，要考虑家庭人数、经济情况和使用要求等因素。对我国大多数已具备使用条件的家庭来说，一般 3 口以下的家庭可选用 130L 左右的，4 口家庭可选用 150L 左右的，5 口之家则最好使用 180L 以上的。如果家庭条件许可，不妨选购容量大些的，这样，可在箱内放置较多食品，又可使食品间留有空隙，便于冷空气的流通，使箱内上下间的温度较为均匀，不致影响存放在下面的食品的冷藏效果。

如果购买电冰箱除了用于冷藏食品外，主要用于制作冷冻食品或夏季消暑制冰，则应选购容量大、星级高的双门双温电冰箱。

10.4.2　电冰箱清洁和食品的储存

由于在生产、存储和销售过程中电冰箱内部会积聚有害气体，所以在装入食品之前应用小苏打粉或中性肥皂洗内胆，再用清水擦洗晾干；外部可用清水擦洗晾干。热食品应冷却到接近室温后，方可放入电冰箱内，否则会增加电冰箱运转时间，增大耗电量。食品放入电冰箱后，在食品之间应留有距离，以使冷空气对流，有利于食品降温，一般来讲，食品放置最多不超过有效容积的 80%。食品存取要尽量减少开门次数和开门时间，如果开门一次 10s，电冰箱则需要增加运行 7 ~ 15min，每次存取食品后要注意把箱门关严，防止漏冷。电冰箱内各部位所放食品可参考以下标准：

冷冻室：达到星级标准，主要用于储藏冻肉、冻鸡、冻鱼，并可制取少量冰块。

冷藏室：温度一般为0～10℃，上格用于冷藏新鲜鱼、鲜肉；中下格用于储藏水果、蔬菜、罐头等。

由于各种食品本身汁液及所含盐的浓度不同，其冰点温度也不相同。一般来讲，食品的冷藏温度要微高于冰点温度，否则冻结后会破坏食品的营养和味道。

电冰箱主要利用低温来控制细菌或微生物的繁殖，能够预防食品变质、糜烂。随着温度的降低，细菌和微生物繁殖力减退，细菌在低于－10℃或微生物在低于3.3℃时，大致停止繁殖，但微生物活动并没有完全停止。

食品在冷藏过程中将伴有水分蒸发现象而使食品脱水发生干缩，将会影响食品原有味道和营养价值。为防止食品干缩，一般将冷藏食品用保鲜纸、蜡纸、塑料袋或容器等装起来，这样还能防止食品味道散失，并可避免食品之间串味或污染。

10.4.3 正确调节电冰箱温度

电冰箱的箱内温度要通过温度控制器进行调节。有的温控器旋钮上标有数字“1～7”，其中：“1～2”为要求箱内温度较高时的位置；“3～4”为通常使用位置；“5～6”为箱内温度较低的位置；“7”为强制冷位。一般在夏季使用时，可将温控器调定在“2～3”位，冬季可将箱内温度调低一些，而强冷位“7”仅在急需制冰时才使用，并且使用的时间不宜过长，以免冷冻食品冻结。也有的电冰箱温控器上有“强冷”、“正常”和“弱冷”3个挡位。其中：“强冷”位温度最低；“正常”位温度次之；“弱冷”位温度最高。

风冷冰箱在冷冻室和冷藏室内各有一只温度控制调节钮，通常把两个调节钮调定在“中”的位置上，无须随季节的变化而重新调节。部分冰箱有温度补偿开关，当室温低于10℃时，应闭合开关，以提高冷藏室温控器感温管的温度，保证压缩机能启动运行，使冰箱冷冻室的温度能达到其星级标准。当室温高于10℃时，就断开开关以利于节约用电。

10.4.4 电冰箱使用中异味问题的处理

家用冰箱使用一段时间后，会产生一股难闻的气味，其来源主要有两个方面：一方面是因为微生物的作用，食物内的蛋白质被分解，产生异味；二是因食物中的脂肪被空气中的氧气氧化，生成醛酮类化合物，这类化合物会释放出一种难闻的味。要防止冰箱中产生异味，首先要注意食物的清洁储存，如鱼、肉等含蛋白的物质应洗净装袋储存，生熟分开储存等；其次，当电冰箱中有了异味后，应及时除去。除去电冰箱异味的方法有以下几种。

1. 用活性炭吸附异味

将从市场上买来的炭片或炭粒等活性炭吸味剂装入有洞眼的小盒子中，放在电冰箱中即可吸附异味。活性炭使用一段时间后会失效，这时可将其倒出，用水洗净，放在搪瓷盘中用文火烘烤或在烈日下暴晒，可使活性炭再生，然后装入容器内继续使用。一般而言，再生二三次后应调换新的活性炭。

2. 用鲜橘皮去除异味

将吃剩的橘子皮、橙子皮、柚子皮摊开后放入冷藏室中层和底层即可。注意要用新鲜的外皮。这种方法不仅可去除电冰箱中的异味，而且可使电冰箱中保持一种清香味。

3. 用硫酸亚铁溶液去除异味

取硫酸亚铁28g，溶解于100g水中，再加入维生素C 0.5g，然后在上述溶液中倒入10倍水稀释。用干净的布蘸上配制好的溶液，涂擦电冰箱内壁，数分钟后，电冰箱内异味即可去除。

4. 用黄酒、香醋去除异味

将黄酒或香醋装在敞口的罐头瓶中，放入冷藏室底层，关上箱门，二三天内可去除异味。

5. 用茶叶、烧过的蜂窝煤块或毛巾吸附异味

将泡过的茶叶晾干或晒干或将未泡过的茶叶放入电冰箱，可以吸附异味；用烧过的蜂窝煤块冷却后用纸垫好放入电冰箱冷藏室底层，可除异味；新的棉制毛巾质地疏松，叠平放在冷藏室可吸异味，用后洗净晒干仍可再用。

6. 用电子去味器去除异味

用电子去味器去除异味的效果较好，但价格贵，它不仅可以除去冰箱的异味，而且有杀菌、防霉的作用。电子去味器一般为臭氧发生器和负离子发生器，其中臭氧发生器利用人工产生的臭氧中和电冰箱内的臭气，使其浓度大大降低，达到除臭的目的；负离子发生器就是利用物理方法产生大量负离子，以降低电冰箱内的异味浓度。

7. 用吸尘器吸去异味

取出电冰箱中存放的食物，用吸尘器的吸气口靠近电冰箱冷藏室内壁，上下移动，就能很快吸去电冰箱中的异味。

10.4.5　电冰箱可以采取的节能措施

1. 合理调节箱内温度

箱内温度的高低对电冰箱的耗电量影响很大。箱内温度调节得越低，耗电量就越大，所以合理地调节箱内温度非常重要。所谓“合理”，是指食品最佳的冷藏温度应高于该食品的冻结温度1～2℃。经测试，冷藏室的温度调节在3～5℃，冷冻室温度调节在－15℃左右最为适宜。如果冷藏食品的时间较短，1～2天就使用，可将箱内温度合理地调高一些，使箱内温度达到食品冷藏所允许的最高温度。一般来说，冷藏温度不要超过10℃，冷冻室温度不高于－5℃。

2. 合理存放食品

电冰箱内食品的放置量，一般为冰箱容积的80%。这样，可使食品之间有充分的间隙，便于箱内冷气对流，有利于箱内温度迅速下降。饮用冰及冷饮料的制作最好在夜晚时进行，因为夜晚的室温较白昼低，可使电冰箱制冷快，耗电少。此外，应尽量减少开门次数并缩短开门时间。测试表明，开箱门一次的时间为1min，箱内气温可由5℃上升到20℃左右，同时食品温度上升约1.5℃左右。关上箱门后，箱内温度再下降到5℃，压缩机温度基本不变。最理想的开箱门的时间为20S，则箱内温度升至约15℃，而箱内食品的温度基本不变。此外，箱门要关闭严密，防止箱内外冷热对流也是节电的有效措施之一。

3. 冷凝器必须散热良好

电冰箱冷凝器散热的快慢与电冰箱耗电量的大小直接有关。所以，电冰箱应放置在空气流通，环境温度较低，不受阳光直射的地方，要求冷凝器离墙的距离大于10cm左右，侧距离不小于2cm，顶面至屋顶距离不小于30cm。

4. 及时化霜

霜是热的不良导体。如果蒸发器表面结霜过厚，就会影响电冰箱的传热效率，延长压缩机的工作时间，这不仅会增加耗电量，而且容易使食品变质，甚至影响压缩机的使用寿命。因此，电冰箱最好能及时化霜。通常，当霜层厚度大于5mm时，就应进行化霜处理。

5. 电冰箱的化霜方式

通常有3种，即人工化霜、半自动化霜和自动化霜。

（1）人工化霜。将电冰箱电源线拔离电源插头，或将温度控制继电器旋钮调节到“停止”的位置上，然后将冰盒和冷藏、冷冻的食品取出 。打开箱门，待冰霜融化后，再使用硬塑料或木片进行铲除。如急需化霜，可在冰箱切除电源的情况下，在箱内放入一盆温水，关上箱门，约过0.5h后，一般即可完毕。放回冰盒和冷藏、冷冻的食品，冰箱即可通电使用。

（2）半自动化霜。将温度控制继电器的除霜按钮按下，使制冷压缩机停止运转。然后，关好箱门，待蒸发器表面凝结的霜全部融化后，除霜按钮自动跳起，制冷压缩机恢复运转，温度控制继电器又恢复对箱内温度的控制。这种除霜方法，大多数用在直冷式单门电冰箱上，其优点是结构简单、可靠实用。

（3）自动化霜。自动化霜又称定时化霜。除霜时，除霜装置无须人工启动，除霜后无须人工操作，即可恢复其正常运行并排出化霜水。其优点是便捷，缺点是耗电较多。自动化霜主要用于间冷式冰箱，其除霜过程是强制的。

10.4.6 电冰箱的放置

1. 电源要求

家用电冰箱的基本参数中对电源电压的要求为：单相50Hz，交流220V。因此，在使用前要先核对电源电压是否和电冰箱标定的电压相符，否则要加装调节稳压装置。

家用电冰箱的电源输入部分需要三孔插座。外壳的金属部分应安装接地保护线，特别是在比较潮湿处更应妥善接地。应注意：不要在电源输入端装拉线开关作冰箱开关用。因为此触点处电弧较大，易损坏触点，从而会影响电冰箱的正常工作。

2. 电冰箱的放置要求

(1) 电冰箱的放置房间（环境）应干燥且通风良好。为保证电冰箱充分散热，在其周围需留一定的空间。若散热不好，会影响电冰箱的制冷效果，增加电耗。

(2) 电冰箱要选择远离热源，避免阳光直射的地方放置。若受到热源或阳光直射，会导致电冰箱制冷效果降低，电耗增加。据测定：电冰箱周围温度增加 10℃时，耗电量约增加 40%。

(3) 电冰箱的放置要竖直平稳，且底部离地面有一定高度。一般电冰箱底部离地面的距离为 20～30mm。在铺有地毯的房间内放置电冰箱时，尤其要注意底部的高度。若遇到地面高低不平时，可用木片将地面铺垫平整，再将电冰箱搁置在上面。

10.4.7　电冰箱的维护保养

家用电冰箱如果使用得当、维护及时，不仅能少出故障或不出故障，而且还能延长使用寿命。因此，为了确保电冰箱的正常工作，充分发挥电冰箱的作用，就必须做好电冰箱的维护和保养工作。

(1) 定期清扫。定期清扫冷凝器及压缩机表面的灰尘，保证良好的散热条件。可用毛刷刷去附着的尘土，但一定不要用水冲洗，以避免降低电冰箱的电气绝缘性能。

(2) 电冰箱应经常性地进行清洗工作。电冰箱每月至少要清洁一次，清洁时，为了人身安全，要先将电冰箱的电源线拔离电源插座，然后将箱内冷藏、冷冻的食品取出，待蒸发器表面积雪化完后，取出积水盘倒掉积水，用软棉布蘸些温水或中性洗涤剂进行擦拭。采用中性洗涤剂擦拭后，必须用清水擦除并抹干。在清洗时，忌用热水、开水、汽油、酒精、洗衣粉、去污粉、碱性洗洁剂和酸性物质等进行抹擦，以免损害箱体涂层和塑料件。电冰箱的外侧和箱门可用软布加石蜡擦拭，在擦洗的过程中不宜用热水或苯之类的有机溶剂清洗，以免使塑料制品变形或漆层龟裂。更不可用水直接冲洗，否则会降低电气绝缘性能。

(3) 暂不使用的电冰箱的处理。应先将电源线拔离插座或将温控器的旋钮调到“停”的位置上，然后取出箱内的所有食品，清除蒸发器表面的霜层，倒去积水盘的霜水，用软布擦净擦干箱内各部件和附件。清洗完后，可敞开箱门 1～2 天，使箱内充分干燥。在停用期间，箱门也不宜关严，否则箱内空气不能流动，将会积聚异味。

(4) 长时间停用的电冰箱的处理。应每隔 1 个月左右通电运转一次，以免长时间停用后再次使用时，造成压缩机卡缸或毛细管堵塞等故障。

(5) 电冰箱在搬运移动位置时的处理。任何外挂部件、管道、门拉手和箱门等都不能作为搬运的用力点。在搬运时，电冰箱最好是直立状态，上下楼时，冰箱顶要朝上，严禁将冰箱倒立手动。

注意：电冰箱停用存放时，不宜用塑料袋覆盖，以免潮气锈蚀金属部件。

10.4.8　空调器选购时检查注意事项

首先对购买回来的空调器要进行初步检查，如发现问题要及时找商家解决。检查的主要内容有：

（1）外观检查。目测空调器各部件应加工精细，塑料件表面应平整光滑、色泽均匀。电镀件表面应光滑，不得有剥落、露底、划伤等缺陷。喷涂件表面不应有气泡、流痕、漏涂、底漆层外露、凹凸不平等。各部件的安装应牢固可靠，管路与部件之间不能互相摩擦、碰撞。

（2）垂直、水平导风板检查。对手动的垂直、水平导风板应能上下或左右拨动，不能太紧，更不能太松，应拨在任何位置都能定位，不应自动移位。

（3）过滤网检查。过滤网是经常拆装的零部件，应检查拆装是否方便，网有否破损等。

（4）各功能键、旋钮的检查。空调器面板上的旋钮应转动灵活、不落位、不松脱、不滑动。电脑控制的空调器、遥控器、线控器上的各功能选择钮动作轻快灵活，不能有卡键等现象。

（5）通电检查。对整体式空调器，可通电检查下列各项：制冷，夏季购买空调器可试制冷功能，调低温度控制值，通电数分钟，应有冷风出；制热，冬季或气温较低时购买空调器，可试制热风吹出，调节风速选择钮，应有不同的风量吹出。

（6）噪声和振动检查。空调器在制冷运动时，不能有异常的撞击声等噪声，振动也不能过大。

（7）电气性能检查。检查电源线、电源插头是否符合规范，用力拉电源线不应松动拉出。有条件的话，可测量空调器的冷态绝缘电阻。

（8）附件、技术文件检查。应检查说明书、合格证、保修卡、装箱单等技术文件是否齐全，按装箱单检查附件是否齐全。

10.4.9 空调器安装时一般应注意事项

① 安装时应使面板拆卸方便，便于维护。防止室外两侧百叶窗受堵，保证吸风畅通。空调器后部应保持1m以上空间，不受砖墙或其他障碍物的影响。

② 安装位置应该离门较远，减少开门引起的振动。

③ 安装位置应该远离热源。

④ 安装位置高度以1.5～2m为宜，便于操作和维修。

⑤ 窗式空调器安装后，在室内外之间应有10～30cm的高低差，便于凝露水流出室外。

⑥ 应该安装遮阳板，防止日晒雨淋。

10.4.10 安装分体式空调器的要点

1. 室内机安装要点

① 要水平安装在平稳、坚固的墙壁上。

② 其进气口和出气口要保持通畅。

③ 离电视机至少1m以上，以免互相产生干扰。

④ 远离热源、易燃气源处。

⑤ 不要靠近高频设备、高功率无线电装置的地方，以免干扰空调器的正常工作。

⑥ 两端和上方都应留有余地。

2. 室外机安装要点

① 要水平安装在平稳、坚固的墙壁或天台、阳台上。
② 其进气口和出气口保持通畅。
③ 避免阳光直射，如有必要配上遮阳板，但不能妨碍空气流通。
④ 排出的热空气和发出的噪声不能影响邻居。
⑤ 不要放在有大风和灰尘处。
⑥ 不要靠近热源和易燃气源处。
⑦ 不能影响行人行走。
⑧ 为了保持空气流畅，室外机的前后左右应留有一定的空间。
⑨ 冷暖型空调器的室外机尽量选择不要有西北风吹到的地方。

3. 室内外机连接管要点

① 分体壁挂式尽量不要超过 5m。
② 小于 4 匹的分体立柜式尽量不要超过 10m。
③ 5 匹左右的分体立柜式尽量不要超过 15m。
④ 室外机低于室内机高度尽量小于 5m。
⑤ 不能有折扁处。
⑥ 采用质优的连接管。
空调器的安装应该不影响邻居及他人的利益。

10.4.11 空调器安装常识

1. 电源线截面积的选择

根据功率大小选用不同规格的电源线。一般来说，小分体机用 2.5mm^2 铜线；3 匹、5 匹柜机用大于 6mm^2 的铜线；带辅助电热的 3 匹、5 匹柜机用大于 8mm^2 的铜线。

顺便在这里提一下，有的老房子可能还需要对电表的容量进行一定的考虑：2.5A 电表最大承受 5A 电流，可用功率小于 1100W 的空调器；5A 电表最大可承受 10A 电流，可用功率小于 2200W 的空调器；10A 电表最大可承受 20A 电流，可用功率小于 4400W 的空调器，注意要考虑家中其他电器的耗电。如果电表容量太小，请先考虑扩容的问题。

2. 安装窗式空调器

安装窗式空调器之前，首先要进行安装位置的选择。其安装位置应避免阳光照射，所以对北半球来说，朝北是最好的方向，其次是朝东，以朝南、朝西为最差。窗式空调器可以安装在木窗或钢窗上，也可穿墙安装。但一般来说，穿墙安装比安装在窗架上优越，既不影响采光，又可避免窗架振动而把噪声传入室内。窗式空调器的安装应该使用固定架，具体安装方法可参照产品说明书。

10.5 项目拓展知识

下面简要介绍家用电冰箱的国内外能效标识制度。

随着社会的进步和生活水平的提高，人们对环境的关注程度也日渐提高。各国政府，特别是发达国家政府在制定政策时，越来越多考虑环保方面的因素。各国政府纷纷制定严格的强制性技术标准，以限制不符合能耗、环保标准的产品进口，这无疑有助于节能和环保，但客观上也对国际贸易形成了一种“绿色壁垒”。目前，国际上已有50多个国家和地区研究和制定了能效标准，37个国家和地区实施了能效标识制度。下面以家用电冰箱为例，简单介绍国内外能效标准和能效标识制度。

（1）中国：早在2004年11月29日，国家发展和改革委员会、国家质检总局、国家认监委就联合发布了《中华人民共和国实行能源效率标识的产品目录（第一批）》、《中国能源效率标识基本样式》和《家用电冰箱能源效率标识实施规则》。规定自2005年3月1日起，我国对家用电冰箱、房间空气调节器这两个产品率先实施能源效率标识制度。目前我国的能效标识将能效分为5个等级，等级1表示产品达到国际先进水平，最节电，即耗能最低；等级5为市场准入指标，低于该等级要求的产品不允许生产和销售，如图10-1所示。

我国现行有效的家用电冰箱能效标准为GB 12021.2—2003《家用电冰箱电耗限定值及能源效率等级》，该标准规定了家用电冰箱电耗限定值、能效标识等级判定、耗电量试验方法及检验规则，适用于500L及以下的电动机驱动压缩式家用电冰箱。

（2）美国：美国1978年颁布国家节能政策法案，1980年5月以来，已对家用电冰箱、房间空气调节器、洗衣机等14种产品实施了强制性能效标识。美国联邦贸易委员会（FTC）和能源部（DOE）负责能效标识的实施。DOE负责制定测试标准和指定最低能效要求（Minimum Energy Permission Standard，MEPS），FTC负责能源指南标签Energy Guide能效标识的执行。DOE采用连续尺标设计，尺标上的箭头越靠左端效率越高，标签上同时标示产品的年运转费用供消费者参考，如图10-2所示。另外，由美国环保署（EPA）颁发的能源之星标签（Energy Star）表示产品的高效能，如能源之星家用电冰箱比DOE规定的效率要高20%。

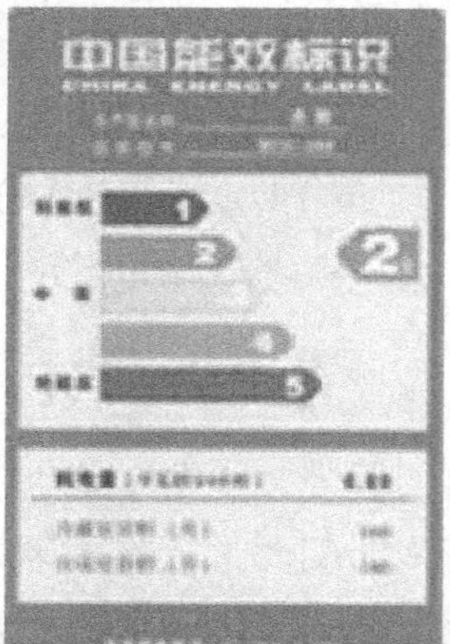

图10-1　中国能效标识

图10-2　美国能效标识

（3）欧盟：欧盟委员会于1992年9月颁布欧盟统一能效标识法规（92/75/EEC能源效率标识导则），要求生产商在其产品上标出产品的能源效率等级、年耗能量等信息，使用户和消费者能够对不同品牌产品的能耗性能进行比较和排序。目前，欧盟已对家用电冰箱、洗衣机、照明器具、空调器等7种产品实施了强制性的能效标识。欧盟的能源标签（Energy Label）采用条形图设计，能源效率分为A、B、C、D、E、F、G七级，A级效率最高，如图10-3所示。

随着技术进步，产品的能效水平不断得到提高，2003年，欧盟委员会对电冰箱能效标识进行修改，引入了A+和A++两个等级，这两个能效等级的耗电量分别比A级同类产品节省58%和70%以上。

（4）澳大利亚：1999年澳大利亚实施全国统一的能效标识制度。到目前为止，已对电冰箱、空调器、洗衣机、洗碗机和干衣机5类产品实施了强制性的能效标识。澳大利亚的能效标识（Energy Rating）以星星的数量表示能源效率的高低，星星越多代表效率越高，如图10-4所示。

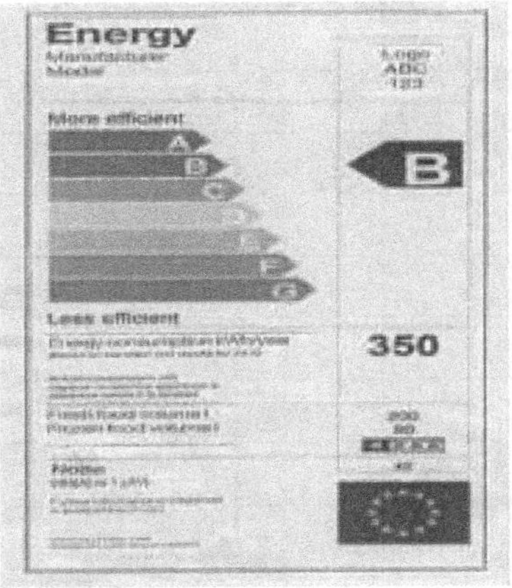

图10-3　欧盟能效标识

图10-4　澳大利亚能效标识

澳大利亚市场上销售的属于能源效率管制目录内的产品，除了需要加贴能效标识之外，部分产品还需符合严格的最低能效性能标准（MEPS）的要求，如电冰箱要符合AS/NZS4474.2的最低能效性能要求，耗电量试验按AS/NZS4474.1的规定进行。

10.6　项目学习评价

1. 思考练习题

（1）如何选购电冰箱？

（2）如何正确使用电冰箱？

（3）电冰箱在使用时，如何采取节能措施？

(4) 如何保养和维护电冰箱?
(5) 正确使用空调器应注意哪些问题?
(6) 空调器的温度设置应注意哪几点?
(7) 如何清洗空调器的空气过滤罩?
(8) 空调器的保养应注意哪几个方面的问题?

2. 自我评价、小组互评及教师评价

评价方面	项目评价内容	分 值	自我评价	小组评价	教师评价	得分
理论知识	① 电冰箱可以采取哪些节能措施	5				
	② 为什么要正确调节电冰箱温度	5				
	③ 如何选择电冰箱的容量	5				
	④ 冷藏室温度一般在多少度	5				
	⑤ 选购时检查注意事项	5				
	⑥ 安装分体式空调器的要点	5				
	⑦ 安装时一般应注意事项	5				
	⑧ 如何选择空调器电源线截面积	5				
实操技能	① 电冰箱的放置有哪些要求	5				
	② 电冰箱的化霜方式通常有哪几种	5				
	③ 电冰箱使用中异味如何处理	5				
	④ 简述电冰箱的通电性能检查过程	5				
	⑤ 如何做好电冰箱的维护和保养工作	5				
	⑥ 电冰箱的直观检查有哪些项目	5				
	⑦ 空调器定期清洗维护保养的周期	5				
	⑧ 为什么将空调器设在26℃最好	5				
	⑨ 空调器的定时清洗	5				
	⑩ 空气过滤网的具体清洗方法	5				
安全文明生产和职业素质培养	① 安全用电，规范操作	5				
	② 文明操作，不迟到、不早退，操作工位卫生良好，按时、按要求完成实训任务	5				

3. 小组学习活动评价表

班级：________ 小组编号：________ 成绩：________

评价项目	评价内容及评价分值			自评	互评	教师点评
分工合作	优秀（12~15分）	良好（9~11分）	继续努力（9分以下）			
	小组成员分工明确，任务分配合理，有小组分工职责明细表	小组成员分工较明确，任务分配较合理，有小组分工职责明细表	小组成员分工不明确，任务分配不合理，无小组分工职责明细表			

续表

评价项目	评价内容及评价分值			自评	互评	教师点评
资料查询 环保意识 安全操作	优秀（12～15分）	良好（9～11分）	继续努力（9分以下）			
	能主动借助网络或图书资料，合理选择归并信息，正确使用；有环保意识，注意查找电冰箱、空调器选购、使用和保养常识，操作过程安全规范	能从网络获取信息，比较合理地选择信息、使用信息；能够安全规范操作，但不注意环保操作	能从网络或其他渠道获取信息，但信息选择不正确，信息使用不恰当；安全、环保操作不到位			
实操技能	优秀（16～20分）	良好（12～15分）	继续努力（12分以下）			
	根据选购、使用和保养常识，能够选购电冰箱、空调器；能够使用电冰箱、空调器；能够保养电冰箱、空调器；能够正确安装空调器	根据选购、使用和保养常识，能够选购电冰箱、空调器；能够使用电冰箱、空调器；能够正确安装空调器	根据选购、使用和保养常识，能够选购电冰箱、空调器；能够使用电冰箱、空调器			
方案制定 过程管理	优秀（16～20分）	良好（12～15分）	继续努力（12分以下）			
	热烈讨论、求同存异，制定规范、合理的实施方案；注重过程管理，人人有事干、事事有落实，学习效率高、收获大	制定了规范、合理的实施方案，但过程管理松散，学习收获不均衡	实施规范制定不严谨，过程管理松散			
成果展示	优秀（24～30分）	良好（18～23分）	继续努力（18分以下）			
	圆满完成项目任务，熟练利用信息技术（电子教室网络、互联网、大屏幕等）进行成果展示	较好地完成项目任务，能较熟练利用信息技术（电子教室网络、互联网、大屏幕等）进行成果展示	尚未彻底完成项目任务，成果展示停留在书面和口头表达，不能熟练利用信息技术（电子教室网络、互联网、大屏幕等）进行成果展示			
总分						

10.7　项目小结

（1）电冰箱制冷性能的检查。将温度控制继电器旋钮置于中点，关门运行30min左右，打开箱门观察蒸发器等的结霜情况。如果上下左右四壁表面全部结霜，用手指蘸水接触内壁时均有冻粘的感觉，则表明该电冰箱的制冷性能良好。

（2）各种电镀件应有光泽且无留痕、气泡、明显锁孔和变形等缺陷。铭牌和一切标志应齐全。

（3）箱门闭合时应与箱体平行，无松动、倾斜现象。拉开箱门时，开启力大小适中；闭合箱门时，不能有反弹现象。

（4）在电冰箱运行时，用手触摸电冰箱上部进行振动噪声的检查时，无明显的振感即为正常。

（5）空调器设在26℃最佳。首先，人体健康的舒适性除了取决于色彩、灯光、吹风感等因素外，还取决于温度和湿度。科学统计结果表明，一般温度在24～28℃之间时，人体感觉最舒适。其次，将空调器设在26℃也有经济方面的效益。如果将目前的空调房间设定温度（24～26℃）提高到26～28℃：对个人、家庭空调用户来讲，一台1.5匹分体空调机如果温度设定提高1℃，每天运行5h能节省0.3度电。

（6）空调器的定时清洗。

（7）清洗空气过滤网。将空气过滤网放在自来水龙头下冲洗，由于过滤网是由塑料框和涤纶丝压制而成的，不可用40℃以上热水清洗，以防收缩变形。清洗后更不可用火烘烤，可将过滤网的水甩干或自然晾干，插入面板，装好空调器。

（8）电冰箱是现代家庭必备的家用电器，人们在购买时总希望能买到一台外观大方、容积适宜、附件齐备耐用、使用方便、性能良好且运行安全可靠、耗电量低、保修期长、修理服务周到的产品。

（9）家用电冰箱的容量通常为50～200L。确定电冰箱内部有效容积，要考虑家庭人数、经济情况和使用要求等因素。

（10）冷冻室：达到星级标准，主要用于储藏冻肉、冻鸡、冻鱼，并可制取少量冰块。

（11）冷藏室：温度一般为0～10℃，上格用于冷藏新鲜鱼、鲜肉；中下格用于储藏水果、蔬菜、罐头等。

（12）电冰箱的箱内温度要通过温度控制器进行调节。

（13）电冰箱可以采取的节能措施有：合理调节箱内温度；合理存放食品。

（14）家用电冰箱的基本参数中对电源电压的要求：单相50Hz，交流220V。

（15）家用电冰箱的电源输入部分需要三孔插座。外壳的金属部分应安装接地保护线，特别是在比较潮湿处更应妥善接地。

（16）电冰箱的放置要竖直平稳，且底部离地面有一定高度。一般电冰箱底部离地面的距离为20～30mm。在铺有地毯的房间内放置电冰箱时，尤其要注意底部的高度。遇到地面高低不平时，可用木片将地面铺垫平整，再将电冰箱搁置在上面。

（17）外观检查。目测空调器各部件应加工精细，塑料件表面应平整光滑、色泽均匀。电镀件表面应光滑，不得有剥落、露底、划伤等缺陷。喷涂件表面不应有气泡、流痕、漏涂、底漆层外露、凹凸不平等。各部件的安装应牢固可靠，管路与部件之间不能互相摩擦、碰撞。

（18）根据功率大小选用不同规格的电源线。一般来说，小分体机用2.5mm^2铜线；3匹、5匹柜机用大于6mm^2的铜线；带辅助电热的3匹、5匹柜机用大于8mm^2的铜线。

（19）我国规定自2005年3月1日起，对家用电冰箱、房间空气调节器这两个产品率先实施能源效率标识制度。目前我国的能效标识将能效分为5个等级，等级1表示产品达到国际先进水平，最节电，即耗能最低。